战略性新兴领域"十四五"高等教育系列教材

先进成形与智能技术

主　编　黄庆学　王　涛

副主编　韩建超　刘元铭　任忠凯　杜旺哲

参　编　张婷婷　牛小淼　刘亚星　王振华　张彦杰

U0280714

机械工业出版社

本书全面系统阐述了先进成形与智能技术的基本原理、基础知识、典型应用场景等内容，介绍了先进成形领域的发展方向。本书分为 2 篇，共 10 章。第 1 篇为先进成形技术，包括绪论、铸造成形技术、锻压成形技术、轧制成形技术、焊接成形技术、特种加工及增材制造技术 6 章内容。第 2 篇为智能技术，包括智能检测技术、金属成形过程智能控制技术、成形过程模拟仿真技术、数字孪生技术 4 章内容。

本书可作为高等学校涉及金属材料加工和智能制造的机械类及工科相关专业本科生和研究生的教材，也可作为相关领域工程技术人员的参考书。

图书在版编目（CIP）数据

先进成形与智能技术／黄庆学，王涛主编. -- 北京：机械工业出版社，2024. 10. --（战略性新兴领域"十四五"高等教育系列教材）. -- ISBN 978-7-111-77152-4

Ⅰ. TB3-39

中国国家版本馆 CIP 数据核字第 2024NE0572 号

机械工业出版社（北京市百万庄大街 22 号　邮政编码 100037）
策划编辑：徐鲁融　　　　　　　　责任编辑：徐鲁融　杜丽君
责任校对：李　杉　薄萌钰　　　封面设计：王　旭
责任印制：常天培
固安县铭成印刷有限公司印刷
2024 年 12 月第 1 版第 1 次印刷
184mm×260mm · 19.25 印张 · 473 千字
标准书号：ISBN 978-7-111-77152-4
定价：69.80 元

电话服务　　　　　　　　　　网络服务
客服电话：010-88361066　　机　工　官　网：www.cmpbook.com
　　　　　010-88379833　　机　工　官　博：weibo.com/cmp1952
　　　　　010-68326294　　金　书　网：www.golden-book.com
封底无防伪标均为盗版　机工教育服务网：www.cmpedu.com

材料成形技术在保障我国重大工程装备制造的自主化以及产业创新升级与高质量发展中发挥了至关重要的作用。材料成形技术有着数千年的发展历史，随着科技的进步、新材料的不断出现和对成形零件性能要求的不断提升，成形技术领域涌现出了一大批具有特殊成形机理和特殊成形方式的先进技术，为传统的成形制造赋予了新的内涵。智能技术在质量检测、成形过程控制、成形仿真模拟和数字孪生等方面得到了广泛应用，进一步助力先进成形技术向着高精度、高效率和高质量的方向不断发展。

在教育部"新工科"建设的引领下，成形技术与智能技术的深度融合已成为发展趋势，然而当前的成形技术教材大多围绕成形工艺进行介绍，还未有较为全面地涉及成形领域中众多成形加工方式及其智能技术的知识架构与发展趋势。因此，本书编写的目的是将先进成形技术与智能技术进行有机结合，从"智能"的视角来介绍先进成形技术的发展方向。本书的主要特点如下：

（1）知识结构体系完整。本书分为先进成形技术和智能技术两个篇章。在先进成形技术篇，对铸造成形技术、锻压成形技术、轧制成形技术、焊接成形技术、特种加工及增材制造技术进行介绍，各个章节内既保留了成形基础知识和典型工艺，又融合了相关成形领域的最新进展。在智能技术篇，围绕智能技术的基础理论、关键技术和工程应用展开介绍，让读者对先进成形与智能技术的发展脉络有一个清晰的认识。

（2）紧密结合工程实践。结合编者的科研、生产实践和教学经验，在先进成形篇的各章中总结了先进成形技术的原理、特点和应用范围，并对典型的生产线进行了介绍。在智能技术篇中分别从智能检测、智能控制、模拟仿真和数字孪生四个视角，阐述智能技术在成形领域的实际工程应用，增强读者的工程概念和实践认知。

（3）紧跟领域发展前沿。在传统成形技术基础上，先进成形技术发展出了新的机理、成形工艺和应用场景，进一步拓宽了成形技术的知识体系。在智能制造和"工业4.0"的牵引下，以智能检测、智能控制、模拟仿真和数字孪生为代表的智能技术已成为先进成形领域中的重要发展方向。书中所呈现的先进成形技术、智能技术和实践案例均源于前沿研究成果和工程应用，代表当前先进成形技术的新方向和成就，为读者对该领域发展现状和趋势的认知提供有益参考。

本书结合作者多年教学实践经验，由黄庆学教授和王涛教授担任主编。参加编写的人员来自太原理工大学，具体分工为：王涛教授编写第1章；韩建超副教授编写第2章；刘元铭副教授编写第3章；任忠凯副研究员编写第4章；张婷婷副研究员编写第5章；牛小森讲师编写第6章；杜旺哲讲师编写第7章；刘亚星助理研究员编写第8章；王振华副研究员编写第9章；张彦杰助理研究员编写第10章。全书由黄庆学教授和王涛教授统稿。

在编写过程中，作者参考了国内外出版的有关教材和大量文献资料，在此一并表示衷心的感谢。由于涉及内容繁多，限于编者学识和经验，本书难免存在疏漏之处，望读者不吝赐教。

编　者

CONTENTS

目　录

第2篇 智能技术

先进成形技术

第1章 | 绪论

材料成形技术已有数千年的发展历史，在制造领域中占有重要地位。成形技术进步对提升我国工业基础能力、实现产业创新升级以及保障重大工程装备制造的自主化与高质量发展具有至关重要的作用。先进成形技术涵盖了铸造成形、锻压成形、轧制成形、焊接制造、特种加工和增材制造等，主要通过力、热、电、磁等能场或其耦合作用，改变材料的形状、尺寸及内部组织结构，从而控制和改善坯料或成品零件的性能，并实现零件预定功能。随着数字化、智能化与成形制造的深度融合，智能技术在金属质量检测、成形过程控制、成形模拟仿真和数字孪生等方面均取得较大进展，先进成形技术逐渐向高精度、高性能、高效率和高质量的精准成形方向发展，是现代制造技术的重要发展与应用领域。

1.1 材料成形技术的定义及分类

材料成形技术是指通过铸造、锻压、轧制、焊接及特种加工等方法，将金属材料、非金属材料等原材料加工成具有一定形状和尺寸的制品的过程。材料成形方法的分类如图1-1所示。

铸造是将熔融金属倒入预制的模具中，待其冷却凝固后，以获得所需性能和形状的零件和毛坯，是金属成形的一种最主要的方法。因其毛坯近乎成形，所以能达到避免机械加工或少加工的目的，从而降低成本和缩短零件的制造周期。同时铸造所产生的废机件、浇冒口等金属废料可回收利用，因此铸造工艺广泛应用于汽车、电子、机械、航空等多个领域，为制造业的发展提供强有力的支持。铸造的种类繁多，主要分为普通的砂型铸造和特种铸造两大类。普通的砂型铸造是利用砂作为铸模材料，包括湿砂型、干砂型和化学硬化砂型等。而特种铸造根据铸造材料和工艺方法的不同，进一步细分为多种类型，如以矿产的砂石为主要造型材料的壳型铸造、熔模铸造等，以及以金属为主要铸型材料的金属型铸造和离心铸造等。

锻压是锻造和冲压的总称，是对金属坯料施加外力，使其发生塑性变形，从而获得具有一定形状、尺寸和力学性能的毛坯或零件的加工方法。锻压加工的主要方法包括自由锻、模锻、板料冲压等。据统计，全世界约75%的钢材需要进行塑性成形。在汽车生产中，70%以上的零部件是利用金属塑性加工而成的，锻压已成为应用最广泛的成形工艺之一。近年来，材料锻压技术向着省力成形工艺、"少、无余量成形"工艺、复合工艺和组合工艺等方向发展，延伸出超塑性成形、粉末锻造、内高压成形、电液成形、电磁成形等特种塑性成形技术。

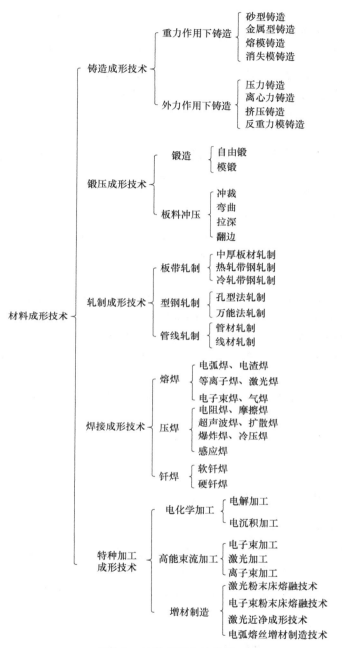

图 1-1　材料成形方法分类

　　轧制是将金属坯料通过一对旋转轧辊的间隙（多种形状），因受轧辊的压缩使材料截面减小、长度增加的压力加工方法。轧制成形具有生产率高、设备运转平稳、易于实现机械化和自动化等特点，可生产板带材、型材、管材、轴等。随着各行业对产品质量和性能要求的不断提高，对于具有更高精度、更好表面质量、更优异性能的产品需求将不断增加，这将推动轧制技术的不断升级和改进。目前，发展出了多种先进的轧制技术，如高精度轧制、极薄带特种轧制、连铸连轧、复合板带轧制、低温轧制、无头轧制等，这些先进的轧制技术不仅能够满足多样化的市场需求，还为轧制技术的进一步发展提供了强有力的支持。

　　焊接是指通过加热或加压，或两者共同作用，使得同种或异种材料界面达到原子间结合的一种连接方法，在航空航天、造船、桥梁、汽车车身、建筑构架、家用电器中得到广泛的应用。焊接成形具有节省材料、减轻重量，化大为小、拼小为大，可以实现异种金属连接和适应性好等特点。焊接方法的种类很多，一般根据焊接热源的性质、形成接头的状态及是否加压来划分，可分为三大类：熔焊、压焊和钎焊。熔焊又包括：电弧焊、电渣焊、等离子焊、激光焊、电子束焊和气焊；压焊有电阻焊、摩擦焊、超声波焊、扩散焊、爆炸焊、冷压焊和感应焊；钎焊根据钎料类型不同又分为软钎焊和硬钎焊。近年来，焊接技术在众多领域创新发展，如风电、核电、航空航天、尖端武器装备等领域关键产品的开发与生产。同时焊接技术向着焊接生产过程的数字化、网络化、智能化方向发展，而自动化焊接装备正朝着柔性化、自动化、智能化控制方向发展。

　　特种加工技术指用电能、热能、光能、电化学能、化学能、声能及特殊机械能等能量达到去除或增加材料的加工方法，从而实现材料被去除、变形、改变性能等，以电化学加工、高能束流加工和增材制造技术为典型代表。电化学加工是利用电化学反应（或称电化学腐蚀）对金属材料进行加工的方法。高能束流加工技术是指利用激光束、电子束、离子束等高能量密度的束流对材料或构件进行加工的特种加工技术。增材制造是以三维数字模型为基础，将材料通过分层制造、逐层叠加的方式制造出实体零件的新兴制造技术，相对于传统的切削加工等去除毛坯中多余材料的加工方法，通过"自下而上"地累加材料制造工件。目前，增材制造技术正向"材料-结构-功能"一体化制造发展，发展出了增减材一体、微铸锻等复合制造技术及多能场辅助增材制造技术，所制造工件的性能与精度不断提升。

1.2　材料成形技术的特点

　　以铸造、锻压、轧制和焊接为典型代表的材料成形技术对比见表 1-1。

表 1-1　典型成形技术的对比

序号	比较内容	铸造	锻压	轧制	焊接
1	材料及其成形特点	液态金属成形	固态金属塑性成形	固态金属塑性成形	金属焊接成形
2	对原材料性能的要求	液态下的流动性好、凝固时的收缩率低	塑性好、变形抗力小	钢种、化学成分、断面形状和尺寸、表面质量等	强度高、塑性好、液态下化学稳定性好
3	制品的材料种类	铸铁、铸钢、各类非铁金属	中低碳钢、合金钢、有色金属薄板	碳钢、不锈钢、合金钢、有色金属等	低碳钢、低合金结构钢
4	制品的组织特征	晶粒较粗、有疏松、杂质排列无方向性	晶粒细小、致密	晶粒细化、碳化物聚集、发生再结晶	焊缝区为铸造组织，熔合、过热区晶粒较粗
5	制品的力学性能特征	铸铁件的力学性能较差，但减振、耐磨性好；铸钢件的力学性能好	力学性能优于相同成分的铸件	强度和硬度更高	焊缝的力学性能可达到或接近母材金属

（续）

序号	比较内容	铸造	锻压	轧制	焊接
6	零件的结构特征	形状不受限制,可结构复杂	形状较铸件简单,冲压件的结构轻巧	板带、管、线材断面形状简单,型材断面形状复杂	尺寸、形状不受限制,结构轻便
7	材料利用率	高	较高	高	较高
8	生产周期	长	较短	短	短
9	生产成本	较低	较高,冲压件的批量越大,其成本越低	低	较高
10	主要适用范围	铸铁件用于受力不大及承压为主,或要求有减振、耐磨性能的零件;铸钢件用于承受重载且形状复杂的零件;非铁金属铸件用于受力不大,要求重量轻的零件	锻件用于承受重载及动载的重要零件;冲压件用于以薄板成形的各种零件	用来生产板带材、型材、管材,分为热轧和冷轧	主要用于制造各种金属构件(尤其是框架结构件),部分用于制造零件的毛坯及修复废旧零件

由上述几种典型成形技术的工艺原理,可将材料成形工艺的特点归纳如下:

1. 生产率高

对于成形工艺,普遍可采用机械化、自动化流水作业来实现大批大量乃至大规模生产,冲压、模锻、轧制等成形过程采用自动化生产将会获得较高的生产率。例如,普通压力机每分钟可以冲压几十到几百件,高速压力机每分钟可以冲压几百到上千件。以 ESP 生产线为代表的连铸连轧技术能够在 7min 内完成产品的一整套生产流程,相较于传统热连轧技术时间大幅度缩短。

2. 材料利用率高

对于相同的零件产品,通常有两种加工工艺:一种是采用棒料或块状金属为毛坯,通过车、钻、刨、铣、磨等方法将多余金属切削掉,得到所需零件产品;另一种是采用铸、锻件为毛坯进行切削加工,将其机加工余量进行切削加工。以常见的锥齿轮和汽车轮胎螺母为例,当采用第一种工艺方法生产时,其材料利用率分别为 41%、37%;当采用第二种工艺方法生产时,其材料利用率分别为 68%、72%;当采用精密成形工艺生产时,其材料利用率分别为 83%、92%。可见,采用普通成形工艺时,材料利用率比切削加工时分别提高了 27%、35%;而采用精密成形工艺时则分别提高了 42%、55%。其一般规律是,零件形状越复杂,采用成形工艺时的材料利用率越高。

3. 产品性能好

金属材料成形生产时,沿零件的轮廓形状分布,金属纤维连续,而切削加工时则将金属纤维切断;其次,材料在外力或自重作用下成形,即处于三向压应力或以压应力为主的应力状态下成形,有利于提高材料的成形性能和材料的"结实"程度,其综合效果是有利于提高零件产品的内在质量,主要是力学性能的提高,如强度、疲劳寿命等。以锥齿轮为例,采用成形工艺生产同采用切削加工生产相比,其强度、抗弯疲劳寿命分别提高约 20%,而热处理变形降低了约 30%,这将有利于提高其使用寿命。

4. 材料一般在热态成形

金属材料在一定温度下呈液态或固态，在重力或外力作用下充满模具或模型，获得制品的形状。例如，金属的铸造需要将原料熔化，锻造、热轧、焊接和粉末冶金等过程需要在一定温度下完成。由于在一定温度下成形，冷却至室温后，成形的制品一般存在不同程度的收缩。因此，一般成形制品的精度要低于机械加工零件的精度。对于尺寸精度和表面质量要求较高的零件，仍需经过机械加工获得最终产品。

1.3 先进成形技术的发展趋势

1. 精密成形技术

精密成形技术一般指零件成形后接近或达到零件精度要求的材料成形技术，仅需少量加工或不再加工即可作为产品。该技术有助于实现产品高效、低成本的少或无余量制造。采用近净成形（near net shape forming）技术能够使获得的工件毛坯接近零件的形状，降低零件的制造成本。随着精密成形加工技术的发展，零件成形的尺寸精度正在由近形（near net shape of productions，NNSP）向净成形（net shape of productions，NSP）发展。以精密成形为代表的新一代材料加工技术包括精密铸造成形、精密塑性成形、精密连接成形、激光精密加工、特种精密加工等。

数字化无模铸造精密成形技术简称无模铸造技术，是计算机、自动控制、新材料、铸造等技术的集成和原始创新。该技术由三维 CAD 模型直接驱动铸型制造，不需要模具，缩短了铸造流程，实现了数字化制造和快速制造。精密极薄带轧制技术通过精确控制轧制规程、辊缝、轧辊速度、张力等因素，可制备出具有高精度、轻量化和高性能的金属带材。一般来说，将厚度≤0.1mm 的金属带材加工成极薄带，如不锈钢极薄带、硅钢极薄带、铜极薄带等，可作为金属膜片传感器、弹性敏感元件等的基材。极薄带生产水平成为实现微制造、推进产品微型化的关键，也是一个国家微制造能力的标志之一。

2. 复合成形技术

复合成形技术是将两种或两种以上的材料成形方法相结合而形成的一种材料成形技术，包括铸锻复合、铸焊复合、锻焊复合、轧制复合和不同塑性成形方法的复合等。复合成形技术通过各种成形技术的优势互补，弥补单一成形技术中的局限性，形成多种材料成形新技术。

随着连续铸造（简称连铸）技术的进一步发展，出现了连铸坯热送热装、直接轧制的连铸连轧技术，使得连铸和轧制这两个原先独立存在的工艺过程紧密地衔接在一起，金属材料在连铸、凝固的同时伴随着轧制过程。而连续铸轧技术，是直接将金属熔体"轧制"成半成品带坯或成品带材的工艺，其显著特点是其结晶器为两个带水冷却系统的旋转铸轧辊，熔体在轧辊缝间完成凝固和热轧两个过程，而且在很短的时间内（2~3s）完成。轧制复合工艺在强大轧制压力作用下破碎异种金属接触表面的覆膜，并在整个接触面内产生塑性流动，从表层裂口挤出的新鲜基体金属发生紧密接触，进而产生微观尺度的原子反应，最终金属层间接触界面形成冶金结合。轧制复合法可以分为热轧复合和冷轧复合，具有污染低、效率高、适用范围广等优势。

3. 材料设计与制备加工一体化

材料设计、制备与加工一体化是指将材料的组织性能、材料制备与成形加工融为一体，如半固态成形技术、创形创质制造技术、喷射成形技术、激光快速成形、连续铸轧技术等。它可实现先进材料与零部件的高效、近净成形、短流程成形，也是高温合金、钛合金、难熔金属及金属间化合物、陶瓷、复合材料、梯度功能材料等零部件制备成形技术的研究热点。

当前，以材料设计与制备加工一体化为基础，结合计算机技术、人工智能技术、信息处理与控制技术，发展出了材料智能化制备与成形加工技术，以一体化设计与智能过程控制方法代替传统的材料制备与加工过程中的"试错法"，从而实现材料组织性能的精确设计、制备与成形加工过程的精确控制，获得最佳的材料组织性能与成形质量。

4. 绿色化生产

材料成形加工行业一直是劳动环境较恶劣的行业，也是对环境污染较大的行业之一。随着人们环境保护意识的不断加强，环保和清洁生产工艺与装备大量采用。除尘设备、降噪设备的使用，使得工人的操作环境及劳动条件大为改善；生产废料（如废渣、废气、废水等）再生回收利用（或无害处理），大大减少了生产资源浪费和对环境的污染，符合绿色可持续发展的时代要求。以半固态成形、消失模成形、薄板坯连铸连轧、薄带连续铸轧和扩散焊接等技术为代表的绿色成形工艺，可高效利用原材料，避免环境污染，以最小的环境代价和最低的能源和原材料消耗，获取最大的经济效益，适应成形行业绿色化的发展趋势。

1.4　智能技术在成形中的发展趋势

1. 成形质量智能检测技术

由于工艺、设备和原料等综合因素的影响，在成形过程中不可避免地会出现几何误差、表面缺陷和内部缺陷，这会对产品质量、服役安全和结构寿命等产生较大影响。作为成形生产中的重要环节，采用先进的检测技术对产品质量进行检测，对保证产品质量、提高合格率、降低能源消耗等方面有着重要意义。在制造业智能化、低碳化转型升级的进程中，成形过程智能在线检测已成为成形领域高质量发展的迫切之需。人工检测和传统基于规则的检测方法存在误检率高、效率低和安全隐患大等问题。在机器学习和深度学习浪潮的影响下，以图像视觉检测、超声检测和 X 射线检测为代表的无损检测方法在产品质量检测中得到广泛应用，已成为实现成形产品几何尺寸、表面缺陷和内部缺陷智能化检测的重要手段。

2. 成形过程智能控制技术

控制是先进成形与产品质量的有力保障，而经典控制理论的研究对象是单输入、单输出的自动控制系统，特别是线性定常系统，已很难满足铸造、锻压、轧制、焊接以及特种加工等成形领域在成形过程中模型多参数、控制非线性、任务多样化的控制要求。智能控制理论和应用研究是现代控制理论在深度和广度上的拓展，实现控制过程智能化和提高成形质量是先进成形技术的发展趋势。在人工智能、认知科学、模糊集理论等学科，以及云计算与物联网技术的快速发展下，将智能控制理论与传统加工方法充分结合，为实现制造业生产的柔性化与自动化提供了前所未有的原动力。目前，我国已在成形过程中的智能化决策与控制方面取得了较多的成果与进步，但未来要走的路仍很长，在各种成形方法中也呈现出不同的应用瓶颈需要突破，从而真正实现黑灯工厂与智慧制造。

3. 金属成形模拟仿真技术

我国的加工工业经过长期努力，在工艺指标方面取得了长足进步，目前正处于从并跑到领跑的关键时期，迫切需要通过生产过程智能化实现绿色高效生产。金属成形数值模拟仿真技术能够为塑性加工产业生产转型升级提供强有力的支撑。由于金属塑性成形过程的复杂性，传统基于经验的"试错"设计方法周期长、成本高，产品质量不容易得到保证。利用计算机模拟仿真技术，可以获得成形过程中的材料内部变化情况，如温度、应力、应变、质点流动、微观组织演化，以及气孔、裂纹等缺陷的形成过程等。对材料成形过程进行模拟仿真，有助于探索材料的成形机理，掌握成形工艺参数对成形质量的影响规律，预测成形过程中可能产生的缺陷，确定出最佳的成形工艺参数，优化成形工艺方案，保证和控制成形件的质量。

金属成形模拟仿真技术可以比理论和试验做得更深刻、更全面、更细致，还可以进行一些理论分析和试验无法完成的研究工作。基于知识的材料成形工艺模拟仿真是材料科学与制造科学的前沿领域和研究热点。据测算，模拟仿真可提高产品质量 5~15 倍，增加材料出品率 25%，降低工程技术成本 13%~30%，降低人工成本 5%~20%，提高投入设备利用率 30%~60%，缩短产品设计和试制周期 30%~60%。

4. 数字孪生技术

随着"工业 4.0"及信息化时代的发展，材料成形的生产方式正在发生重大变革。当前，生产过程的数字化建模已成为企业的重点发展方向，尤其是数字孪生技术的发展，正在给金属成形行业带来重要的变化。同时随着信息化水平的发展进步和移动网络的快速完善，众多移动终端和智能传感设备应用到金属成形的工业生产中。数字化技术为企业生产提供了新工具、新视角，加速了智能生产时代的到来。新一代信息技术［new IT，如物联网（IoT）、云计算、大数据分析、人工智能（AI）等］的进步和创新已应用于软硬件服务、信息获取、智能决策等各个方面，大大提升了企业的生产率。

第 2 章　铸造成形技术

　　铸造是将熔融金属倒入预制的模具中，待其冷却凝固后，以获得所需性能和形状的零件或毛坯，是金属成形的一种最主要的方法，是热加工的基础。铸造的种类繁多，主要分为普通的砂型铸造和特种铸造两大类。普通的砂型铸造是利用砂作为铸模材料，包括湿砂型、干砂型和化学硬化砂型等。而特种铸造根据铸造材料和工艺方法的不同，进一步细分为多种类型，如以矿产的砂石为主要造型材料的壳型铸造、熔模铸造等，以及以金属为主要铸型材料的金属型铸造和离心铸造等。

　　铸造在现代制造业中占据极其重要的地位，铸造技术的改进和升级发展出先进铸造成形技术、数字化智能化铸造技术、绿色铸造技术等先进铸造技术。通过与先进技术的结合和创新，不仅能够提高铸件质量，还能实现生产过程的可持续性，提高经济效益，从而更好地满足现代制造业的需求。

2.1　铸造工艺基础

2.1.1　液态合金的充型

　　液态合金填充铸型的过程，称为充型。液态合金充满铸型型腔，获得尺寸精确、形状精准、轮廓清晰健全的成形件的能力，称为液态合金的充型能力。充型能力的好坏直接影响铸件的质量，充型能力不足时，在型腔被填满之前，液态金属结晶形成的晶粒将充型通道堵塞，金属液被迫停止流动，铸件会产生浇不到、冷隔、夹渣、气孔等缺陷，这些缺陷将严重影响铸件的力学性能。

　　影响充型能力的主要因素是合金的流动性、浇注条件、铸型填充条件和铸件结构。

1. 合金的流动性

　　（1）流动性的概念　液态合金本身的流动能力，称为合金的流动性，是合金的主要铸造性能之一。影响合金的流动性的因素不仅有合金的成分、温度、杂质含量及物理性质，还包括外界条件，如铸型性质、浇注条件、铸件结构等因素。因此，流动性是合金在铸造过程中的一种综合性能，对铸件质量有很大的影响。合金的流动性越好，充型能力就越强，越便于浇注出轮廓清晰、薄而复杂的铸件。同时，有利于非金属夹杂物和气体的上浮与排除，还有利于对合金冷凝过程所产生的收缩进行补缩。因此，在铸件设计、选择合金和制订铸造工艺时，常常要考虑合金的流动性。

（2）流动性的测定　合金的流动性通常是用浇注流动性试样的方法来测定的，通常以"螺旋形流动性试样"的长度来衡量，如图 2-1 所示。在相同的浇注条件下，合金的流动性越好，所浇注出的试样越长。

（3）影响合金流动性的因素　影响合金流动性的因素很多，但以化学成分的影响最为显著。由表 2-1 可知，在常用的铸造合金中，灰铸铁、硅黄铜的流动性最好，硅铝明合金（铝硅系铸造铝合金）次之，铸钢最差。

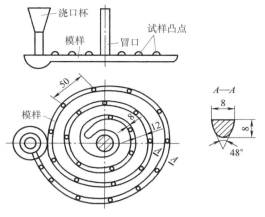

图 2-1　螺旋形流动性试样

表 2-1　常用合金流动性的比较

合金	铸型	浇注温度/℃	螺旋线长度/mm
灰铸铁 $w_C + w_{Si} = 4.2\% \sim 5.2\%$	砂型	1300	1000
铸钢 $w_C = 0.4\%$	砂型	1600 ~ 1640	100 ~ 200
锡青铜 $w_{Sn} = 9\% \sim 11\%$ $w_{Zn} = 2\% \sim 4\%$	砂型	1040	420
硅黄铜 $w_{Si} = 1.5\% \sim 4.5\%$	砂型	1100	1000
硅铝明合金	金属型（300℃）	680 ~ 720	700 ~ 800

共晶成分的合金是在恒温下凝固的，其流动性最好，主要原因是：

1）在相同浇注温度条件下，合金保持液态的时间最长。

2）初晶为共晶团，无树枝状结晶存在，合金流动的阻力小。

3）结晶温度范围接近于零，冷却过程由表及里逐层凝固，形成外壳后，内表面比较平滑（见图 2-2a），对金属液的阻力小，结晶状态下的流动距离长，所以流动性好。

4）共晶成分合金的凝固温度最低，相对说来，合金的过热度最大，推迟了合金的凝固，故流动性最好。

除纯金属外，其他成分的合金是在一定温度范围内逐步凝固的，凝固时铸件壁内存在一个较宽的既有液体又有树枝状晶体的两相区，凝固层的内表面粗糙不平，对内部液体的流动阻力较大，所以流动性较差，如图 2-2b 所示。合金成分越远离共晶点，结晶温度范围越宽，

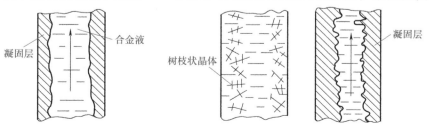

a) 在恒温下结晶的合金　　　　　　　b) 结晶温度范围宽的合金

图 2-2　不同结晶特征的合金的流动性示意图

流动性越差。

图 2-3 所示为铁碳合金的流动性与碳含量的关系。由图可知，亚共晶铸铁随碳含量的增加，结晶温度范围减小，流动性提高。越接近共晶成分，流动性越高。

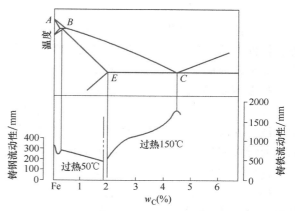

图 2-3　铁碳合金流动性与碳含量的关系

2. 浇注条件

（1）浇注温度　浇注温度对合金的充型能力有着决定性的影响。在一定的范围内，浇注温度越高，液态金属所含的热量越多，使黏度下降，且因过热温度高，合金在铸型中保持流动的时间长，故充型能力强；反之，充型能力差。

鉴于合金的充型能力随浇注温度的提高呈直线上升，因此，对薄壁铸件或流动性较差的合金可适当提高其浇注温度，以防止浇不到或冷隔缺陷。但浇注温度过高，铸件容易产生缩孔、缩松、粘砂、析出性气孔、粗晶等缺陷，故在保证充型能力足够的前提下，浇注温度不宜过高。

（2）充型压力　砂型铸造时，提高直浇道高度，使液态合金压力加大，可改善充型能力。但过高的砂型浇注压力会使铸件产生砂眼、气孔等缺陷。在压力铸造、低压铸造和离心铸造等特种铸造方法中，由于人为增大了充型压力，故充型能力较强。

3. 铸型填充条件

熔融合金充型时，铸型阻力及铸型对合金的冷却作用将影响合金的充型能力，因此以下因素对充型能力均有显著影响：

1）铸型材料。其导热系数越大，对液态合金的微冷能力越强，合金的充型能力就越差。例如，金属型铸造较砂型铸造更容易产生浇不足和冷隔缺陷。

2）铸型温度。在金属型铸造、压力铸造和熔模铸造时，为了减小铸型和金属液之间的温差，减缓合金的冷却速度，可将铸型预热数百摄氏度再进行浇注，使充型能力得到提高。

3）铸型中的气体。浇注时因熔融金属在型腔中的热作用而产生大量气体，如果铸型的排气能力差，型腔中的气压将增大，会阻碍液态合金的充型。因此，型砂要求具有良好的透气性，并设法减少气体来源。工艺上可在远离浇口的最高部位开设出气口。

4. 铸件结构

当铸件壁厚过小、壁厚急剧变化或有较大水平面等结构时，都会使液态合金的充型能力降低。因此设计铸件时，铸件的壁厚必须大于规定的最小允许壁厚值，有的铸件需设计工艺孔或流动通道。

综上所述，为了提高合金的流动性，应尽量选用共晶成分合金或结晶温度范围小的合金；应尽量提高金属液的质量，金属液越纯净，含气体、夹杂越少，流动性越好。但在许多情况下，合金是确定的，需从其他方面采取措施提高流动性，如提高浇注温度和充型压力、合理设置浇注系统和改进铸件结构等。

2.1.2 铸件的凝固与收缩

浇入铸型中的液态合金在冷凝的过程中体积会缩小，铸件将产生缩孔和缩松缺陷。此外，铸件中的热裂、气孔、偏析等缺陷都与合金的凝固过程密切相关，为防止上述缺陷的产生，必须合理地控制铸件的凝固过程。

1. 铸件的凝固方式

在合金的凝固过程中，铸件截面上一般存在三个区域，即固相区、凝固区和液相区。其中，液相和固相同时并存的区域，称为凝固区域。凝固区域的宽窄对铸件质量有很大的影响。而铸件的凝固方式就是根据凝固区域的宽窄（见图 2-4 中 S）来划分的，可分为逐层凝固、糊状凝固和中间凝固，如图 2-4 所示。

（1）逐层凝固 纯金属或共晶成分合金在凝固过程中不存在液、固并存的凝固区，所以其铸件断面上的凝固区域等于零，故断面上外层的固体和内层的液体由一条界线（凝固前沿）清楚地分开。随着温度的下降，固体层不断加厚，逐步达到铸件中心，这种凝固方式称为逐层凝固。纯铜、纯铝、灰铸铁、低碳钢等合金接近于逐层凝固。

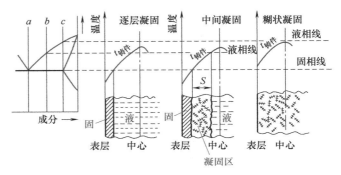

图 2-4 铸件的凝固方式

（2）糊状凝固 如果合金的结晶温度范围很宽，且铸件的温度分布较为平坦，则在凝固的某段时间内，铸件表面并不存在固体层，而液、固并存的凝固区贯穿整个断面。由于这种凝固方式与水泥类似，即先呈糊状而后固化，故称糊状凝固。

（3）中间凝固 介于逐层凝固和糊状凝固之间的凝固方式，称为中间凝固。大多数合金均属于中间凝固方式，如中碳钢、白口铸铁等。

铸件质量与其凝固方式密切相关。一般说来，逐层凝固时，合金的充型能力强，便于防止缩孔和缩松的出现；糊状凝固时，难以获得结晶紧实的铸件。在常用合金中，灰铸铁、硅铝明合金等倾向于逐层凝固，易于获得紧实铸件；球墨铸铁、锡青铜、铝铜合金等倾向于糊状凝固，为获得紧实铸件常需采用适当的工艺措施，以便补缩或缩小其凝固区域。

2. 铸造合金的收缩

铸造合金从浇注、凝固直至冷却到室温的过程中，其体积或尺寸缩减的现象，称为收缩。收缩是合金的物理性质。收缩给铸造工艺带来许多困难，是多种铸造缺陷（如缩孔、缩松、裂纹、变形等）产生的根源。为使铸件的形状、尺寸符合技术要求，组织紧密，必须研究收缩的规律性。

合金的收缩可分为如下 3 个阶段：

1）液态收缩，指合金从浇注温度冷却到凝固开始温度（即液相线温度）过程中的收缩。

2）凝固收缩，指合金从凝固开始温度到凝固终止温度（即固相线温度）之间的收缩。

3）固态收缩，指合金从凝固终止温度冷却到室温之间的收缩。

合金的液态收缩和凝固收缩表现为合金体积的缩减，常用单位体积收缩量（即体积收缩率）来表示。合金的固态收缩不仅引起合金体积上的缩减，还使铸件在尺寸上缩减，因此常用单位长度上收缩量（即线收缩率）来表示。

合金种类不同，其收缩量是不同的。在常用的铸造合金中，铸钢件收缩量大，灰铸铁最小，这是由于灰铸铁中大部分碳是以石墨状态存在的，石墨比体积大，在结晶过程中析出石墨所产生的体积膨胀，抵消了部分收缩。表 2-2 所列为几种合金的体积收缩率，表 2-3 所列为几种铸造合金的线收缩率。在制作铸件模样时要考虑合金的线收缩率。铸件的实际收缩率与其化学成分、浇注温度、铸件结构和铸型条件有关。

表 2-2　几种合金的体积收缩率

合金种类	w_C(%)	浇注温度/℃	液态收缩率(%)	凝固收缩率(%)	固态收缩率(%)	总体积收缩率(%)
碳素铸钢	0.35	1610	1.6	3	7.86	12.46
白口铸铁	3.0	1400	2.4	4.2	5.4~6.3	12~12.9
灰铸铁	3.5	1400	3.5	0.1	3.3~4.2	6.9~7.8

表 2-3　几种铸造合金的线收缩率

合金种类	灰铸铁	可锻铸铁	球墨铸铁	碳素铸钢	铝合金	铜合金
线收缩率(%)	0.8~1.0	1.2~2.0	0.8~1.3	1.3~2.0	0.8~1.6	1.2~1.4

2.1.3　铸造缺陷分析

1. 铸件中的缩孔、缩松

液态合金在冷凝过程中，若其液态收缩和凝固收缩所缩减的容积得不到补足，则会在铸件最后凝固的部位形成一些孔洞。根据这些孔洞的大小和分布，可将其分为缩孔和缩松两大类。

（1）缩孔　缩孔是集中在铸件上部或最后凝固部位容积较大的孔洞。缩孔多呈倒圆锥形，内表面粗糙，通常隐藏在铸件的内层，但在某些情况下，可暴露在铸件的上表面，呈明显的凹坑。

为便于分析缩孔的形成，现假设铸件呈逐层凝固，其形成过程如图 2-5 所示。液态合金填满铸型型腔后如图 2-5a 所示，由于铸型的吸热，靠近型腔表面的金属很快凝结成一层外壳，而内部仍然是高于凝固温度的液体如图 2-5b 所示。温度继续下降，外壳加厚，但内部液体因液态收缩和补充凝固层的凝固收缩，体积缩减、液面下降，使铸件内部出现了空隙如图 2-5c 所示，直到内部完全凝固，在铸件上部形成了缩孔如图 2-5d 所示，已产生缩孔的铸件继续冷却到室温时，因固态收缩使铸件的外廓尺寸略有缩小如图 2-5e 所示。

根据以上分析得知，缩孔产生的基本原因是合金的液态收缩和凝固收缩值大于固态收缩值，且得不到补偿，缩孔产生的部位在铸件最后凝固区域，如铸件的上部或中心处。此外，铸件两壁相交处（称为热节）因金属积聚凝固较晚，也易产生缩孔。热节位置可用画内接圆方法确定，如图 2-6 所示。铸件上壁厚较大处及内浇口附近都属热节部位。

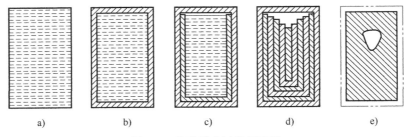

图 2-5 缩孔形成过程示意图

（2）缩松 分散在铸件某区城内的细小缩孔，称为缩松。当缩松与缩孔的容积相同时，缩松的分布面积要比缩孔大得多。缩松的形成原因也是由于铸件最后凝固区域的收缩未能得到补足，或是因合金是糊状凝固，被树枝状晶体分隔开的小液体区难以得到补缩所致。

缩松分为宏观缩松和显微缩松两种。宏观缩松是用肉眼或放大镜可以看出的小孔洞，多分布在铸件中心轴线区域、热节处、冒口根部和内浇口附近，也常分布在集中缩孔的下方，如图 2-7 所示。显微缩松是分布在晶粒之间的微小孔洞，要用显微镜才能观察出来，这种缩松的分布更为广泛，有时遍及整个截面。显微缩松难以完全避免，对于一般铸件多不作为缺陷处理，但对气密性、力学性能、物理性能和化学性能要求很高的铸件，则必须设法减少。

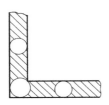

图 2-6 用内接圆法确定缩孔位置

图 2-7 宏观缩松

（3）消除缩孔和缩松的措施

1）按照顺序凝固原则进行凝固。顺序凝固即定向凝固，就是在铸件可能出现缩孔的厚大部位通过安放冒口等工艺措施，使铸件上远离冒口的部位先凝固（见图 2-8 中 Ⅰ 处），而后是靠近冒口部位凝固（见图 2-8 中 Ⅱ、Ⅲ 处），最后才是冒口本身凝固。这样，铸件上每一部分的收缩都能得到稍后凝固部分液体金属的补充，缩孔则产生在最后凝固的冒口内，冒口是多余部分，在铸件清理时可将其去除。

顺序凝固原则适用于收缩大或壁厚差别较大，易产生缩孔的合金铸件，如铸钢、高强度灰铸铁和可锻铸铁等。冒口补缩作用好，铸件致密度高，缺点是铸件各部分温差较大，冷却速度不一致，易产生铸造内应力、变形及裂纹等缺陷，消耗金属多、切割麻烦。

2）合理确定内浇道位置及浇注工艺，内浇道的引入位置对铸件各部分的温度分布有明显影响，应按照顺序凝固原则确定。例如，内浇道应从铸件厚实处引入，尽可能靠近冒口或由冒口引入。

浇注温度和浇注速度对铸件收缩也有很大影响。实际生产时应根据铸件结构、浇注系统类型确定。浇注速度越慢时，液态金属流经铸型时间越长，远离浇口处的液体温度越低，靠近浇口处温度较高，有利于顺序凝固。慢浇也有利于补缩、消除缩孔。

3）合理利用冒口、冷铁和补贴等工艺措施。

① 冒口。在铸件厚壁和热节部位设置冒口，是防止缩孔、缩松最有效的措施，冒口的尺寸应保证有足够的金属液供给铸件的补缩部位。冒口的形状应采用圆柱形，因其散热表面积较小，补缩效果良好，取模方便。

冒口种类很多，应用最多的为顶冒口和侧冒口。位于铸件顶面的冒口称为顶冒口，可以在重力作用下进行补缩，补缩能力较强。当铸件需补缩的热节不在铸型最高处，而在侧面甚至在下半型时，通常采用侧冒口。

② 冷铁。用金属材料（铸铁、钢和铜等）制成的激冷物称为冷铁。其作用是在铸型中加快铸件某部分的冷却速度，调节铸件的凝固顺序，如图 2-9 所示。冷铁与冒口配合使用，可扩大冒口的有效补缩距离。

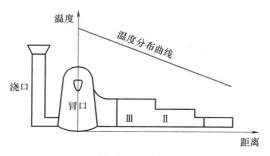

图 2-8　顺序凝固

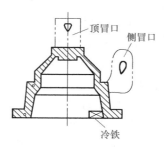

图 2-9　冒口和冷铁

③ 补贴。对于壁厚均匀的薄壁件，只用增加冒口直径和高度的办法来增加冒口的有效补缩距离，效果往往不显著，其内部仍然会产生缩孔和缩松，如图 2-10a 所示。若在铸件壁上部靠近冒口处增加一个楔形厚度，造成一个向冒口逐渐递增的温度梯度，这样就可大大增加冒口的有效补缩距离，消除缩孔。所增加的楔形部分，称为补贴，如图 2-10b 所示。

冒口、补贴和冷铁的综合运用是消除缩孔和缩松的有效措施。必须指出，对于结晶体温度范围宽的合金，由于倾向于糊状凝固，结晶开始之后，发达的树枝骨架布满了整个截面，使冒口的补缩通道严重受阻，因而难以避免显微缩松的产生。因此，选用近共晶成分或结晶温度范围较窄的合金生产铸件是适宜的。

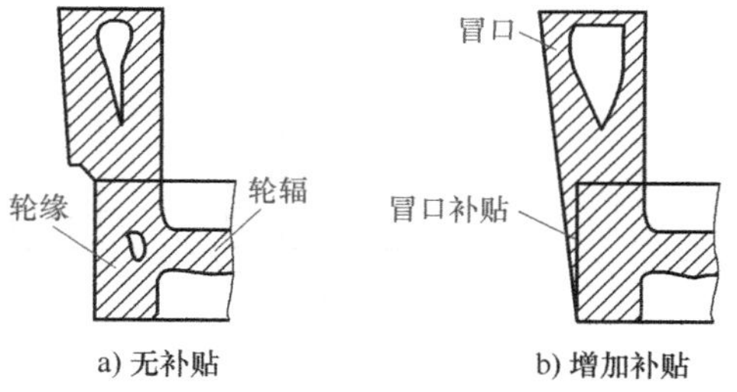

a) 无补贴　　　　b) 增加补贴

图 2-10　铸钢轮缘加冒口补贴

2. 铸件内应力、变形和裂纹

铸件在凝固之后继续冷却的过程中，其固态收缩若受到阻碍，铸件内部将产生内应力，这些内应力有时是在冷却过程中暂存的，有时则一直保留到室温，后者称为残余内应力。铸造内应力是铸件产生变形和裂纹的基本原因。有残余内应力的铸件，机械加工后由于内应力的不平衡，会发生再次变形，因而丧失了原有的加工精度，并使其力学性能、化学和物理性能等下降。因此，应设法减小、防止和消除铸造内应力。

（1）内应力的形成与防止　铸造内应力按其产生的原因，可分为热应力和机械应力两种。

1）热应力。它是由于铸件壁厚不均匀、各部分冷却速度不同，以致在同一时期内铸件各部分收缩不一致而引起的。落砂后热应力仍存在于铸件内，是一种残余铸造内应力。

为了分析热应力的形成，首先必须了解金属自高温冷却到室温时应力状态的改变。固态金属在再结晶温度以上的温度时（如钢和铸铁的再结晶温度为 620~650℃），处于塑性状态。此时，在较小的应力下就可发生塑性变形（即永久变形），变形之后应力可自行消除。在再结晶温度以下的金属处于弹性状态，此时在应力作用下将发生弹性变形，而变形之后应力继续存在。

图 2-11 用框形铸件来分析热应力的形成。该铸件由粗杆 I 和两根细杆 II 组成。假设两根细杆的冷却速度和收缩完全相同。当铸件处于高温阶段（图 2-11 中 $t_0 \sim t_1$），两杆均处于塑性状态，尽管两杆的冷却速度不同，收缩不一致，但瞬时的应力均可通过塑性变形而自行消失。继续冷却后，冷速较快的杆 II 已进入弹性阶段，而粗杆 I 仍处于塑性状态（图 2-11 中 $t_1 \sim t_2$）。由于细杆 II 冷却速度快，收缩量大于粗杆 I，所以细杆 II 受拉、粗杆 I 受压（见图 2-11b），形成了暂时内应力，但这个内应力随之便因粗杆 I 的微量塑性变形（压短）而消失（见图 2-11c）。当进一步冷却到更低温度时（图 2-11 中 $t_2 \sim t_3$），粗杆 I 也处于弹性状态，此时，尽管两杆长度相同，但所处的温度不同。粗杆 I 的温度较高，还将进行较大的收缩量；而细杆 II 的温度较低，收缩已趋于停止。因此，粗杆 I 的收缩必然受到细杆 II 的强烈阻碍，于是，细杆 II 受压，粗杆 I 受拉，直到室温，形成了残余内应力（见图 2-11d）。由此可见，热应力使铸件的厚壁或心部受拉，薄壁或表面受压。铸件的壁厚差别越大，合金线收缩率越高，弹性模量越大，产生的热应力越大。

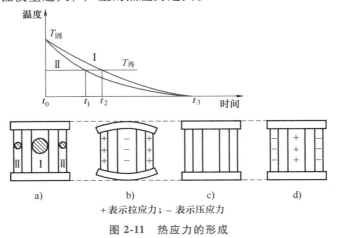

+表示拉应力；− 表示压应力

图 2-11　热应力的形成

2）机械应力。铸件的固态收缩（即线收缩）受到铸型、型芯、浇注系统、冒口或箱挡等的阻碍而产生的内应力称为机械应力，也称收缩应力，如图 2-12 所示。

机械应力使铸件产生拉伸或剪切应力，是一种暂时应力。一经落砂及打断浇、冒口后，应力会随之自行消除。但机械应力在铸型中可与热应力共同起作用，增大了某些部

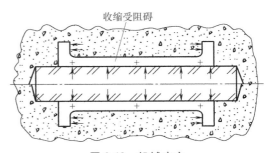

图 2-12　机械应力

位的拉伸应力，促进了铸件的裂纹倾向。

铸造内应力对铸件质量危害很大，它使铸件的精度降低和使用寿命大大缩短。在存放、加工甚至使用过程中，铸件会因残余内应力的存在发生翘曲变形和裂纹，因此必须尽量减小或消除。

3）铸造内应力的防止。

① 设计铸件时尽量使其壁厚均匀，形状对称、减小热节；尽量避免牵制收缩结构，使铸件各部分能自由收缩。

② 设计铸件的浇注系统时，应采取"同时凝固"的原则。即铸件相邻各部位或铸件各处凝固开始及结束的时间相同或相近，甚至是同时完成凝固过程，无先后的差异及明显的方向性。

实现"同时凝固"的原则，可将浇口开在铸件的薄壁处，使薄壁处铸型在浇注过程中的温度较厚壁处高，因而使薄壁处的冷却速度与厚壁处趋于一致。有时为增快厚壁处的冷却速度，还可在厚壁处安放冷铁，如图 2-13 所示。坚持"同时凝固"原则可减小铸造内应力，防止铸件的变形和裂纹缺陷，又可不用冒口省工省料，缺点是铸件心部容易出现缩孔或缩松。"同时凝固"原则主要用于普通灰铸铁、锡青铜等铸件，这是由于灰铸铁的缩孔、缩松倾向小；锡青铜的糊状凝固倾向大，用顺序凝固也难以有效地消除其显微缩松缺陷。

③ 造型工艺上，采取相应措施减小铸造内应力。例如，改善铸型、型芯的退让性，合理设置浇口、冒口等。

④ 减少铸型与铸件的温度差。例如，在金属型铸造和熔模铸造时对铸型预热，可有效减小铸件的热应力。

⑤ 去应力退火。将铸件加热到塑性状态，如灰铸铁的中、小件加热到 550~650℃，保温 3~6h 后缓慢冷却，可消除残余铸造内应力。这种去应力方法通常是在粗加工以后进行的，可将原有的铸造内应力和粗加工产生的应力一并消除。

（2）铸件的变形与防止 具有残余内应力的铸件是不稳定的，它将自发地通过变形来减小其内应力，以便趋于稳定状态。只有原来受拉部分产生压缩变形、受压部分产生拉伸变形，才能使残余内应

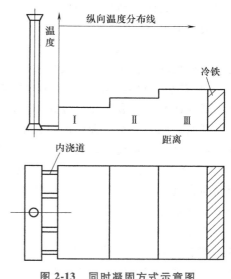

图 2-13 同时凝固方式示意图

力减小或消除。图 2-14 所示为车床床身由热应力导致的挠曲变形示意图。其导轨部分因较厚受拉应力而产生压缩变形，床壁部分因较薄受压应力而产生拉伸变形，于是产生导轨面下凹的变形现象。

图 2-14 车床床身挠曲变形示意图

有的铸件虽无明显变形，但经切削加工后，破坏了铸造应力的平衡，又产生微量变形甚至裂纹。如图 2-15a 所示圆柱体铸件，由于心部冷却比表层慢，导致心部产生拉应力，表层产生压应力。于是心部总是力图变短，外层总是力图变长。当外表面被加工掉一层后，心部所受拉应力减小，铸件变短如图 2-15b 所示。当在心部钻孔后，表层所受压应力减小，铸件变长如图 2-15c 所示。若从侧面切去一层，则会产生图 2-15d 所示的弯曲变形。

为防止铸件产生变形，除在铸件设计时尽可能使铸件的壁厚均匀、形状对称外，在铸造工艺上应采用"同时凝固"原则，以便冷却均匀。对于长而易变形的铸件，还可采用反变形法。反变形法是在统计铸件变形规律的基

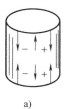  

a)　　　　　　b)　　　　　c)　　　　　　d)

图 2-15　铸件变形示意图

础上，在模样上预先做出相当于铸件变形量的"反变形量"，以抵消铸件的变形。

实践证明，尽管变形后铸件的内应力有所减缓，但并未彻底去除，这样的铸件经机械加工之后，由于内应力的重新分布，还将缓慢地发生微量变形，使零件丧失应有的精确度。为此，对于不允许发生变形的重要件必须进行时效处理。自然时效是指将铸件置于露天场地半年以上，使其缓慢地发生变形，从而使内应力消除；人工时效是指将铸件加热到 $550\sim650℃$ 进行去应力退火。

（3）铸件的裂纹与防止　当铸造内应力超过金属的强度极限时，铸件便将产生裂纹。裂纹是严重缺陷，多使铸件报废。裂纹可分成热裂和冷裂两种。

1）热裂。热裂是在高温下形成的裂纹，其形状特征是缝隙宽、形状曲折、缝内呈氧化色。试验证明，热裂是在合金凝固末期的高温下形成的。因为合金的线收缩在完全凝固之前便已开始，此时固态合金已形成完整的骨架，但晶粒之间还存在少量液体，故强度、塑性较低，若机械应力超过了该温度下合金的强度，便发生热裂。形成热裂的主要因素如下：

① 合金性质。合金的结晶温度范围越宽，液、固两相区的绝对收缩量越大，合金的热裂倾向也越大。灰铸铁和球墨铸铁热裂倾向小，铸钢、铸铝、可锻铸铁热裂倾向大。此外钢铁中硫含量越高，热裂倾向也越大。

② 铸型阻力。铸型的退让性越好，机械应力越小，热裂倾向越小。铸型的退让性与型砂、型芯砂的黏结剂种类密切相关，如采用有机黏接剂（如植物油、合成树脂等）配制的型芯砂，因高温强度低，退让性较黏土砂好。

2）冷裂。冷裂是在较低温度下形成的裂纹，其形状特征是裂纹细小、呈连续直线状，有时缝内呈轻微氧化色。冷裂常出现在铸件受拉应力的部位，特别是应力集中的地方，如尖角、缩孔、气孔、夹渣等缺陷附近。有些冷裂纹在落砂时并未形成，而是在铸件清理、搬运或机械加工时受到振击才出现的。

合金的成分和熔炼质量对冷裂有很大的影响，不同的铸造合金其冷裂倾向也不同。灰铸铁、白口铸铁、高锰钢等塑性较差的合金较易产生冷裂倾向；塑性好的合金因内应力可通过其塑性变形自行缓解，故冷裂倾向小。

为防止铸件冷裂，除应设法减小铸造内应力外，还应控制钢、铁的磷含量。如铸钢中磷含量大于 0.1%，铸铁中磷含量大于 0.5%，因冲击韧性急剧下降，冷裂倾向将明显增加。

此外，浇注后，勿过早开箱。

3. 铸件中的气孔

气孔是最常见的铸造缺陷，它是由于金属液中的气体未能排出，在铸件中形成气泡所致。气孔减少了铸件的有效截面面积，造成局部应力集中，降低了铸件的力学性能，特别是冲击韧性和疲劳强度显著降低。同时，一些气孔是在机械加工中才被发现的，成为铸件报废的重要原因。根据气体的来源，可将气孔分为侵入气孔、析出气孔和反应气孔三种类型。

（1）侵入气孔　侵入气孔是砂型或砂芯在浇注时产生的气体聚集在型腔表层浸入金属液内所形成的气孔，多出现在铸件局部上表面附近。其特征是尺寸较大，呈梨形或椭圆形，孔的内表面被氧化。铸铁件中的气孔大多属于这种气孔。预防侵入气孔的基本途径是降低型砂（芯砂）的发气量和增加铸型的排气能力。

（2）析出气孔　溶解于金属液中的气体在冷凝过程中，因气体溶解度下降而析出，铸件因此而形成的气孔称为析出气孔。其特征是：尺寸细小，多而分散，形状多为圆形、椭圆形或针状，有时遍及整个铸件截面。预防析出性气孔的基本途径是尽量减少金属液在熔化过程中的吸气量，对已溶于金属液中的气体采取驱气处理等方法。

（3）反应气孔　它是高温金属液与铸型材料、冷铁（或型芯撑）、熔渣之间，由于化学反应在铸件内形成的气孔。反应气孔的种类很多，形状各异。例如，金属液与砂型界面因化学反应生成的气孔，常出现在铸件表层下 1~2mm 处，孔内表面光滑，孔径多为 1~3mm，又称皮下气孔。皮下气孔常出现在铸钢件和球墨铸铁件上。

2.1.4　铸件质量分析

铸造过程工序繁多，影响铸件质量的因素复杂，难以综合控制。因此，铸件缺陷难以完全消除，废品率较其他金属加工方法高出很多。同时，很难发现和修补隐藏在铸件内部的缺陷，有些缺陷则是在机械加工时才暴露出来，这不仅浪费了机械加工工时，增加了制造成本，还会阻碍整个生产任务的完成。因此，控制铸件的质量和降低铸件废品率就显得尤为重要。

铸件缺陷种类繁多，名称也不尽相同。表 2-4 列出了铸件缺陷的名称及分类，可供参考。

表 2-4　铸件缺陷的名称及分类

类别	名称	类别	名称	类别	名称
孔眼	气孔	形状、尺寸和重量不合格	多肉	表面缺陷	粘砂
	缩孔		浇不到		夹砂
	缩松		落砂		冷隔
	渣眼（夹渣）		抬箱	成分、组织和性能不合格	化学成分不合格
	砂眼		错箱		金相组织不合格
	铁豆		偏芯		偏析
裂纹	热裂		变形		过硬（白口）
	冷裂				物理、力学性能不合格

铸件缺陷的产生不仅与不合理的铸造工艺有关，还与造型材料、模具、合金的熔炼和浇注等各个环节相关。此外，铸造合金的选择、铸件结构工艺性、技术要求的制订等设计因素都对铸件缺陷的产生有关键作用。就一般机械设计而言，应从以下几方面来控制铸件质量。

1）合理选定铸造合金和铸件结构。进行选材时，在能保证铸件使用要求的前提下，应尽量选用铸造性能好的合金。同时，还应结合合金铸造性能的要求，合理设计铸件结构。

2）合理制订铸件的技术要求。具有缺陷的铸件并不都是废品，若其缺陷不影响铸件的使用要求，可视为合格铸件。在合格铸件中，其缺陷允许存在的程度，一般应在零件图或有关技术文件中做出具体规定，作为铸件质量检验的依据。

3）模样质量检验。若模样、型芯盒不合格，会造成铸件形状或尺寸不合格等缺陷。因此，必须对模样、型芯盒及有关标记进行认真检验。

4）铸件质量检验。这是控制铸件质量的重要措施。生产中，检验铸件是依据铸件缺陷的存在程度，确定和分辨合格铸件、待修补铸件及废品。同时，通过缺陷分析寻找缺陷产生的原因，以便对症下药解决生产问题。

5）铸件热处理。为了保证工件的质量要求，有些铸件铸后必须进行热处理。例如，为消除内应力而进行时效处理；为改善切削加工性能和降低硬度，对铸件进行软化处理；为保证力学性能，对铸钢件、球墨铸铁件进行退火或正火处理等。

2.2 砂型铸造

砂型铸造作为一种最常用的铸造方法，具有许多的优点，如价格成本低、设备简单、造型材料来源广、操作简便、可运用于各种生产规模而不受铸件形状和尺寸以及合金类型的影响等。因此，掌握砂型铸造是合理选择铸造方法和正确设计铸件的基础。

2.2.1 造型方法的选择

砂型铸造最基本的工序就是造型，造型方法的选择是至关重要的，它会极大地影响铸件的质量和成本。造型方法主要为手工造型和机器造型。制订铸件的制造工艺，首先要选择合适的造型方法。

1. 手工造型

手工造型常用工具（见图 2-16）主要适用于单件及小批量生产，有时也可用于较大批量生产。根据砂箱特征可以将其分为两箱造型、三箱造型、地坑造型、脱箱造型等。根据模样特征可将其分为整模造型、分模造型、活块造型、刮板造型、假箱造型等。手工造型的优点是操作灵活，对于大小尺寸不同的铸件生产均适用，采用不同模样和型芯，通过两箱造型、三箱造型等方法可制造出外轮廓及内腔形状复杂的构件。然而，手工造型有着一些缺点，如生产率低、要求工人具有较高的技术水平、制造出的铸件表面粗糙及尺寸精度较差等。但是，手工造型依旧是一种不可或缺的造型方法。

2. 机器造型

机器造型主要适用于大批量生产。机器造型利用机器来完成填砂、紧实和起模等操作。

相比于手工造型，它具有生产率高、铸件质量好、劳动强度低等优势，但也有生产周期长、设备及模具成本高等缺点。根据紧实方式不同，机器造型可分为压实造型、震击造型、抛砂造型和射砂造型。

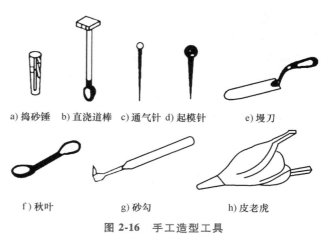

a) 捣砂锤　b) 直浇道棒　c) 通气针　d) 起模针　e) 墁刀

f) 秋叶　　　　g) 砂勾　　　　h) 皮老虎

图 2-16　手工造型工具

（1）压实造型　压实造型是利用压头的压力将砂箱内的型砂紧实，图 2-17 所示为压实造型示意图。将型砂填入砂箱和辅助框内，压头向下将型砂紧实。辅助框的作用是补偿紧实过程中砂柱被压缩的高度。压实造型生产率高，但是沿砂箱高度 H 方向的紧实度 δ 并不均匀，越接近底板，紧实度越差。因此，压实造型只适用于高度低的砂箱。

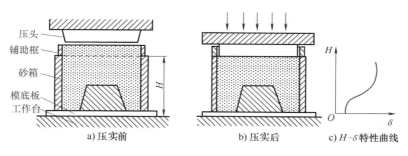

a) 压实前　　　　　　b) 压实后　　　　　c) H-δ 特性曲线

图 2-17　压实造型示意图

（2）震击造型　震击造型是利用震动和撞击力对型砂进行紧实，如图 2-18 所示。将型砂填入砂箱，震击活塞将工作台连并砂箱举到一定高度，再下落与缸体碰撞，通过下落的冲击力起到紧实的作用。震击造型与压实造型不同的是，其越接近底板紧实度越高。因此，为了型砂紧实度更均匀，通常将震击造型和压实造型两者联合使用。

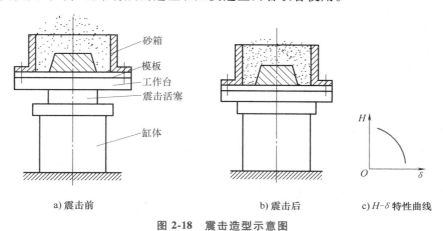

a) 震击前　　　　　　　　b) 震击后　　　　　　　c) H-δ 特性曲线

图 2-18　震击造型示意图

（3）抛砂造型　图 2-19 所示为抛砂造型的原理图。型砂通过传动带输送机持续送入，高速旋转的叶片接住型砂，并将其分为一个个砂团，当砂团转到出口处时，由于离心力作用以高速抛入砂箱，同时完成填砂和紧实。

（4）射砂造型　图 2-20 所示为射砂造型的原理图。从储气筒中迅速进入射膛内的压缩气体，将型芯砂从射砂孔射入芯盒的空腔中，压缩空气从射砂板上的排气孔排出，射砂是在较短时间内完成填砂和紧实，生产率很高。

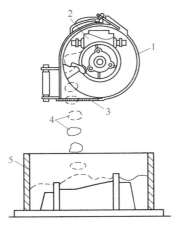

图 2-19　抛砂造型原理图
1—机头外壳　2—型砂入口
3—砂团出口　4—被紧实的砂团
5—砂箱

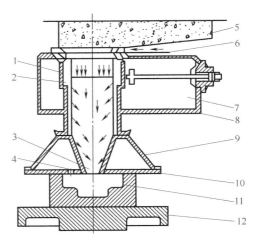

图 2-20　射砂造型原理图
1—射砂筒　2—射膛　3—射砂孔　4—排气孔
5—砂斗　6—砂闸板　7—进气阀　8—储气筒
9—射砂头　10—射砂板　11—芯盒　12—工作台

2.2.2　浇注位置和分型面的选择

1. 浇注位置选择原则

铸件的浇注位置指的是浇注时铸件在型腔内所处的位置，浇注位置的选择是否合理对铸件的质量有很大的影响。浇注位置选择的原则具体如下：

1）铸件的重要加工面应朝下。由于铸件的上表面较易产生砂眼、气孔、夹渣等缺陷，组织也不如下表面致密，若这些面无法朝下，则应尽量置于侧面。另外，当一个铸件有多个重要加工面时，应将最大的平面朝下，并且通过对上表面增加加工余量来保证铸件的质量。

车床床身铸件的浇注位置如图 2-21 所示，对于该铸件来说，导轨面为重要加工面，所以通常是将导轨面朝下放置来进行浇注。

2）铸件的大平面应朝下。这是因为在浇注过程中，金属液会在型腔上表面产生强大的热辐射，型砂会因急剧热膨胀和强度下降拱起或开裂，从而导致上表面产生夹砂或结疤

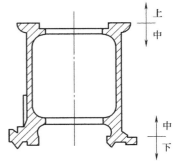

图 2-21　车床床身铸件浇注位置

缺陷。图 2-22 所示为钳工平板浇注位置。

3）铸件的薄壁部分应置于下部或使其处于竖直或倾斜位置。这样做可以防止铸件薄壁发生浇不足或冷隔现象。图 2-23 所示为油盘浇注位置。

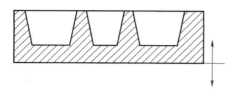 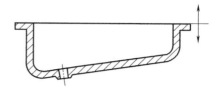

图 2-22　钳工平板浇注位置　　　　　　　图 2-23　油盘浇注位置

4）铸件较厚部分应置于铸型上部或侧面。这样便于在铸件厚大处安置冒口，实现顺序凝固。若铸件圆周表面质量要求高，则应采用立铸（三箱造型或平作立浇）以便补缩。图 2-24 所示为卷扬筒浇注位置。

2. 分型面的选择原则

铸型分型面指的是铸型组元间的接合面。分型面选择是否合理是判断铸造工艺合理性的关键因素之一。若选择不恰当则不仅会影响铸件质量，还会使制模、造型、造芯、合型或清理等工序复杂化，甚至会增加切削工作量。因此在保证铸件质量的前提下，分型面的确定应能尽量简化工艺，节省人力物力。

（1）一般原则　分型面选择的一般原则如下：

1）应尽量使分型面平直、数量少，以便于起模和简化工艺。分型面增多，铸型误差就会增加，导致铸件精度会下降。同时还要避免不必要的型芯。

如图 2-25 所示，图中选择的分型面为一平面，可采用简便的分开模造型。若采用图中所示的弯曲分型面，则需要采用挖砂或假箱造型。对于大批量生产，应尽量选用图中所示的分型面，这样可以便于造型操作，而且模板制造费用低；而对于小批量或单件生产，应采用弯曲分型面，这是因为整体模样坚固耐用、造价低。

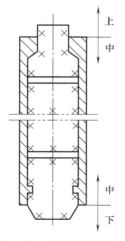 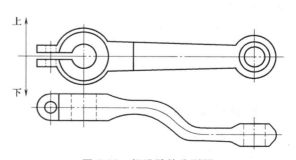

图 2-24　卷扬筒浇注位置　　　　　　　图 2-25　起重臂的分型面

2）尽量将铸件全部或大部分置于一个下箱内，以确保铸件精度。如图 2-26 所示，方案 a 在凸台处增加一外型芯，使得加工面和基准面处于同一砂箱内，保证了铸件的精度。而若

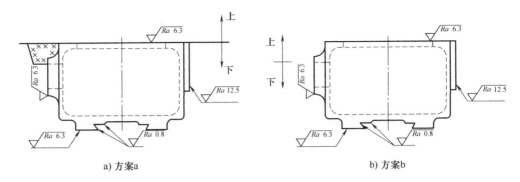

a) 方案a   b) 方案b

图 2-26　床身铸件分型方案

采用方案 b 分型，则错箱会影响铸件精度。

3）尽量避免不必要的型芯或活块，以简化工艺。图 2-27 所示为支架分型方案。方案 a 必须采用 4 个活块才能制出凸台，且下部 2 个活块由于太深，难以取出；方案 b 不需要使用活块，在 A 处稍加挖砂即可。

（2）具体原则　对于具体铸件来说，满足以上所有原则是不易的，有时浇注位置选择与分型面的选择会有冲突，这就需要判断哪个是主要矛盾，尽量满足，至于次要矛盾，则从工艺措施上设法解决。具体应遵循以下原则：

1）对于重要的、受力大的、质量要求高的铸件，应优先考虑浇注位置的选择，分型面的位置要与之适应，以便尽量减少铸件缺陷。

2）对于一般铸件，优先考虑简化工艺，提高经济效益，尽量采用最简单的分型方案。

有时采用某种措施可以兼顾两者。例如，单件生产球墨铸铁曲轴时，既要充分利用冒口补缩，来确保整个曲轴

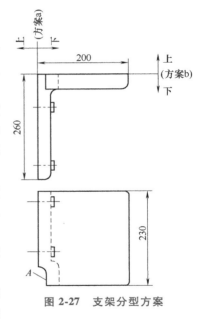

图 2-27　支架分型方案

组织均匀且无缺陷，确定中心线直立的浇注位置；又要便于造型，取过中心线的分型面。可采用横型竖浇的铸造工艺以解决这个矛盾，即横向造型、合型、浇注，然后将砂箱翻转 90°，冒口朝上，竖向浇注冷却。

2.2.3　工艺参数的选择

1. 机械加工余量和铸孔

机械加工余量是在设计铸造工艺图时，为铸件预先增加要切去的金属层厚度。确定机械加工余量时需要注意，加工余量过大，费工且浪费金属；加工余量过小，铸件达不到加工面的表面特征与尺寸精度要求。

机械加工余量的具体数值主要取决于合金品种、铸造方法、铸件大小等。灰铸铁表面相较于铸钢表面平整，精度较高，故灰铸铁加工余量要比铸钢件小，机器造型铸件要比手工造

型铸件精度高，则加工余量要小些；对于那些尺寸较大或加工面与基准面距离较大的铸件来说，铸件尺寸误差也会增大，所以加工余量也要增加；浇注时朝上的面的加工余量要比底面及侧面大些，因为朝上的面产生缺陷的概率更大。

铸件上的孔、槽是否铸出，不仅取决于工艺上的可能性，还需考虑其必要性。一般来说，较小的孔不必铸出，留待机械加工制出，可降低成本；较大的孔、槽则需铸出，以减少切削加工的工时，节约材料，而且减小铸件的热节。灰铸铁的最小铸孔尺寸推荐如下：单件生产为 $\phi 30 \sim \phi 50mm$，成批生产为 $\phi 15 \sim \phi 20mm$，大量生产为 $\phi 12 \sim \phi 15mm$。零件图上不要求加工的孔、槽，无论大小均要铸出。

2. 起模斜度

为便于模样从砂型中取出，凡平行起模方向的模样表面上所增加的斜度，称为起模斜度（见图 2-28）。影响起模斜度大小的因素有模样高度、造型方法、模样材料等。起模斜度一般为 $15' \sim 3°$，立壁越高，斜度越小；机器造型的起模斜度相比于手工造型要小；金属型起模斜度比木模要小；为使型砂便于从模样内腔中取出，内壁起模斜度应比外壁大。

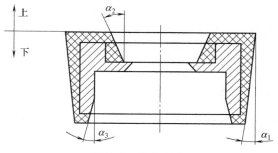

图 2-28　起模斜度

3. 铸造收缩率

由于合金的线收缩，铸件冷却后的尺寸将比型腔尺寸略有缩小。模样尺寸必须要比铸件放大一个该合金的收缩量，来保证铸件该有的尺寸。影响合金收缩率大小的因素为合金种类、铸件尺寸、铸件形状以及结构等。通常，灰铸铁的收缩率为 $0.7\% \sim 1.0\%$，铸造碳钢为 $1.3\% \sim 2.0\%$，硅铝明合金为 $0.8\% \sim 1.2\%$，锡青铜为 $1.2\% \sim 1.4\%$。

4. 型芯头

型芯头的形状和尺寸对型芯装配的工艺性能和稳定性有重要影响。根据型芯头在砂型中的位置，型芯头可分为垂直芯头和水平芯头。垂直芯头（见图 2-29a）一般有上、下芯头，但是当型芯短而粗时，可省去上芯头。芯头需有一定斜度，且下芯头斜度要小（$5° \sim 10°$），大芯头斜度要大（$6° \sim 15°$）。水平芯头（见图 2-29b）的长度取决于型芯头直径及型芯的长度。

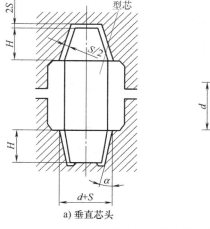

a) 垂直芯头

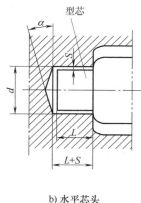

b) 水平芯头

图 2-29　型芯头的构造

另外，需要注意的是，悬臂型芯头必须加长，以防止合箱时型芯下垂或被金属液抬起；型芯头与铸型型芯座之间要有 $1 \sim 4mm$ 的间隙 S，以便于铸型装配。

2.2.4 综合分析举例

图 2-30 所示为箱体三维模型图，箱体材质为 ZL101A，用于装配高速列车转向架齿轮箱。齿轮箱为高速列车的动力传动装置，是列车的核心部件之一，其工作性能的好坏直接影响到高速列车运行的可靠性和安全性，因此，对箱体的力学性能有较高要求。其中浇注位置在较大程度上会影响铸件的凝固，结合箱体材质 ZL101A，浇注时易产生氧化膜夹层，从而形成针孔类

图 2-30　箱体三维模型图

缺陷，因此浇注时应力求金属液流平稳，可采用底注式浇注系统，水平倾注方式。

分型面一般在浇注位置确定后再选择，但分析各种分型面方案的优点和不足之后，可能需要重新调整浇注位置。经由上述分析，表 2-5 分析了箱体不同分型方案的优劣。

表 2-5　箱体不同分型方案的优劣

方案编号	位置选择	优劣
1	上 下	优点:保证大平面在下,砂芯的数量少 缺点:砂箱高,造型困难,填砂、紧实、起模都不方便
2	上 下	优点:砂芯数量少,活块数量少,砂箱不高,下芯方便 缺点:可能会使铸件产生错边(箱)
3	上 下	优点:砂箱不高,下芯方便,位于同一砂箱提高了铸件尺寸精度 缺点:砂芯与活块数目增加

由表 2-5 可看出，方案 2 和 3 比方案 1 优势更大。

根据生产批量不同，又可以有以下方案：

1）单件、小批量生产时，手工造型便于进行挖砂和活块造型，此时选择方案 3 更加经济合理且箱体尺寸精度更高。

2）大批量生产时，机器造型难以使用活块，应采用方案 2 进行分型设计，来降低模板制造费用。

图 2-31 所示为箱体的三维铸造工艺图。浇注系统采用底注式可有效保证金属液平稳充型；冒口设计有助于在铸件冷却过程中补充液态金属，避免铸件内部产生缺陷；冷铁可以加

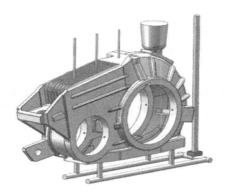

图 2-31　箱体的三维铸造工艺图

注：合金收缩率为 1.08%；非加工表面起模斜度为 35′~1°。

速局部区域的冷却，改变凝固顺序；过滤网的设计能够达到预防夹杂物等缺陷。经由上述分析，各部分为铸件质量的提升起到了非常重要的作用。

2.3　特种铸造

在铸造生产中，砂型铸造使用最为普遍，因为其对于铸件形状、尺寸、重量以及合金种类等几乎没有限制。但其也存在一些难以克服的缺点，如生产率低、铸件表面粗糙、废品率较高且工艺过程复杂、劳动条件差等。随着科学技术的发展，对铸造提出了更高的要求，要求生产出精度更高、性能更好、成本更低的铸件。为了克服砂型铸造中存在的一些缺点，铸造工作者在生产实践中发明了许多区别于砂型铸造的其他铸造方法，统称为特种铸造（special casting）。如今特种铸造的方法已经发展到几十种之多，用于适应不同铸件生产的特殊要求，以获得更高的生产质量与更高的经济效益。

2.3.1　熔模铸造

熔模铸造通常是指将易熔材料制成模样，之后在模样表面涂挂若干层耐火涂料制成型壳，经硬化造型后再将模样熔化并将其排出型壳，获得无分型面的铸型，最后经高温焙烧后进行浇注（放入砂箱周围填砂）的铸造方法。该种铸造方法可以获得具有较高精度和表面质量的铸件，又因其模样多使用蜡质材料来制造，故又将熔模铸造称为失蜡铸造。

1. 熔模铸造对模料的基本要求

1）热物理性能：主要指有合适的熔化温度和凝固区间、较小的热膨胀和收缩、较高的耐热性和模料在室温和高温下均不会和铸件发生反应等。模料熔化温度在 50~80℃ 之间，凝固温度区间则以 6~10℃ 为宜。

2）力学性能：熔模要具有一定的强度和硬度以保证铸件的完整性。模料强度（抗弯强度）一般不低于 2.0MPa，控制在 5.0~8.0MPa；模料硬度通常用针入度表示，模料针入度多在 4~6 度（1 度 = 0.1mm）。

3）工艺性：主要包括黏度、灰分和涂挂性等。

2. 熔模铸造的基本工艺过程

熔模铸造的工艺过程主要可分为蜡模制造、型壳制造、焙烧和浇注等阶段。

（1）蜡模制造过程

1）压型的制造：如图 2-32a 所示，压型是用于制造单个蜡模的专用模具，多使用钢、铜或铝等金属材料经切削加工制成。这种压型使用寿命较长且精度较高，可保证蜡模的质量。但由于其生产成本较高，所需准备时间长，故主要用于大批量的生产。生产批量较小时，可采用如 Sn、Pb、Bi 等金属组成的易熔合金或是塑料、石膏、硅橡胶等直接浇注在模样（母模）上制成。

2）蜡模的压制：可用于蜡模制造的材料有石蜡、硬脂酸、松香等，一般常用的蜡基模料是用 50% 石蜡和 50% 硬脂酸混合制成。将蜡料加热至糊状之后，在 2～3MPa 压力下，将蜡料压入制好的压型之内（见图 2-32b），等蜡料冷却凝固之后将其从压型之中取出，修去分型面上的毛刺，即得到带有内浇道的单个蜡模（见图 2-32c）。

3）蜡模的组装：熔模铸造的铸件通常较小，通常将若干个蜡模焊接在一个预先制好的浇口棒上组成蜡模组（见图 2-32d），如此可实现一型多铸，既可提高生产率又降低了成本。

（2）型壳制造　型壳制造是在蜡模组上涂覆耐火材料，用以制成具有一定强度的耐火型壳的过程。型壳的好坏对于铸件的精度及表面粗糙度有着决定性的影响，故其制造是熔模铸造中的关键，具体步骤如下：

1）浸涂料：将蜡模组放置于涂料中浸渍，使得涂料均匀地包覆在蜡模组的表层。涂料是由耐火材料和黏接剂组成的糊状混合物，可使型腔获得光洁的表层。一般铸件采用的是由石英粉和水玻璃组成的耐火涂料，高合金钢铸件则使用刚玉粉和硅酸乙酯水解液作为涂料。

2）撒砂：使浸渍涂料的蜡模组上均匀地黏附一层石英砂，目的是用砂粒来固定涂料层，增加型壳厚度以获得必要的强度；提高型壳的退让性和透气性，以防型壳硬化后出现裂纹。批量较小时可采用手工撒砂，大批量生产时可用专用撒砂设备。

3）硬化：制壳时，每经过一次涂挂和一层撒砂后应进行化学硬化和干燥，来进一步固定石英砂，增加型壳强度。当以水玻璃为黏结剂时，将蜡模组浸于 NH_4Cl 溶液中，产生化学反应析出凝胶将石英砂黏结牢固（见图 2-32e）。

4）脱蜡：为从型壳中取出蜡模形成铸型空腔，还需进行脱蜡。一般是将型壳浸泡于 85～95℃ 的热水中，待蜡料熔化之后上浮于水面而与型壳脱离（见图 2-32f）。脱除的蜡料进行收集经处理后可重复使用。除热水法外还可采用高压蒸汽法等使蜡料熔化后流出型壳。

（3）焙烧和浇注

1）焙烧：该步骤的目的是进一步去除型壳中残留的水分、残料以及其他杂质，在进行浇注之前需将型壳送至加热炉内，加热至 800～1000℃ 进行焙烧，进一步排除其所含残余挥发物，使型腔更加干净。除此之外，型壳的强度也得到增加。

2）浇注：为防止浇注时型壳发生变形、破裂、浇不足和冷隔等缺陷，常在焙烧之后用干砂填紧加固，并趁热进行浇注（见图 2-32g）。待冷却之后，将型壳破坏，取出铸件，然后去除浇道、冒口，清理毛刺等。

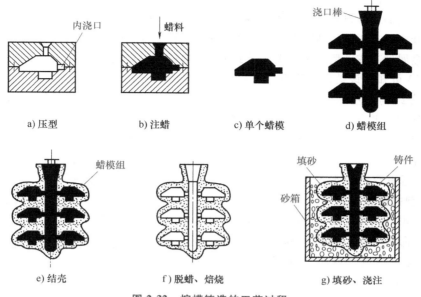

图 2-32　熔模铸造的工艺过程

3. 熔模铸造的特点及其适用范围

熔模铸造具有以下特点：

1）铸件精度高，表面质量好，尺寸标准公差等级为 IT11～IT14，表面粗糙度 Ra 值为 $25～3.2\mu m$。采用熔模铸造的涡轮发动机叶片，其铸件精度已达到无机械加工余量的要求。

2）可用于难以进行砂型铸造的铸件，或难以机械加工的形状复杂的薄壁铸件。铸件最小壁厚为 0.3mm，最小孔径为 2.5mm，且可大大减少机械加工工时，显著提高材料利用率。

3）适用于各种合金铸件。由于型壳采用高级耐火材料制成，尤其适用于高熔点、难加工的高合金钢铸件，如高速钢刀具等。

4）生产批量不受限，单件、小批、大批量生产均可。

5）生产工艺较为复杂且周期长，机械加工压型成本高，加之所用耐火材料、模料等，铸件成本高。又由于铸件受熔模和型壳的强度限制，故铸件不宜过大（或过长）；仅适用于从几十克到几千克的铸件，最大不超过 45kg。

目前，熔模铸造已经在汽车、拖拉机、机床、刀具、航空及兵器等制造领域得到了广泛的应用，成为无切削或少切削加工工艺的重要方法之一。

2.3.2　金属型铸造

金属型铸造是指将液态金属浇入金属铸型之中，在重力作用下凝固成型以获得铸件的铸造方法。因金属铸型可以重复使用成百上千次，故又有永久型铸造之称。

1. 金属型构造

金属型的设计和结构主要根据所需铸件的形状、尺寸、使用的合金类型以及生产批量来确定。存在多种金属型，根据分型面的不同，可以分为整体式、垂直分型式、水平分型式和复合分型式。垂直分型式因其便于设置浇道和取出铸件，同时易于机械化生产，因此被广泛使用。金属型的排气主要通过设在分型面上的通气槽和出气口来实现。大多数金属型配置有推杆机构，以便在开模后方便地从型腔中推出铸件。这些模具通常采用铸铁或铸钢制造。金属型的内腔可以使用金属型芯或砂型芯来完成，对于非铁金属铸件，常使用金属型芯，如图 2-33 所示。

由图 2-33 可知，该结构为垂直分型式与水平分型式相结合的复合结构，左右两个半型使用铰链加以连接，用以开、合铸型。该结构之所以采用了组合型金属型芯是由于铝活塞内腔结构较为复杂，存有销孔内凸台，整体型芯无法抽出。在浇注凝固之后，可先抽出块 5（中间型芯），随后再取出块 4 和 6（两侧型芯）。

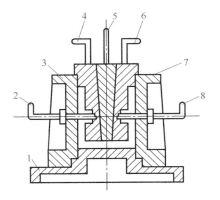

图 2-33　铸造铝活塞简图
1—底型　2、8—销孔金属型芯
3、7—左右半型　4、5、6—分
块金属型芯

2. 金属型的铸造工艺

出于金属型导热快且没有退让性和透气性的考虑，为延长铸型的寿命并获得优质铸件，需严格控制其工艺。

（1）金属型预热　金属型在浇注之前需要进行预热，并在浇注过程中进行适当冷却等措施，使其保持一定的工作温度。不同的铸件结构和合金种类所需的预热温度有所不同，需通过试验进行确定。一般来说，铸铁件的预热温度为 250～350℃，非铁金属件为 100～250℃，其目的是减缓金属型铸型在浇注液态金属时产生的激冷作用，减少铸件缺陷，同时延长铸型使用寿命。

（2）喷刷涂料　金属型的型腔和金属型芯表面必须进行涂料喷刷，用以保护型壁表面免受金属液的直接冲蚀和热击。而涂料层的厚度不同还可影响铸件各部分的冷却速度，从而起到蓄气和排气的作用。涂料可分为衬料和表面涂料两种，前者主要以耐火材料为主，厚度在 0.2～1.0mm；后者为可燃物质（如灯烟、油之类），每浇注一次需要喷涂一次，用以产生隔热气膜。

（3）浇注温度　由于金属型的导热能力较强，故浇注温度应比砂型铸造高 20～30℃。铝合金的浇注温度为 680～740℃，铸铁为 1300～1370℃，锡青铜为 1100～1150℃；薄壁小件取温度上限，厚壁大件取温度下限。

（4）开型时间　浇注之后，铸件在金属型内停留的时间越长，越难以进行铸件的出型及抽芯，铸件产生内应力和裂纹的倾向会增大。同时铸铁件的白口倾向增加，金属型铸造的生产率降低。因此应在铸件凝固之后尽早出型。一般的小型铸铁件出型时间为 10～60s，铸件温度为 780～950℃。

除此之外，为了避免灰铸铁件产生白口组织，除了应采用碳、硅含量高的铁液之外，还应在涂料之中加入些许硅铁粉。而对于已经产生白口组织的铸件，则要利用出型时铸件的余热进行及时的退火。

3. 金属型铸造的特点及应用范围

金属型铸造可实现"一型多铸"，工序简单，便于实现机械化和自动化生产，从而大大提高生产率。同时与砂型铸造相比，金属型内腔表面光洁、刚度大，故铸件的精度和表面质量都有显著提高，尺寸标准公差等级为 IT12～IT16，表面粗糙度 Ra 值为 25～12.5μm。金属型导热速度快，铸件的冷却速度快，凝固后铸件的结晶组织致密，晶粒细小，铸件的力学性能也得到了显著提升，如铝合金金属型铸件，其屈服强度平均提高 20%，同时耐蚀性和硬度也有明显提高。除此之外，金属型铸造的浇冒口尺寸较小，液体金属耗量减少，并且不用砂或少用砂，可减少砂运输和处理设备，改善劳动条件。

但金属型铸造成本较高且生产周期长，同时铸造工艺要求严格，否则易出现浇不足、冷隔、裂纹等铸造缺陷，灰铸铁件又难以避免出现白口组织。此外对于铸件的形状和尺寸还有一定的限制。

金属型铸造通常适用于不太复杂的中小型铸件的大批量生产，如铝合金的活塞、气缸体、缸盖以及铜合金的轴瓦、轴套等。这种方法在需要高精度和良好力学性能的应用中特别有价值。

2.3.3 压力铸造

压力铸造简称压铸，是将熔融状态的金属在高压（比压为 5~150MPa）下快速（充填速度可达 5~50m/s）压入金属铸型中，并在压力下结晶凝固，以获得铸件的方法。

1. 压力铸造的工艺过程

压铸所用的铸型称为压型，与金属型中的垂直分型相似，压型的半个铸型是固定的，称为静型；另外半个可以在水平方向移动，称之为动型。在压铸机上装有抽芯机构和顶出铸件机构。

压铸机的主要构成为压射机构和合型机构。压射机构负责将金属液压入型腔，而合型机构则用于开合压型，并在压射金属时顶住动型，防止金属液从分型面处喷出。一般用合型力的大小来表示压铸机的规格。

若按压射部分的特征分类，压铸机可以分为热压室式和冷压室式两大类。热压室式压铸机上装有坩埚用以储存液态金属，压室浸在液态金属中，因此只能用来压铸低熔点合金，应用较少。而冷压室式压铸机应用较为广泛，金属的熔炼设备不在压铸机上。图 2-34 所示为卧式冷压室式压铸机的工作过程。

1）注入液态金属。先将压型闭合，再将勺内定量的金属液通过压室上的注液孔向压室内注入，如图 2-34a 所示。

2）压铸。压射冲头向前推进，金属液被压入压型之中，如图 2-34b 所示。

3）铸件取出。待铸件凝固之后，使用抽芯机构将型腔两侧型芯同时抽出，动型左移开型，铸件则借冲头的前伸动作离开压室（见图 2-34c）。之后在动型继续打开的过程中，顶杆停止左移，铸件则在顶杆的作用下被顶出动型（见图 2-34d）。

压型的型腔精度与铸件的质量关系密切，故为了保证铸件的质量，压型的型腔精度则要求很高，表面粗糙值要很低。采用专门的合金工具钢来制作压型，并进行严格的热处理。在压铸时还要使压型保持一定的工作温度（120~280℃），并喷覆涂料，避免铸造缺陷。

2. 压力铸造的分类

（1）压铸

1）按压铸机种类可分为热压室压铸和冷压室压铸。热压室压铸的压室浸在保温坩埚的液体金属中，压射部件装在坩埚上面。图 2-35 所示为热室压铸机。热压室压铸具有效率高、合金消耗少、金属液较干净、工艺稳定、易于实现自动化等优点。但由于压室、压射冲头长

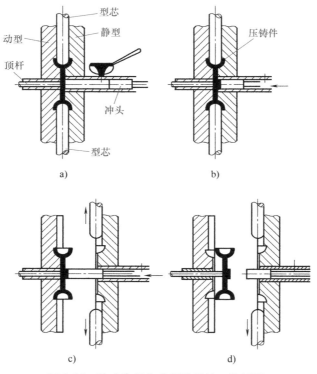

图 2-34　卧式冷压室式压铸机的工作过程

期浸在金属液中，使用寿命较短，因而适用于各种低熔点合金，如锌合金、镁合金等。冷压室压铸的压室与保温炉是分开的，压铸时，从保温炉中取出液体金属浇入压室后进行压铸。冷压室压铸按压力传递方向不同分为立式和卧式两种。冷压室压铸适用于压铸各种非铁合金和钢铁材料，其中立式和卧式压铸均适用于非铁金属压铸，钢铁材料压铸则宜采用卧式压铸。

2）按压铸合金种类可分为非铁金属压铸和钢铁材料压铸。非铁金属压铸包括锌合金、铝合金、镁合金和铜合金的压铸。钢铁材料压铸包括灰铸铁、可锻铸铁、球墨铸铁、碳钢、不锈钢和各种合金钢的压铸。但用钢铁材料压铸的压铸模寿命短。

3）按压铸金属的形态可分为半固态金属压铸与全液态金属压铸，绝大部分压铸采用的都是全液态金属压铸。

4）按压铸方法可分为普通压铸和特种压铸。无特殊要求的压铸称为普通压铸，一般适用于压铸模暴露于空气中的压铸。对于力学性能和内在质量要求较高的铸件，需采用特种压铸的方法，特种压铸包括真空压铸、加氧压铸和半固态压铸等。

（2）低压铸造　低压铸造是一种特种铸造工艺，是使液体金属在压力作用下充填型腔，以形成铸件的方法。由于所用的压力较低，所以称为低压铸造。图 2-36 所示为低压铸造机。

低压铸造利用气体或电磁力将金属液压入铸型来实现充型，作用压力较低（20 ~ 60kPa）。充入密闭坩埚中的压缩空气产生压强，与升液管内部形成压差，金属液在压力的作用下从升液管进入铸型中，并在一定的压力下凝固。

图 2-35　热室压铸机

图 2-36　低压铸造机

3. 压力铸造的特点和适用范围

（1）优点　相比于其他的铸造方法，压力铸造的优点主要如下：

1）铸件的精度和表面质量相较其他的铸造方法而言较高（尺寸标准公差等级为 IT4～IT8，表面粗糙度 Ra 值为 12.5～1.6μm），通常可不经过机械加工直接使用。

2）压力铸造是在高速、高压下成形的，可铸出形状复杂，轮廓清晰的薄壁铸件，还可直接铸出小孔、螺纹、齿轮等。压铸件的一般规范见表 2-6。

3）因铸件冷却速度快，又是在高压之下结晶，故其铸件组织细密，力学性能良好，强度和硬度都较高，如抗拉强度相较于砂型铸造提高 25%～30%。

4）压铸在压铸机上进行，生产率高，劳动条件好。一般冷压室式压铸机平均每小时可完成压铸 600～700 次。

5）便于采用镶铸（又称镶嵌法）。镶铸是指将由其他金属或者非金属材料预制成的嵌件在铸前先放入压型中，通过压铸使两者结合在一起，这既可满足铸件某些部件的特殊性能要求，如强度、耐磨性等，又简化了装配结构和制造工艺。

表 2-6　压铸件的一般规范

合金种类	适宜壁厚/mm	孔的极限尺寸			螺纹极限尺寸			铸齿的最小模数/mm
		最小孔径/mm	最大孔深（直径倍数）		最小螺距/mm	最小螺纹直径/mm		
			盲孔	通孔		外螺纹	内螺纹	
锌合金	1～4	0.7	$4d$	$8d$	0.75	6	10	0.3
铝合金	1.5～5	2.5	>φ5mm 时为 $4d$ ＜φ5mm 时为 $3d$	>φ5mm 时为 $7d$ ＜φ5mm 时为 $5d$	1.0	10	20	0.5
镁合金	1～4	2.0	>φ5mm 时为 $4d$ ＜φ5mm 时为 $3d$	>φ5mm 时为 $8d$ ＜φ5mm 时为 $6d$	1.0	6	15	0.5

（2）缺点　尽管压铸是实现少、无屑加工的一种十分有效的途径，但也存在不足，主要为以下几点：

1）压铸所需的压铸机等设备需要大规模的投资，且制造压型费用较高，周期长，故多用于大批量的生产，否则经济效益较低。

2）压铸不适用于熔点较高的合金（如铜、钢等），否则会造成压型寿命缩短。

3）由于压铸是在高速、高压下进行铸造的，所以型腔内的气体很难排除，厚壁处的收缩也很难补足，导致凝固之后会在铸件内部形成气孔和缩松。因此压铸件不适用于大余量的切削加工，防止孔洞暴露在外。

4）由于气孔是在高压之下形成的，所以在进行热处理时，会导致其内部的气体膨胀，从而使铸件表面产生气泡，所以压铸件不可以使用热处理来改善其力学性能。不过伴随加氧压铸、真空压铸等新型工艺方法的出现，使得压铸的缺点存在了克服的可能性。

（3）适用范围　目前，压力铸造已经在汽车、拖拉机、航空、兵器以及计算机等制造业得到了广泛的应用，尤其是在汽车领域衍生出"一体化压铸"为代表的创新技术，实现了车身一体成形，从而减少了焊接点和自身负重。图 2-37 所示为一体化压铸技术在汽车上的应用。

图 2-37　一体化压铸技术在汽车上的应用

2.4　铸件结构工艺性

铸件结构的工艺性通常是指零件本身的结构应该符合铸造生产的需求。一方面，铸件结构应该方便铸造工艺的进行；另一方面，合理的铸件结构应该能够保证通过铸造工艺可以得到良好的质量，即拥有良好的铸造性能。铸件结构是否合理，对简化铸造工艺，保证产品质量，提高生产率，节省金属材料等具有重要意义。

2.4.1　铸造工艺对铸件结构的要求

合理的铸件结构应该尽可能地简化铸造工艺，这样既有利于降低铸造成形的成本，又有利于保证铸件的质量，故而应该尽可能地满足以下要求：

1）铸件的外形应该尽可能简单，在保证零件的实用性及强度的前提下，应该尽量简化铸件的外形，从而便于造型。

2）分型面尽量平直。平直的分型面可避免挖砂和假箱造型，同时可减少飞边，便于清理，因此要尽力避免弯曲分型面。如图 2-38a 所示的托架，原设计忽略了分型面尽量平直的原则，误将分型面上也加了外圆角，结果只得采用挖砂（或假箱）造型；按图 2-38b 改进后，便可采用简易的整模造型。

3）凸台、筋条的设计应考虑便于造型。图 2-39a 和 c 零件上面的凸台均妨碍起模，必须采用活块或增加型芯来造型。若这些凸台与分型面的距离较近，则应将凸台延长到分型面，如图 2-39b 和 d 所示，以简化造型。

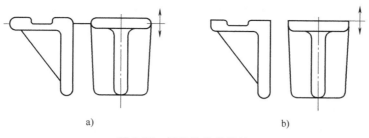

图 2-38　托架铸件的设计

4）铸件的内腔结构应该尽量符合铸造工艺的要求。铸件的内腔通常采用型芯来成形，但是型芯的使用会延长生产周期，进而增加成本，因此，在设计铸件的内腔结构时，应尽量不用型芯或者少用型芯。若铸件必须使用型芯，那么铸件结构应该尽量做到便于下芯、安装、固定，同时要便于排气和清理。如图 2-40 所示的悬臂支架，如果采用图 2-40a 中的结构，在铸造时必须采用型芯，这会增加铸造成形的周期与成本，

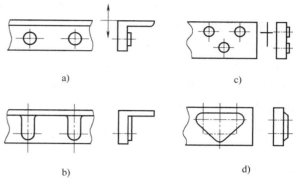

图 2-39　凸台的设计

在保证强度和使用性能的前提下，如果改为图 2-40b 中的结构，在铸造时便不必使用型芯。

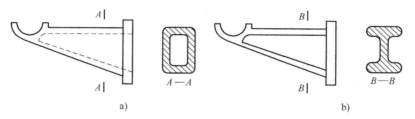

图 2-40　悬臂支架

5）铸件上垂直于分型面的不加工面最好具有一定的结构斜度，以利于起模，同时便于用砂垛代替型芯（称为自带型芯），以减少型芯数量。如图 2-41a～d 所示，这些结构均不具

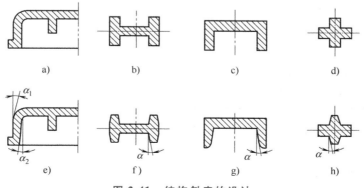

图 2-41　结构斜度的设计

备结构斜度，在起模时容易造成结构的损坏，应该改为图 2-41e ~ h 所示的结构，便于起模。

2.4.2 铸造性能对铸件结构的要求

铸件结构如果不合理，不仅不利于铸造工艺的简化，还有可能给铸件带来许多性能上的缺陷，如缩孔、缩松、裂纹、变形、浇不足、冷隔等，故而铸件结构应该满足以下几个方面的要求：

1）壁厚合理。如果铸件壁厚过大，则容易产生冷隔、浇不足或白口等缺陷，故而铸件的最小壁厚应该根据铸件的材料、大小以及铸造方法等加以限制。在不产生其他缺陷的前提下，应该尽可能选择小壁厚，用以避免因壁厚过大而带来的缺陷，并起到节约材料，降低成本的作用。为了保证铸件的强度，可以在减小壁厚的同时在铸件上添加加强筋等结构，如图 2-42 所示。

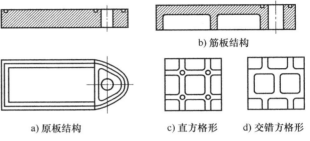

图 2-42 加强筋设计

2）铸件壁厚应该尽量均匀。如果铸件的壁厚不均，则会产生缩孔、缩松、晶粒粗大等缺陷，同时，铸件壁厚不均会造成铸造热应力，并因此而产生变形和裂纹等缺陷。图 2-43a 所示结构在厚壁处产生缩孔、在过渡处易产生裂纹，改为图 2-43b 所示结构，可防止上述缺陷的产生。

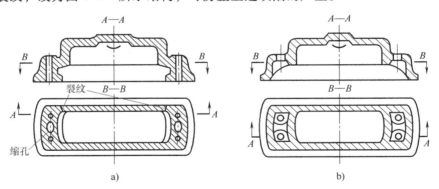

图 2-43 顶盖铸件的两种壁厚设计

3）铸件上的筋条分布应尽量减少交叉，以防形成较大的热节，需要时，可采用环形结构代替筋条的交叉，如图 2-44 所示。应该尽量避免图 2-44a 和 b 所示的结构，改用图 2-44c 所示的结构。

4）连接铸件不同壁厚的地方

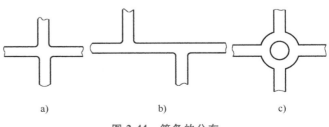

图 2-44 筋条的分布

应该采用逐渐过渡的方式。铸件不同结构相互连接时应该采用较大的圆角连接，避免锐角连接，从而避免因应力集中而产生开裂，如图 2-45 所示。如果铸件过渡区域采用图 2-45a 所示的结构，则容易因应力集中现象而产生开裂，应该改为图 2-45b 所示的结构，设置圆角，避免应力集中。若两壁间的夹角小于 90°，则应考虑采取图 2-46 所示的过渡形式。

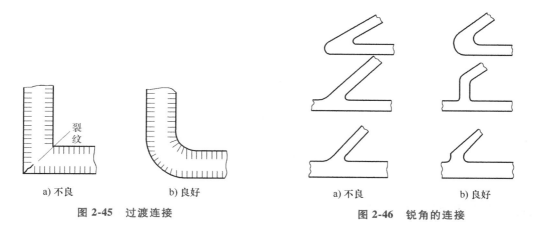

图 2-45　过渡连接　　　　　　　　图 2-46　锐角的连接

5）避免采用较大的水平平面。铸件结构中如果存在较大的水平平面，那么在浇注时，金属液面的上升速度会比较缓慢，容易使铸件产生夹砂、浇不足等缺陷。因此，应尽量用倾斜结构代替过大水平面。

2.5　铸造技术的新进展

随着科技的进步，金属成形工业正逐渐朝着绿色、高效和智能化方向发展。在继承传统铸造技术的基础上，已经开发出许多新技术来辅助铸造过程，或用于预测铸件的结构和性能。这些技术在科研领域已广泛应用。

2.5.1　定向凝固技术

普通铸造获得的是大量的等轴晶，等轴晶粒的长度和宽度大致相等，其纵向晶界与横向晶界的数量也大致相同。而应用定向凝固方法，得到单方向生长的柱状晶，不产生横向晶界，较大地提高了材料的单向力学性能。定向凝固是在凝固金属和未凝固熔体中建立起沿特定方向的温度梯度，从而使熔体在气壁上形核，之后沿着与热流相反的方向，按要求的结晶取向进行凝固的技术。根据工艺方法的不同将定向凝固技术进行简要分类，如图 2-47 所示。

在工程中常用的定向凝固方法包括高速凝固（HRS）法和液态金属冷却（LMC）法。采用和发展该技术最初是用来消除结晶过程中生成的横向晶界，从而提高材料的单向力学性能。定向凝固技术运用于燃气轮机叶片的生产，所获得的具有柱状乃至单晶组织的材料，具有优良的抗热冲击性能、较长的疲劳寿命、较高的蠕变抗力和中温塑性，从而提高了叶片的使用寿命和使用温度，如图 2-48 所示。采用定向凝固技术制备的合金材料消除了基体相与

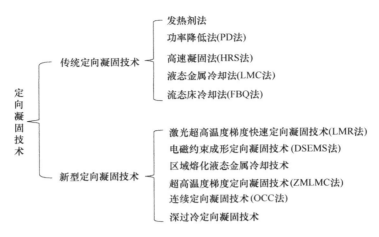

图 2-47 定向凝固技术简要分类

增强相之间相界面的影响，有效地改善了合金的综合性能。

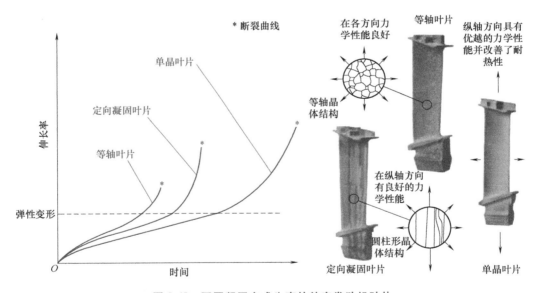

图 2-48 不同凝固方式生产的航空发动机叶片

定向凝固按照凝固系统的特点，可以分为垂直定向凝固和水平定向凝固两大类。垂直定向凝固由于可以制备工业需求的晶体而被广泛应用，而水平定向凝固则主要用作材料的提纯。

1. 垂直定向凝固

垂直定向凝固系统由一个管式炉和竖直的提拉机构组成，如图 2-49 所示。管式炉熔化材料并提供单向温度场，定向凝固时将籽晶置于底端进行引晶。晶体生长可通过移动坩埚和炉子进行，或者炉子和试样均静止，或者通过炉子按顺序切断功率等三种方式进行。在此过程中，晶体通过温度梯度区域实现定向凝固。

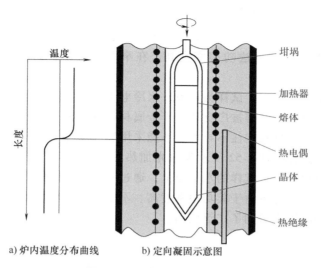

a) 炉内温度分布曲线　　b) 定向凝固示意图

图 2-49　垂直定向凝固方法

此外，还可将晶体装在底部的抽拉杆上，向下抽拉实现定向凝固。这类晶体垂直移动法首先由 Bridgman 提出，称为 VB（vertical Bridgman）方法，在工业和研究领域得到广泛应用。可在炉内加入隔热挡板，从而将热区和冷却区隔开，有效地提高了炉内温度梯度，如图 2-50 所示。

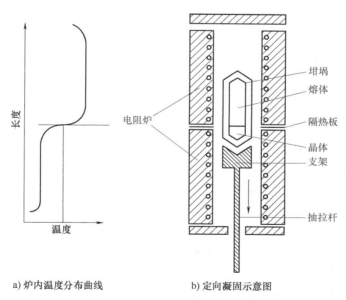

a) 炉内温度分布曲线　　b) 定向凝固示意图

图 2-50　典型定向凝固方法及炉内温度分布

2. 区域熔化定向凝固

水平定向凝固的一个重要方式是区域定向凝固，目前该技术广泛用于材料提纯和制备单晶。该技术原理是在凝固起始端放入籽晶，利用高频感应加热线圈加热，单向移动加热器通过籽晶和铸锭，然后冷却形成单晶，如图 2-51 所示。区域熔化定向凝固的优点是熔区很窄，熔体与坩埚接触的时间短。区熔提纯过程中，为提高提纯效率提出了一种多熔区的提纯技术，其效果相当于单个熔区的几倍。

除了感应加热的方式外，科学工作者还逐渐开发了利用电子束、激光束和等离子束等高能束的加热方法，由于这些方法功率密度高，在窄的熔区内即可以进行悬浮熔炼并定向凝固。

在电子束悬浮熔炼过程中，试样为正极，水冷电子枪为负极，通过电子枪的移动实现顺序熔化并定向凝固。电子束区熔被广泛地用于金属材料等导电材料的凝固和单晶制备。

由于高熔点的非金属材料往往不导电，不能采用感应或电子束进行熔化，利用激光的高能量密度就成为新的选择。图 2-52 所示为激光加热悬浮熔炼定向凝固系统示意图，其凝固原理为高能的激光束被聚焦至试样的水平面上，通过竖直移动试样，使未熔试样逐渐通过激光焦点实现定向凝固。激光束由于其功率密度高、不受材料导电特性的限制等优点，在金属及陶瓷等材料的定向凝固中得到了广泛应用。

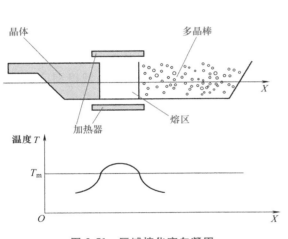

图 2-51　区域熔化定向凝固

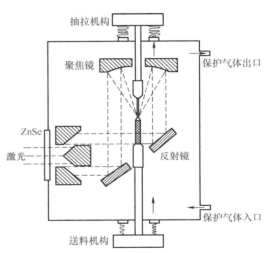

图 2-52　激光加热悬浮熔炼定向凝固系统示意图

3. 其他新型定向凝固技术

（1）连续定向凝固技术　该技术的基本思想是通过加热结晶器模型到金属熔点温度以上，使金属液不在模型上形核，并将冷却系统和结晶器分离，使铸件在型外冷却，以此获得单向高温度梯度，熔体脱离结晶器的瞬间凝固，铸件离开结晶器的同时，晶体沿与热流相反的方向生长凝固，得到定向结晶组织，甚至单晶组织。该技术最大的特点是将传统的连续凝固中冷却结晶器变为加热结晶器，熔体的凝固不在结晶器内部进行。此外，在连续定向凝固过程中固相与铸型不接触，固液界面处于自由状态，固相与铸型之间是靠金属液的表面张力联系的，因此固相与铸型之间不存在摩擦力，可以连续拉延铸坯，并且所需的拉力较小，铸坯的表面质量很好。连续定向凝固综合了先进定向凝固技术与高效连铸技术的优点，是一种新型的近成品形状加工技术。

（2）二维定向凝固技术　与一维定向凝固相比，二维定向凝固技术具有更为复杂的工艺条件。该技术主要被用于制备高性能叶片和圆盘件。二维定向凝固的基本原理是控制热流的方向，使得金属由边缘向中心定向生长，最后获得具有径向柱状晶（宏观）和枝晶轴（微观）组织的材料。图 2-53 所示为二维定向凝固技术原理图。二维定向凝固合金由于柱状晶轴沿径向排列，故其径向强度、塑性和冲击韧度得到大幅度提高，具有十分广阔的前景。

定向凝固技术可较好地控制凝固组织晶粒取向，消除横向晶界，提高材料纵向力学性能，已成为富有生命力的工业手段。目前，以液态金属冷却为代表的高温度梯度定向凝固技术，已成为航空发动机和燃气轮机叶片的重要制备方法。但在凝固过程

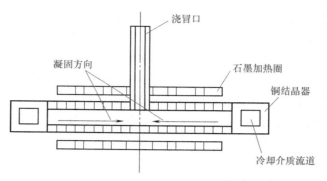

图 2-53   二维定向凝固技术原理图

中，晶体尺寸、截面变化、外界控制参量对其生长取向的影响，以及元素偏析、熔体对流和凝固析出相等对组织和缺陷的作用机理等方面都有待进一步研究。

2.5.2   数字化无模铸造精密成形技术

数字化无模铸造精密成形技术简称无模铸造技术，是计算机、自动控制、新材料、铸造等技术的集成和原始创新。该技术由三维 CAD 模型直接驱动铸型制造，不需要模具，缩短了铸造流程，实现了数字化制造和快速制造。图 2-54 所示为无模铸造技术的技术流程图。

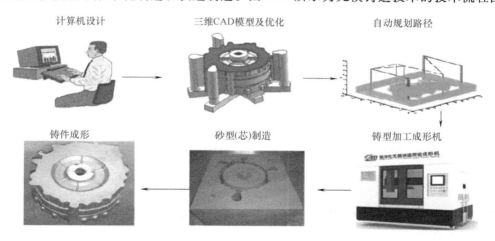

图 2-54   无模铸造技术的技术流程图

同传统铸型制造技术相比，无模铸造有以下几方面优点：

1）造型时间短。利用传统的方法制造铸型必须先加工模样，无论是普通加工还是数控加工，模样的制造周期都比较长。对于大中型铸件来说，铸型的制造周期一般以月为单位计算。由于采用计算机自动处理，无模铸造工艺的信息过程一般只需花费几个至几十个小时。

2）制造成本低。无模铸造工艺的自动化程度高，其设备一次性投资较大，其他生产条件如原砂、树脂等原材料的准备过程与传统的自硬树脂砂造型工艺相同。然而由于它造型无需模样，对于一些大型、复杂铸件，可降低制造成本。

3）一体化制造。由于传统造型需要起模，因此一般要求沿铸件最大截面处（分型面）

将其分开，也就是采用分型造型。这样往往限制了铸件设计的自由度，某些表面和内腔复杂的铸型不得不采用多个分型面，使造型、合箱装配过程的难度大大增加，分型造型使铸件产生飞边，导致机加工量增大。无模铸造工艺采用离散/堆积成形原理，没有起模过程，所以分型面的设计并不是主要障碍。分型面的设计甚至可以根据需要不设置在铸件的最大截面处，而是设在铸件的非关键部位，对于某些铸件，完全可以采用一体化制造方法，即上、下型同时成形。一体化造型最显著的优点是省去了合箱装配的定位过程，减少了设计约束和机加工量，使铸件的尺寸精度更容易控制。

4）型、芯同时成形。无模铸造工艺制造的铸型，型和芯是同时堆积而成的，无需装配，位置精度更易保证。

5）易于制造含自由曲面的铸型。传统工艺中，采用普通加工方法制造含自由曲面的铸型，数控加工编程复杂，涉及刀具干涉等问题。所以传统工艺不适合制造含自由曲面或曲线的铸件。而基于离散/堆积成形原理的无模铸造工艺，不存在成形的几何约束，因而能够很容易地实现任意复杂形状的造型。

6）造型材料廉价。无模铸造工艺所使用的造型材料是普通的铸造用砂，价格低廉，来源广泛。

图 2-55 所示为无模铸型制造工艺与传统工艺耗费时间对比图。

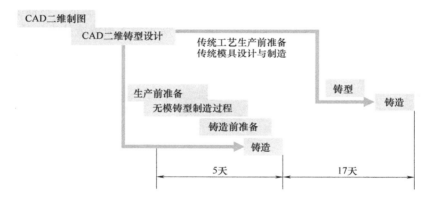

图 2-55　无模铸型制造工艺与传统工艺耗费时间对比

将无模铸型快速制造技术应用于铸造模具制造，可大大简化铸造模具的制造工艺，缩短制造周期，提高模具的尺寸精度，降低模具的制造成本，对铸造业以及整个机械制造业的技术创新和飞速发展起着极其深远的影响。

2.5.3　快速成形技术及其应用

随着经济竞争的日益全球化，各企业需要用最短的时间将新产品投放市场，以增强自身的竞争力。模具开发周期长是制约新产品开发的瓶颈，必须缩短模具开发周期，降低制造成本。20 世纪 80 年代末出现的快速成形技术（rapid prototyping，RP）较好地满足了这一需要。

快速成形是集计算机、光学、电学、精密仪器和材料科学等多种现代学科于一体的自动化技术。如图 2-56 所示，通过 CAD 系统设计出零件的三维（3D）数据模型（简称数模）后，对模型进行三角面片化（STL）处理，对于复杂结构造型往往需要对三角面片化数据进行修复工作；再根据点、线、面累加原理对应的工艺特征，在制造（设备）坐标系中将数据模型进行定向；按照设备允许材料的累加厚度，对 CAD 模型进行切片，生成二维（2D）截面信息（分为内轮廓、外轮廓、填充三部分）；再将标定后的微累加体数据进行冻结，形成工艺参数；结合输入数据模型的层面信息，生成加工代码，利用数控装置精确控制激光束（或其他工具）的运动，在当前工作层上扫描，分别固化出截面的内轮廓、外轮廓、填充等形状；再移动工作台，铺上新的一层成形材料，如此一层一层地累加制造，直至整个零件加工完毕。

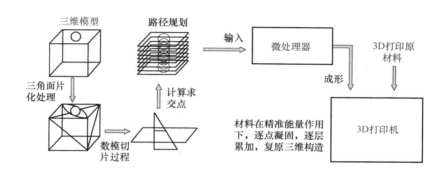

图 2-56　快速成形原理

在制造过程中，采用数字化方式进行精准能量控制，使材料逐点累加成线（内、外轮廓），精准填充完成层与层间制造。

快速成形典型工艺主要包括立体光固化成形（stereolithography appearance，SLA）、激光选区烧结（selective laser sintering，SLS）、分层实体制造（laminated object manufacturing，LOM）、熔融沉积成形（fused deposition modeling，FDM）等，如图 2-57 所示。原材料形态主要有气态、液态丝状、粉末状态，材料种类主要包括非金属材料和金属材料。非金属材料主要有光敏树脂、各种工程塑料，遵循光聚合、热融合或黏结机理累加；金属材料主要有合金钢、铝合金、不锈钢、钛合金、高温合金，遵循焊接或微铸造机理累加，常配合热等静压等热处理工艺改善微观组织结构，实现性能指标的提升。

快速成形技术与传统铸造技术相结合形成了快速铸造技术，基本原理是利用 3D 打印技术直接或者间接地打印出铸造用消失模、聚乙烯模、蜡样、模板、铸型、型芯或型壳，然后结合传统铸造工艺，快捷地铸造金属零件。3D 打印技术与传统铸造的结合，充分发挥了 3D 打印速度快、成本低、可制造复杂零件及铸造可成形任何金属，以及不受形状、大小影响、成本低廉的优势，它们的结合可扬长避短，使冗长的设计—修改—再设计—制模这一过程大大简化和缩短。

快速成形模具制造分为直接法和间接法。直接法是将快速成形件进行后处理（如喷涂转移涂料、渗蜡等），制作木模、蜡模或消失模，获得铸件或铸型。间接法是用快速成形件做母模或过渡模具（如硅橡胶模、石膏模等），再通过精密铸造等传统模具制造方法得到铸件或铸型。

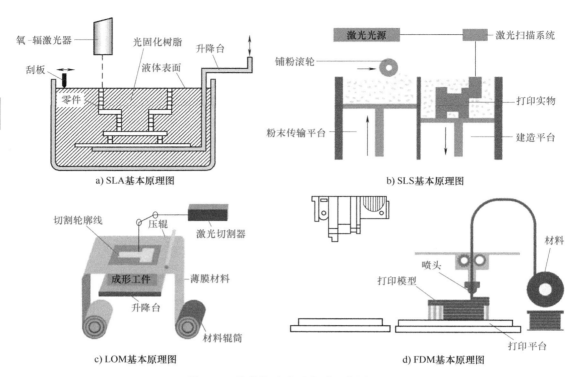

氧-辐激光器　光固化树脂　升降台
刮板
零件

a) SLA基本原理图

激光光源　激光扫描系统
铺粉滚轮
打印实物
粉末传输平台　建造平台

b) SLS基本原理图

切割轮廓线　压辊　激光切割器
成形工件　薄膜材料
升降台　材料辊筒

c) LOM基本原理图

喷头　材料
打印模型
打印平台

d) FDM基本原理图

图 2-57　几种快速成形典型工艺原理图

思考题

2-1　简要说明液态合金的充型能力与合金流动性之间的关系。不同化学成分的合金为何流动性不同？为什么铸钢的充型能力比铸铁差？

2-2　铸件的凝固方式依照什么划分？哪些合金趋向于使用逐层凝固？

2-3　浇注温度能不能过高或者过低？为什么？

2-4　缩孔、缩松产生的原因是什么？如何防止？

2-5　合金充型能力不好易产生哪些缺陷？设计铸件时应如何考虑充型能力？

2-6　试分析图 2-58 轨道铸件热应力形成的原因，以及各部分热应力的性质（用"+"表示拉应力、用"-"表示压应力），并用虚线画出铸件的变形结果。

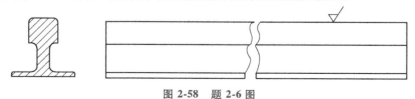

图 2-58　题 2-6 图

2-7　什么是合金的收缩？影响合金收缩的影响因素有哪些？铸造变形和裂纹是怎样产生的？如何防止它们的产生？

2-8　简要描述压铸和低压铸造的区别，并分析它们的优缺点及适用范围。

2-9　从保证质量与简化操作两方面考虑，确定分型面的主要原则有哪些？

2-10　解释低压铸造技术的工艺原理，并讨论其在生产大型铝合金铸件（如汽车轮毂）中的应用优势。比较低压铸造与传统重力铸造的差异。

2-11　确定图 2-59 所示铸件的铸造工艺方案，要求如下：

1）按单件、小批生产和大量生产两种条件分析最佳方案。

2）按所选方案绘制铸造工艺图（包括浇注位置、分型面、型芯、芯头及浇注系统等）。

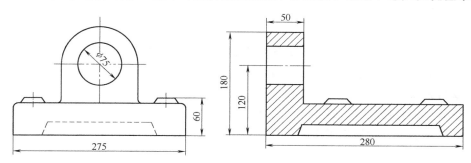

a) 底座

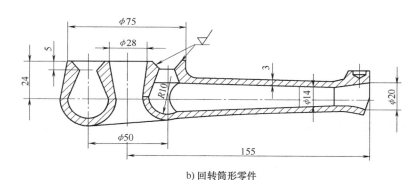

b) 回转筒形零件

图 2-59　题 2-11 图

2-12　什么是特种铸造？常见的特种铸造类型有哪些？

2-13　铸造工艺对铸造结构有什么样的要求？

2-14　什么是铸件的结构斜度？它与起模斜度有何不同？图 2-60 所示铸件的结构是否合理？应如何改正？

2-15　铸造性能对铸造结构的要求有哪些？

2-16　快速成形技术是指什么？它在铸造工艺中有哪些应用？

2-17　简要描述如何使用 3D 打印技术设计和制造铸模，包括选用的材料和打印技术（如 SLA、SLS 等）。

2-18　简要描述完整的数字化铸造流程，并分析在这个流程中如何利用数字模拟和预测软件来减少试错次数和优化产品质。

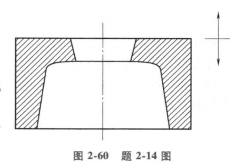

图 2-60　题 2-14 图

第3章 锻压成形技术

　　锻压是锻造和冲压的总称，是对金属坯料施加外力，使其发生塑性变形，从而获得具有一定形状、尺寸和力学性能的毛坯或零件的加工方法。凡是有一定塑性的金属，如钢和大多数非铁金属材料及其合金等，均可在热态或冷态下进行压力加工。锻压加工的主要方法包括自由锻、模锻、板料冲压等。近年来，在新一代航空航天、汽车、高铁和机械装备等行业国家重大需求的牵引下，发展出了多种先进的锻压技术，如超塑性成形、内高压成形、电磁成形等。

3.1 塑性变形基础

3.1.1 塑性变形对金属组织和性能的影响

　　根据金属塑性变形的温度不同，可分为冷变形和热变形。冷变形是指金属在再结晶温度以下的变形，热变形是指金属在再结晶温度以上的变形。由于变形时温度不同，塑性变形会对金属组织和性能产生不同的影响。

1. 冷变形对金属组织和性能的影响

　　金属在冷变形后，其内部组织将发生变化：晶粒沿最大变形的方向伸长，晶粒与晶格均发生扭曲并产生内应力，晶粒间产生碎晶。

　　（1）冷变形对金属性能的影响　金属在塑性变形中随变形程度增大，金属的强度、硬度升高，而塑性、韧性下降（见图3-1）。其原因是滑移面上的碎晶块和附近晶格的强烈扭曲，增大了滑移阻力，使继续滑移难以进行。这种随变形程度增加，强度、硬度升高，而塑性、韧性下降的现象称为加工硬化。在生产中，可以利用加工硬化来强化金属性能，但加工硬化也使进一步的变形更加困难。

　　冷变形工艺使金属获得较高的尺寸精度和表面质量，在工业生产中应用广泛，如板料冲压、冷挤压、冷锻和冷轧等。在实际生产中，常采用加热的方法使金属发生再结晶，从而再次获得良好塑性，这种工艺操作称为再结晶退火。

　　（2）回复及再结晶　冷变形强化是一种不稳定现象，具有自发地回复到稳定状态的倾向，但在室温下不易实现。当提高温度时，原子因获得热能，热运动加剧，使原子得以回复正常排列，消除了晶格扭曲，致使加工硬化得到部分消除，这一过程称为回复，如图3-2c

所示，这时的温度称为回复温度，即

$$T_\text{回} = (0.25 \sim 0.3) T_\text{熔} \qquad (3\text{-}1)$$

式中，$T_\text{回}$ 为金属的回复温度，单位为 K；$T_\text{熔}$ 为金属熔点温度，单位为 K。

当温度继续升高到该金属熔点热力学温度的 0.4 倍时，金属原子获得更多的热能，开始以某些碎晶或杂质为核心，按变形前的晶格结构结晶成新的晶粒，从而消除了全部冷变形强化现象称为再结晶，如图 3-2d 所示。再结晶温度为

$$T_\text{再} = 0.4 T_\text{熔} \qquad (3\text{-}2)$$

式中，$T_\text{再}$ 为金属的再结晶温度，单位为 K。

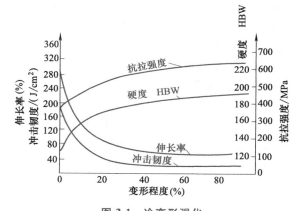

图 3-1　冷变形强化

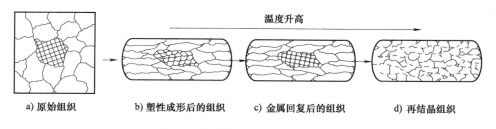

图 3-2　金属的回复和再结晶示意图

a) 原始组织　　b) 塑性成形后的组织　　c) 金属回复后的组织　　d) 再结晶组织

在实际生产中，常采用加热的方法使金属发生再结晶，从而再次获得良好塑性，这种工艺操作为再结晶退火。金属在较高的温度下变形时，回复和再结晶会在变形过程中相继发生，这种回复和再结晶称为动态回复和动态再结晶。

2. 热变形对金属组织和性能的影响

在锻造时，金属的脆性杂质被打碎，沿着金属的主要伸长方向呈碎粒状或链状分布；塑性杂质随着金属变形沿主要伸长方向呈带状分布，这样热锻后的金属组织就具有一定的方向性，通常称为流线组织。流线组织使金属性能呈各向异性，即沿着流线方向（纵向）的抗拉强度较高，而垂直于流线方向（横向）的抗拉强度较低。生产中若利用流线组织纵向强度高的特点，使锻件中的流线组织连续分布并且与其受力方向一致，则会显著提高零件的承载能力。图 3-3a 所示为锻压成形的曲轴，其流线的分布是合理的；图 3-3b 所示为切削成形的曲轴，其流线不连续，流线分布不合理。

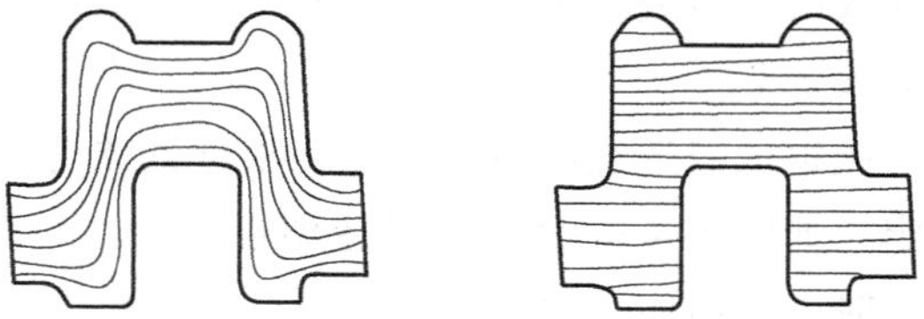

3.1.2　金属的可锻性

金属的可锻性是衡量材料在经受压力加工时获得优质制品难易程度的工艺性能。金属的可锻性好，表明材料易于经受压力加工成形；可锻性差，表明该金属不宜于选用压力加工方法成形。

a) 锻压成形的曲轴　　　　b) 切削成形的曲轴

图 3-3　曲轴的流线分布

可锻性常用金属的塑性和变形抗力来综合衡量。塑性越好，变形抗力越小，则金属的可

47

锻件好，反之则差。金属的塑性用金属的断面收缩率、伸长率等来表示。变形抗力是指在压力加工过程中变形金属作用于施压工具表面单位面积上的压力。变形抗力越小，则变形中所消耗的能量也越少。

金属的可锻性取决于金属的本质和变形条件。

1. 金属的本质

（1）化学成分 不同化学成分的金属其可锻性不同。一般情况下，纯金属的可锻性比合金好；碳钢的碳含量越低，可锻性越好；钢中含有形成碳化物的元素（如铬、钼、钨、钒等）时，其可锻性显著下降。合金元素会形成合金碳化物，形成硬化相，使钢的塑性变形抗力增大，塑性下降。通常合金元素含量越高，钢的塑性成形性能也越差。

（2）金属组织 金属内部的组织结构不同，其可锻性有很大差别。纯金属组织及单相固溶体的合金具有良好的塑性，其可锻性能较好；钢中有碳化物和多相组织时，可锻性能变差；金属的晶粒越小，则其塑性越好，但变形抗力也越大；金属的组织越均匀，其塑性也越好。具有均匀细小等轴晶粒的金属，其可锻性能比晶粒粗大的铸态柱状晶组织好；钢中有网状二次渗碳体时，钢的塑性将大幅下降。

2. 变形条件

（1）变形温度 提高金属变形时的温度，原子的动能增加，削弱了原子之间的引力，从而使塑性增大，变形抗力减小。提高金属变形时的温度，是改善金属可锻性的有效措施，但加热温度过高，会使晶粒急剧长大，导致金属塑性减小，可锻性能下降，这种现象称为过热。如果加热温度接近熔点，会使晶界氧化甚至熔化，导致金属的塑性变形能力完全消失，这种现象称为过烧。坯料如果过烧将报废，因此加热温度要控制在一定范围内。各种材料在锻造时，所允许的最高加热温度称为该材料的始锻温度。坯料在锻造过程中，温度不断下降，因此塑性越来越差，变形抗力越来越大，温度下降到一定温度以后，不仅难于变形且易于锻裂，必须及时停止锻造，重新加热。各种材料停止锻造时的温度称为该材料的终锻温度。锻造温度范围是指始锻温度和终锻温度间的温度区间。终锻温度过低，金属的可锻性急剧变差，使加工难以进行，若强行锻造，将导致锻件破裂报废。常用金属材料的锻造温度范围见表 3-1。

碳钢的锻造温度范围可直接根据铁碳合金相图确定，如图 3-4 所示。当锻造温度在 A_3 和 A_{cm} 线以上时，其组织为单一的奥氏体，塑性好，宜于进行锻造。若锻造温度过低，则塑性会明显下降，变形抗力增大，加工硬化现象严重，容易产生锻造裂纹。因此，一般碳钢的始锻温度比 AE 线低 200℃ 左右，终锻温度约为 800℃。

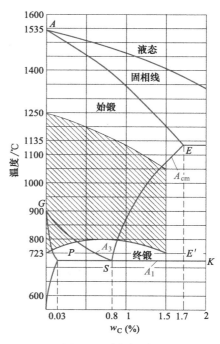

图 3-4 碳钢锻造温度

表 3-1　常用金属材料的锻造温度范围

金属种类		始锻温度/℃	终锻温度/℃
碳钢	$w_C \leqslant 0.3\%$	$1200 \sim 1250$	$800 \sim 850$
	$w_C = 0.3\% \sim 0.5\%$	$1150 \sim 1200$	$800 \sim 850$
	$w_C = 0.5\% \sim 0.9\%$	$1100 \sim 1150$	$800 \sim 850$
	$w_C = 0.9\% \sim 1.4\%$	$1050 \sim 1100$	$800 \sim 850$
合金钢	合金结构钢	$1150 \sim 1200$	$800 \sim 850$
	合金工具钢	$1050 \sim 1150$	$800 \sim 850$
	耐热钢	$1100 \sim 1150$	$850 \sim 900$
铜合金		$700 \sim 800$	$650 \sim 750$
铝合金		$450 \sim 490$	$350 \sim 400$
镁合金		$370 \sim 430$	$300 \sim 350$
钛合金		$1050 \sim 1150$	$750 \sim 900$

（2）变形速度　变形速度即单位时间的变形程度。它对可锻性的影响是矛盾的，一方面随着变形速度的增大，回复和再结晶不能及时克服冷变形强化现象，金属则表现出塑性下降、变形抗力增加（如图 3-5 中 a 点以左），可锻性变坏；另一方面，金属在变形过程中，消耗于塑性变形的能量有一部分转化为热能，使金属的温度升高，这种使金属温度升高的现象称为热效应。变形速度越快，热效应现象越明显，金属的塑性上升，变形抗力下降，（如图 3-5 中 a 点以右），可锻性变好。

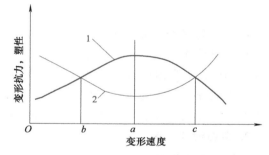

图 3-5　变形速度对塑性及变形抗力的影响
1—变形抗力曲线　2—塑性变化曲线

（3）应力状态　金属在经受不同方法变形时，所产生的应力性质（压应力或拉应力）和大小是不同的。挤压变形时为三向受压状态，如图 3-6 所示；而拉拔变形时则为两向受压、一向受拉的状态，如图 3-7 所示；镦粗变形时，变形材料中心部分受到三向压应力，周边部分上下和径向受到压应力，而切向为拉应力，周边受拉部分塑性较差，易镦裂，如图 3-8 所示。

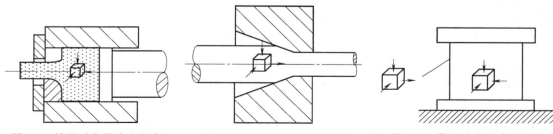

图 3-6　挤压时金属应力状态　　　图 3-7　拔长时金属应力状态　　　图 3-8　镦粗时金属应力状态

三个方向的应力中，压应力的数目越多，则金属的塑性越好；拉应力的数目越多，则金属的塑性越差。同号应力状态下引起的变形抗力大于异号应力状态下的变形抗力。

拉应力使金属原子间距增大，尤其当金属的内部存在气孔、微裂纹等缺陷时，在拉应力作用下，缺陷处易产生应力集中，使裂纹扩展，甚至达到破坏报废的程度。压应力使金属内部原子间距离减小，不易使缺陷扩展，故金属的塑性会增高。但压应力使金属内部摩擦阻力增大，变形抗力亦随之增大。

综上所述，金属的可锻性既取决于金属的本质，又取决于变形条件。在塑性加工过程中，要力求创造最有利的变形条件，充分发挥金属的塑性，降低变形抗力，使功耗最少，变形进行得充分，达到加工目的。

3.2 锻造

50

锻造是指在加压设备及工（模）具的作用下，使金属坯料或铸锭产生局部或全部的塑性变形，以获得一定几何形状、尺寸和质量的锻件的加工方法。常见的基本锻造成形方法主要包括自由锻和模锻。

3.2.1 自由锻

1. 自由锻的特点和分类

自由锻是利用冲击力或压力使金属在上、下两个砧座之间产生变形，从而获得所需形状及尺寸的锻件。自由锻造时，金属受力变形在砧座之间向各个方向自由流动，不受任何限制。自由锻分手工锻造和机器锻造两种，手工锻造只能生产小型锻件，机器锻造是自由锻造的主要生产方式。对于大型锻件，自由锻是唯一可行的方法。

2. 自由锻的工序

自由锻工序可分成基本工序、辅助工序及精整工序三大类。自由锻的基本工序是使金属产生一定的塑性变形以达到所需形状及尺寸的工艺过程，如镦粗、拔长、弯曲、冲孔、切割、扭转、错移、锻焊等。实际生产中最常用的是镦粗、拔长、冲孔等三种工序。

（1）镦粗　镦粗是外力作用方向垂直于变形方向，使坯料高度减小而截面积增大的工序，如图3-9a所示。若使坯料的部分截面积增大，则称为局部镦粗，如图3-9b、d所示。镦粗主要用于制造高度小、截面大的工件（如齿轮、圆盘、法兰等盘形锻件）的毛坯，或作为冲孔前的准备工序，以及增加金属变形量、提高内部质量的预备工序。完全镦粗时，坯料

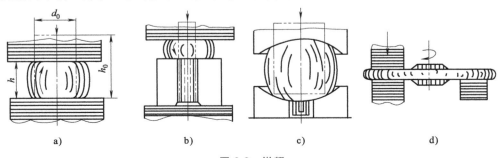

a)　　　　　　b)　　　　　　c)　　　　　　d)

图 3-9　镦粗

应尽量用圆柱形，且长径比不能太大，端面应平整并垂直于轴线，镦粗时的打击力要足，否则容易产生弯曲、凹腰、歪斜等缺陷。

（2）拔长　拔长是缩小坯料截面积，增加其长度的工序。拔长是通过反复转动和送进坯料进行压缩来实现的，是自由锻生产中最常用的工序，包括平砧拔长（见图 3-10）和带芯轴拔长及芯轴上扩孔。平砧拔长主要用于制造各类方、圆截面的轴、杆等锻件。拔长时要不断送进和翻转坯料，以使变形均匀，每次送进的长度不能太大，避免坯料横向流动增大，影响拔长效率。

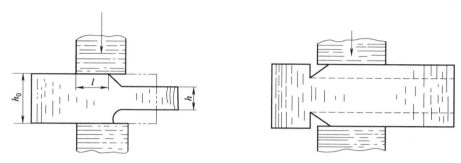

图 3-10　平砧拔长

（3）冲孔　冲孔是在坯料上冲出通孔或不通孔的锻造工序，分为双面冲孔和单面冲孔两大类。一般锻件通孔采用实心冲头双面冲孔，先将孔冲到坯料厚度的 2/3～3/4，取出冲子，然后翻转坯料，从反面将孔冲透。它主要用于制造空心工件，如齿轮坯、圆环和套筒等。冲孔前坯料须镦粗至扁平形状，并使端面平整，冲孔时坯料应经常转动，冲头要注意冷却。冲孔偏心时，可局部冷却薄壁处，再冲孔校正。双面冲孔如图 3-11 所示。对于厚度较小的坯料或板料，可采用单面冲孔，如图 3-12 所示。

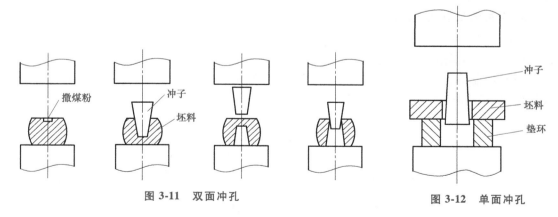

图 3-11　双面冲孔　　　　　图 3-12　单面冲孔

（4）弯曲　弯曲是指将坯料弯成一定角度和形状的锻造工序，主要用于锻造吊钩、弯板等弯曲零件，弯曲过程如图 3-13 所示。

（5）扭转　扭转是指使坯料的一部分相对于另一部分旋转一定角度的锻造工序，主要用于生产多拐曲轴和连杆等，扭转过程如图 3-14 所示。

（6）错移　错移是指将锻件的一部分与另一部分错开，但两部分的轴线仍然平行的锻造工序，主要用于生产曲轴等零件，错移过程如图 3-15 所示。

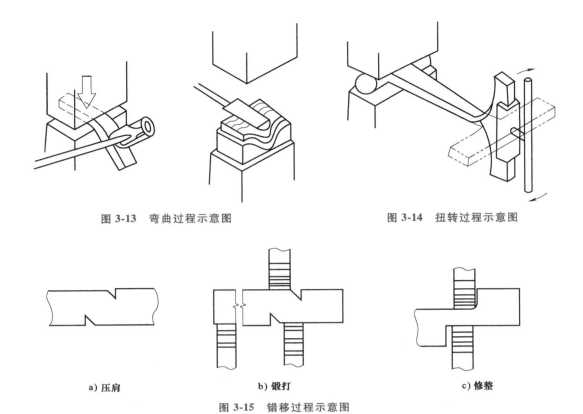

图 3-13　弯曲过程示意图　　　　　　　　图 3-14　扭转过程示意图

a) 压肩　　　　　　　　b) 锻打　　　　　　　　c) 修整

图 3-15　错移过程示意图

辅助工序是为基本工序操作方便而进行预先变形，如压钳口、压钢锭棱边、切肩等。精整工序是减少锻件表面缺陷的工序，如清除锻件表面凸凹不平、整形等，一般在终锻温度下进行。

3. 自由锻工艺规程的定制

自由锻工艺规程的定制包括绘制锻件图、计算坯料的质量和尺寸、确定锻造工序、选择锻造设备和确定锻造热处理过程。

（1）绘制锻件图　锻件图是以零件图为基础绘制而成的，绘制锻件图时需要考虑余块、锻件加工余量和锻件公差，典型锻件图如图 3-16 所示。

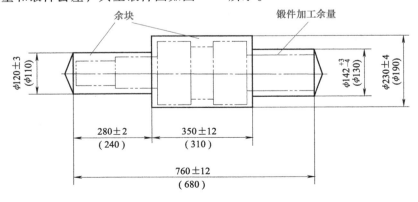

图 3-16　典型锻件图

1）余块（敷料）。零件上有些部分难以锻造，为了便于锻造而暂时增加的那一部分金属称为余块。

2）锻件加工余量。由于自由锻锻件的尺寸精度低、表面质量较差，需再经切削加工获得成品零件，所以应在零件的加工表面上增加供切削加工用的金属，称为锻件加工余量。其大小与零件的形状、尺寸等因素有关。零件越大，形状越复杂，则余量越大。具体加工余量需结合生产的实际条件确定。

3）锻件公差。锻件的基本尺寸是零件的基本尺寸加上锻件加工余量。锻件的上极限偏差是锻件的最大尺寸与基本尺寸之差，锻件的下极限偏差是锻件的基本尺寸与锻件的最小尺寸之差，锻件公差是锻件的上极限偏差与下极限偏差之差。

（2）计算坯料的质量和尺寸　坯料质量的计算公式为

$$m_{坯料} = m_{锻件} + m_{烧损} + m_{料头} \tag{3-3}$$

式中，$m_{坯料}$ 为坯料质量；$m_{锻件}$ 为锻件质量；$m_{烧损}$ 为加热时坯料表面氧化而烧损的质量，第一次加热取被加热金属质量的 2%～3%，以后各次加热取 1.5%～2.0%；$m_{料头}$ 为在锻造过程中冲掉或被切掉的金属的质量，如冲孔时坯料中部的料芯、修切端部产生的料头等。

确定坯料尺寸时，应考虑坯料在锻造过程中必要的变形程度。

（3）确定锻造工序　自由锻的工序主要是根据锻件的形状确定的，自由锻件可根据形状不同进行分类。自由锻件的分类及锻造工序见表 3-2。

表 3-2　自由锻件的分类及锻造工序

锻件类型	图例	锻造工序	实例
盘类、圆环类	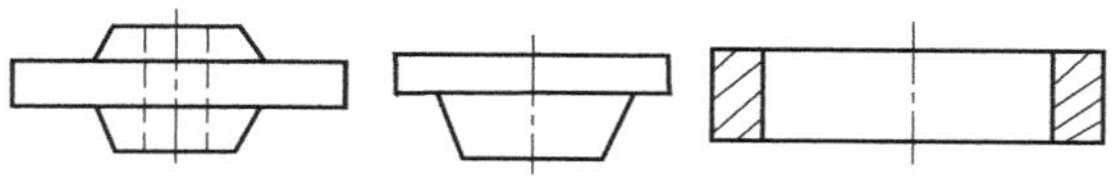	镦粗、冲孔、扩孔	齿轮、法兰、套筒、圆环等
筒类		镦粗、冲孔、拔长、滚圆	圆筒、套筒等
轴类	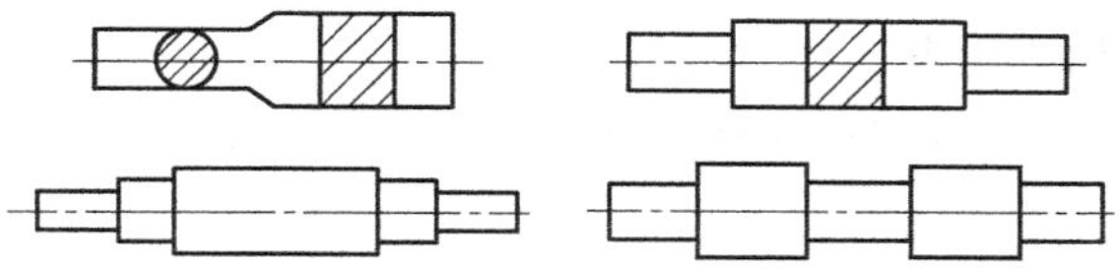	拔长、压肩、滚圆	主轴、传动轴等
杆类	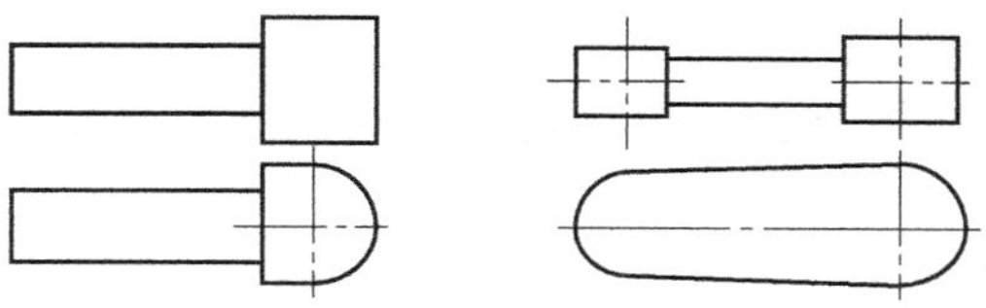	拔长、压肩、修整、冲孔	连杆等
曲轴类	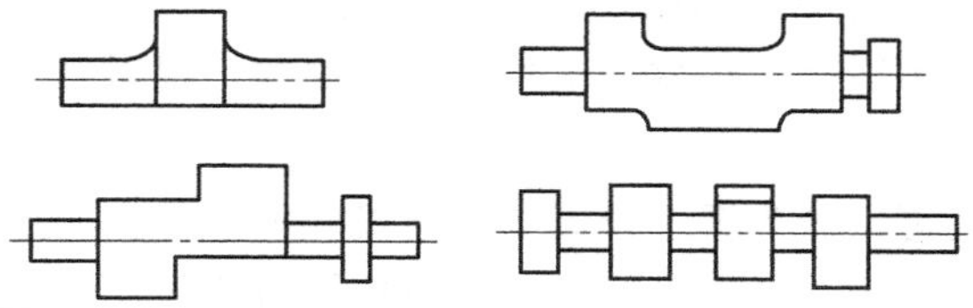	拔长、错移、压肩、扭转、滚圆	曲轴、偏心轴等

（续）

锻件类型	图例	锻造工序	实例
弯曲类		拔长、弯曲	吊钩、弯杆等

（4）选择锻造设备　根据锻造设备对坯料的作用力不同，自由锻可分为锻锤自由锻和液压机自由锻。锻锤自由锻利用冲击力使坯料产生变形，常用的锻锤有空气锤和蒸汽-空气锤，锻锤的吨位用落下部分的质量来表示，一般在 5t 以下，可锻造 1500kg 以下的锻件。液压机自由锻利用静压力使坯料产生变形，常用的液压机为水压机，吨位用最大实际压力来表示，为 500~12000tf（1tf = 9.80665×10³ N），可锻造 1~300t 的锻件。锻锤进行打击工作，故振动大、噪声高，安全性差，机械自动化程度差，因此吨位不宜过大，适于锻造中、小锻件；水压机以静压力成形方式工作，无振动、噪声低，工作安全可靠，易实现机械化，故以生产大、巨型锻件为主。

（5）确定锻造热处理过程　首先，需要确定坯料的锻造温度；其次，需要根据锻件的形状、材料和尺寸等，选择相应的冷却方式；最后，需要选择合理消除内应力的方法，通常选用正火和退火。

3.2.2　模锻

模锻是在高强度金属锻模上预先制出与锻件形状一致的模腔，使坯料在模腔内受压变形。在变形过程中由于模腔对金属坯料流动的限制，因此锻造终了时能得到和模腔形状相符的零件。模型锻造时，坯料整体塑性成形，三向受压。

1. 模锻的特点与分类

与自由锻相比，模锻具有如下优点：

1）自由锻时，金属变形在上、下两个砧铁之间进行，而模锻时金属的变形是在模腔内进行，故能较快获得所需形状，生产率高。

2）节省金属材料，加工余量和公差较小，减少切削加工工作量，尺寸精度高，表面质量好，在批量足够的条件下能降低零件成本。

3）可以锻出形状比较复杂的锻件，如用自由锻来生产，则必须加大量敷料来简化形状。

4）模锻生产可比自由锻生产节省金属材料，降低零件成本。

但是，模锻生产由于受模锻设备吨位的限制，零件质量不能太大，一般在 150kg 以下。又由于制造锻模成本很高，所以不适合于小批和单件生产。因此，模锻生产适合于小型锻件的大批量生产。

根据模锻设备的不同，模锻可以分为锤上模锻、压力机模锻、摩擦旋压机模锻、平锻机模锻，以及其他专用设备模锻。其中，锤上模锻、压力机模锻应用较广。

2. 锤上模锻

锤上模锻是在模锻锤上进行的，因设备成本较低，使用较为广泛，其主要设备是蒸汽-空气锤、无砧座锤、高速锤等，一般工厂中主要使用蒸汽-空气锤，模锻锤的吨位为 10 ~ 160kN，可锻造质量为 0.5 ~ 150kg 的锻件。

锻模是模锻生产时材料成形的模具，结构如图 3-17 所示。上、下模带有燕尾，通过楔铁分别固定在锤头和模座上。上、下模合模后形成中空的模膛，坯料在此成形，上模随锤向下运动，上、下模膛合拢，坯料就完成了变形，充满模膛，形成所需的锻件。

锤上模锻的模膛按功能的不同可以分为制坯模膛和模锻模膛两种。

（1）制坯模膛　对于形状复杂的模锻件，为了使坯料形状基本接近模锻件形状，使金属能合理分布和很好地充满模膛，须预先在制坯模膛内制坯，然后进行预锻和终锻。制坯模膛包括拔长模膛、滚挤模膛、弯形模膛、切断模膛。

1）拔长模膛：用来减少坯料某部分的横截面积，以增加该部分的长度。

2）滚挤模膛：用来减小坯料某部分的横截面积，以增大另一部分的横截面积。它主要是使金属按模锻件形状分布。

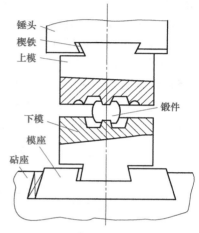

图 3-17　锻模结构

3）弯形模膛：对于弯曲的杆类模锻件，需要进行弯曲制坯。坯料可直接或先经其他制坯工序后，再放入弯曲模膛内进行弯曲变形。

4）切断模膛：用来从坯料上切下锻件或从锻件上切下钳口部金属。

（2）模锻模膛　模锻模膛分为终锻模膛和预锻模膛两种。

1）终锻模膛：使坯料最后变形到锻件所要求的形状和尺寸。它的形状与锻件的形状相同，因锻件冷却时要收缩，终锻模膛的尺寸应比锻件尺寸放大一个收缩量，一般钢件收缩量取 1.2% ~ 1.5%。

2）预锻模膛：使坯料变形到接近于锻件的形状和尺寸，终锻时金属容易充满终锻模膛，同时也减小了终锻模膛的磨损，延长使用寿命。

预锻模膛和终锻模膛的主要区别是：前者的圆角和斜度较大，没有飞边槽。飞边槽的作用是促使金属充满模膛，增加金属从模膛中流出的阻力，同时容纳多余的金属。

金属在模膛内的变形过程可分为三个阶段，以锤上模锻盘类锻件为例，主要包括：充型阶段、形成飞边和充满阶段、锻足阶段。

1）充型阶段：在最初的几次锻击时，金属在外力作用下发生塑性变形，坯料高度减小，水平尺寸增大，并有部分金属压入模膛深处。这一阶段直到金属与模膛侧壁接触达到飞边槽桥口为止。

2）形成飞边和充满阶段：在继续锻造时，由于金属充满模膛圆角和深处的阻力较大，金属向阻力较小的飞边槽内流动，形成飞边。由于飞边在随后急剧变冷，以至金属流入飞边槽的阻力急剧增大，变形力也迅速增大。

3）锻足阶段：由于坯料体积往往都偏多或者飞边槽阻力偏大，因此虽然模膛已经充满，但上下模还未合拢，需进一步锻足。

影响金属充满模膛的因素有以下几个方面：

1）金属的塑性和变形抗力。塑性高、变形抗力低的金属容易充满模膛。

2）飞边槽的形状和位置。飞边槽部宽度与高度之比（b/h）及槽部高度 h 是影响金属充满模膛的主要因素。b/h 越大，h 越小，则金属在飞边流动阻力越大，强迫充填作用越大，但变形抗力也增大。飞边槽的基本结构型式如图 3-18 所示。

3）金属模锻时的温度。金属的温度高，其塑性好、抗力低，易于充满模膛。

4）锻件的形状和尺寸。具有空心、薄壁或凸起部分的锻件难以锻造，锻件尺寸越大，形状越复杂，则越难锻造。

5）设备的工作速度。工作速度较高的设备，其充填性较好。

6）充填方式。镦粗比挤压易于充型。

7）其他。如锻模有无润滑、有无预热等。

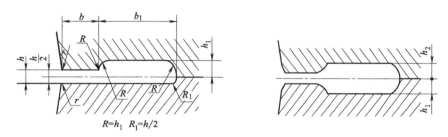

$R=h_1 \quad R_1=h/2$

图 3-18　飞边槽的基本结构型式

3. 压力机模锻

锤上模锻具有工艺适应性广的特点，目前仍在锻压生产中得到广泛应用。但是，模锻锤在工作中存在振动和噪声大、劳动条件差、蒸汽效率低、能源消耗多等难以克服的缺点，因此近些年来大吨位模锻锤有逐步被压力机取代的趋势。用于模锻生产的压力机有摩擦压力机、曲柄压力机、平锻机、模锻水压机等。

（1）摩擦压力机上模锻　摩擦压力机也称螺旋压力机，工作原理如图 3-19 所示。锻模分别安装在滑块 7 和机座 9 上。滑块与螺杆 1 相连，沿导轨 8 只能上下滑动。螺杆穿过固定在机架上的螺母 2，上端装有飞轮 3。两个齿轮 4 装在同一根轴上，由电动机 5 经过传动带 6 使齿轮轴在机架上的轴承中旋转。改变操作杆位置可使齿轮轴沿轴向移动，这样就会把某一个齿轮靠紧飞轮边缘，借摩擦力带动飞轮转动。飞轮分别与两个齿轮接触就可获得不同方向的旋转，螺杆也就随飞轮做不同方向的转动。在螺母的约束下，螺杆的转动变为滑块的上下滑动，实现模锻生产。

在摩擦压力机上进行模锻主要是靠飞轮、螺杆以及滑块向下运动时所积蓄的能量来实现。摩擦压力机的最大吨位可达 80000kN，常用的一般都在 10000kN 以下。

摩擦压力机工作过程中滑块的速度为 0.5~1.0m/s，使坯料变形具有一定的冲击作用，且滑块行程可控，这与锻锤相似。坯料变形中的抗力由机架承受，形成封闭力系，这也是压力机的特点。所以摩擦压力机具有锻锤和压力机的双重工作特性。摩擦压力机带顶料装置，取件容易，但滑块打击速度不高，每分钟行程次数少，传动效率低（10%~15%），能力有限。故摩擦压力机多用于锻造中小型锻件。

摩擦压力机上模锻的特点：

1）摩擦压力机的滑块行程不固定，并具有一定的冲击作用，因而可实现轻打、重打，可在一个模膛内进行多次锻打。它不仅能满足模锻各种主要成形工序的要求，还可以进行弯曲、压印、热压、精压、切飞边、冲连皮及校正等工序。

2）由于滑块运动速度低，金属变形过程中的再结晶可以充分进行，因而特别适合于锻造低塑性合金钢和有色金属等。

3）由于滑块打击速度不高，设备本身具有顶料装置，生产中不仅可以使用整体式锻模，还可采用特殊结构的组合模具。模具设计和制造得以简化，可节约材料和降低生产成本。同时可以锻制出形状更为复杂、敷料和模锻斜度都很小的锻件，并可将轴类锻件直立起来进行局部镦锻。

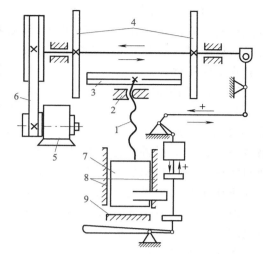

图 3-19　摩擦压力机传动简图
1—螺杆　2—螺母　3—飞轮　4—齿轮
5—电动机　6—传动带　7—滑块
8—导轨　9—机座

4）摩擦压力机承受偏心载荷能力差，通长只适用于单膛锻模进行模锻，对形状复杂的锻件，需要在自由锻设备或其他设备上制坯。

摩擦压力机上模锻适合于中小型锻件的小批和中批生产，如铆钉、螺钉、螺母、配气阀、齿轮、三通阀体等。

综上所述，摩擦压力机具有结构简单、造价低、投资少、使用维修方便、基建要求不高、工艺用途广泛等特点，所以我国中小型工厂多用它来代替模锻锤、平锻机、曲柄压力机进行模锻生产。

（2）曲柄压力机上模锻　曲柄压力机的传动系统如图 3-20 所示。用 V 带 2 将电动机 3 的运动传到飞轮 1 上，通过飞轮轴 4 及传动齿轮 5、6 带动曲柄连杆机构的曲柄 8、连杆 9 和滑块 10，使曲柄连杆机构实现上下往复运动。停止靠制动器 15。锻模的上模固定在滑块上，而下模则固定在下部的楔形工作台 11 上；工作台 11 由楔铁 13 定位。下顶料由凸轮 16、拉杆 14 和顶杆 12 来实现。

曲柄压力机的吨位一般是 2000～120000kN。

曲柄压力机上模锻的特点：

1）滑块行程固定，并具有良好的导向装置和顶料机构，因此锻件的公差、余量和模锻斜度都比锤上

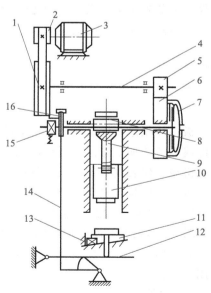

图 3-20　曲柄压力机传动系统
1—飞轮　2—V 带　3—电动机　4—飞轮轴
5、6—传动齿轮　7—离合器　8—曲柄
9—连杆　10—滑块　11—工作台
12—顶杆　13—楔铁　14—拉杆
15—制动器　16—凸轮

模锻小。

2）曲柄压力机作用力的性质是静压力。因此锻模（见图 3-21）的主要模膛 2、6 都设计成镶块式的，镶块用螺栓 7 和压板 1 固定在模板 4、8 上，导柱 3 用来保证上、下模之间的最大精确度；顶杆 5 和 9 的端面形成模膛的一部分。这种组合模制造简单、更换容易，可节省贵重模具材料。

3）由于热模锻曲柄压力机有顶料装置，所以能够对杆件的头部进行局部镦粗。

4）因为滑块行程一定，在任何模膛中都是一次成形，所以坯料表面上的氧化皮不易被清除掉，影响锻件质量。氧化问题应在加热时解决，同时曲柄压力机上也不宜进行拔长和滚压工步。如果是横截面变化较大的长轴类锻件，可以采用周期轧制坯料或用辊锻机制坯来代替这两个工步。

曲柄压力机上模锻由于是一次成形，金属变形量过大，不易使金属填满终锻模膛，因此变形应该逐渐进行。终锻前常采用预成形及预锻工步。

综上所述，与锤上模锻相比，曲柄压力机上模锻具有锻件精度高、生产率高、劳动条件好和节省金属等优点，适合于大批生产。曲柄压力机上模锻虽有上述优点，但由于设备复杂，其造价相对较高。

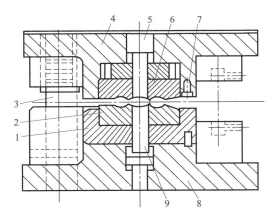

图 3-21　曲柄压力机用锻模
1—压板　2、6—镶块　3—导柱　4—上模板
5—上顶杆　7—螺栓　8—下模板　9—下顶杆

3.3　板料冲压

板料冲压是利用装在压力机上的冲模对金属板料加压，使之产生变形或分离，从而获得零件或毛坯的加工方法，板料冲压又称薄板冲压或冲压。冲压工艺广泛应用于汽车、飞机、农业机械、仪表电器、轻工和日用品中。

板料冲压具有以下几个特点：

1）在常温下加工，金属板料必须具有足够的塑性和较低的变形抗力。

2）金属板料经冷变形强化，获得一定的几何形状后，结构轻巧，强度和刚度较高。

3）冲压件尺寸精度高，质量稳定，互换性好，一般不需要机械加工即可作为零件使用。

4）冲压生产操作简单，生产率高，便于实现机械化和自动化。

5）可以冲压形状复杂的零件，废料少。

6）冲压模具结构复杂，精度要求高，制造费用高，只适用于大批量生产。

冲压件的原材料主要为塑性较好的材料，有低碳钢、铜合金、镁合金、铝合金及其他塑性好的合金等。材料形状有板料、条料、带料、块料等，其加工设备是剪床和压力机。

板料冲压基本工序按其性质可分为分离工序和成形工序两大类。

3.3.1　分离工序

分离工序是指将板料的一部分和另一部分分开的工序，包括冲裁和切断。冲裁是将板料沿封闭的轮廓曲线分离的冲压方法，包括冲孔和落料。切断是将板料沿不封闭的曲线分离的一种冲压方法。

1. 冲裁

落料是指利用冲裁取得一定外形的零件或坯料的冲压方法。冲孔是将冲压坯料内的材料以封闭的轮廓分离开来，得到带孔零件的一种冲压方法，落料和冲孔示意图如图 3-22 所示。

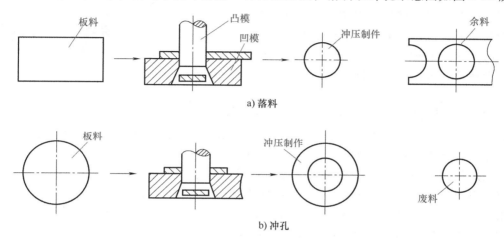

图 3-22　落料和冲孔示意图

（1）冲裁变形过程　冲裁变形过程可以分为三个阶段：弹性变形阶段、塑性变形阶段和断裂分离阶段。

1）弹性变形阶段。冲裁凸模压缩板材的开始阶段，坯料产生局部弹性拉伸、压缩及弯曲变形，其变形结果是在冲件上形成圆角带，如图 3-23a 所示。

2）塑性变形阶段。当凸模继续下行，材料内应力值超过材料的屈服极限时，就产生塑性变形，材料开始出现裂纹，被挤入凹模，并且在模具刃口处的材料硬化加剧，其作用的结果将在冲件上形成光亮带，如图 3-23b 所示，此时冲裁力达到最大值。

3）断裂分离阶段。凸模再继续下行，上、下裂纹迅速扩大、伸展并重合，材料开始分离，直到最后完全被剪断。分离时形成比较粗糙的断裂表面，即为断裂带，如图 3-23c 所示。

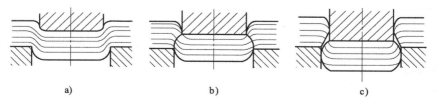

图 3-23　冲裁变形过程

（2）冲裁件断面特征及断面质量的影响因素

冲裁件正常的断面特征如图 3-24 所示，它由圆角带（a）、光亮带（b）、断裂带（c）和毛刺（d）四个特征区组成。

1）圆角带：是在冲裁过程中刃口附近的材料被牵连拉入变形（弯曲和拉伸）的结果。

2）光亮带：当刃口切入金属板料后，板料与模具侧面挤压而形成光亮垂直的断面。

3）断裂带：由刃口处产生的微裂纹在拉应力的作用下，不断扩展而形成。

4）毛刺：在刃口附近的侧面上材料出现微裂纹时形成。

影响断面质量的因素主要有以下几个方面：

1）材料性能的影响。对于塑性较好的材料，冲裁时裂纹出现得较迟，因而材料被剪切挤压的深度较大。所得到的断面光亮带所占比例大，断裂带较小，但圆角和毛刺也较大；而塑性差的材料，剪切开始不久，材料便被拉裂，使断面光亮带所占比例小，断裂带较大，但圆角和毛刺都较小。

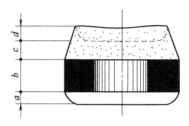

图 3-24　冲裁件正常的断面特征

2）模具间隙的影响。间隙过小会出现双光亮带，圆角较小，毛刺高而薄；间隙过大，光亮带减小，圆角增大，毛刺大而厚。间隙大小合适时，冲裁断面光滑，圆角和毛刺均较小，零件质量较好。

3）模具刃口状态的影响。凸模或凹模磨钝后，其刃口处形成圆角，在冲裁时，零件的边缘就会出现毛刺。凹模刃口变钝时，冲孔件边缘产生毛刺；凸模刃口变钝时，在落料件边缘产生毛刺；凸、凹模刃口都变钝时，落料件边缘和冲孔件边缘均产生毛刺。

（3）冲裁间隙　冲裁间隙是指冲裁凸、凹模刃口直径的差值，它是冲裁工艺中极为重要的参数。冲裁间隙过大，则会导致光亮带小，断裂带和飞边大而厚，从而影响冲件尺寸和断面质量；冲裁间隙过小，则会出现挤长的飞边，冲裁力增大，并大幅降低模具寿命。另外，冲裁间隙的大小对卸料、推件也有影响。因此，选择合理的冲裁间隙极为重要。当冲裁件要求较高的断面质量时，应选择较小的间隙值；反之，当断面质量无严格要求时，应选较大的间隙值，以延长模具的寿命。具体的冲裁间隙值见表 3-3 或查阅相关手册。

表 3-3　冲裁间隙值（双边）

材料种类	材料厚度 t/mm				
	0.1~0.4	0.4~1.2	1.2~2.5	2.5~4	4~6
低碳钢、黄铜	0.01~0.02mm	（7%~10%）t	（9%~12%）t	（12%~14%）t	（15%~18%）t
高碳钢	0.01~0.05mm	（10%~17%）t	（18%~25%）t	（25%~27%）t	（27%~29%）t
磷青铜	0.01~0.04mm	（8%~12%）t	（11%~14%）t	（14%~17%）t	（18%~20%）t
铝及铝合金（软）	0.01~0.03mm	（8%~12%）t	（11%~12%）t	（11%~12%）t	（11%~12%）t
铝及铝合金（硬）	0.01~0.03mm	（10%~14%）t	（13%~14%）t	（13%~14%）t	（13%~14%）t

（4）凸、凹模刃口尺寸计算　冲裁件尺寸及冲裁间隙均取决于凸、凹模刃口尺寸，因此必须正确确定凸、凹模刃口尺寸。

落料时，先由落料件尺寸确定凹模刃口尺寸，凸模刃口尺寸则为凹模刃口尺寸减去间隙值；冲孔时，由所冲孔的尺寸先确定凸模刃口尺寸，然后由凸模刃口尺寸加上间隙值即得凹模刃口尺寸。

由于工作过程中有磨损现象，故设计落料模时，先确定的凹模刃口尺寸一般接近落料件的公差范围内最小尺寸；设计冲孔模时，先确定的凸模刃口尺寸一般接近冲孔的公差范围内最大尺寸。

（5）冲裁力计算　为了充分发挥设备潜力和保护模具及设备，应选用合理的设备。冲裁力是选用设备的重要数据，其具体计算公式可查阅有关手册。

（6）冲裁件排样　排样是指落料件在条料、带料或板料上的合理安排。合理地排样可提高材料利用率。图 3-25 所示为同一个冲裁件采用四种不同排样方式的材料消耗对比。

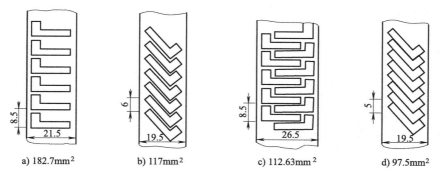

a) 182.7mm²　　b) 117mm²　　c) 112.63mm²　　d) 97.5mm²

图 3-25　不同排样方式的材料消耗对比

2. 修整

修整是利用修整模将落料件的外缘或冲孔件内缘刮去一层薄的金属层，以提高冲件的尺寸精度，降低表面粗糙度值。冲件一般公差等级为 IT10 ～ IT12，而经修整后可达 IT6～IT7，表面粗糙度 Ra 值为 $1.6～0.8\mu m$，修整示意图如图 3-26 所示。修整工序属于切削加工性质的加工工序，其修整量可查阅有关手册。

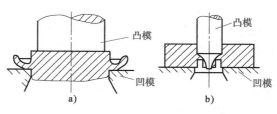

图 3-26　修整示意图

3. 切断

切断是利用剪刃或冲模将材料沿不封闭的曲线分离的一种冲压方法。剪刃安装在剪床上，把大板料剪成一定宽度的条料，供下一步压力机工序用。冲模安装在压力机上，用以制取形状简单、精度要求不同的平板件。

3.3.2　成形工序

成形工序是指使板料发生塑性变形，以获得规定形状工件的工序，使坯料的一部分相对另一部分产生位移而不破裂。它主要包括弯曲、拉深、翻边、胀形等工序。

1. 弯曲

弯曲是指将坯料在弯矩作用下弯成具有一定曲率和角度的零件的一种成形方法。坯料放在凹模上，随着凸模的下行材料发生弯曲，而且弯曲半径越来越小，直到凸模、凹模、坯料三者重合，弯曲过程结束，弯曲示意图如图 3-27 所示。

弯曲变形只发生在弯曲圆角部位，且其内侧受压应力，外侧受拉应力。内、外侧大部分属塑性变形（含少量的弹性变形），而中心部分为弹性变形区域。弯曲件弯曲变形程度是由弯曲半径 R 和板料厚度 t 的比值 R/t（相对弯曲半径）决定的。当外侧拉应力超过坯料的抗拉强度极限时，即会造成金属破裂。坯料越厚、内弯曲半径 r 越小，则压缩及拉伸应力越大，越容易弯裂。为了防止破裂，弯曲半径不应小于相应的最小弯曲半径，若小于最小弯曲半径，则弯曲件的外侧就会弯裂，内侧则易起皱。弯曲的最小半径为 $(0.25\sim1)t$。若材料塑性好，则弯曲半径可小些。

弯曲时，还应尽可能使弯曲线与坯料纤维方向垂直，如图 3-28 所示。若弯曲线与纤维方向一致，则容易产生破裂，此时可用增大最小弯曲半径来避免。

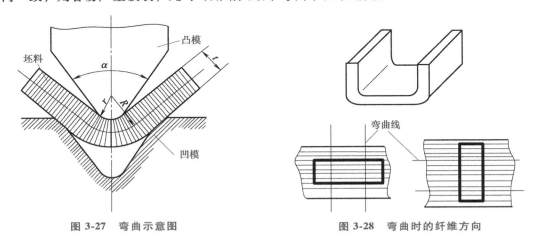

图 3-27　弯曲示意图　　　　　　　　图 3-28　弯曲时的纤维方向

由于弯曲件在弯曲过程结束后，其中还有部分弹性变形的存在，弹性变形的回复就使弯曲件的实际弯角变大，这就是弯曲件的回弹。一般回弹角为 $0\sim10°$，材料的屈服极限越高，回弹角就越大；其弯曲角越大，回弹值也越大。因此，设计弯曲模时，应预先考虑模具弯曲角比工件弯曲角小一个回弹角度或采用校正弯曲模。

2. 拉深

拉深又称拉延，是变形区在一拉一压的应力状态作用下，使板料（或浅的空心坯）成形为空心件（深的空心件）的加工方法。

（1）拉深变形过程　拉深变形过程如图 3-29 所示，将直径为 D 的坯料拉深成直径为 d、高度为 h 的筒形件。在拉深过程中，将拉深件分为图 3-30 所示的五个变形区。在凸缘区大部分区域的最大应力为周向压应力，此应力使凸缘区略有增厚，当应力过大而坯料相对厚度较小时，材料会发生失稳起皱；在凸模圆角区，主要应力为径向拉应力，此应力使此处的材料厚度为最小，严重时会使此处材料拉裂。

（2）主要拉深参数

1）拉深系数。拉深系数是衡量变形程度大小的参数，用 m 表示，$m_1 = d_1/D$，$m_n = d_n/d_{n-1}$。式中，m_1、m_n 分别为首次拉深系数和 n 次拉深系数；d_n 为 n 次拉深后的筒形件直径；D 为坯料直径。可见，m 越小，变形程度就越大。在拉深件的一次或多次拉深成形过程中，其 $m_总 > m_{极限}$（$m_总 = m_1 m_2 \cdots m_n = d_n/D$）。材料塑性好、相对厚度大、凸/凹模圆角半径大、润滑条件好等情况下，拉深系数可适当选小一些。有时为了采用小的拉深系数但又不能令其起皱，则可加上压边装置。但压边力过大会将凸、凹模圆角处的材料拉裂。

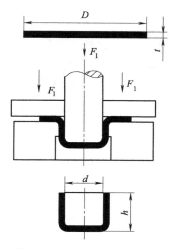

图 3-29　拉深变形过程简图

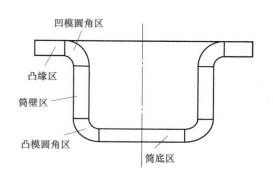

图 3-30　拉深变形区

凹模圆角区

凸缘区

筒壁区

凸模圆角区

筒底区

63

多次拉深过程中，必然产生加工硬化现象。为保证坯料具有足够的塑性，生产中坯料经过一两次拉深后，应安排工序间的退火处理。另外，在多次拉深中，拉深系数应一次比一次略大些，以确保拉深件质量和生产顺利进行。总拉深系数等于每次拉深系数的乘积。图 3-31 为多次拉深时圆筒直径的变化示意图。

2）凸、凹模圆角半径。凸、凹模圆角半径对拉深变形起着非常重要的作用。凹模圆角半径过小，坯料会在此处产生严重的弯曲和变薄，导致拉裂；凹模圆角半径大，有利于拉深，且降低拉深力，拉深系数也可小一些；但凹模圆角半径过大会使此处材料悬空，导致起皱，因此应适当地加大凹模圆角半径。凸模圆角半径过小，会导致此处材料严重变薄或产生破裂；凸模圆角半径过大，在拉深开始阶段此处材料会因悬空而起皱。

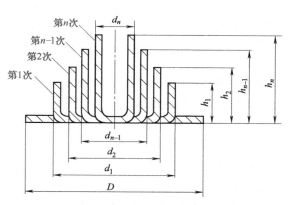

图 3-31　多次拉深时圆筒直径的变化

3）拉深间隙。拉深间隙过小，材料内应力增加，使零件严重变薄，影响尺寸精度，甚至破裂，且磨损严重，降低模具寿命；拉深间隙过大，工件易弯曲起皱，零件会出现口大底小的锥度。

（3）拉深件毛坯尺寸及拉深力　在不变薄拉深的情况下，可采用拉深前后面积不变原则计算拉深件毛坯尺寸，毛坯的总面积就是拉深中各部分面积之和；在变薄拉深时，可根据体积相等原则计算。拉深力是确定设备的重要数据，可根据有关经验公式得出。

（4）拉深件成形质量问题　拉深件成形过程中最常见的质量问题是破裂和起皱，如图 3-32 所示。

破裂是拉深件最常见的破坏形式之一，多发生在直壁与底部的过渡圆角处。产生破裂的原因主要有以下几点：

1）凸、凹模圆角半径设计不合理。拉深模的工作部分不能设计成锋利的刃口，必须做成一定的圆角。对于普通低碳钢板拉深件，凹模圆角半径及 $R_d=(6\sim15)t$，凸模圆角半径 $R_p=(0.6\sim1)R_d$。当这两个圆角半径过小时，就容易产生拉裂。

图 3-32　破裂和起皱拉深件

2）凸、凹模间隙不合理。拉深模的凸、凹模间隙一般取 $Z=(1.1\sim1.2)t$。间隙过小，模具与拉深件间的摩擦力增大，易拉裂工件，擦伤工件表面，降低模具寿命。

3）拉深系数过小。m 值过小时，板料的变形程度加大，拉深件直壁部分承受的拉力也加大，当超出其承载能力时，则会被拉断。

4）模具表面精度和润滑条件差。当模具压料面粗糙和润滑条件不好时，会增大板料进入凹模的阻力，从而加大拉深件直壁部分的载荷，严重时会导致底角部位破裂。为了减小摩擦力，同时减少模具的磨损，拉深模的压料面要有较高的精度，并保持良好的润滑状态。

起皱多发生在拉深件的法兰部分。当无压边圈或压边力较小时，法兰部分在切向压应力的作用下失稳，产生起皱现象。起皱不仅影响拉深件质量，严重时，法兰部分板料不能通过凸、凹模间隙，最终出现拉裂的后果。起皱主要与板料的相对厚度、拉深系数及压边力等有关，相对厚度、拉深系数及压边力越小，越容易起皱。

3. 翻边

翻边工序是在成形坯料的平面或曲面部分上，使板料沿一定的曲线翻成凸缘的一种成形工序，如图 3-33 所示。翻边的种类很多，常用的是圆孔翻边。

圆孔翻边前坯料孔的直径是 d_0，变形区是内径为 d_0、外径为 d_1 的环形部分。翻边过程中，变形区在凸模作用下内径不断扩大，翻边结束时达到凸模直径，最终形成竖直的边缘，如图 3-34 所示。

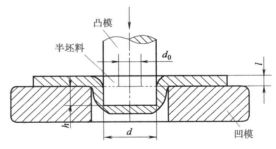

图 3-33　翻边工序简图

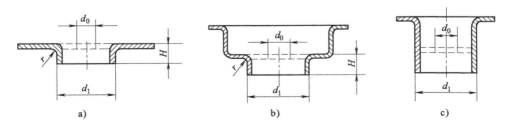

图 3-34　翻边加工过程

翻边成形在冲压生产中应用广泛，尤其在汽车、拖拉机等工业生产中应用更为普遍。

4. 胀形

胀形是利用坯料局部厚度变薄形成零件的成形工序。它是冲压成形的一种基本形式，常和其他成形方式结合出现于复杂形状零件的冲压过程中。胀形主要有平板坯料胀形、管坯胀形、球体胀形、拉形等方式。

（1）平板坯料胀形　平板坯料胀形如图 3-35 所示，将直径为 D_0 的平板坯料放在凹模上，加压边圈并在压边圈上施加足够大的压边力，当凸模向凹模内压入时，坯料被压边圈压住不能向凹模内收缩，只能靠凸模底部坯料的不断变薄来实现成形过程。

平板坯料胀形常用于在平板冲压件上压制凸起、凹坑、加强筋、花纹图案及印记等，有时也和拉深成形结合，用于汽车覆盖件的成形，以增大其刚度。

（2）管坯胀形　管坯胀形如图 3-36 所示，在凸模压力的作用下，管坯内的橡胶变形，直径增大，将管坯直径胀大，靠向凹模。胀形结束后，凸模抽回，橡胶恢复原状，将胀形件从中取出。凹模采用分瓣式，从外套中取出后即可分开，将胀形件从中取出。

有时也可用液体或气体代替橡胶来加工形状复杂的空心零件，如波纹管、高压气瓶等。

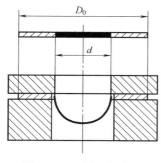

图 3-35　平板坯料胀形

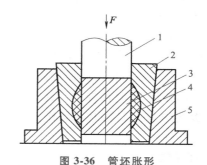

图 3-36　管坯胀形

1—凸模　2—凹模　3—坯料　4—橡胶　5—外套

（3）球体胀形　球体胀形主要过程是先用焊接方法将板料焊成球形多面体，然后向其内部用液体或者气体加压。在强大的压力作用下，板料发生塑性变形，多面体逐渐变成球体，如图 3-37 所示。

球体胀形多用于大型容器的制造，在石油化工、冶金、造纸等行业中广泛应用。

（4）拉形　拉形工艺是胀形的另一种形式，在强大的拉力作用下，板料紧靠在模型上并产生塑性变形，如图 3-38 所示。

拉形工艺主要用于板料厚度小而成形曲率半径很大的曲面形零件，如飞机的蒙皮等。

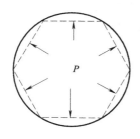

图 3-37　球体胀形

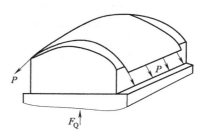

图 3-38　拉形

3.3.3 冲压模具

冲压模具是冲压生产中必不可少的模具，其结构是否合理对冲压生产的效率和模具寿命都有很大影响。冲压模具按基本构造可分为简单模、连续模和复合模三类。

1. 简单模

简单模是指在曲柄压力机的一次行程中只能完成一个工序的冲模。图 3-39 所示为落料简单模。凹模 8 用压板 7 固定在下模板 12 上，下模板用螺栓固定在压力机的工作台上，凸模 2 用压板 1 固定在上模板 4 上，上模板则通过模柄 3 与压力机的滑块连接。因此，凸模可随滑块做上、下运动。为了使凸模向下运动能对准凹模孔，并在凸、凹模之间保持均匀间隙，通常使用导柱 6 和套筒 5。条料在凹模上沿两个导板 9 之间送进，直到碰到定位销 10 为止。凸模向下冲压时，冲下的零件进入凹模孔，而条料则夹住凸模并随凸模一起回程向上运动。条料碰到卸料板 11 时被推下，这样条料继续在导板间送进。重复上述动作，即可冲下第二个零件。

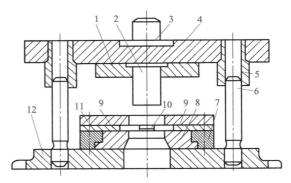

图 3-39　落料简单模

1、7—压板　2—凸模　3—模柄　4—上模板　5—套筒
6—导柱　8—凹模　9—导板　10—定位销
11—卸料板　12—下模板

2. 连续模

连续模是指冲压设备在一次行程内在模具不同的工位可以完成两个或两个以上工序的冲模，如图 3-40 所示。工作时，定位销 2 对准预先冲出的定位孔，上模向下运动，落料凸模 1 进行落料，冲孔凸模 7 进行冲孔。当上模回程时，卸料板 6 从凸模上推下残料。这时再将坯料 5 向前送进，并进行第二次冲裁。如此循环进行，每次送进距离由挡料销控制。

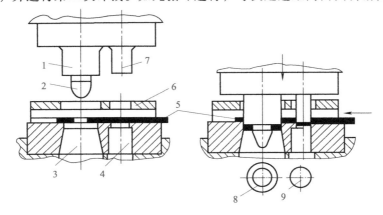

图 3-40　连续模

1—落料凸模　2—定位销　3—落料凹模　4—冲孔凹模　5—坯料
6—卸料版　7—冲孔凸模　8—成品　9—废料

连续模特点：生产率高，便于实现机械化和自动化，适用于大批量生产，操作方便安全。结构复杂，制造精度高、周期长、成本高。由于定位累积误差，所以内外形同心度高的零件不适合这种模具。

3. 复合模

复合模是指在冲压设备的一次行程中，在模具的同一工位同时完成数道冲压工序的冲模，图 3-41 所示为落料及拉深复合模。复合模的最大特点是模具中有一个凸凹模 1。凸凹模的外圆是落料凸模刃口，内孔则成为拉深凹模。当滑块带着凸凹模向下运动时，条料首先在凸凹模 1 和落料凹模 3 中落料。落料件被下模当中的拉深凸模 7 顶住，滑块继续向下运动时，凹模随之向下运动进行拉深。顶出器 6 和卸料板 4 在滑块的回程中将拉深件 10 推出模具。复合模适用于产量大、精度高的冲压件。

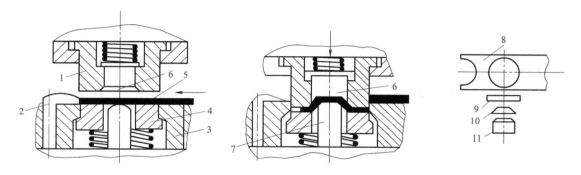

图 3-41　落料及拉深复合模

1—凸凹模　2—挡料销　3—落料凹模　4—压板（卸料板）　5—条料　6—顶出器
7—拉深凸模　8—切余材料　9—坯料　10—拉深件　11—零件

复合模特点：结构紧凑，冲出的零件精度高，生产率也高，适合大批量生产，尤其是孔与零件外形的同心度容易保证，但模具结构复杂，制造较困难。

3.4　锻压结构工艺性

3.4.1　锻件结构工艺性

锻件的结构工艺性，是指材料是否易于锻造成形或改变组织结构的技术指标。锻造方法不同，对零件的结构工艺性的要求也不同。下面分别讨论自由锻和锤上模锻的零件结构工艺性。

1. 自由锻件的结构工艺性

（1）自由锻零件的特点　自由锻主要生产形状简单、精度较低和表面粗糙度值较高的毛坯。这是设计锻件结构时要首先考虑的因素。同时，还要在保证零件使用性能的前提下，考虑如何便于锻打，如何才能提高生产率。

（2）自由锻件的结构工艺性要求　自由锻件的设计原则是：在满足使用性能的前提下，

锻件的形状应尽量简单，易于锻造。

锻件上应避免有锥形、斜面和楔形表面，如图 3-42a 所示。锻造具有锥体或斜面结构的锻件，需制造专用工具，锻件成形也比较困难，从而使工艺过程复杂，不便于操作，影响设备使用效率，应改进设计，如图 3-42b 所示。

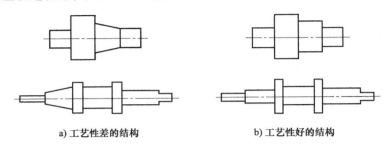

a) 工艺性差的结构   b) 工艺性好的结构

图 3-42   轴类锻件结构

锻件由数个简单几何体构成时，几何体间的交接处不应形成空间曲线。图 3-43a 所示结构采用自由锻方法极难成形，应改成平面与圆柱、平面与平面相接的结构，如图 3-43b 所示。

自由锻锻件上不应设计出加强筋、凸台、工字形截面或空间曲线形表面，如图 3-44a 所示，应将锻件结构改成如图 3-44b 所示结构。

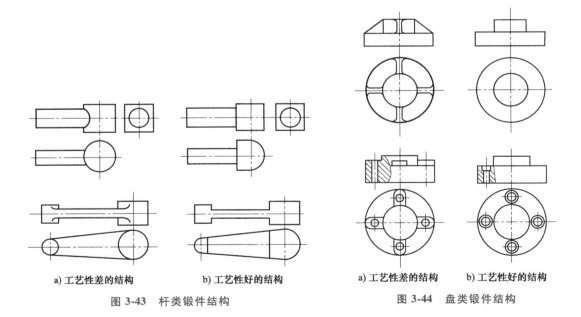

a) 工艺性差的结构   b) 工艺性好的结构

图 3-43   杆类锻件结构

a) 工艺性差的结构   b) 工艺性好的结构

图 3-44   盘类锻件结构

自由锻锻件的横截面若有急剧变化或形状较复杂时，如图 3-45a 所示，应设计成由几个简单件构成的几何体。每个简单件锻制成形后，再用焊接或机械连接方式构成整体件，如图 3-45b 所示。

2. 锤上模锻件的结构工艺性

设计模锻零件时，应根据模锻特点和工艺要求，使其结构符合下列原则：

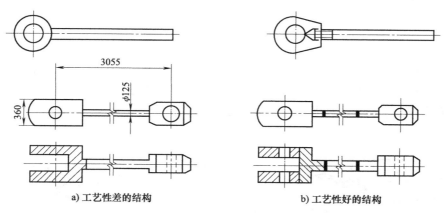

a) 工艺性差的结构　　　　　　　　b) 工艺性好的结构

图 3-45　复杂件结构

1）模锻零件应具有合理的分模面，以使金属易于充满模膛，模锻件易于从锻模中取出，且敷料最少，锻模容易制造。

2）模锻零件上，除与其他零件配合的表面外，均应设计为非加工表面。模锻件的非加工表面之间形成的角应设计模锻圆角；与分模面垂直的非加工表面，应设计出模锻斜度。

3）零件的外形应力求简单、平直、对称，避免零件截面间差别过大，或具有薄壁、高筋等不良结构。一般情况，零件的最小截面与最大截面直径之比不要小于 0.5。图 3-46a 所示零件的凸缘太薄、太高，中间下凹太深，金属不易充型。图 3-46b 所示的零件过于扁薄，薄壁部分金属模锻时容易冷却，不易锻出，对保护设备和锻模也不利。

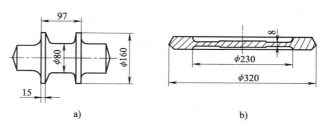

图 3-46　模锻件结构工艺性

4）在零件结构允许的条件下，应尽量避免有深孔或多孔结构。孔径小于 $\phi30\text{mm}$ 或孔深大于直径 2 倍时，锻造困难。图 3-47 所示的齿轮零件，为保证纤维组织的连贯性以及更好的力学性能，常采用模锻方法生产，但齿轮上的 4 个 $\phi20\text{mm}$ 的孔不方便锻造，只能采用机加工成形。

5）对复杂锻件，为减少敷料，简化模锻工艺，在条件允许的情况下，应采用锻造—焊接或锻造—机械连接组合工艺，如图 3-48 所示。

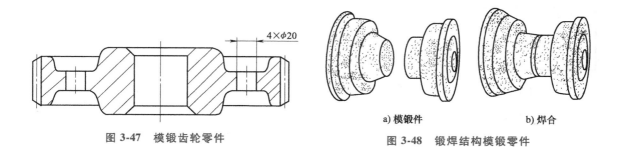

图 3-47　模锻齿轮零件

a) 模锻件　　　　　　b) 焊合

图 3-48　锻焊结构模锻零件

3.4.2 冲压件结构工艺性

冲压工件的工艺性是指冲压件对冲压工艺的适应性。在一般情况下，对冲压件工艺性影响最大的是几何形状和精度要求。良好的冲压工艺性应能满足节省材料、工序较少、模具加工容易、寿命较长、操作方便及产品质量稳定等要求。

1）冲裁件的形状应能符合材料合理排样、减少废料的要求，如图 3-49 所示。

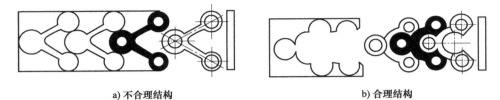

a) 不合理结构   b) 合理结构

图 3-49 冲裁件的合理排样

2）冲裁件各直线或曲线的连接处，宜有适当的圆角，最小圆角半径见表 3-4。如果冲裁件有尖角，不仅给冲裁模的制造带来困难，而且模具也容易损坏。只有在采用少废料、无废料排样或镶拼模具结构时才不要圆角。

表 3-4 冲裁件最小圆角半径

工序	线段夹角	黄铜、纯铜、铝	低碳钢	合金钢
落料	≥90°	$0.18t$	$0.25t$	$0.35t$
	<90°	$0.35t$	$0.50t$	$0.70t$
冲孔	≥90°	$0.20t$	$0.30t$	$0.45t$
	<90°	$0.40t$	$0.60t$	$0.90t$

注：t 为材料厚度，当 $t<1\mathrm{mm}$ 时，均以 $t=1\mathrm{mm}$ 计算。

3）冲裁件凸出或凹入部分的宽度不宜太小，并应避免过长的悬臂与狭槽，如图 3-50 所示，冲裁件材料为高碳钢时，$b \geqslant 2t$；冲裁件材料为黄铜、纯铜、铝、低碳钢时，$b \geqslant 1.5t$。对于材料厚度 $t<1\mathrm{mm}$ 时，按 $t=1\mathrm{mm}$ 计算。

4）腰圆形冲裁件，如图 3-51 所示。如未限定圆弧半径，R 应大于工件宽度的 1/2，即能采用少废料排样。如限定圆弧半径 R 等于工件宽度的 1/2，就不能采用少废料排样，否则会有台肩产生。

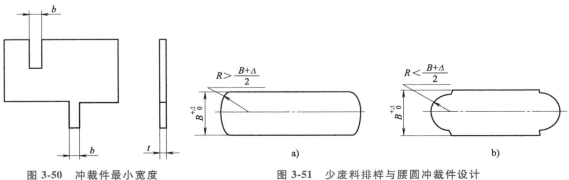

图 3-50 冲裁件最小宽度   图 3-51 少废料排样与腰圆冲裁件设计

5）冲孔时，由于受到凸模强度的限制，孔的尺寸不宜过小，其数值与孔的形状、材料的力学性能、材料的厚度等有关。冲孔的最小尺寸见表 3-5。

表 3-5　冲孔的最小尺寸

材料	自由凸模冲孔		精密导向凸模冲孔	
	圆形	矩形	圆形	矩形
高碳钢	1.3t	1.0t	0.5t	0.4t
低碳钢、黄铜	1.0t	0.7t	0.35t	0.3t
铝	0.8t	0.5t	0.3t	0.28t
酚醛层压布板	0.4t	0.35t	0.3t	0.25t

注：t 为材料厚度。

6）冲裁件的孔与孔之间、孔与边缘之间的距离为 a（见图 3-52），受模具强度和冲裁件质量的限制，其值不能过小，宜取 $a \geqslant 2t$，并不得小于 3mm。必要时可取 $a = (1 \sim 1.5)t$（$t < 1mm$ 时，按 $t = 1mm$ 计算），但会使模具的寿命降低或结构复杂程度增加。

7）拉深件的圆角半径在不增加工艺程序的情况下不宜取得过小，如图 3-53 所示。半径过小将增加拉深次数，并容易产生废料和提高成本。

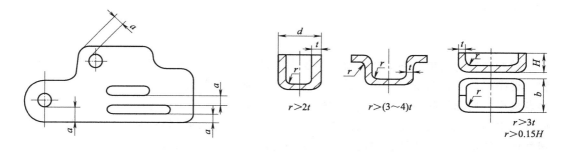

图 3-52　冲裁件的孔边距　　　　图 3-53　拉深件的圆角半径

8）在拉深件或弯曲件上冲孔时，其孔壁与工件直壁之间的距离不能过小，如图 3-54 所示。如果距离过小，孔边进入工件底部的圆角部分，冲孔时凸模将受到水平推力。

9）为了防止弯曲破裂，弯曲时应考虑纤维组织的方向，并且弯曲半径不能小于材料弯曲半径的最小许可值。弯曲半径最小许可值见表 3-6，表中 t 为材料厚度。

10）带孔弯曲件的孔边缘与弯曲线的距离不能太小，如图 3-55 所示。

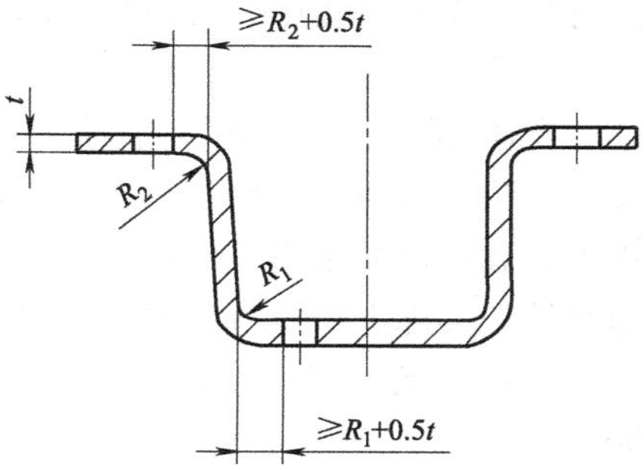

图 3-54　孔边距的最小值

11）弯曲边过短不易成形，故应使弯曲边的平直部分 $H \geqslant 2t$，如图 3-56 所示。如果要求 H 很小，则需先留出适当的余量以增大 H，弯好后再切去所增加的金属。

表 3-6　弯曲半径最小许可值

材料	弯曲半径最小许可值			
	材料经退火或正火后		材料经加工硬化后	
	垂直于纤维方向	平行于纤维方向	垂直于纤维方向	平行于纤维方向
08钢、10钢	0.5t	1.0t	1.0t	1.5t
20钢、30钢、45钢	0.8t	1.5t	1.5t	2.5t
黄铜、铝	0.3t	0.45t	0.5t	1.0t
硬铝	2.5t	3.5t	3.5t	5.0t

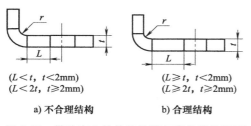

a) 不合理结构	b) 合理结构
$(L<t,\ t<2\text{mm})$	$(L\geqslant t,\ t<2\text{mm})$
$(L<2t,\ t\geqslant2\text{mm})$	$(L\geqslant2t,\ t\geqslant2\text{mm})$

图 3-55　带孔弯曲件的孔边缘与弯曲线的距离

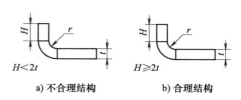

a) 不合理结构	b) 合理结构
$H<2t$	$H\geqslant2t$

图 3-56　弯曲边长度

3.5　锻压技术的新进展

　　随着科技的进步、创新能力及人们需求的日益增加，材料加工技术向着高效低耗、短流程、近净成形等方向发展，塑性成形新技术及装备随之不断涌现并得到应用，如液压成形、多点成形、局部加载等。尽管这些塑性加工技术仅在特定领域内应用，但发展前途广阔。它们既是常规工艺的延续发展，又是常规工艺的有效补充，通常将这类塑性加工技术称为特种塑性成形技术。常见的特种塑性成形主要包括超塑性成形、粉末锻造、液态模锻、内高压成形、电液成形、电磁成形等技术。

　　1. 超塑性成形

　　材料在变形过程中，若综合考虑变形时的内外部因素，使其处于特定的条件下，如一定的化学成分、特定的显微组织（包括晶粒大小、形状及分布等）、固态相变（包括同素异构转变、有序-无序转变及固溶-脱溶变化等）能力、特定的变形温度和应变速率等，则材料会表现出异乎寻常的高塑性状态，即所谓的超塑性变形状态。通常认为超塑性是指材料在拉伸条件下，表现出异常高的伸长率而不产生缩颈与断裂现象，当伸长率 $A\geqslant100\%$ 时，即可视为超塑性。实际上，有些超塑性材料，其伸长率可达到百分之几百，甚至达到百分之几千，如在超塑拉伸条件下 Sn-Bi 共晶合金可获得 1950% 的伸长率，Zn-Al 共晶合金的伸长率可达3200% 以上。

　　超塑性成形的主要优越性在于它能极大地发挥材料塑性潜力和大幅降低变形抗力，从而有利于复杂零件的精确成形，这对于像钛合金、铝合金、镁合金、合金钢和高温合金等较难成形金属材料的成形具有重要意义。材料在超塑性状态下的宏观变形特征，可用大变形、无缩颈、小应力、易成形等来描述。相对常规塑性成形时易出现的各种缺陷，超塑性成形的上述优点十分突出，因而超塑性成形得到了越来越广泛的应用，尤其适用于曲线复杂、弯曲深度大、用冷加工成形困难的钣金零件成形。

（1）超塑性板料冲压　图 3-57 所示为超塑性板料冲压成形示意图。零件直径很小，但高度很大。选用超塑性材料可以一次冲压成形，质量很好，零件性能无方向性。

（2）超塑性板料气压成形　如图 3-58 所示，超塑性金属板料放于模具中，把板料与模具一起加热到规定温度，向模具内充入压缩空气或抽出模具内的空气形成负压，板料将贴紧在凹模或凸模上，获得所需形状的工件。该方法可加工的板料厚度为 0.4~4mm。

（3）超塑性挤压和模锻　高温合金及钛合金在常态下塑性很差，变形抗力大，不均匀变形引起各向异性的敏感性强，用常用的成形方法较难成形，材料损耗极大，致使产品成本高。如果在超

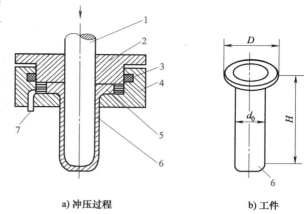

a) 冲压过程　　　　b) 工件

图 3-57　超塑性板料冲压成形示意图

1—冲头（凸模）　2—压板　3—电热元件　4—凹模
5—坯料　6—工件　7—高压油孔

塑性状态下进行模锻，就可完全克服上述缺点，节约材料，降低成本。

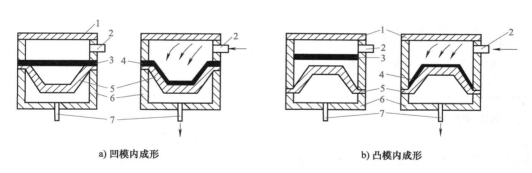

a) 凹模内成形　　　　　　　　　b) 凸模内成形

图 3-58　超塑性板料气压成形示意图

1—电热元件　2—进气孔　3—板料　4—工件　5—凹（凸）模　6—模枢　7—抽气孔

2. 粉末锻造

粉末锻造通常是指将粉末烧结的预成形坯经加热后，在闭式锻模中锻造成零件的成形工艺方法。它是将传统的粉末冶金和精密锻造结合起来的一种新工艺，并兼有两者的优点。粉末锻造可以制取密度接近材料理论密度的粉末锻件，克服了普通粉末冶金零件密度低的缺点，使粉末锻件的某些物理和力学性能达到甚至超过普通锻件的水平。同时，又保持了普通粉末冶金少切削、无削加工工艺的优点，通过合理设计预成形坯实现少、无飞边锻造，具有成形精确、材料利用率高、锻造能量消耗少等特点。

粉末锻造的目的是把粉末预成形坯锻造成致密的零件。目前，常用的粉末锻造方法有粉末锻造、烧结锻造、锻造烧结和粉末冷锻，其基本工艺过程如图 3-59 所示。

73

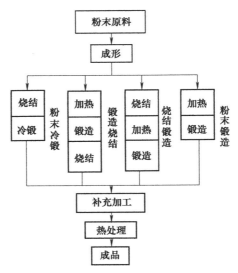

图 3-59　粉末锻造的基本工艺过程

粉末锻造在许多领域中得到了应用，特别是在汽车制造业中的应用更为突出。表 3-7 给出了适于粉末锻造工艺生产的汽车零件。

表 3-7　适用于粉末锻造工艺生产的汽车零件

部件	零件
发动机	连杆、齿轮、气门挺杆、交流电机转子、阀门、气缸衬套、环形齿轮
变速器(手动)	毂套、回动空转齿轮、离合器轴承座圈同步器、各种齿轮
变速器(自动)	内座圈、压板、外座圈、制动装置、离合器凸轮、各种齿轮
底盘	后轴壳体端盖、扇形齿轮、万向轴、人字齿轮、环齿轮

3. 液态模锻

液态模锻是将一定量的液态金属直接注入金属模腔，随后在压力的作用下，使处于熔融状态或半熔融状态的金属液发生流动并凝固成形，同时伴有少量塑性成形，从而获得毛坯或零件的加工方法。

典型的液态模锻工艺流程如图 3-60 所示，一般分为熔化、浇注、加压以及顶出四个步骤。

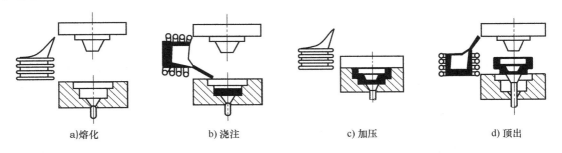

a) 熔化　　　　b) 浇注　　　　c) 加压　　　　d) 顶出

图 3-60　液态模锻工艺流程

液态模锻工艺的主要特点如下：

1）成形过程中，液态金属自始至终承受等静压，在压力下完成结晶凝固。

2）已凝固金属在压力作用下产生塑性变形，使零件外表面紧贴模膛，可保证尺寸精度。

3）液态金属在压力作用下，凝固过程中能得到强制补缩，比压铸件组织致密。

4）成形能力高于固态金属热模锻，可成形形状复杂的锻件。

适用于液态模锻的材料非常多，除铸造合金外，变形合金、非铁金属及钢铁的液态模锻也已大量应用。液态模锻适用于各种形状复杂、尺寸精确的零件制造，在工业生产中应用广泛。例如，活塞、炮弹引信体、压力表壳体、波导弯头、汽车油泵壳体、摩托车零件等铝合金零件；齿轮、蜗轮、高压阀体等铜合金零件；钢法兰、钢弹头、凿岩机缸体等碳钢、合金钢零件。

4. 内高压成形

内高压成形是一种结构轻量化的成形方法。液体以往多用于设备的传动，如液压机用油或水传动，成形还是靠刚性模具进行。近年来，由于液体压力提高到 400MPa，甚至1000MPa，液体已经可以直接对工件进行成形。

图 3-61 所示为内高压成形原理。将管坯 4 放在下模 3 上，用上模 1 夹紧，左冲头 2 与右冲头 5 同时进给，在进给的同时，由冲头内孔向管坯中注入高压液体，从内部将管材胀形直至与模腔贴合。

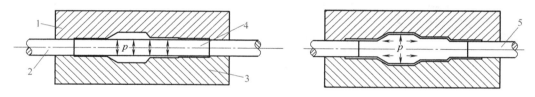

图 3-61　内高压成形原理

1—上模　2—左冲头　3—下模　4—管坯　5—右冲头

内高压成形机由合模压力机、高压源、水平缸（水平压力机）、液压系统、水压系统和计算机控制系统共 6 部分组成。内高压成形机需完成的工作过程包括 10 个步骤：闭合模具、施加合模力、快速填充成形介质、管端密封、施加内压和轴向进给、增压整形、卸压、卸载合模力、退回冲头、开模。图 3-62 所示为哈尔滨工业大学为我国汽车行业开发的大吨位内高压成形机，最大合模力达到 55MN。

近年来哈尔滨工业大学研制出系列化新一代管坯液压成形装备及生产线，并出口到美国、意大利等国家。这些生产线广泛应用于一汽、上汽、比亚迪等我国十大车企 30 余个车型，并成功应用于奥迪、宝马等国际著名车企车型，实现底盘、车身构件的大批量生产。采用该工艺生产的火箭隧道管，可大幅提高燃料输送系统的可靠性，如图 3-63 所示。

5. 电液成形

电液成形是指通过电路中电极在液体中放电而产生的强大电流冲击波，形成液体压力使材料在模内成形的方法，如图 3-64 所示。

6. 电磁成形

电磁成形是利用电磁力对金属坯料进行塑性加工成形的一种高能率成形方法，电磁力来

75

a) 内高压成形机

b) 成套装备及生产线

图 3-62　大吨位内高压成形机

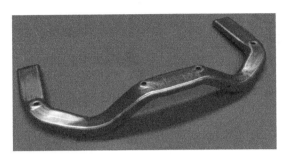
a) 轿车底盘

b) 火箭隧道管

图 3-63　液态模锻工艺应用

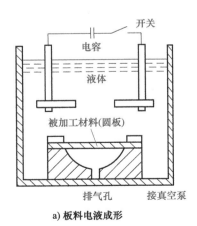
a) 板料电液成形

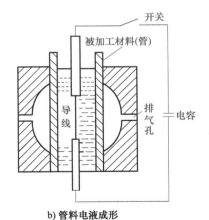
b) 管料电液成形

图 3-64　电液成形

源于电磁成形中的驱动线圈和金属坯料感应涡流间的洛仑兹力，具有高速率、非接触等特点。图 3-65 所示为单级凸模和凹模的电磁渐进成形工艺，以电磁成形工装为基础，通过改变线圈的位置和倾斜角度、多次放电不断协调和逐次累积局部变形，实现大型构件的整体成形。它的基本原理是用放电线圈代替单点渐进成形装置中的刚性工具头，按照一定的三维空间轨迹逐次移动到大型工件的各个局部位置并通过线圈放电产生磁场力使工件局部变形，最终通过局部变形累加成整个大型零件，具有壁厚分布更加均匀、在距离板料中心处的厚度减薄量更小的特点。

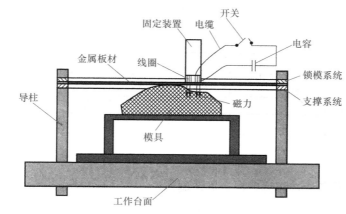

a) 单级凸模电磁渐进成形

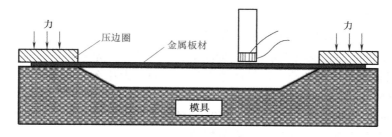

b) 单级凹模电磁渐进成形

图 3-65　电磁成形

思考题

3-1　常见的塑性成形方法有哪些？各有什么特点？

3-2　碳钢在锻造温度范围内变形时，是否会有冷变形强化现象？

3-3　什么是金属的可锻性？影响可锻性的因素有哪些？

3-4　什么是热变形？什么是冷变形？各有何特点？生产中如何选用？

3-5　铅在 20℃、钨在 1000℃ 时变形，各属哪种变形？为什么？（铅的熔点为 327℃，钨的熔点为 3380℃）

3-6　流线组织是怎样形成的？它的存在有何利弊？

3-7　图 3-66 所示的钢制挂钩拟用铸造、锻造、板料切割这三种工艺制造，试问用哪种工艺制得的挂钩承载力最大？为什么？

3-8　试从生产率、锻件精度、锻件复杂程度等方面比较自由锻和模锻两种锻造方法。

图 3-66　题 3-7 图

3-9 进行自由锻件的结构设计时应注意哪些问题？

3-10 重要的轴类锻件为什么在锻造过程中安排有镦粗工序？

3-11 模锻模膛按功能分哪几类？各有什么功能？

3-12 改正图 3-67 所示模锻件结构的不合理之处。

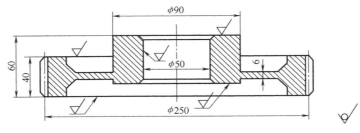

图 3-67 题 3-12 图

3-13 下列制品各应选用哪种锻造方法制作？

①活扳手（成批）；②铣床主轴（成批）；③大六角螺钉（成批）；④起重机吊钩（小批）；⑤万吨轮主传动轴（单件）。

3-14 什么是冲裁工序、弯曲工序、拉深工序？它们各有何变形特点？

3-15 设计冲压件结构时应考虑哪些原则？

3-16 用 $\phi 50mm$ 冲孔模来生产 $\phi 50mm$ 落料件能否保证落料件的精度？为什么？

3-17 落料模与拉深模的凸、凹模间隙有什么不同？为什么？

3-18 用 $\phi 60mm$ 落料模具来生产 $\phi 60mm$ 冲孔件能否保证冲压件的精度？为什么？用 $\phi 300mm \times 1.0mm$ 的板料能否一次拉深成 $\phi 60mm$ 的拉深件？应采用什么措施？

3-19 材料的回弹现象对冲压生产有何影响？

3-20 工件拉深时为什么会出现起皱和破裂现象？应采取什么措施解决这些质量问题？

第4章 轧制成形技术

20世纪末期以来，世界钢铁产量快速增长，钢铁行业取得了巨大的进步。截至2023年，世界钢铁产量已达18.88亿t，钢铁行业在国民经济中充分体现了支柱作用。轧制是一种金属加工工艺，是将金属坯料通过一对旋转轧辊的间隙（多种形状），因受轧辊的压缩使材料截面减小、长度增加的压力加工方法。轧制成形时的变形是逐步的、连续的，所以生产率高，设备运转平稳，易于实现机械化和自动化，板带材、型材、管材、轴等均可以通过轧制成形方法生产。随着计算机和自动化技术的不断发展，现代轧制技术已经实现了从传统手工操作到数字化生产的跨越。目前，我国轧制技术已经达到了国际先进水平。

随着各行业对产品质量和性能的要求不断提高，对具有更高精度、更好表面质量、更优异性能的产品需求将不断增加，这将推动轧制技术的不断升级和改进。如高精度轧制、极薄带特种轧制、连铸连轧、复合板带轧制、低温轧制、无头轧制等，这些先进的轧制技术不仅能够满足多样化的市场需求，还为轧制技术的进一步发展提供了强有力的支持。未来的轧制技术将更加注重环保和可持续发展，绿色化和智能化将成为未来轧制技术的发展趋势。

4.1 轧制生产工艺

4.1.1 中厚板生产工艺

厚板生产是一个国家的工业基础。世界各国都非常重视厚板生产技术发展，尤其是各类高质量的专用钢板，诸如性能好的造船板、石油化工及输送管道钢板、电站及锅炉钢板、大型桥梁钢板，市场前景令人鼓舞。厚板产品用途广泛，使用环境复杂，对产品的尺寸精度、要求各不相同，使厚板产品品种和规格具有多样性，因此生产工艺过程十分复杂。

1. 厚板生产的原料及轧前处理

（1）厚板生产的原料　厚板生产的原料需经历钢锭—初轧坯—连铸坯的演变过程。随着冶金生产技术的发展，采用连铸坯对于提高产品质量，降低生产成本是很有意义的。绝大部分厚板厂采用连铸坯生产。

（2）板坯的轧前处理　除少量厚板，尤其是重要的合金钢板，需要在加热之前进行表面缺陷清理外，绝大多数板坯不需要表面清理。表面清理方法有火焰清理、砂轮修磨等。

为了提高塑性、降低变形抗力，使坯料便于轧制，根据板坯尺寸和材质性能不同，采用不同的加热规范，这就是板坯的加热工艺。板坯加热最重要的参数是加热温度和加热时间。板坯加热质量的好坏，不仅影响到轧制工艺，而且关系到产品质量和金属的收得率。

2. 厚板的轧制过程

（1）除鳞　板坯在轧制前和轧制过程中，必须清除在加热过程中产生的炉生铁鳞，以及轧制过程中生成的再生铁鳞，这个过程称为除鳞。除鳞对保证钢板的表面质量是非常重要的，否则铁鳞压入钢板表面，会造成麻点，而且这种表面缺陷会随轧制进行而扩大；另外，铁鳞很硬，会增加轧辊磨损，增加换辊次数，影响生产率。

铁鳞的塑性低、很脆，在冲击力和轧制延伸的作用下会产生破碎。因此，除鳞的方法有高压水除鳞、轧制延伸除鳞和高压蒸汽除鳞。

（2）轧制　厚板的轧制方法，按厚板坯进入轧机的方式可分为横轧-纵轧法、全纵轧法和全横轧法三种。

1）横轧-纵轧法：包括纵向辗平、横轧宽展和纵轧工序。

① 纵向辗平：板坯沿长度方向咬入轧机，使板坯的端部变为扇形，以减少横轧宽展道次板坯端部的收缩。

② 横轧宽展：当板坯的宽度小于成品宽度时，板坯纵向辗平之后，回转90°，进行横向宽展，达到宽度要求后，再回转90°进行纵轧。

③ 纵轧：在横轧宽度达到要求后拨正，进行纵向轧制，轧到要求的厚度为止。

2）全纵轧法：当板坯的宽度等于或大于板宽时，不用横轧，直接纵向轧制成成品。

3）全横轧法：当板坯的宽度小于成品宽度而长度等于成品宽度时，板坯进行横轧直到成品厚度。

（3）压下规程制订　厚板压下规程制订，就是要确定由板坯到成品的轧制道次和每道的压下量大小，在操作上提供确定各道次压下螺丝的升降位置。在现代厚板轧机上都采用电动液压压下或全液压压下，压下规程的制订就是确定轧辊各道次的设定位置。

影响压下规程的因素可分为设备能力和产品质量两大方面。在保证产品质量的前期下，充分发挥设备能力，是一个好的压下规程的标志，即达到优质高产。

1）设备能力对压下量的限制条件包括三个方面：咬入条件、轧辊强度和电动机功率。

2）产品质量对压下规程的影响包括下面因素：

① 金属塑性：某些合金钢板采用钢锭为原料轧制时，在最初几道次，由于晶粒粗大、塑性差和某些部分呈拉应力，有可能出现裂纹缺陷。

② 钢板的几何精度：包括厚度、板凸度和板形精度。轧制时轧制力的波动会使钢板厚度不均，轧辊辊身的温度分布不均、轧辊磨损和轧辊弹性变形等因素的变化都会引起板凸度和板形的变化。

（4）板形控制　厚板轧制的板形控制，就是通过调整轧辊的辊型，控制轧辊间有载辊缝形状，调节沿板宽压下量的分布，使延伸沿板宽分布均匀，达到钢板平直度的要求。

1）采用具有板形调节功能的厚板轧机。诸如PC轧机、HCW轧机和CVC轧机，它们都有很强的板形控制功能。这些轧机的调节手段各具特色，其共同之处在于通过轧辊初始位置设定来影响板形，如PC轧机设定轧辊的交叉角，HCW轧机和CVC轧机设定工作辊的轴向移动位置。

2）采用板形快速调节方法。

① 液压弯辊。所谓液压弯辊，就是采用液压缸的压力，使工作辊或支撑辊在轧制过程中产生附加弯曲，以此改变有载辊缝形状，保证钢板的平直度和断面形状合乎要求。弯曲工作辊的方法改变工作辊挠度的机理主要是改变工作辊和支撑辊之间互相弹性压扁量的分布曲线。弯曲支撑辊方法改变工作辊挠度的机理是弯辊力改变了支撑辊的弯曲挠度。对于窄板轧机，采用弯曲工作辊方法比较好；而对于宽板轧机，采用弯曲支撑辊方法比较好。

② 轧辊分段冷却。轧辊的热凸度可以对轧辊的磨损、轧辊的弹性变形给以一定程度的补偿，控制轧辊冷却液流量沿辊身长的分布，调节热凸度，影响有载辊缝形状，参与板形控制，这就是轧辊分段冷却。轧辊分段冷却技术在厚板生产中已经得到成功的应用。

③ 轧辊的倾辊调整。在液压厚度控制（automatic gauge control，AGC）系统中，具有轧辊的一侧可以单独进行压下调节的功能，因此出现了轧辊倾辊调整控制板形的技术。为了使这种调整不影响钢板轧制的厚度，通常采用一端压下，另一端相应抬升的调整方法。

4.1.2　热轧带钢生产工艺

用连铸板坯或初轧板坯作为原料，经步进式加热炉加热，高压水除鳞后进入粗轧机，粗轧料经切头、尾后，再进入精轧机，实施计算机控制轧制，终轧后即经过层流冷却（计算机控制冷却速率）和卷取机卷取，成为带卷。

1. 板坯的选择和轧前准备

热轧带钢生产所用的板坯主要是连铸板坯，只有少量尚存初轧机的冶金厂采用初轧坯，或以连铸坯为主，初轧坯为辅。

（1）板坯的选择　板坯的选择主要是以板坯的几何尺寸和质量为依据。

1）板坯的几何尺寸选择。板坯厚度的选择要根据产品的厚度，考虑板坯连铸机和热带钢连轧机的生产能力。板坯的宽度决定于成品宽度，一般板坯宽度比成品宽度大 50mm 左右。板坯长度取决于板坯的质量和加热炉宽度。

2）板坯质量选择。目前，热带钢连轧机采用的板坯质量为 20~30t，最大达 45t。

（2）板坯的轧前准备　板坯的轧前准备包括板坯的清理和板坯加热工序。板坯加热的送坯方式有板坯冷装炉、板坯热装炉、直接热装炉和直接轧制等方式。板坯一般加热到 1200~1250℃ 出炉。部分碳钢和某些低合金钢采用"低温出炉"工艺，其出炉温度约为 1100℃。

2. 粗轧

粗轧机组的作用是在加热好的板坯经过除鳞、定宽、水平辊和立辊轧制后，将不同规格的板坯轧成厚度为 30~60mm 不同宽度要求的精轧坯，并保证精轧坯要求的温度。

（1）除鳞　板坯在加热过程中，表面上会生成 2~5mm 厚的铁鳞，称为炉生铁鳞，必须在轧制前清除干净，否则会影响带钢的表面质量。由于铁鳞硬而脆，还会加速轧辊磨损。

（2）定宽　由于采用连铸坯，在粗轧阶段必须设有定宽工序。这主要是因为板坯连铸机改变板坯的宽度比较复杂，定宽工序可以满足热轧带钢品种规格不同宽度的需要。

（3）粗轧　粗轧机组由若干架水平辊机座，采用顺列式布置组成。按照压下规程在每个机座上完成要求的轧制道次和道次压下量。由于粗轧的开始阶段轧件比较短，板坯从一台机座轧出后，方能进入下一台机座，因此机座之间的距离一般比板坯长度大 6~10m。随着轧制道次增加板坯加长，某些轧机的粗轧机组最后两架或三架机座布置成连轧，其间距离大约在 12m。

（4）宽度控制　为了进行中间坯的宽度控制和对中轧制中心线，在水平辊机座前设有立辊轧机（称小立辊），并采用近距离布置方式。以往这种立辊轧制的目的是保证侧边的质量，新建的热带钢连轧机中的小立辊，其侧压机构除电动侧压机构外，还设有短行程侧压液压缸，用于粗轧阶段的宽度控制（包括短行程控制、AWC 控制等）。

（5）精轧坯保温输送和边部加热　粗轧机组轧制的精轧坯通过机组后的测厚仪、测温仪的检测，将检测值传输给精轧机组的计算机，作为精轧机组的初始参数。当精轧坯出现废品或精轧机组因故停轧时，中间辊道上的废品推钢机将其推至废品台架上，剪切成规定尺寸后运走。合格的精轧坯经中间辊道送至精轧机组。

3. 精轧

精轧坯经过边部加热后送入精轧机组进行切头、切尾、二次除鳞和精轧，轧成要求的热轧带钢。

4.1.3　冷轧带钢生产工艺

冷轧带钢产品广泛地用于汽车制造业、电工制造业、精密仪器制造业、食品包装、不锈钢制品、家电制造、金属制品及冷弯制品等。所谓冷轧带钢，是指在再结晶温度以下轧制的带钢。一般冷轧带钢的轧制不需要预热，但对于塑性比较低的材料有时需要预热，其预热温度也不会超过再结晶温度。与热轧方法生产带钢相比，冷轧带钢可以生产厚度更薄的带钢，带材板厚和板形精度高，表面质量和力学性能好。

冷轧带钢生产是以热轧带钢为原料，因为有铁鳞的存在，会影响冷轧带钢的表面质量，轧制前要经过酸洗。

1. 酸洗

带钢冷轧前应在酸洗机组上采用物理和化学的方法，将带钢表面上的铁鳞清除掉。老式酸洗采用硫酸酸洗，这种酸洗的速度慢、酸洗质量低、容易产生过酸洗，已被盐酸酸洗所取代。盐酸酸洗除去带钢表面铁鳞是一个电化学过程。准备酸洗的带钢由于热轧的冷却过程和机械破鳞，使铁鳞产生裂纹，铁基与盐酸接触被溶解。

2. 轧制

（1）压下规程制订　冷轧带钢轧机压下规程制订原则与厚板轧制和热轧带钢轧制的基本出发点相同，即在保证质量的前提下，尽可能的充分发挥轧机生产能力，达到优质高产。限制最大道次压下量的主要因素是轧辊强度。

带钢冷连轧机是一次轧出成品的，总压下量在 40%~90%。对于单机座可逆式轧机，可以采用两个以上轧程，轧程间用中间退火软化金属，其总压下量可达到 90% 以上。

（2）轧制张力　采用较大的轧制张力是冷轧带钢的特点之一。所谓张力轧制就是轧件在辊缝中产生塑性变形是在一定的前张力和后张力的作用之下进行的，通常张力作用方向与轧件前进方向相同的称为前张力，而与轧件前进方向相反的称为后张力。轧制张力的作用如下：

1）张力的拉伸作用会改变轧制时金属的应力状态，有利于金属的塑性变形。

2）张力有利于减少轧件厚度，控制张力可以在一定范围内控制带钢厚度。

3）张力可以在一定程度上改善板形。

4）张力轧制可以防止带钢在轧制过程中跑偏。

5）张力下卷取可以使带卷卷得更紧密、整齐。

轧制张应力大小在不超过屈服强度的范围选择，一般取 $(0.1 \sim 0.6)\sigma_S$。轧制带材越薄，变形抗力越大，张应力应取较大值。但考虑到成品道次、断带和罩式退火炉的粘卷问题，张应力不能取太大，一般取 $50\mathrm{N/mm^2}$。轧制张力的调整是通过改变主传动电动机的转速、调节压下量和改变卷取速度得到的。借助张力仪检测轧制张力，并且与自动控制系统组成闭环回落，调节上述三个参量，可以实现恒张力轧制。

（3）厚度控制　带材的厚度控制比较普遍地采用液压 AGC 系统，通过电液伺服阀控制液压缸的位移使得轧辊上下移动，完成对辊缝的控制，进而实现对板材厚度的控制。

（4）板形控制　板形的表示方法常用的有相对长度差法和波形表示法。

1）相对长度差法。取一段标准长度带钢，沿宽度切成若干纵条，如图 4-1 所示，用最短和最长纵条之间相对长度差大小表示板形状态，即

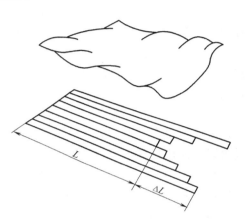

$$\Sigma_{\mathrm{st}} = 10^5\left(\frac{\Delta L}{L}\right) \ (\mathrm{I}) \qquad (4\text{-}1)$$

式中，ΔL 为纵向长度差，单位为 mm；L 为最短纵条长，单位为 mm；I 为板形单位，取 $1\mathrm{I} = 10^{-5}$。

图 4-1　相对长度差法

2）波形表示法。它是一种直观的方法，如图 4-2 所示，取一段翘曲带钢置于平台上，翘曲波形的高为 R_{v}，翘曲波形的长为 L_{v}，带材翘曲度为 λ，则

$$\lambda = \frac{R_{\mathrm{v}}}{L_{\mathrm{v}}} \times 100\% \qquad (4\text{-}2)$$

由于冷轧带材要求的板形精度比较高，通常用相对长度差表示。热轧带材板形两种表示方法都有采用。

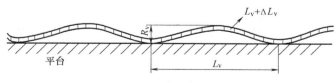

图 4-2　波形表示法

3. 工艺润滑和冷却

冷轧过程中，金属变形和金属与轧辊之间的摩擦产生热量使轧辊和轧件产生温升。如果轧辊辊面温度过高，会使工作辊表面淬火层硬度下降，并有可能使淬火层的残留奥氏体分解而产生附加应力，造成辊面裂纹。轧辊局部温度过高不仅会造成原始辊型破坏影响板形，还

会破坏轧辊和轧件之间的润滑油膜，在局部发生辊面与轧件相互焊合，使辊面受损，带钢表面划伤，称为热划伤，因此必须对轧辊和轧件进行工艺冷却和润滑。润滑可降低轧制力，保证带钢表面质量，减少轧辊磨损，提高轧辊寿命。

4.1.4 型钢轧制生产工艺

型钢的分类方法很多，可以根据用途、产品的断面形状和变形的复杂程度、产品规格、生产方法、供货方式等进行分类。

（1）技术要求 由于型钢产品的断面形状、规格多种多样（方钢、圆钢、扁钢、工字钢、槽钢、角钢、H型钢等），并且其用途也千差万别（汽车和拖拉机制造业、建筑业、机车车辆制造业及其他国民经济领域），所以其技术要求也不尽相同。但从整体上看，对于所有型钢产品都要从尺寸精度、表面质量及力学性能等三个方面来要求。

1）尺寸精度：对于简单断面型钢产品，其尺寸精度只要求其公称尺寸的精确性；对于复杂断面形状的型钢产品（如H型钢），其尺寸精度既包括公称尺寸的精确性，还包括其形状的完美性。

2）表面质量：对于热轧型钢产品，不允许表面有过多的铁鳞、裂纹等；对于冷弯型钢，表面不得有气泡、裂纹、结疤、折叠、夹杂以及压入的铁鳞，如有特殊用途，其表面质量可以根据用户要求进行加工。

3）力学性能：影响型材力学性能的主要因素有钢液纯净度、化学成分的波动及轧后的热处理工艺，这些因素针对不同产品有不同的要求。

（2）生产方式 热轧型钢具有效率高、能耗少、成本低，适用于大规模生产等优点。型钢的热轧生产主要有孔型法和万能法两种。孔型法是生产简单断面型材的主要方法，这种方法一般是在二辊或三辊轧机上，用在两个轧辊的辊身上车削的轧槽所形成的孔型对金属进行轧制。万能轧制法的孔型是由三个或三个以上轧辊所围成，故也称多辊轧法。这种方法多用于生产H型钢、平行腿槽钢及钢轨。

（3）工艺技术 近年来，许多先进的工艺技术（如低温轧制、切分轧制、控制轧制、脱头轧制、无头轧制等）在中小型型材生产上得到广泛应有，并取得了明显的经济效益。

1）低温轧制：它是将钢坯加热到低于常规的加热温度下进行轧制的工艺，其目的就是节约能源、降低成本。

2）切分轧制：在型钢热轧机上用特殊的轧辊孔型和导卫装置将一根轧件沿纵向切成两根或两根以上轧件，进而一次轧出两根（或多根）成品轧材的轧制工艺。

3）控制轧制：在调整好钢的化学成分的基础上，通过控制加热温度、轧制温度、变形制度等工艺参数，控制奥氏体相变和相变产物的组织状态，从而达到控制钢材组织性能的目的。

4）脱头轧制：应用在连续式的合金钢棒材轧机上，采用此工艺，可以使粗轧机组速度根据轧制钢种的需要进行调节。

5）无头轧制：应用在棒线材轧制领域的一项新技术，其特点是将刚出炉的钢坯的头部与前一根轧件的尾部焊接起来进行轧制，这样可以消除各钢坯之间的间隙，并且减少切头和轧废，稳定轧制参数。

4.1.5　钢管轧制生产工艺

钢管可以按照用途、断面形状、连接方式、材质和生产方式进行分类。

热轧无缝钢管生产根据穿孔和轧管方法以及制管的材质不同，可选用圆形、方形或多边形断面的轧坯、锻坯、钢锭或连铸坯为原料。有时还采用离心铸造或旋转连铸的空心管坯。

管坯的轧前准备包括检查、清理、切断、定心或定型等工序。与一般热轧钢材的坯料准备相比，多了定心、定型工序。

管坯加热的目的、作用和要求与一般热轧钢材基本相同。常用的加热设备为环形滚底加热炉，根据机组生产工艺的需要，在机组作业线上设置毛管、荒管再加热炉，以利于后道工序钢管的轧制变形，保证成品管的终轧温度，控制成品钢管的组织性能等。定心的目的是防止穿孔时壁厚不均。一般采用热定心，只有极少数要求质量非常高的产品在加热之前定心。

穿孔工序的任务是将实心管坯穿制成空心的毛管，它相当于一般热轧钢材生产中的粗轧，也是热轧无缝钢管生产中最重要的一道工序。管坯穿孔主要包括斜轧穿孔、推轧穿孔和压力穿孔。其中，斜轧穿孔应用比较广泛。二辊斜轧穿孔又称为曼式穿孔，二辊斜轧穿孔是轧件在两个相对于轧制线倾斜放置的主动轧辊、两个固定不动的导板（或随动导辊）和一个位于中间的随动顶头（但轴向定位）组成的一个"环形封闭孔型"内进行的轧制。

轧管是无缝钢管生产中很重要的一道工序，其作用是使毛管壁厚接近或达到成品管壁厚和消除毛管在穿孔过程中产生的纵向壁厚不均，还可提高荒管内外表面质量、控制荒管外径和圆度。轧管方式主要有纵轧和斜轧。

4.2　轧制原理基础

4.2.1　轧制变形区及其参数

在分析轧辊和轧件（被轧制的金属）的相互作用之前，应先考虑轧辊和轧件发生作用区域的几何特点，这对于了解轧制过程的特性是必要的。

简单地讲，纵轧过程就是金属在两个旋转方向相反的轧辊之间通过，并在其间产生塑性变形的过程。轧制后，轧件的横断面积减小，长度增大。在纵轧时，塑性变形并非在轧件的整个长度上同时产生，在任一瞬间变形仅产生在轧辊附近的局部区域内。轧件中处于变形阶段的这一区域称为变形区。变形区的基本组成部分是由轧辊和轧件的接触弧及出、入口断面所限定的区域（如图 4-3 中阴影部分），该区域称为几何变形区。实际上，在几何变形区前、后局部区域内，多少也有塑性变形产生，这两个区域称为非接触变形区。

在平轧辊（圆柱形轧辊）上轧制时，几何变形区的形状如图 4-3 所示，可由如下的参数表示：咬入角 α、变形区长 l、轧件在出口和入口断面上的高度（h_1 和 h_0）及宽度（b_1 和 b_0）。

（1）确定咬入角 α　由图 4-3 可求得

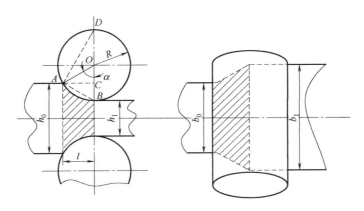

图 4-3　几何变形区图示

$$BC = BO - CO = R - R\cos\alpha = R(1-\cos\alpha) \tag{4-3}$$

由于

$$BC = \frac{1}{2}(h_0 - h_1) = \frac{1}{2}\Delta h \tag{4-4}$$

故有

$$\cos\alpha = 1 - \frac{\Delta h}{2R} \tag{4-5}$$

在咬入角比较小的情况下，由于

$$1 - \cos\alpha = 2\sin^2\frac{\alpha}{2} \approx \frac{\alpha^2}{2} \tag{4-6}$$

式（4-5）可简化为

$$\alpha = \sqrt{\frac{\Delta h}{R}} \tag{4-7}$$

式中，R 为轧辊的半径。

由式（4-5）和式（4-7）可以看出，在轧辊直径一定的情况下，绝对压下量 Δh 越大，则咬入角 α 越大；在绝对压下量 Δh 一定的情况下，轧辊直径越大，咬入角 α 越小。

（2）确定变形区的长度 l　变形区的 $l = AC$，由于 AC 是直角 $\triangle ABC$ 的一个直角边，由此得

$$AC^2 = AB^2 - BC^2 \tag{4-8}$$

式中，AB 可根据 $\triangle ABC \backsim \triangle ABD$ 这一条件求得：

$$AB^2 = BD \times BC \tag{4-9}$$

将 AB 值代到式（4-8）中去，求得：

$$AC = \sqrt{BD \times BC - BC^2} \tag{4-10}$$

所以

$$l = \sqrt{2R\frac{h_0 - h_1}{2} - \left(\frac{h_0 - h_1}{2}\right)^2} \tag{4-11}$$

即

$$l = \sqrt{R\Delta h - \frac{\Delta h^2}{4}} \tag{4-12}$$

由于根号中的第二项很小，可将其忽略不计（即用接触弧的弦长作为变形区的长度），由此得

$$l = \sqrt{R\Delta h} \tag{4-13}$$

4.2.2　咬入条件及轧制过程的建立

轧辊和轧件相互作用的运动过程是从轧辊咬入轧件开始的，其中接触摩擦力起着决定性作用。

如果将轧件送向轧机，使轧件的前棱和旋转的轧辊的母线相接触（在图 4-4 上表示为在 A 和 A' 点相接触），则每个轧辊均将对轧件作用——径向正压力 N，同时由于轧辊相对轧件有切向滑动，还对轧件作用有切向摩擦力 T 的水平分量。显然，正压力 N 的水平分量和摩擦力 T 的水平分量，对轧制过程的建立起着不同的作用，正压力 N 的水平分量是将轧件推出辊缝，而摩擦力 T 的水平分量是将轧件拽入辊缝。在轧件上没有其他力作用的情况下，这两个力在数量上的大小就决定了轧辊能否咬入轧件。欲使轧辊咬入轧件必须使切向摩擦力 T 的水平分量大于正压力 N 的水平分量，即满足条件

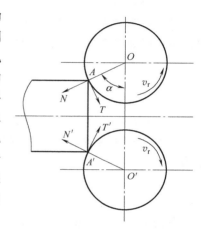

图 4-4　咬入时轧件受力图示

$$T\cos\alpha > N\sin\alpha \tag{4-14}$$

随着咬入角 α 增大（如在辊缝不变的条件下增大轧件的高度 h_0），正压力 N 的水平分量增大，而摩擦力的水平分量减小。当咬入角 α 增大到一定的数值后，将失去建立轧制过程的可能性，即轧辊不能再将轧件拽入辊缝。

根据干摩擦定律，摩擦力 T 可能达到的最大数值为

$$T = \mu_b N \tag{4-15}$$

式中，μ_b 为咬入摩擦系数。

根据式（4-15），将 T 代入不等式（4-14）中，求得建立轧制过程所必须的力学条件，即所谓咬入条件：

$$\mu_b > \tan\alpha \text{ 或 } \beta_b > \alpha \tag{4-16}$$

式中，β_b 为咬入时的摩擦角。

由此，为使轧辊能自由咬入金属（不对金属施加其他的外力）必须使摩擦系数大于咬入角的正切值，或者说，必须使摩擦角大于咬入角。

如果咬入角大于摩擦角，轧辊将不能自由咬入金属。在这种情况下，为了实现咬入可采用下列措施：

1）减小咬入角，在轧辊直径给定的条件下，减小绝对压下量 Δh。

2）增大摩擦系数，在轧辊上刻痕或焊痕以增大摩擦系数。这种措施仅可在轧制钢坯时

采用，在轧制成品钢材时是不能采用的。

3）在轧件上加推力，实行强迫咬入。

一般来讲，摩擦力的存在是实现轧制过程的必要条件。在初轧机上，为了强化轧制过程，提高各轧制道次的绝对压下量数值，往往希望增大摩擦系数，故采用在轧辊上刻痕或焊痕的措施。在轧制钢板时情况则不同，此时咬入角的大小不是限制轧制过程强化的因素，而减小轧制压力则成为强化轧制过程的决定条件，故往往希望降低摩擦系数，这对减小轧辊磨损和提高轧材表面质量等都有利。

在轧辊咬入轧件后，随着轧辊的转动，金属被咬入辊缝（变形区）内。这时就轧辊和轧件间的相互作用性质而言，与镦粗时锤头和工件间的作用类似。轧件进入变形区内的部分，由于在高度方向上被压缩，金属要向纵向及横向流动，从而相对轧辊表面产生滑动（或有产生滑动的趋势）。

随着轧制过程的发展，轧件前端走出出口断面，轧制过程便达到稳定轧制阶段。这时合力作用角将最终减到最小值，而前滑区将相对增至最大值，轧制过程趋于稳定。

4.2.3　中性角的确定

中性角是决定变形区内金属相对轧辊的运动速度的一个参量。

若不计轧件的宽度，则在变形区内任一横断面上，金属沿断面高度的平均流动速度 v_x 为

$$v_x = v_1 \frac{h_1}{h_x} = \frac{v_1 h_1}{h_1 + 2R(1 - \cos\alpha_x)} \tag{4-17}$$

在变形区内任一横断面上，轧辊圆周速度的水平分量 v_{rx} 为

$$v_{rx} = v_r \cos\alpha_x \tag{4-18}$$

式中，v_r 为轧辊的圆周速度。

在变形区内速度 v_x 和 v_{rx} 按不同的函数关系单调变化如图 4-5 所示。按照 4.2.2 节的分

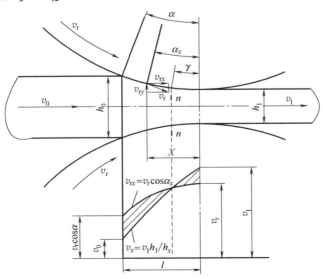

图 4-5　变形区内金属流动速度变化

析，这两条速度曲线在变形区内相交于一点，交点的位置决定于轧件的平衡条件。交点所对应的断面 n—n 将变形区分为两个部分：前滑区和后滑区。该断面在轧制理论中称中性面。由中性面与接触弧的交点 n 所引的半径与轧辊中心连线的夹角 γ 称为中性角。

下面根据轧件的平衡条件确定中性面的位置，即中性角 γ 的大小。用 P_x 表示轧辊作用在轧件表面上的单位正压力，用 τ 表示作用在轧件表面上的单位摩擦力。对作用在单位宽度轧件上的所有作用力在轧件运动方向（水平方向）上取投影和，不计轧件的宽展，求得

$$-\int_0^\alpha P_x \sin\alpha_x R \mathrm{d}\alpha_x + \int_\gamma^\alpha \tau \cos\alpha_x R \mathrm{d}\alpha_x - \int_0^\lambda \tau \cos\alpha_x R \mathrm{d}\alpha_x + \frac{T_1 - T_0}{2\bar{b}} = 0 \tag{4-19}$$

式中，$\bar{b}$ 为轧件的平均宽度，$\bar{b} = \dfrac{b_0 + b_1}{2}$；$T_1$ 和 T_0 为作用在轧件上的后张力和前张力；R 为轧辊的半径。

为了简化起见，假设单位压力沿整个接触弧等于常值，即 $P_x = p$，则摩擦力 τ 为

$$\tau = \mu_s p \tag{4-20}$$

式中，μ_s 为稳定轧制时的摩擦系数。

此时平衡方程式可表示为

$$-\frac{1 - \cos\alpha}{\mu_s} + \sin\alpha - 2\sin\gamma + \frac{T_1 - T_0}{2P\mu_s \bar{b} R} = 0 \tag{4-21}$$

由式（4-21）求得

$$\sin\gamma = \frac{\sin\alpha}{2} - \frac{1 - \cos\alpha}{2\mu_s} + \frac{T_1 - T_0}{4P\mu_s \bar{b} R} \tag{4-22}$$

当 $T_0 = T_1 = 0$ 时，式（4-22）即为计算中性角的埃克伦德（S. Ekelund）公式

$$\sin\gamma = \frac{\sin\alpha}{2} - \frac{1 - \cos\alpha}{2\mu_s} \tag{4-23}$$

在咬入角 α 比较小时（如轧制板材），式（4-23）还可进一步简化。令

$$\sin\gamma \approx \gamma, \quad \sin\alpha \approx \alpha, \quad 1 - \cos\alpha \approx \frac{\alpha^2}{2} \tag{4-24}$$

$$\alpha = \sqrt{\frac{\Delta h}{R}}, \quad p\bar{b}\sqrt{R\Delta h} = P \tag{4-25}$$

可将式（4-22）和式（4-23）表示为

$$\gamma = \frac{1}{2}\sqrt{\frac{\Delta h}{R}}\left[1 - \frac{1}{2\mu_s}\left(\sqrt{\frac{\Delta h}{R}} - \frac{T_1 - T_0}{P}\right)\right] \tag{4-26}$$

$$\gamma = \frac{1}{2}\sqrt{\frac{\Delta h}{R}}\left(1 - \frac{1}{2\mu_s}\sqrt{\frac{\Delta h}{R}}\right) \tag{4-27}$$

4.2.4　稳定轧制条件

在轧制过程中，前滑区和后滑区的摩擦力起着不同的作用。前滑区的摩擦力是轧件进入

辊缝的阻力，轧辊是通过后滑区的摩擦力的作用将运动传给轧件而实现轧制过程的，故后滑区的摩擦力具有主动作用力的性质。虽然对于轧制过程来讲，前滑区和后滑区的作用是相互矛盾的，但对于稳定地实现轧制来讲，前滑又是不可缺少的。当由于某种因素的变化，使阻碍轧件前进的水平阻力增大（如后张力增大）或使曳引轧件进入辊缝的水平作用力减小（如摩擦系数减小）时，前滑区将部分地转化为后滑区，而使曳引轧件前进的摩擦力 T 的水平分量增大，使轧制过程得以在新的平衡状态下继续进行。

考虑前滑区（中性角）的变化时，将式（4-26）关于 α 取导数

$$\frac{\partial(\sin\gamma)}{\partial\alpha}=\frac{\cos\alpha}{2}-\frac{\sin\alpha}{2\mu_s} \tag{4-28}$$

由式（4-28）等于零的条件求得使中性角 γ 达最大值的条件为

$$\alpha=\arctan\mu_s=\beta_s \tag{4-29}$$

在 $\alpha<\beta_s$（稳定轧制时的摩擦角）时，随 α 角的增大，γ 角增大；在 $\alpha>\beta_s$ 时，随 α 角的增大，γ 角减小。

由此，如果在稳定轧制过程中使两个轧辊彼此靠近，在咬入角 α 比较小时，随压下量 Δh 的增大，α 角和 γ 角均增大，并在 $\alpha=\beta_s$ 时，中性角 γ 达最大值。因为此时 α 角比较小，由辊缝减小、α 角增大使合力 N 的作用角增大所引起的合力 N 水平分量的增大值，比由辊缝减小变形区长度 l 增大使后滑区的长度增大所引起的摩擦力 T 水平分量的增大值要小。

随后，再使两个轧辊靠近，则随 Δh 和 α 的增大，角 γ 将不断减小。因为此时 α 角较大，随轧辊的靠近和 α 角的增大，合力 N 的作用角及其水平分量增加得较快，而变形区长度 l 增加得较小。靠变形区长度 l 的增加，使后滑区的长度及摩擦力 T 的水平分量增大，已不足以补偿合力 N 水平分量的增加了。从而促使轧件前进的速度减小，使前滑区的长度减小，后滑区的长度增大，于是摩擦力 T 的水平分量就会增大，结果增大了的水平阻力（N 的水平分量）被平衡。这样，轧件便在新的速度条件达到新的力学平衡状态。可见，前滑区和后滑区在一定的条件下相互转化是轧制过程存在的基础。

随着轧辊的不断靠近，咬入角 α 不断增大，前滑区的长度将不断减小。在极限的情况下，前滑区将完全转化为后滑区，这时咬入角 α 便达到可能的最大值，轧制过程随即完全丧失稳定性。咬入角 α 再增大一点，或摩擦系数因某种因素的影响稍有降低，轧制过程便不能继续进行。在整个接触弧均为后滑区时，摩擦力的合力 T 将达到其可能的最大值，其数值的计算公式为

$$T=\mu_s N \tag{4-30}$$

假定合力 N 作用在接触弧的中点上，整个接触表面均为后滑区，求得稳定轧制过程的极限条件为

$$T\cos\frac{\alpha}{2}=N\sin\frac{\alpha}{2} \tag{4-31}$$

根据式（4-30），将摩擦力 T 的数值代入式（4-31）中，并用不等号代替等号，求得稳定轧制条件为

$$\mu_s>\tan\frac{\alpha}{2}\text{或}\ \alpha<2\beta_s \tag{4-32}$$

式中，μ_s 和 β_s 分别为打滑时的摩擦系数和摩擦角。

打滑时的摩擦系数比咬入时的小，一般为咬入时的 0.6~0.75 倍。

可见稳定轧制条件［式（4-32）］对摩擦力的要求比咬入条件［式（4-14）］低。这就是为什么在不能自由咬入时，实行强迫咬入后轧制过程往往得以稳定进行的原因所在。

4.2.5　前滑和后滑的计算

在前滑区内金属相对轧辊表面向前滑动，在后滑区内金属相对轧辊表面向后滑动。由此，轧件的出口速度大于轧辊的圆周速度，轧件的入口速度小于入口断面的轧辊圆周速度的水平分量。这种现象已由实验所证实。

轧件的出口速度高于轧辊圆周速度的现象称为的前滑。在轧制理论中，通常用轧件的出口速度与轧辊圆周速度之差同轧辊圆周速度的比值作为前滑系数 s_1，即

$$s_1 = \frac{v_1 - v_r}{v_r} \tag{4-33}$$

式中，v_1 为轧件的出口速度；v_r 为轧辊的圆周速度。

将式（4-33）的分子和分母同时乘以时间间隔 Δt，则得

$$s_1 = \frac{(v_1 - v_r)\Delta t}{v_r \Delta t} = \frac{l_1 - l}{l} \tag{4-34}$$

式中，l_1 为在时间 Δt 内轧出轧件的长度；l 为在时间 Δt 内轧辊表面上的任一点所走的圆周距离。

在实际中，前滑系数一般为 2%~10%。按式（4-34）用试验方法测定前滑系数比较容易，并且准确。用冲子在轧辊表面上打出两个小坑，如果将冲坑的距离视为 l，则轧制时留在轧件表面上的两个冲坑印痕之间的距离即为 l_1，如图 4-6 所示。

轧件的入口速度小于入口断面上的轧辊圆周速度的水平分量的现象称为后滑。通常用入口断面上的轧辊圆周速度的水平分量与轧件入口速度之差同入口断面上的轧辊圆周速度的水平分量的比值作为后滑系数 s_0，即

$$s_0 = \frac{v_r \cos\alpha - v_0}{v_r \cos\alpha} = 1 - \frac{v_0}{v_r \cos\alpha} \tag{4-35}$$

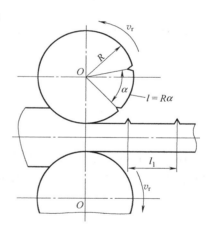

图 4-6　用印痕法测定前滑系数的示意图

式中，v_0 为轧件的入口速度。

正确地计算前滑的数值对确定连轧机的速度制度具有重大的意义。从理论上来讲，前滑决定于中性角的大小和轧件的高度。忽略宽展，根据秒流量相等的条件有

$$h_n v_r \cos\gamma = h_1 v_1 \tag{4-36}$$

或写为

$$\frac{v_1}{v_r} = \frac{h_n}{h_1} \cos\gamma \tag{4-37}$$

式中，h_n 为轧件在中性面上的高度。

根据式（4-37），将比值 v_1/v_r 代入式（4-34）中，求得

$$s_1 = \frac{h_n \cos\gamma}{h_1} - 1 \tag{4-38}$$

由于

$$h_n = h_1 + 2R(1 - \cos\gamma) \tag{4-39}$$

结果得

$$s_1 = \frac{h_1 + 2R(1 - \cos\gamma)}{h_1} \cos\gamma - 1 \tag{4-40}$$

又由于

$$1 - \cos\gamma = 2\sin^2\frac{\gamma}{2} \approx \frac{\gamma^2}{2} \tag{4-41}$$

$$\cos\gamma \approx 1 \tag{4-42}$$

可将式（4-40）简化为

$$s_1 = \frac{(2R\cos\gamma - h_1)(1 - \cos\gamma)}{h_1} = \left(\frac{R}{h_1} - 0.5\right)\gamma^2 \tag{4-43}$$

在轧制薄带材时，由于 $R \gg h_1$，式（4-43）中的第二项和第一项相比可忽略不计，此时式（4-38）可进一步简化为

$$s_1 = \frac{R}{h_1}\gamma^2 \tag{4-44}$$

根据式（4-26），将中性角 γ 值代入式（4-43）及式（4-44），得

$$s_1 = \left(1 - \frac{h_1}{2R}\right)\frac{\Delta h}{4h_1}\left[1 - \frac{1}{2\mu_s}\left(\sqrt{\frac{\Delta h}{R}} - \frac{T_1 - T_0}{P}\right)\right]^2 \tag{4-45}$$

或

$$s_1 = \frac{\Delta h}{4h_1}\left[1 - \frac{1}{2\mu_s}\left(\sqrt{\frac{\Delta h}{R}} - \frac{T_1 - T_0}{P}\right)\right]^2 \tag{4-46}$$

由式（4-46）可看出，随压下量 Δh、摩擦系数 μ_s 及轧辊半径 R 的增大，前滑 s_1 增大；随轧件厚度 h_1 的增大，前滑 s_1 减小。

4.3　轧制压力的计算

4.3.1　轧制压力的概念

在轧制过程中，金属对轧辊的作用力有两个：一是与接触表面相切的摩擦应力的合力，即摩擦力；二是轧辊和轧件接触表面相垂直的单位压力的合力，即正压力。摩擦力与正压力在垂直于轧制方向上的投影之和，即平行轧辊中心连线的垂直力，通常称为轧制压力，又称轧制力。确定轧制压力在生产实践中有着重要的意义：

1）为了计算轧辊和轧机其他各个部件的强度及校核和选择电动机负荷，正确制订压下工艺规程，需要计算轧制压力。

2）钢板生产中，为了实现板厚和板形的自动控制，需要计算轧制压力。

3）为了充分发挥轧机的生产潜力，提高轧机的生产率，以及利用计算机实现轧制生产过程自动化，需要计算轧制压力。

4.3.2 卡尔曼单位压力微分方程

卡尔曼单位压力微分方程（即卡尔曼方程）是建立在数学-力学理论的基础上，在一定的假设条件下，在变形区内任取一微分体（见图 4-7），分析作用在此微分体上的各种作用力，根据力平衡条件将各力通过微分平衡方程联系起来，运用塑性方程、接触弧方程、摩擦规律及边界条件来建立单位压力微分方程并求解。

卡尔曼单位压力微分方程式的假设条件：

1）变形区内沿轧件横断面高度上的各点的金属流动速度、应力及变形均匀分布。

2）当 $\overline{b}/\overline{h}$（或 l/h）的比值很大时，宽展很小，可以忽略，即 $\Delta b = 0$。这样把三个方向都有变形的空间问题变成了只有两个方向变形的平面变形问题。

3）轧制时，轧件高向、纵向和横向的变形都与主应力方向一致，忽略了切应力的影响。

4）金属质点在变形过程中，性质处处相同。

5）上下轧辊辊径相等并做匀速运动，无惯性力，轧辊和机架为刚体，不产生弹性变形。

6）在接触弧上的摩擦系数 μ 为常数，即 $\mu = C$。

在变形区内的后滑区任取一微分体积 $abdc$，其厚度为 $\mathrm{d}x$，如图 4-7 所示。高度在微分体的右侧为 h_x，左侧为 $h_x + \mathrm{d}h_x$，弧长 $\overset{\frown}{ab}$ 近似为弦长，即轧件宽度为单位 1。

在接触表面上，轧辊对轧件的作用力有径向单位压力 p_x 和单位摩擦力 t_x，它们在接触弧部分上的合力的水平分力 F_x 为

$$F_x = 2B\left(p_x \frac{\mathrm{d}x}{\cos\theta}\sin\theta \pm t_x \frac{\mathrm{d}x}{\cos\theta}\cos\theta\right) \quad (4\text{-}47)$$

式中，"+"代表后滑区摩擦力的水平投影方

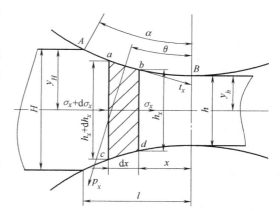

图 4-7 变形区内任意微分体上受力情况

向与轧制方向一致；"-"代表前滑区摩擦力的水平投影方向与轧制方向相反；θ 为 $\overset{\frown}{ab}$ 切线与水平面的夹角，亦即相对应的圆心角。

根据假设条件 1），金属质点在变形区内各横断面上各点流动速度及应力分布均匀，因此作用在微分体两侧的应力各为 σ_x 和 $\sigma_x + \mathrm{d}\sigma_x$。设 $2y = h_x$，则两侧的合力分别为 $\sigma_x 2y$ 和 $(\sigma_x + \mathrm{d}x)2(y + \mathrm{d}y)$。

因为微分体 $abcd$ 处于平衡，故作用在微分体的水平力之和为零（$\sum x = 0$），即平衡微分方程为

$$\sum x = -2\sigma_x yB + (\sigma_x + d\sigma_x)2(y+dy)B - 2p_x \frac{dx}{\cos\theta}\sin\theta B \pm 2t_x \frac{dx}{\cos\theta}\cos\theta B = 0 \quad (4\text{-}48)$$

展开式（4-48），略去高阶无穷小量并化简，再用 $\tan\theta = \dfrac{dy}{2dx}$ 代入得

$$\frac{d\sigma_x}{dx} - \frac{p_x - \sigma_x}{y} \times \frac{dy}{dx} \pm \frac{t}{y} = 0 \quad (4\text{-}49)$$

式中，"+"号代表后滑区；"-"号代表前滑区。

式（4-49）中包含了 p_x、σ_x、t 和 y 四个变量。为了解（4-49）方程式必须找出单位压力 p_x 与 σ_x 之间的关系。为此根据假设条件可知，水平压力 σ_x 和垂直压应力 σ_y 为主应力，则 σ_y 可写成为

$$-\sigma_y = \left(Bp_x \frac{dx}{\cos\theta}\cos\theta \pm Bt_x \frac{dx}{\cos\theta}\sin\theta \right)\frac{1}{Bdx} \quad (4\text{-}50)$$

式（4-50）将微分体上所受的力全部投影到垂直方向，然后除以承受力的作用面积 Bdx。式中负号适用于后滑区，正号适用于前滑区。由于式（4-50）右方的第二项与第一项相比，可以忽略，于是得

$$\sigma_1 = -\sigma_y = p_x - \sigma_x = \sigma_3 \quad (4\text{-}51)$$

根据假设 1）~3），得到塑性条件为

$$\sigma_1 - \sigma_3 = p_x - \sigma_x = 1.15\sigma_s \quad (4\text{-}52)$$

令 $K = 1.15\sigma_s$（K 为平面变形抗力），式（4-52）可写成为

$$p_x - \sigma_x = K \quad (4\text{-}53)$$

对式（4-53）微分得

$$dp_x = d\sigma_x \quad (4\text{-}54)$$

将式（4-52）和式（4-53）代入微分方程式（4-54）中得

$$\frac{dp_x}{dx} - \frac{K}{y} \times \frac{dy}{dx} \pm \frac{t_x}{y} = 0 \quad (4\text{-}55)$$

微分方程式（4-55）即为卡尔曼单位压力微分方程式的一般形式。

求解式（4-55）必须了解式中单位摩擦力沿接触弧的变化规律、接触弧方程和边界上的单位压力（边界条件）。由于各研究者所采取的条件不同，因而存在着大量的不同解法。关于轧件与轧辊间的接触摩擦问题是非常复杂的，目前对此而做的假设或理论比较多，常采用的有以下几种基本摩擦条件：

1）接触摩擦遵从干摩擦定律，即

$$t = \mu p_x \quad (4\text{-}56)$$

2）假设接触表面上单位摩擦不变，等于一个常数，即

$$t = 常数 \approx \mu K \quad (4\text{-}57)$$

3）假设轧辊与轧件间的接触表面发生液体摩擦，按照液体摩擦定律，将单位摩擦力表示为

$$t = \eta \frac{dv_x}{dh} \quad (4\text{-}58)$$

式中，η 为黏性系数；$\dfrac{dv_x}{dh}$ 为垂直于滑动平面方向上速度的增减率。

4）根据实测结果，变形区内摩擦系数并非恒定为常数，可将摩擦系数视为单位压力的函数，即

$$\mu = U(P) \tag{4-59}$$

5）将变形区分成若干区域（滑动区、黏着区和停滞区），每个区域接触表面采用不同的摩擦规律。

轧辊与轧件的接触表面如果用精确的圆柱形接触弧坐标代入方程式求解单位压力，求解复杂或不能求解，以至结果难以应用。所以求解时，接触弧方程根据变形特点应设法加以简化。常用的有下列几种假设：

1）轧制时，轧辊产生弹性压扁，使变形区长度增长，常近似地认为接触弧为平板压缩。

2）轧制薄板时，可将圆弧看成直线。

3）接触弧用抛物线代替圆弧。

4）采用圆弧方程，但改用极坐标，以便于求解。

总而言之，不同的边界条件、不同的接触弧方程和不同的摩擦规律，将会得到不同的单位压力解。

4.3.3　采利科夫单位压力公式

采利科夫单位压力公式（即采利科夫轧制力公式），假设接触弧上轧件与轧辊间近似于完全滑动，在此条件下，变形区内接触弧上的摩擦条件基本服从干摩擦定律（库仑定律），即

$$t_x = \mu p_x \tag{4-60}$$

接触弧方程近似地采用直线，以弦代弧，如图 4-8 所示。

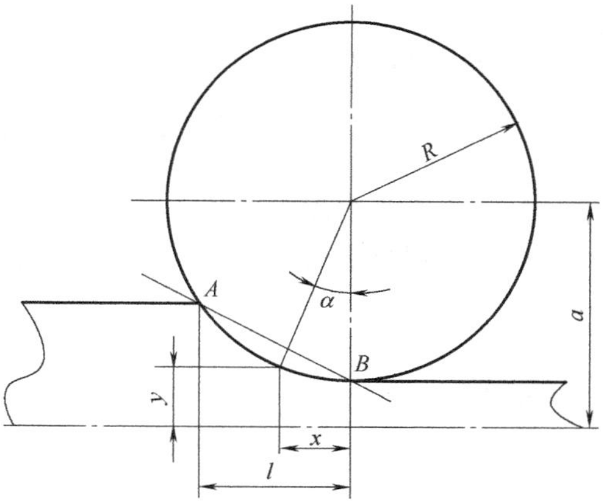

边界条件采用轧制时带有前后张力，且 K 值在进出口处相等。在上述条件下对卡尔曼单位压力微分方程求解。

将式（4-60）代入式（4-55）中得

$$\frac{\mathrm{d}p_x}{\mathrm{d}x} - \frac{K}{y} \times \frac{\mathrm{d}y}{\mathrm{d}x} \pm \frac{\mu p_x}{y} = 0 \tag{4-61}$$

图 4-8 中，设经过 A、B 两点的直线方程为

$$y = ax + b$$

在 B 点：$x_B = 0$，$y_B = a \times 0 + b = b = \dfrac{h}{2}$。

在 A 点：$x_A = l$，$y_A = al + \dfrac{h}{2} = \dfrac{H}{2}$，于是 $a = \dfrac{\Delta h}{2l}$。

图 4-8　以弦代弧图形

则直线方程为

$$y = \frac{\Delta h}{2l}x + \frac{h}{2} \tag{4-62}$$

式（4-62）为轧制时的接触弧对应弦的方程式。对式（4-62）微分得

$$\mathrm{d}y = \frac{\Delta h}{2l}\mathrm{d}x$$

$$\mathrm{d}x = \frac{2l}{\Delta h}\mathrm{d}y$$

将 $\mathrm{d}x$ 值代入式（4-61）中得

$$\frac{\mathrm{d}p_x}{\frac{2l}{\Delta h}\mathrm{d}y} - \frac{K}{y} \times \frac{\mathrm{d}y}{\frac{2l}{\Delta h}\mathrm{d}y} \pm \frac{\mu p_x}{y} = 0 \tag{4-63}$$

以 $\dfrac{2l}{\Delta h}\mathrm{d}y$ 乘式（4-63），并整理得

$$\mathrm{d}p_x - \frac{K}{y}\mathrm{d}y \pm \frac{2l\mathrm{d}y}{\Delta h} \times \frac{\mu p_x}{y} = 0 \tag{4-64}$$

令 $\dfrac{2l\mu}{\Delta h} = \delta$，得

$$\mathrm{d}p_x + \frac{\mathrm{d}y}{y}(\pm\delta p_x - K) = 0 \tag{4-65}$$

$$\frac{\mathrm{d}p_x}{\pm\delta p_x - K} = -\frac{\mathrm{d}y}{y} \tag{4-66}$$

积分后得

$$\frac{1}{\pm\delta}\ln(\pm\delta p_x - K) = \ln\frac{1}{y} + C \tag{4-67}$$

利用边界条件写出边界方程，在后滑区入口处

$$y = \frac{H}{2},\ P_H = K - q_H = K\left(1 - \frac{q_H}{K}\right) = K\zeta_0,\ \zeta_0 = 1 - \frac{q_H}{K}$$

在前滑区出口处

$$y = \frac{h}{2},\ P_h = K - q_h = K\left(1 - \frac{q_h}{K}\right) = K\zeta_1,\ \zeta_1 = 1 - \frac{q_h}{K}$$

式中，ζ_0，ζ_1 为张力因子。

将边界方程分别代入式（4-67），得出积分常数 C 值。在后滑区

$$C_H = \frac{1}{\delta}\ln(\delta K\zeta_0 - K) - \ln\frac{2}{H} \tag{4-68}$$

在前滑区

$$C_h = \frac{1}{-\delta}\ln(-\delta K\zeta_1 - K) - \ln\frac{2}{h} \tag{4-69}$$

将前、后滑积分常数 C 值分别代入式（4-67）中，并用 $h_x/2 = y$ 代之，得出采利科夫单位压力公式为

$$\begin{cases} P_H = \dfrac{K}{\delta}\left[(\xi_0\delta - 1)\left(\dfrac{H}{h_x}\right)^\delta + 1\right] & \text{（后滑区）} \\[3mm] P_h = \dfrac{K}{\delta}\left[(\xi_1\delta + 1)\left(\dfrac{h_x}{h}\right)^\delta - 1\right] & \text{（前滑区）} \end{cases} \tag{4-70}$$

不考虑前后张力时的采利科夫单位压力公式为：

$$\begin{cases} P_H = \dfrac{K}{\delta}\left[(\delta-1)\left(\dfrac{H}{h_x}\right)^{\delta} + 1 \right] & （后滑区） \\[4mm] P_h = \dfrac{K}{\delta}\left[(\delta+1)\left(\dfrac{h_x}{h}\right)^{\delta} - 1 \right] & （前滑区） \end{cases} \qquad (4\text{-}71)$$

根据采利科夫单位压力公式［式（4-70）和式（4-71）］可绘制出接触弧上单位压力分布图。在接触弧上单位压力的分布是不均匀的，由轧件入口开始向中性面逐渐增加，并达到最大值，然后降低，到出口处降到最低。

由式（4-70）和式（4-71）可以看出，影响单位压力的主要因素有摩擦系数、轧辊直径、轧件厚度、压下量及轧件在进/出口处所受张力大小等。为了显示不同因素对单位压力的影响，可用不同因素为参数，描绘出诸因素条件下单位压力曲线，如图4-9和图4-10所示。图中纵坐标用轧制单位压力 $\bar{p}$ 与平面变形抗力 K 之比值表示，分析图中定性曲线可以得出以下结论。

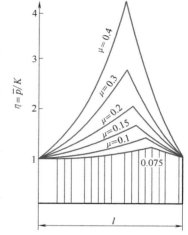

图 4-9　接触弧摩擦系数对单位压力的影响

1）接触弧摩擦系数对单位压力的影响如图4-9所示，在压下量 $\varepsilon = 30\%$、咬入角 $\alpha = 5°46'$、$h/D = 1.16\%$ 的条件下，摩擦系数越高，从出口、入口向中性面单位压力增加量越大，单位压力峰值越高，因此单位压力值就越大。

2）相对压下量对单位压力的影响如图4-10所示，在试件轧后高度 $A = 1\text{mm}$、轧辊直径 $D = 200\text{mm}$、摩擦系数 $\mu = 0.2$、$h/D = 0.5\%$ 时，随着压下量增加，变形区长度增加，单位压力相应增加。轧件对轧辊总压力增加，不仅是由于接触面积增大而引起的，还有单位压力本身增加的原因。

3）轧辊直径对单位压力的影响如图4-11所示（$D_1 > D_2 > D_3$），随着轧辊直径增加，变形区长度增大，单位压力相应增加。

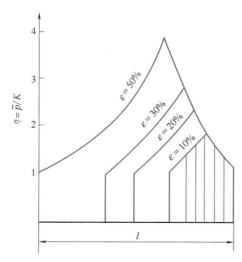

图 4-10　相对压下量对单位压力的影响

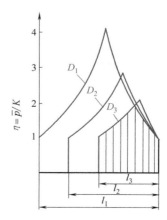

图 4-11　轧辊直径对接触弧单位压力的影响

4）前后张力对单位压力的影响如图 4-12 所示，在相对压下量 $\Delta h/H = 30\%$、$\alpha = 3°50'$、$\mu = 0.2$、$h/D = 0.5\%$ 时，采用不同的张力轧制都会使单位压力显著降低，并且张力越大、单位压力越小。因此，在冷轧时是希望采用张力轧制的。

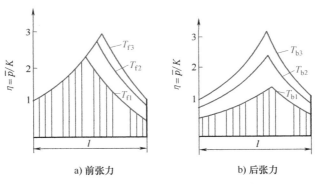

a) 前张力　　　　　　　b) 后张力

图 4-12　前后张力对单位压力的影响

采利科夫单位压力公式突出的优点是反映了一系列工艺因素对单位压力的影响，但在公式中没有考虑金属材料在变形过程中加工硬化现象的影响，而且在变形区内没有考虑黏着区的存在。以直线代替圆弧的接触弧方程只有在冷轧薄板时比较适用，此时弦弧差别较小，冷轧薄板时黏着现象不太显著，所以采利科夫公式应用在冷轧薄板情况下是比较准确的。

4.3.4　勃兰特-福特公式

勃兰特-福特公式假设：轧件的宽度较大（可忽略宽展）；接触表面产生干摩擦滑动，摩擦力 $\tau = \mu p_x$，摩擦系数不变；轧件在变形区内产生均匀压缩，变形区中的垂直横断面在变形过程中保持为平面，即认为 σ_x、σ_y 为主应力（有 $\sigma_y \approx p_x$），σ_x 沿断面高度均匀分布。

根据卡尔曼微分方程式，有

$$\mathrm{d}(\sigma_x h_x) = p_x\left(1 \pm \frac{\mu}{\tan\alpha_x}\right)\mathrm{d}h_x \tag{4-72}$$

根据塑性条件 $p_x - \sigma_x = K = 1.15\sigma_s$，得

$$Kh_x\mathrm{d}\left(\frac{p_x}{K} - 1\right) + \left(\frac{p_x}{K} - 1\right)\mathrm{d}(Kh_x) = p_x\left(1 \pm \frac{\mu}{\tan\alpha_x}\right)\mathrm{d}h_x \tag{4-73}$$

假设材料的强化（即 K 值的变化）与 h_x 成反比，则有

$$\mathrm{d}(Kh_x) = 0$$

于是式（4-73）变为

$$h_x\mathrm{d}\left(\frac{p_x}{K}\right) = \frac{p_x}{K} - \left(1 \pm \frac{\mu}{\tan\alpha_x}\right)\mathrm{d}h_x \tag{4-74}$$

令

$$h_x = h_1 + 2R(1 - \cos\alpha_x) \approx h_1 + R\alpha_x^2$$

$$\mathrm{d}h_x = 2R\alpha_x\mathrm{d}\alpha_x, \quad \tan\alpha_x \approx \alpha_x$$

则由（4-74）式得

$$\frac{\mathrm{d}\left(\dfrac{p_x}{K}\right)}{\dfrac{p_x}{K}}=\frac{2R(\alpha_x\pm\mu)\,\mathrm{d}\alpha_x}{h_1+R\alpha_x^2} \tag{4-75}$$

对式（4-75）积分，得

$$\ln\left(\frac{p_x}{K}\right)=\ln h_x\pm2\mu\sqrt{\frac{R}{h_1}}\arctan\left(\sqrt{\frac{R}{h_1}}\alpha_x\right)+\ln c \tag{4-76}$$

由此得

$$p_x=Kch_x\exp\left[\pm2\mu\sqrt{\frac{R}{h_1}}\arctan\left(\sqrt{\frac{R}{h_1}}\alpha_x\right)\right] \tag{4-77}$$

式中，正负号根据滑区确定，对于后滑区取负，对于前滑区取正。

根据边界条件确定积分常数 c：

在入口断面上

$$\alpha_x=\alpha,\ \sigma_x=-\sigma_0,\ p_0=K_0-\sigma_0$$

在出口断面上

$$\alpha_x=0,\ \sigma_x=-\sigma_1,\ p_1=K_1-\sigma_1$$

于是求得

$$c_0=\frac{\left(1-\dfrac{\sigma_0}{K_0}\right)\exp\left[2\mu\sqrt{\dfrac{R}{h_1}}\arctan\left(\sqrt{\dfrac{R}{h_1}}\alpha\right)\right]}{h_0} \tag{4-78}$$

$$c_1=\frac{1-\dfrac{\sigma_1}{K_1}}{h_1} \tag{4-79}$$

将 c_0、c_1 代入式（4-77）求得后滑区及前滑区的单位压力公式：

对于后滑区

$$\frac{p_x}{K_0}=\left(1-\frac{\sigma_1}{K_1}\right)\exp\left[2\mu\sqrt{\frac{R}{h_1}}\left(\arctan\sqrt{\frac{R}{h_1}}\alpha-\arctan\sqrt{\frac{R}{h_1}}\alpha_x\right)\right]\frac{h_x}{h_0} \tag{4-80}$$

对于前滑区

$$\frac{p_x}{K_1}=\left(1-\frac{\sigma_1}{K_1}\right)\exp\left[2\mu\sqrt{\frac{R}{h_1}}\arctan\left(\sqrt{\frac{R}{h_1}}\alpha_x\right)\right]\frac{h_x}{h_1} \tag{4-81}$$

令 $a'=2\sqrt{\dfrac{R}{h_1}}\arctan\left(\sqrt{\dfrac{R}{h_1}}\alpha_x\right)$，$a_0'=2\sqrt{\dfrac{R}{h_1}}\arctan\left(\sqrt{\dfrac{R}{h_1}}\alpha\right)=2\sqrt{\dfrac{R}{h_1}}\arctan\sqrt{\dfrac{\varepsilon}{1-\varepsilon}}$

再将式（4-80）和式（4-81）中的 K 值按平均值代入，即

$$K_{\mathrm{m}}=\frac{\displaystyle\int_0^\alpha K\,\mathrm{d}a_x}{\alpha} \tag{4-82}$$

于是后滑区及前滑区的单位压力公式可写成

$$\frac{p_x}{K_m} = \left(1 - \frac{\sigma_0}{K_m}\right)\frac{h_x}{h_0} - \exp\left[\mu(\alpha_0' - \alpha')\right] \tag{4-83}$$

$$\frac{p_x}{K_m} = \left(1 - \frac{\sigma_1}{K_m}\right)\frac{h_x}{h_1} - \exp(\mu\alpha') \tag{4-84}$$

下面确定金属作用在轧辊上的总压力。

金属作用在轧辊上的总压力可表示为

$$p = \bar{b}\int_0^\alpha p_x R\,\mathrm{d}\alpha_x = \bar{b}\int_0^\alpha p_x\,\mathrm{d}\alpha \tag{4-85}$$

根据式（4-83）及式（4-84）将 p_x 代入式（4-85）求得轧制总压力

$$p = K_m\bar{b}R\left\{\int_0^\gamma\left(1 - \frac{\sigma_1}{K_m}\right)\frac{h_x}{h_1}\exp(\mu a')\,\mathrm{d}\alpha_x + \int_\gamma^\alpha\left(1 - \frac{\sigma_0}{K_m}\right)\frac{h_x}{h_0}\exp\left[(\mu a_0' - a')\right]\mathrm{d}\alpha_x\right\} \tag{4-86}$$

令

$$\varepsilon = \frac{\Delta h}{h_0},\ \xi = \sqrt{\frac{R}{h_1}}\alpha_x,\ \xi_1 = \sqrt{\frac{R}{h_1}}\alpha = \sqrt{\frac{\varepsilon}{1-\varepsilon}} \tag{4-87}$$

则有

$$\mathrm{d}\alpha_x = \sqrt{\frac{h_1}{R}}\mathrm{d}\xi,\ \mu\alpha' = 2\alpha\mathrm{arctan}\xi,\ \frac{h_x}{h_1} = 1+\xi^2$$

$$\frac{h_x}{h_1} = (1-\varepsilon)(1+\xi^2),\ \mu\alpha_0' = 2\alpha\mathrm{arctan}\xi_0 = 2\alpha\mathrm{arctan}\sqrt{\frac{\varepsilon}{1-\varepsilon}} \tag{4-88}$$

于是变为

$$p = K_m\bar{b}R\sqrt{\frac{h_1}{R}}\left\{\int_0^{\xi_n}\left(1 - \frac{\sigma_1}{K_m}\right)(1+\xi^2)\exp(2a\mathrm{arctan}\xi)\mathrm{d}\xi + \right.$$

$$\left.\int_{\xi_n}^{\xi_0}\left(1 - \frac{\sigma_0}{K_m}\right)(1-\varepsilon)(1+\xi^2)\exp\left[2a(\mathrm{arctan}\xi_0 - \mathrm{arctan}\xi_n)\right]\mathrm{d}\xi\right\} \tag{4-89}$$

经变换后得

$$p = K_m\bar{b}\sqrt{R\Delta h}\left(1 - \frac{\sigma_0}{K_m}\right)\left\{\sqrt{\frac{1-\varepsilon}{\varepsilon}}\int_0^{\xi_n}B(1+\xi^2)\exp(2a\mathrm{arctan}\xi)\mathrm{d}\xi + (1-\varepsilon)\right.$$

$$\left.\sqrt{\frac{1-\varepsilon}{\varepsilon}}\exp\left(2a\mathrm{arctan}\sqrt{\frac{\varepsilon}{1-\varepsilon}}\right)\int_{\xi_n}^{\xi_0}(1+\xi^2)\exp(-2a\mathrm{arctan}\xi)\mathrm{d}\xi\right\} \tag{4-90}$$

式中，

$$B = \frac{1-\sigma_1/K_m}{1-\sigma_0/K_m} \tag{4-91}$$

式（4-91）即为勃兰特-福特的带张力的轧制压力公式。

由

$$\xi_n = \sqrt{\frac{R}{h_1}}\gamma$$

γ 角根据在中性面上（即 $\alpha_x = \gamma$ 时）由式（4-83）和式（4-84）所确定的单位压力相等的条件确定：

$$\gamma = \sqrt{\frac{h_1}{R}}\tan\left\{\frac{1}{2}\arctan\sqrt{\frac{\varepsilon}{1-\varepsilon}} + \frac{1}{4\mu}\sqrt{\frac{h_1}{R}}\ln\left[(1-\varepsilon)\left(1-\frac{\sigma_0}{K_m}\right)\Big/\left(1-\frac{\sigma_1}{K_m}\right)\right]\right\} \tag{4-92}$$

因此

$$\xi_n = \tan\left\{\frac{1}{2}\arctan\sqrt{\frac{\varepsilon}{1-\varepsilon}} + \frac{1}{4\mu}\sqrt{\frac{h_1}{R}}\ln\left[(1-\varepsilon)\left(1-\frac{\sigma_0}{K_m}\right)\Big/\left(1-\frac{\sigma_1}{K_m}\right)\right]\right\} \tag{4-93}$$

最后，式（4-90）可表示为

$$p = K_m\bar{b}\sqrt{R\Delta h}\left(1-\frac{\sigma_0}{K_m}\right)f_1(a,\varepsilon,B) \tag{4-94}$$

轧制压力 p，可根据式（4-63）利用计算机进行数值计算。

当没有前、后张力时，单位压力为

$$\frac{p_x}{K} = \frac{h_x}{h_0}\exp[\mu(a_0'-a')] \tag{4-95}$$

$$\frac{p_x}{K} = \frac{h_x}{h_0}\exp(\mu a') \tag{4-96}$$

根据式（4-94）求得

$$p = K_m\bar{b}R\left\{\int_0^\gamma \frac{h_0}{h_1}\exp(\mu a')\,\mathrm{d}a_x + \int_\gamma^\alpha \frac{h_0}{h_1}\exp[\mu(a_0'-a')]\,\mathrm{d}a_x\right\} \tag{4-97}$$

应用式（4-95）和式（4-96）进行代换，式（4-97）变为

$$p = K_m\bar{b}\sqrt{R\Delta h}\left[\sqrt{\frac{1-\varepsilon}{\varepsilon}}\int_0^{\xi_n}(1+\xi^2)\exp(2a\arctan\xi)\,\mathrm{d}\xi + (1-\varepsilon)\right.$$
$$\left.\sqrt{\frac{1-\varepsilon}{\varepsilon}}\exp\left(2a\arctan\sqrt{\frac{\varepsilon}{1-\varepsilon}}\right)\int_0^{\xi_n}(1+\xi^2)\exp(-2a\arctan\xi)\,\mathrm{d}\xi\right] \tag{4-98}$$

式中，$\xi_n = \sqrt{\frac{R}{h_1}}\gamma$。

γ 角同样可根据在中性面上（即当 $\alpha_x = \gamma$ 时）单位压力相等的条件求得：

$$\gamma = \sqrt{\frac{h_1}{R}}\tan\left[\frac{1}{2}\arctan\sqrt{\frac{\varepsilon}{1-\varepsilon}} + \frac{1}{4\mu}\sqrt{\frac{h_1}{R}}\ln(1-\varepsilon)\right] \tag{4-99}$$

故

$$\xi_n = \tan\left[\frac{1}{2}\arctan\sqrt{\frac{\varepsilon}{1-\varepsilon}} + \frac{1}{4\mu}\sqrt{\frac{h_1}{R}}\ln(1-\varepsilon)\right] \tag{4-100}$$

式（4-97）也可表示为

$$p = K_m\bar{b}\sqrt{R\Delta h}f_2(a,\varepsilon) \tag{4-101}$$

4.3.5　西姆斯公式

西姆斯公式（即西姆斯热轧轧制力方程）是根据奥罗万微分方程导出的。它假设整个接触弧均为黏着区，摩擦力为 k。根据奥罗万的理论，水平法应力（张力）沿断面高度的分布不是均匀的，在变形区内金属的相邻部分间的水平作用力 Q 为

$$Q = h_x\left(p_x - \frac{\pi}{4} \times 2k\right) \tag{4-102}$$

为简化奥罗万方程，令

$$\sin\alpha_x \approx \alpha_x,\ \cos\alpha_x \approx 1,\ \tau = k$$

于是有

$$\frac{\mathrm{d}Q}{\mathrm{d}\alpha_x} = 2R(p_x\alpha_x \pm k) = 2Rp_x\alpha_x \pm R \times 2k \tag{4-103}$$

按式（4-102）将 Q 值代入式（4-103），得

$$\frac{\mathrm{d}}{\mathrm{d}\alpha_x}\left[h_x\left(p_x - 2k \times \frac{\pi}{4}\right)\right] = 2Rp_x\alpha_x \pm R \times 2k \tag{4-104}$$

或

$$\frac{\mathrm{d}}{\mathrm{d}\alpha_x}\left[h_x\left(\frac{p_x}{2k} - \frac{\pi}{4}\right)\right] = 2R\alpha_x \pm R \tag{4-105}$$

式中，变量 h_x 和 α_x 不都是独立变量，可根据接触弧的曲线方程确定其关系。

将式（4-105）简化，令 $h_x = h_1 + R\alpha_x^2$，则 $\dfrac{\mathrm{d}h_x}{\mathrm{d}\alpha_x} = 2R\alpha_x$，于是

$$\frac{\mathrm{d}}{\mathrm{d}\alpha_x}\left(\frac{p_x}{2k} - \frac{\pi}{4}\right) = \frac{R\pi\alpha_x}{2(h_1 + R\alpha_x^2)} \pm \frac{R}{h_1 + R\alpha_x^2} \tag{4-106}$$

进行积分，并根据边界条件：$\alpha_x = 0$，$\alpha_x = \alpha$ 时，$Q = 0$ 而 $p_x = \dfrac{\pi}{4} \times 2k$，确定积分常数，求得前、后滑区的单位压力公式分别为

$$\frac{p_x}{2k} = \frac{\pi}{4}\ln\frac{h_x}{h_1} + \frac{\pi}{4} + \sqrt{\frac{R}{h_1}}\arctan\left(\sqrt{\frac{R}{h_1}}\,\alpha_x\right) \tag{4-107}$$

$$\frac{p_x}{2k} = \frac{\pi}{4}\ln\frac{h_x}{h_0} + \frac{\pi}{4} + \sqrt{\frac{R}{h_1}}\arctan\left(\sqrt{\frac{R}{h_1}}\,\alpha\right) - \sqrt{\frac{R}{h_1}}\arctan\left(\sqrt{\frac{R}{h_1}}\,\alpha_x\right) \tag{4-108}$$

利用式（4-107）及式（4-108）求解轧制力，积分后求得应力状态系数 n_0' 为

$$n_0' = \frac{\bar{p}}{2k} = \frac{\pi}{2}\sqrt{\frac{1-\varepsilon}{\varepsilon}}\arctan\sqrt{\frac{\varepsilon}{1-\varepsilon}} - \frac{\pi}{4} - \sqrt{\frac{1-\varepsilon}{\varepsilon}}\sqrt{\frac{R}{h_1}}\ln\frac{h_n}{h_1} + \frac{1}{2}\sqrt{\frac{1-\varepsilon}{\varepsilon}}\sqrt{\frac{R}{h_1}}\ln\frac{1}{1-\varepsilon} \tag{4-109}$$

在实际计算时，$n_0' = \dfrac{\bar{p}}{2k}$ 值可通过查表确定。

4.3.6　斯通公式

斯通（M. D. Stone）在研究冷轧薄板的平均单位压力计算问题时，考虑到轧辊直径与板厚之比甚大，另外由于冷轧时轧制压力较大，轧辊发生显著的弹性压扁现象，近似地将薄板的冷轧过程看作平行平板间的压缩。同时，假设接触表面上的摩擦力符合干摩擦定律：$\tau = \mu p_x$。

此时，可利用近似平衡微分方程式求解接触表面上的单位压力 p_x，但需用轧件的平均高度 $\overline{h} = \dfrac{1}{2}(h_0 + h_1)$ 代替式中的高度 h，有

$$\frac{\mathrm{d}p_x}{p_x} = -\frac{2\mu}{\overline{h}}\mathrm{d}x \tag{4-110}$$

假定在轧件的入口和出口断面上作用有平均水平法应力（张力）$\overline{\sigma}$，即：

$$\overline{\sigma} = \frac{\sigma_0 + \sigma_1}{2}$$

式中，σ_0 和 σ_1 分别为入口和出口断面上的实际张力值。

在入口和出口断面上有如下的边界条件

$$p_0 = p_1 = 2k - \overline{\sigma}$$

式中的 k 假定等于常值，即

$$k = \frac{k_1 + k_2}{2}$$

于是，由积分方程式（4-110）求得单位压力公式为

$$p_x = (2k - \overline{\sigma})\exp\frac{2\mu}{\overline{h}}\left(\frac{l}{2} - x\right) \tag{4-111}$$

求得平均单位压力为

$$\overline{p} = (2k - \overline{\sigma})\frac{\exp\dfrac{\mu l}{\overline{h}} - 1}{\dfrac{\mu l}{\overline{h}}} \tag{4-112}$$

当无张力时，式（4-112）变为

$$\overline{p} = 2k\frac{\exp\dfrac{\mu l}{\overline{h}} - 1}{\dfrac{\mu l}{\overline{h}}} \tag{4-113}$$

根据接触弧长的希区柯克公式，有

$$l' = \sqrt{R\Delta h + \left[\frac{8R(1-v^2)}{\pi E}\overline{p}^2\right]} + \frac{8R(1-v^2)}{\pi E}\overline{p} \tag{4-114}$$

令

$$R\Delta h = l^2, \quad \frac{8R(1-v^2)}{\pi E} = a$$

并将等式（4-114）两边 $\times \dfrac{\mu}{\overline{h}}$，得

$$\frac{\mu l'}{\overline{h}} = \sqrt{\left(\frac{\mu l}{\overline{h}}\right)^2 + \left(\frac{\mu a}{\overline{h}}\right)^2 \overline{p}^2} + \frac{\mu a}{\overline{h}}\overline{p} \tag{4-115}$$

$$\left(\frac{\mu l'}{\overline{h}} - \frac{\mu a}{\overline{h}}\overline{p}\right)^2 = \left(\frac{\mu l}{\overline{h}}\right)^2 + \left(\frac{\mu a}{\overline{h}}\right)^2 \overline{p}^2 \tag{4-116}$$

或

$$\left(\frac{\mu l'}{\overline{h}}\right)^2 - \left(\frac{\mu l}{\overline{h}}\right)^2 = 2\left(\frac{\mu l'}{\overline{h}}\right)\left(\frac{\mu a}{\overline{h}}\right)\overline{p} \tag{4-117}$$

按将 $\overline{p}$ 值代入式（4-117），得

$$\left(\frac{\mu l'}{\overline{h}}\right)^2 = \left(\exp\frac{\mu l'}{\overline{h}} - 1\right) \times 2a\frac{\mu}{\overline{h}}(2k - \overline{\sigma}) + \left(\frac{\mu l}{\overline{h}}\right)^2 \tag{4-118}$$

令

$$x = \frac{\mu l'}{\overline{h}}, \quad y = 2a\frac{\mu}{\overline{h}}(2k - \overline{\sigma}), \quad z = \frac{\mu l}{\overline{h}}$$

则

$$x^2 = (e^x - 1)y + z^2 \tag{4-119}$$

为了计算方便，可通过图表，确定变形区长 l'。根据轧制条件计算出 y、z 值，作连接 y 及 z^2 两点的直线，该直线与中间曲线的交点即为所求之 x 值。根据 x 值便可确定 l'。

$$\overline{p} = \frac{\left(\frac{\mu l'}{\overline{h}}\right)^2 - \left(\frac{\mu l}{\overline{h}}\right)^2}{2\frac{\mu l'}{\overline{h}} \times \frac{\mu a}{\overline{h}}}\left(-\frac{\mu a}{\overline{h}}\overline{p}\right)^2 = \frac{l'^2 - l^2}{2al'} \tag{4-120}$$

当求得 l' 之后，按式（4-120）确定平均单位压力 $\overline{p}$ 是非常简便的。

4.4　轧制成形技术的发展趋势

4.4.1　极薄带特种轧制技术

随着金属带材在国民经济各行业的广泛应用及微制造、微电子等高技术领域的快速发展，尖端制造领域所需要的微材料、微器件尺寸更小、精度要求更高。精密极薄带轧制技术

通过精确控制轧制规程、辊缝、轧辊速度、张力等因素可制备出具有高精度、轻量化和高性能的金属带材。一般来说，将厚度在 0.001~0.1mm 范围内的金属带材称为极薄带，如不锈钢极薄带、硅钢极薄带、铜极薄带等，可作为金属膜片传感器、弹性敏感元件等基材。极薄带生产水平成为实现微制造、推进产品微型化的关键，也是一个国家微制造能力的标志之一。

1. 极薄带电致塑性轧制技术

随着极薄带厚度的减小，轧制过程中存在加工硬化严重、各向异性明显、残余应力大、部分浪形无法消除等难题，导致产品质量缺陷严重，成材率低。目前，已有研究将脉冲电场引入到难变形金属成形过程中，利用其电致塑性效应解决传统塑性变形中的缺陷。电致塑性效应的作用机理主要有焦耳热效应、电子风效应和磁效应三种。焦耳热效应指脉冲电流使得材料温度升高，原子振动及扩散能力增强，促进变形金属发生再结晶效应，加工硬化减弱，塑性提高。电子风效应指金属加载电流之后，定向移动的漂流电子在电场的作用下对位错产生附加推力，促进位错的攀移，从而提高金属塑性，降低变形抗力。磁效应指加载电流时激发的磁场对材料性能的影响，主要为集肤效应、磁压缩效应及磁场与位错间的交互作用三个方面。针对极薄带横截面小的特点，将脉冲电流集成到多辊轧机轧制过程中，如图 4-13 所示，工作辊选用陶瓷辊，分别与极薄带钢和第一层中间辊接触，巧妙地解决了轧机设备的绝缘问题，不仅可以有效避免脉冲电流通过整个辊系时产生热能，而且可以降低轧辊磨损和金属黏结。

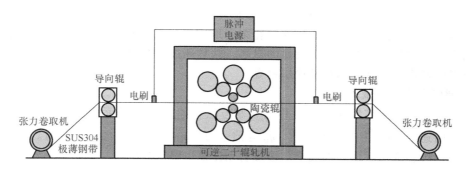

图 4-13　脉冲电流辅助轧制示意图

2. 极薄带超声辅助轧制技术

精密极薄带轧制过程中还存在表面粗糙度值大且有明显纹理、平均晶粒尺寸大等瓶颈问题，导致极薄带在使用过程中的可靠性低，具体表现为二次成形变形严重、表面耐蚀性弱、抗弯曲疲劳强度低等问题。传统调控手段和能力已经难以满足极薄带极限轧制过程中对表面质量精细调控的苛刻要求。研究表明，超声能场在塑性成形过程中表现出"体积效应"和"表面效应"，可以提高金属的塑性变形能力、细化晶粒、改善表面粗糙度、降低残余应力，为解决极薄带极限轧制过程中的表面质量问题提供了新思路。

如图 4-14 所示，已有研究将超声能场集成到极薄带轧制过程中，一方面促使极薄带表层组织中的晶格变形，晶界发生错位和滑移，提高金属基体的塑性变形能力，实现晶粒细化；另一方面促进工作辊快速压平极薄带表层的微观波峰，达到"削峰填谷"的效果，降低表面粗糙度值。

105

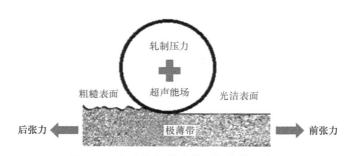

图 4-14　超声能场辅助轧制极薄带示意图

3. 极薄带深冷轧制技术

深冷轧制是生产超细晶金属材料的有效工艺之一。深冷轧制工艺中的低温条件是由液氮维持的，如图 4-15 所示。与室温轧制相比，深冷轧制抑制动态回复可以使累积的位错密度达到更高的稳态水平，而这些位错将作为启动大量形核位置的驱动力，从而形成亚微晶或超细晶粒材料。深冷轧制工艺只需较少的塑性变形就能够获得超细晶金属材料，并且整体的试验流程、加工程序等操作简单，能够实现工业化应用。深冷轧制改变了金属材料的塑性变形环境，与室温轧制或者热轧相比，通过这种轧制变形获得的材料具有显著不同的组织与性能。深冷轧制下的晶粒细化效率得到了明显的提高，并且通过晶粒内部的相变产生了更高的孪晶密度、更多的密排六方结构相和堆垛层错等。

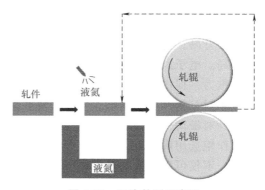

图 4-15　深冷轧制示意图

4. 极薄带异步轧制技术

异步轧制是一种工作辊速度不对称的轧制方法，如图 4-16 所示。图中，v_1、v_2 分别为上下工作辊的速度，R_1 为工作辊半径，q_0 为前张力，q_{i1}、q_{i2} 为分层后的张力。在张力条件下，它结合拉拔、变形区内局部或全部形成剪切压缩以降低轧制力。与同步轧制相比，在相同压下率下，异步轧制可获得更高的等效应变，从而起到细化晶粒的作用。

在同步轧制过程中，变形区主要分为两个部分，分别为前滑区和后滑区，而在异步轧制的变形区内还存在一个搓轧区。在搓轧区，轧件所受工作辊的摩擦力方向相反，减少了外摩擦所形成的水平压力对变形的阻碍作用，使轧件处于剪切应力状态，从而降低轧制力，改善变形条件并提高轧制精度。在极薄带的异步轧制过程中，可以充分利用普通轧制中的压缩作用、异步轧制中的搓轧剪切作用，以及施加大张力的拉伸作用，形成了压、剪、拉组合成形条件。通过改善轧件在变形区内的应力状态，达到薄带进一步减薄的目的。

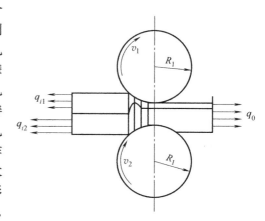

图 4-16　极薄带异步轧制示意图

4.4.2 复合板轧制成形技术

金属层状复合材料兼具了多种金属材料的优异性能，能够实现结构和功能的一体化设计，同时可以节省贵重金属材料的用量，大幅降低成本，广泛应用于国防军工、海洋工程、石油化工、建筑装饰、交通运输和日常生活等领域。目前，轧制金属复合板制备方法主要分为热轧复合法、冷轧复合法、异步轧制复合法和真空轧制复合法。基板和复合层处于物理纯净状态下，使用中厚板轧机或热连轧机轧制生产，在轧制过程中，两种金属相互扩散实现完全的冶金结合。轧制工艺使得复合板实现连续化规模化生产，不受天气限制，生产率高，成本低。

1. 复合板波纹辊轧制技术

复合板波纹辊轧制技术是一种新型特种轧制技术，该技术基于波纹辊特殊辊型曲线形成局部强应力作用，有助于提高异种金属的变形协调性和复合强度。复合板波纹辊轧制技术区别于传统轧制技术的关键在于，复合板轧制成形过程中，第一道次上辊为波纹辊，对应难变形金属；下辊为平辊，对应易变形金属。后续精轧道次上、下辊均采用平辊，从而获得表面平整的复合板，如图 4-17 所示。波纹辊辊型曲线可采用正余弦曲线、高次曲线、样条曲线等。目前，该技术在铜/铝复合板、钛/钢复合板等场景中均得到了良好的应用。该工艺方法具有以下优势：

图 4-17　复合板波纹辊轧制示意图

1）在第一道次中由于波纹辊的作用，在波谷位置处率先形成局部强应力，促进双金属进入结合状态，应力值从波谷向波腰与波峰处不断减小；在后续的平轧道次中，原来的波峰位置则会由于局部强应力作用再次促进两金属的结合。

2）局部强应力不仅促进了两金属的轧制复合，而且增强了界面"破裂与嵌入"的能力，促进硬脆表面金属和氧化膜的加速错动、破碎，使界面两侧新鲜金属大面积流出并结合，且随着轧制的进行不断扩散，有效提高界面结合率和结合性能。

3）粗轧道次提高了轧辊与难变形金属的接触面积，不仅增加了纵向伸长率，而且使难变形金属预存了弯曲量；在精轧道次中，在平辊作用下预存金属予以伸展，可以弥补两种金属的伸长率差异，促进变形协调，减小两金属间的残余应力，改善板形质量。

4）波平轧制形成的波纹型界面不仅有效增大了两种金属的结合面积，而且将结合界面形状由传统的二维提升至三维，大幅提高了复合板的抗拉、抗剪、抗冲击等多种力学性能。

2. 复合板电致塑性轧制技术

研究表明，在材料成形过程中施加脉冲电流可以改善金属材料的成形性能。复合板电致塑性轧制技术是将电流直接作用于待成形材料，使其在多物理场（力场、温度场和电场）作用下轧制复合的过程，如图 4-18 所示。相比于传统的轧制复合工艺，电流附带的焦耳效应能极大缩短构件的生产周期，且由于成形过程中电流产生的电致塑性效应，可以在相对较低的温度和较小的压下率下实现复合板的制备。

3. 复合板异温轧制技术

复合板异温轧制（见图 4-19）对组元板坯温度分别进行控制，主要目的是实现组元金属在不同温度下的协调变形，提高复合板的结合强度。对强度较高的金属进行加热，掌握其温度变化过程并确保在轧辊入口位置的板坯宽度方向温度分布均匀。

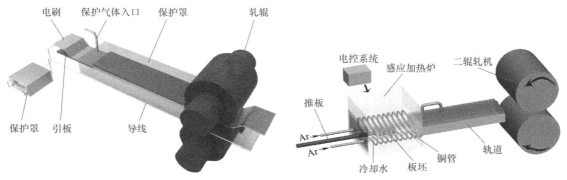

图 4-18　复合板电致塑性轧制示意图　　　　图 4-19　复合板异温轧制示意图

对钢/铝复合板进行异温轧制时，相比于冷轧复合板，大大降低了复合板的加工硬化现象，微观界面贴合紧密，无孔洞和间隙，复合板达到了良好的冶金结合状态，并且近界面的细晶区改善了板材性能，使得异温轧制复合板的剪切强度远高于冷轧板。

4.4.3　连铸连轧技术

连铸连轧全称连续铸造连续轧制（continue casting direct rolling，CCDR），是把液态钢倒入连铸机中铸造出钢坯（称为连铸坯），然后不经冷却，在均热炉中保温一定时间后直接进入热连轧机组中轧制成形的钢铁轧制工艺。这种工艺巧妙地把铸造和轧制结合起来，相比于传统的先铸造出钢坯、后经加热炉加热、再进行轧制的工艺，具有简化工艺、改善劳动条件、增加金属收得率、节约能源、提高连铸坯质量、便于实现机械化和自动化的优点。连铸连轧工艺现今只在轧制板材、带材中得到应用。

1. CSP 技术

CSP（薄板坯连铸连轧）技术中，铸坯无需冷却直接进入辊底式均热炉进行加热，温度均匀后无需初轧而是直接进入精轧机进行轧制。利用整体温度的连续控制减少所需的驱动力，降低生产过程中的能量损耗，减少所需设备的数量。因此，CSP 技术具有投资成本低、生产周期短、生产率高和经济效益显著等优点。

CSP 技术产线的布局：电炉或转炉→钢包→薄板坯连铸机（结晶器和导向器）→剪切机→辊底式隧道加热炉→高压除鳞机→精轧机→输出辊道和层流冷却区→剪切机→卷取机。CSP 技术产线布局如图 4-20 所示。

CSP 技术具有如下优势：

1）漏斗型结晶器有较厚的上口尺寸（70~130mm），便于浸入式长水口的插入，长水口

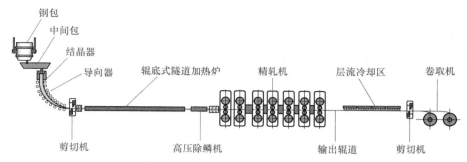

图 4-20　CSP 技术产线布局示意图

和器壁间的间距不小于 25mm，有利于保护渣的溶化。

2）改变喷嘴平均布置为按坯宽来放置，解决了因坯宽不同造成的较窄断面铸坯边部冷却强度过大问题，保证了铸坯冷却均匀，改善了铸坯质量。扇形段加长，有利于拉速的进一步提高。

3）液压振动装置用于改善铸坯与器壁的接触，通过自由选择的非正弦波振动曲线，按选定的运动方程振动，可使负滑脱时间缩短，即减少熔融保护渣进入铸坯和器壁间接触区域的机会，有利于表面质量的提高。

4）电磁闸安装在结晶器上部漏斗结构的两侧，具有控制液面平稳度和提高铸坯表面质量的作用。

2. ISP 技术

ISP 技术，即在线热带钢生产工艺，由德马克公司开发产线于 1992 年在意大利阿维迪建成投产。ISP 生产线布局紧凑，钢液到成本板卷的距离仅为 180m，生产周期在 15min 左右，产线轧制的钢材品种广泛，如低碳钢、中碳钢、高碳钢，以及含 Nb、V 和 Ti 的高强低合金钢、耐候钢和包晶钢等。

ISP 技术产线的布局：电炉或转炉→钢包→连铸机（结晶器）→大压下量初轧机→剪切机→感应加热炉→克雷莫纳炉（热卷箱）→高压除鳞机→精轧机→输出辊道和层流冷却区→卷取机，如图 4-21 所示。

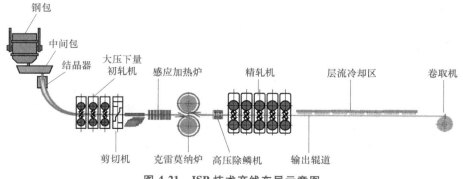

图 4-21　ISP 技术产线布局示意图

ISP 技术具有如下优势：

1）ISP 技术原先采用平行板结晶器，随着技术的发展，改进为橄榄形结晶器形式，水口壁厚增大。

2）采用液芯压下和固相铸轧技术。液芯压下能显著细化晶粒，并降低中心偏析，从而获得具有良好韧性的铸坯；固相铸轧可将铸坯坯厚减薄 60%，可减少精轧机架数，缩短连铸机和精轧机之间的距离及加热装置的长度。

3）气雾二次冷却技术可根据薄板坯的宽度、厚度和拉速等因素控制水流速度，改变压缩空气和水流的压力及气水比，使得铸坯表面冷却速度均匀，有助于生产薄断面且表面质量高的铸坯。

4）感应加热炉与克日莫纳炉两者相结合，对进入精轧前的热带坯进行正火、再结晶和晶粒尺寸的控制。

3. QSP 技术

QSP 技术是日本住友金属开发出的生产中厚板坯的技术，可在提高铸机生产能力的同时生产高质量的冷轧薄板。在一条单独的生产线上结合使用无头轧制或单卷轧制技术，同时消除了各种技术互相制约的因素。我国首钢京唐钢铁联合有限公司和云南玉昆钢铁集团有限公司引入该技术，产线已建成投产。

QSP 技术产线的布局电炉或转炉→钢包→薄板杯连铸机（结晶器）→除鳞器→粗轧区（粗轧机、剪切机、飞剪机）→辊底式隧道加热炉→高压除鳞机→精轧区→输出辊道和带钢冷却段（层流冷却区）→高速剪切器→卷取机。

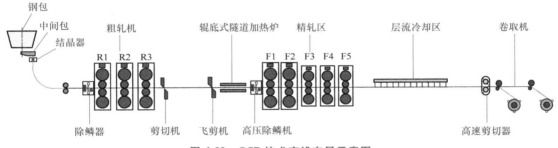

图 4-22　QSP 技术产线布局示意图

QSP 技术具有如下优势：

1）采用直弧型铸机、多锥度高热流结晶器、非正弦振动、电磁闸、二冷大强度冷却、中间罐高热值预热燃烧器、辊底式均热炉、轧辊热凸度控制板形和平直度控制等。

2）可生产碳钢、低碳铝镇静钢、低合金钢、包晶钢等。

4. ESP 技术

ESP 技术是在 ISP 技术的基础上开发出来的薄板坯连铸连轧新工艺，产线于 2009 年在阿尔维迪钢厂建成。ESP 技术产线布局如图 4-23 所示。ESP 工艺生产线布置紧凑，以连续不间断的生产工艺通过薄板连铸连轧设备从钢液直接生产出热卷，且不使用克雷莫纳炉。ESP 产线的设计产品为低碳钢、高碳钢以及合金钢的完整产品体系，其中包括高等级钢种，如取向和无取向硅钢、用于制造汽车车身面板的无间隙原子钢（IF 钢）。

ESP 技术具有如下优势：

1）传统热连轧工艺采用单块中间坯轧制，易导致生产的钢材尺寸公差大，产品力学性能不均匀，板材头尾尺寸难以控制。而 ESP 工艺采用无头连铸连轧技术，避免了板材头尾尺寸的不一致。

2）ESP 技术产线能够在 7min 内完成产品的一整套生产流程，相较于传统热连轧技术，

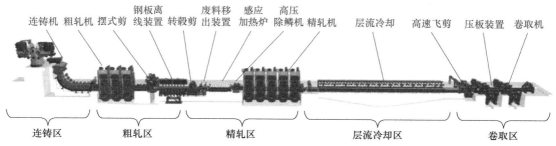

连铸机　粗轧机　摆式剪　钢板离　转辙剪　废料移　感应　高压　精轧机　层流冷却　高速飞剪　压板装置　卷取机
线装置　　出装置　加热炉　除鳞机

连铸区　　　粗轧区　　　　精轧区　　　　层流冷却区　　　卷取区

图 4-23　ESP 技术产线布局示意图

时间大幅度缩短。

3）ESP 技术产线布置紧凑，整条生产线不超过 190m，属于超短流程生产线，钢液收得率可达到 98%，产品附加值高。

4）产品钢材几乎覆盖了所有钢种，包括低碳钢、高碳钢、合金钢以及汽车暴露在外的车身用钢，板材厚度最小仅 0.2mm。

5）ESP 工艺的有害气体（NO_x 和 CO_2）排放量低，生产普通规格与薄规格板材有害气体的排放量均低于传统工艺。

6）ESP 工艺的生产能耗低，比 ISP 工艺少 25%~30%，比传统热轧工艺少约 40%。加工成本比 ISP 工艺低 20%~30%，比传统热轧工艺低约 50%。

7）漏钢率在带钢生产中是一个非常重要的指标，我国大型连铸机的平均漏钢率在 0.02% 左右，而 ESP 产线的漏钢率为 0。

思考题

4-1　中厚板轧制过程中有哪些板形快速调节手段？

4-2　热轧带钢除鳞的作用是什么？

4-3　冷轧带钢张力调整的依据是什么？

4-4　轧制变形区有哪些重要参数？

4-5　为什么轧制时强制咬入后能够实现稳定轧制？

4-6　如何准确测定轧制过程前滑和后滑的数值？

4-7　轧制力计算时的基本假设是什么？

4-8　采利科夫单位压力公式的局限性及适用范围有哪些？

4-9　西姆斯公式主要用来计算哪种轧制过程？

4-10　斯通公式主要用来计算哪种轧制过程？

4-11　如何实现极薄带的轧制？二十辊轧机的辊系如何布置？

4-12　什么是板形？试结合典型板形缺陷的表现形式分析板形的形成原因。

4-13　什么是异步轧制？其主要优点有哪些？

4-14　复合板带波纹辊轧制技术的特点是什么？

4-15　简述连铸连轧的冶金学特征及工艺优势。

4-16　如何保证连轧坯的质量？

第5章 焊接成形技术

焊接是指通过加热或加压或两者共同作用，使得同种或异种材料界面达到原子间结合的一种连接方法。常用的连接成形工艺有机械连接（如螺栓连接、铆钉连接等）、胶接和焊接等。

焊接技术是现代工业生产中用来制造各种机械结构和零件的主要工艺方法之一，在许多领域中得到了广泛的应用，如航空航天、造船、桥梁、汽车车身、建筑构架、家用电器等的生产制造。与铆接连接相比，焊接成形具有节省材料、减小质量、化大为小、拼小为大、异种金属连接和适应性好的特点。近年来，焊接技术在众多领域中得到创新发展，如用于风电、核电、航空航天、尖端武器装备等领域关键产品的开发与生产。同时，焊接技术向着焊接生产过程的数字化、网络化、智能化水平发展，自动化焊接装备正朝着柔性化、自动化、智能化控制方向发展。

5.1 焊接工艺基础

电弧焊是实际生产中应用最早、最广泛的熔焊方法，也是技术最为成熟、最基本的焊接方法。此处，以电弧焊为例来分析焊接工艺基础。

5.1.1 焊接电弧

1. 构成

电弧焊的热源是焊接电弧。焊接电弧是在具有一定电压的两电极间或电极与焊件之间的气体介质中，产生强烈而持久的放电现象。产生电弧的电极可以是焊条、金属丝、钨丝或碳棒。焊接电弧由阳极区、弧柱区和阴极区构成，如图5-1所示。

（1）阳极区 电弧紧靠正电极的区域，主要由电子撞击阳极时的动能和逸出功转化而来，产生的热量最大，约占电弧总热量的43%，平均温度约2600K（钢焊条焊接钢材情况下）。

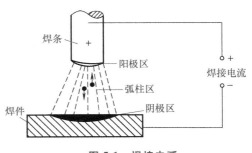

图 5-1 焊接电弧

（2）弧柱区 阴极区与阳极区之间的部分，占电弧长度的绝大部分，主要由带电粒子复合时释放出相当于电离能的能量转化而来，产生的热量约占电弧总热量的 21%，但因散热差，平均温度约 6100K。

（3）阴极区 电弧紧靠负电极的区域，主要由正离子碰撞阴极时的动能及其与电子复合时释放的电离能转化而来，产生的热量约占电弧总热量的 36%，平均温度约 2400K。

2. 接法

由于电弧产生的热量在阳极和阴极上有一定差异及其他一些原因，使用直流电源焊接时，有正接和反接两种接线方法，如图 5-2 所示。

（1）正接 焊件接到电源正极，焊条（或电极）接负极。

（2）反接 焊件接到电源负极，焊条（或电极）接正极。

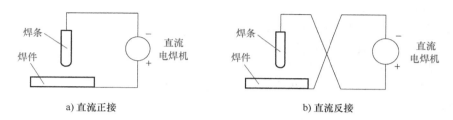

a) 直流正接   b) 直流反接

图 5-2 直流电弧焊的正接与反接

3. 选择原则

由于直流电弧两极的导电机理和产热特性均不相同，因而两极不同的接法对于焊接电弧的稳定性以及焊丝（条）和母材的熔化特性都有重要的影响。直流电弧极性的选择，通常可遵循以下原则：

1）对于非熔化极焊接，希望电极获得较少的热量，以减少电极的烧损。

2）对于熔化极电弧焊接，希望焊件获得较大的热量，以增加其熔深。

3）在堆焊和薄板焊接时，希望母材获得较少的热量，减少熔深，以降低堆焊的稀释率和防止薄板烧穿。

如果焊接时使用的是交流电焊机（弧焊变压器），因为电极每秒正负变化可达到 100 次，所以两极加热温度相近，都在 2500K 左右，因而不存在正接和反接。

5.1.2 焊接冶金过程

焊接冶金过程是指熔焊过程中，焊接区内熔化金属（焊件、焊条或焊丝）、液态熔渣和气体三者之间在高温下相互作用的过程。焊接熔池可以看成是一座微型的冶金炉，在其中进行着一系列复杂的冶金反应。

焊接冶金过程与一般金属冶炼有相似之处，焊接冶金过程的特点如下：

1）冶金温度高，合金元素烧损严重。熔池温度高于一般冶炼温度，致使合金元素强烈蒸发，同时电弧区的气体分解成原子状态，活性增大，造成熔池中的合金元素氧化、烧损，最终影响焊缝的化学成分和力学性能。

2）冶金反应不充分，易产生焊接缺陷。因为熔池体积很小，其周围被体积很大的焊件金属包围，冷却速度很快，熔池存在的时间很短，各种冶金反应未能充分进行，所以造成焊

113

缝化学成分不均匀。同时，由于冷却速度快，使气体和杂质来不及上浮，在焊缝中形成气孔、夹杂等缺陷。

因此，焊前必须清理坡口及两侧的锈、水、油污，烘干焊接材料等；在焊接过程中必须对熔池金属进行机械保护和冶金处理。机械保护是指利用某种介质将焊接区与周围的空气隔离开来。从保护介质方面来看，保护可以分为熔渣保护、真空保护、气保护、渣-气联合保护等，使电弧熔滴和熔池与空气隔离，防止空气进入焊接区。冶金处理是指向熔池中添加合金元素进行脱氧、脱硫、脱磷、去氢和渗合金，从而改善焊缝金属的化学成分和组织。

5.1.3　焊接接头的组织与性能

焊接时，电弧沿着焊件逐渐移动并对焊件进行局部加热。因此在焊接过程中，焊缝及其附近的金属都是由室温状态开始被加热到较高的温度，再逐渐冷却到室温的。但随着各点金属所在位置的不同，其最高加热温度是不同的。图 5-3 所示为焊接时焊件横截面上不同点的温度变化情况。在焊接过程中，焊缝的形成是一次冶金过程，焊缝附近区域金属相当于受到一次不规范的热处理，必然会产生相应的组织与性能的变化。

以低碳钢为例，焊接接头的横截面由以下三部分组成：

1）焊缝：由熔池凝固后在焊件之间形成的结合部分。

2）熔合区：介于焊缝与热影响区之间的过渡区域。

3）热影响区：焊接过程中，焊件受热的影响（但未熔化）而发生组织和力学性能变化的区域。

焊接接头中的化学成分、组织和力学性能一般是不均匀的。低碳钢焊接热影响区的组织变化如图 5-4 所示。

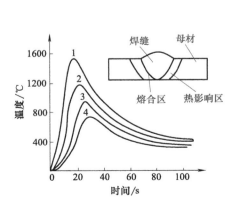

图 5-3　焊件横截面上不同点的温度变化情况

1—焊缝　2—熔合区　3—热影响区　4—母材

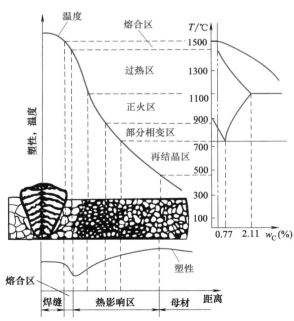

图 5-4　低碳钢焊接热影响区的组织变化

1. 焊缝

焊缝金属的温度在液相线以上，冷却结晶是从熔池底壁开始向中心生长的。因结晶时各个方向的冷却速度不同，从而形成柱状的铸态组织，晶粒粗大。结晶是从熔合区中处于半熔化状态的晶粒表面开始逐次进行的，低熔点的硫、磷杂质和氧化铁等易偏析物集中在焊缝中心区，将影响焊缝的力学性能。

焊接时，熔池金属受电弧吹力和保护气体的吹动，熔池底壁柱状晶体的生长受到干扰，柱状晶体呈倾斜状，晶粒有所细化。同时由于焊接材料的渗合金作用，焊缝金属中锰、硅等合金元素含量可能比焊件金属高，焊缝金属的性能一般不低于焊件金属的性能。

2. 熔合区

熔合区温度处于固相线和液相线之间，由于焊接过程中焊件部分熔化，所以也称为半熔化区。熔化的金属凝固成铸态组织，未熔化金属因加热温度过高而成为过热粗晶。在低碳钢焊接接头中，熔合区虽然很窄（0.1~1mm），但因其成分、组织不均匀，强度、塑性和韧性都下降，而且此处接头断面变化，易引起应力集中，所以在很大程度上熔合区决定着焊接接头的性能。

3. 热影响区

由于焊缝附近各点受热情况不同，因而组织和性能的分布也不均匀。热影响区包括过热区、正火区和部分相变区等。

（1）过热区　焊件被加热到1100℃至固相线之间。由于奥氏体晶粒粗大，形成过热组织，使材料的塑性和韧性降低。对于易淬火硬化钢材，此区脆性更大。

（2）正火区　焊件被加热到Ac_3~1100℃之间，属于正火加热温度范围。加热时金属转变为细小的奥氏体晶粒，冷却后得到均匀而细小的铁素体和珠光体组织。因此在一般情况下，正火区的力学性能高于焊件金属。

（3）部分相变区　焊件被加热到Ac_1~Ac_3之间，珠光体和部分铁素体发生重结晶，转变成细小的奥氏体晶粒。部分铁素体不发生相变，但其晶粒有长大趋势。冷却后晶粒大小不均，因而力学性能比正火区稍差。

熔合区和过热区力学性能较差，易产生裂纹和局部脆性破坏，对整个焊接接头造成不利的影响，应采取一定措施使这两个区的尺寸尽可能减小。一般来讲，接头热影响区的大小和组织性能变化主要取决于焊接方法、焊接参数、接头形式和焊后冷却速度等因素。实际生产中，在保证接头质量的条件下，应尽量提高焊接速度或减小焊接电流，从而减小热影响区。

焊接热影响区在焊接过程中是不可避免的。低碳钢焊接时因其热影响区较窄，危害性较小，焊后不进行热处理就能使用。但对重要的碳钢结构件、低合金钢结构件，则必须注意热影响区带来的不利影响。为消除其影响，一般采用焊后正火处理，使焊缝和焊接热影响区的组织转变成为均匀的细晶结构，以改善焊接接头的性能。对焊后不能进行热处理的金属材料或构件，则通过正确选择焊接材料与焊接工艺来达到提高焊接接头性能的目的。

5.1.4　焊接应力与变形

1. 焊接应力与变形产生的原因

焊接过程是一个极不平衡的热循环过程，即焊缝及其相邻区金属都要由室温被加热到很高温度，再快速冷却下来。焊件及接头受到不均匀的加热和冷却，同时又受到焊件自身结构和外部约束的限制，使焊接接头产生不均匀的塑性变形，这是焊接应力和变形产生的根本原因。

当焊件塑性较好和结构刚度较小时，焊件能较自由地收缩，则焊接变形较大，而焊接应力较小，应主要采取预防和矫正变形的措施，使焊件获得所需的形状和尺寸。当焊接塑性较差和结构刚度较大时，则焊接变形较小，而焊接应力较大，应主要采取减小或消除应力的措施，以避免产生裂纹。焊接完成后，焊缝区总会产生收缩并存在拉应力，对于不同的结构型式，其应力与变形的大小可相互转化，变形的实质是应力释放。

2. 焊接变形的基本形式

在实际生产中，由于焊接工艺、焊接结构特点和焊缝布置方式不同，焊接变形的方式有很多种。常见的焊接变形种类见表 5-1。在实际焊接结构中，这些变形往往不是单独存在的，而是多种变形同时存在并互相影响的。

表 5-1 常见的焊接变形种类

变形种类	图示	产生原因
收缩变形		由于焊缝的纵向（沿焊缝方向）和横向（垂直于焊缝方向）收缩，引起焊件的纵向收缩和横向收缩
角变形		V 形坡口对焊，由于焊缝截面形状上下不对称，造成焊缝上、下横向收缩量不均匀而引起角变形
弯曲变形		T 形梁焊接后，由于焊缝布置不对称，焊缝多的一侧收缩量大，引起弯曲变形
扭曲变形		工字梁焊接时，由于焊接顺序和焊接方向不合理引起扭曲变形，又称螺旋形变形
波浪变形		薄板焊接时，由于焊缝收缩使薄板局部引起较大的压应力而失去稳定，焊后呈波浪形

3. 焊接应力与变形的减小和预防措施

1）合理的焊件结构设计。在保证结构具有足够承载能力前提下，应尽量减少焊缝数量（见图 5-5）、长度及横截面面积；使结构中所有焊缝尽量处于对称位置；焊接厚大焊件时，应开两面坡口；避免焊缝交叉或密集。

2）焊前预热。焊前将焊件预热到 300℃ 以上再进行焊接，以减小焊件各部分的温差；焊后要缓冷，使焊件较均匀地

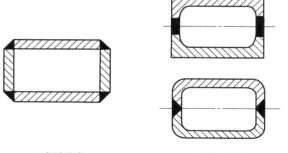

a）焊缝较多　　　　　b）焊缝较少

图 5-5 减少焊缝数量的设计

冷却，以减小焊接应力与变形。

　　3）合理的焊接顺序。一般来说，应尽量使焊缝的纵向和横向都能自由收缩，从而减小应力和变形。X 形坡口和对称断面梁的合理焊接顺序分别如图 5-6 和图 5-7 所示。

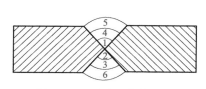

图 5-6　X 形坡口焊接顺序

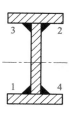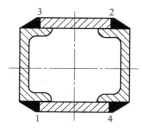

图 5-7　对称断面梁的焊接顺序

　　4）反变形法。根据计算、试验或经验，确定焊件焊后产生变形的方向和大小，组装时使焊件反向变形，以抵消焊接变形，如图 5-8 所示。同样，也可采用预留收缩余量来抵消尺寸收缩。

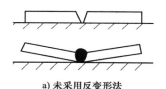

a) 未采用反变形法　　　　b) 采用反变形法

图 5-8　反变形法

　　5）刚性固定法。用工装夹具或定位焊固定，限制焊接变形的产生，如图 5-9 所示。

　　6）采用能量集中的热源。焊接时热量集中、线能量输入小，可有效减小焊接变形。

　　7）锤击焊缝法。当焊缝仍处于高温时，对焊缝进行均匀适度锤击，使缝焊金属在高温塑

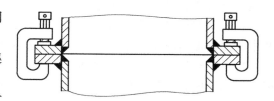

图 5-9　刚性固定法焊接法兰盘

性较好时得以延伸，补偿其收缩，同时使应力释放，从而减小应力和变形。

　　4. 焊接应力的消除和焊接变形的矫正

　　实际生产中，虽然采用一定的预防措施，但有时焊件还会存在一定的应力，甚至产生过大的变形，而重要的焊件不允许应力存在。为此，应消除残余焊接应力和矫正焊接变形。

　　（1）焊接应力的消除方法　最常用、最有效的消除焊接残余应力的方法是低温退火，即将焊后的焊件加热到 600~650℃，保温一段时间，然后缓慢冷却。整体退火可消除 80%~90% 的残余应力，不能进行整体退火的焊件可采用局部退火法。

　　（2）焊接变形的矫正方法　矫正变形的实质是通过使焊件产生新的变形来抵消焊接过程中的变形，常用的变形矫正方法有机械矫正法和火焰矫正法。

　　1）机械矫正法：在压力机、矫直机或手工等机械力的作用下，产生塑性变形来矫正焊接变形，使变形焊件恢复到原来的形状和尺寸。机械矫正法适用于塑性较好、厚度不大的焊件，如图 5-10 所示。

2）火焰矫正法：利用火焰加热的热变形方法，通过金属局部受热后的冷却收缩来抵消已发生的焊接变形。火焰矫正法主要用于塑性较好、没有淬硬倾向的低碳钢和低淬硬倾向的低合金钢，如图5-11所示。

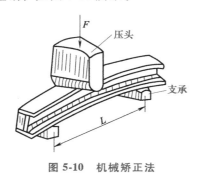

图 5-10　机械矫正法

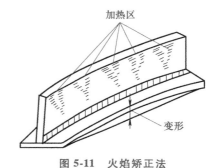

图 5-11　火焰矫正法

5.1.5　常用工程材料的焊接

1. 金属材料的焊接性

（1）焊接性的概念　焊接性是指金属材料在一定焊接工艺条件下，表现出来的焊接难易程度。金属焊接性受到焊接方法、焊接材料、焊接工艺和焊件结构型式等因素的影响。

焊接性包括两个方面：一是工艺性能，主要指焊接接头产生工艺缺陷的倾向，尤其是出现裂纹的可能性；二是使用性能，主要指焊接接头在使用中的可靠性，包括焊接接头的力学性能以及耐热、耐蚀等其他特殊性能。

（2）焊接性的评定　金属焊接性一般是焊前采用间接评定法或直接焊接试验法评定的。其中，比较常用的间接评定焊接性的方法有碳当量法和冷裂纹敏感指数法。

1）碳当量法。实际焊接结构所用的金属材料绝大多数是钢材，影响钢材焊接性的主要因素是化学成分。各种化学元素中，碳的影响最为明显，其他元素的影响可折合成碳的影响。因此，可用碳当量法来估算被焊钢材的焊接性。

碳钢及低合金结构钢的碳当量经验公式为

$$w_{C当量} = \left(w_C + \frac{w_{Mn}}{6} + \frac{w_{Cr}+w_{Mo}+w_V}{5} + \frac{w_{Ni}+w_{Cu}}{15} \right) \times 100\%$$

硫、磷对钢材的焊接性影响也很大，在各种合格钢材中，硫、磷含量都受到严格限制。

当 $w_{C当量} < 0.4\%$ 时，钢材塑性良好，淬硬倾向不明显，焊接性良好。在一般的焊接工艺条件下，焊件不会产生裂纹。但厚大件或在低温下焊接时，应考虑预热。

当 $0.4\% \leqslant w_{C当量} \leqslant 0.6\%$ 时，钢材塑性下降，淬硬倾向明显，焊接性相对较差。焊前焊件需要适当预热，焊后应注意缓冷。要采取一定的焊接工艺措施才能防止裂纹。

当 $w_{C当量} > 0.6\%$ 时，钢材塑性较低，淬硬倾向大，焊接性不好。焊前焊件必须预热到较高温度，焊接时要采取减小焊接应力和防止开裂的工艺措施，焊后要进行适当的热处理，才能保证焊接接头质量。

2）冷裂纹敏感指数法。冷裂纹敏感指数法是根据钢材的化学成分、焊缝金属中扩散氢的质量分数和焊件板厚计算出钢材焊接时冷裂纹敏感系数 P_C，冷裂纹敏感系数越大，则产生冷裂纹的可能性越大，焊接性越差。

冷裂纹敏感系数的计算公式为

$$P_C = \left(w_C + \frac{w_{Ni}}{60} + \frac{w_{Si}}{30} + \frac{w_{Mn} + w_{Cu} + w_{Cr}}{20} + \frac{w_{Mo}}{15} + \frac{w_V}{10} + 5w_B + \frac{h}{600} + \frac{H}{60} \right) \times 100\%$$

式中，h 为板厚，单位为 mm；H 为焊缝金属中扩散氢的质量分数，$cm^3/100g$。

2. 碳钢的焊接

碳钢焊接性的好坏主要表现在产生裂纹和气孔的难易程度上。钢的化学成分，特别是碳含量，决定了钢材的焊接性。随着钢中碳含量的增大，碳钢的焊接性逐渐变差。

（1）低碳钢的焊接　低碳钢的 $w_C < 0.25\%$，$w_{C当量} < 0.4\%$，其塑性好，一般没有淬硬倾向，冷裂纹倾向小，对焊接过程不敏感，焊接性好。焊接时不需要采用特殊的工艺措施就能获得优质的焊接接头，适合于各种焊接方法，应用最广泛的是手工电弧焊、埋弧焊、气体保护焊和电阻焊等。

厚度大于 50mm 的低碳钢结构，常用大电流多层焊，焊后应进行消除内应力退火。低温环境下焊接刚度较大的结构时，由于焊件各部分温差较大，变形又受到限制，焊接过程容易产生较大的应力，有可能导致结构件开裂，因此应进行焊前预热。

（2）中碳钢的焊接　中碳钢的 $0.25\% \leqslant w_C \leqslant 0.6\%$，$w_{C当量} > 0.4\%$，随碳含量的增加，中碳钢淬硬倾向越发明显，焊接接头易产生淬硬组织和冷裂纹，焊缝易产生气孔，焊接性变差。为了保证中碳钢焊件的焊接质量，可采取以下工艺措施：

1）焊前应对焊件预热，焊后缓慢冷却，减小焊接前后焊件的温差，降低冷却速度，减小焊接应力，从而防止焊接裂纹的产生。

2）焊接时尽量选用具有高抗裂性能的碱性低氢焊条，可有效防止焊接裂纹的产生。

3）焊接时坡口开成 U 形，并采用小电流、细焊条、多层焊的方式，以减小碳含量高的焊件金属过多地融入焊缝中，从而使焊缝的碳含量低于焊件，改善焊接性。

4）焊后可采用 600~650℃ 的回火处理，以消除应力，改善接头的组织和性能。

（3）高碳钢的焊接　高碳钢的 $w_C > 0.6\%$，$w_{C当量} > 0.6\%$，导热性差、塑性差，热影响区淬硬倾向及焊缝产生裂纹、气孔的倾向严重，焊接性很差。

高碳钢一般不用于焊接结构，主要是用来补焊一些损坏的构件，而且焊接时应采用更高的预热温度及更严格的工艺措施。对于高碳钢常采用手工电弧焊的方法，焊后要立即进行去应力退火。

3. 合金钢的焊接

（1）低合金结构钢的焊接　低合金结构钢在焊接结构生产中应用较广，主要用于建筑结构和工程结构，如压力容器、锅炉、桥梁、船舶、车辆和起重机械。低合金结构钢的碳含量都很低，加入少量的合金元素后，强度显著提高，塑韧性也很好，其焊接性随强度等级的提高而变差。

下屈服强度 $R_{eL} < 392MPa$ 的低合金结构钢（$w_{C当量} < 0.4\%$）焊接性良好，其焊接工艺和焊接材料的选择与低碳钢基本相同，一般不需采取特殊的工艺措施。只有焊件较厚、结构刚度较大和环境温度较低时，才进行焊前预热，以免产生裂纹。

下屈服强度 $R_{eL} \geqslant 392MPa$ 的低合金结构钢（$w_{C当量} \geqslant 0.4\%$）存在淬硬和冷裂问题，其碳及合金元素的含量越高，焊后热影响区的淬硬倾向越大，致使热影响区的脆性增加，塑性、韧度下降。焊接时需要采取一些工艺措施，如焊前预热，降低冷却速度，从而避免出现淬硬组织；适当调节焊接参数，以控制热影响区的冷却速度不宜过快，保证焊接接头获得优良性能；焊后进行退火热处理能消除残余应力，避免冷裂。

（2）不锈钢的焊接　工业上应用的不锈钢按其组织可分为奥氏体型不锈钢、马氏体型不锈钢和铁素体型不锈钢三类。

奥氏体型不锈钢的碳含量低，焊接性良好，焊接时一般不需要采取特殊的工艺措施，通常采用手工电弧焊和钨极氩弧焊，也可采用埋弧自动焊。选用焊条、焊丝和焊剂时，应保证焊缝金属与焊件成分类型相同。焊接时应采用小电流，焊后加大冷速，接触腐蚀介质的表面应最后施焊等工艺措施。

马氏体型不锈钢的焊接性较差，这是因为空冷条件下焊缝可转变为马氏体组织，所以焊后淬硬倾向大，易出现冷裂纹。若碳的质量分数较高，则淬硬倾向和冷裂纹现象更严重。所以，焊接时要采取防止冷裂纹的一系列措施，如焊前往往要进行预热，焊后也往往要进行热处理，以提高接头性能，消除残余应力。如果不能实施预热或热处理时，也可选用奥氏体型不锈钢焊条，使焊缝为奥氏体组织。

铁素体型不锈钢焊接时，热影响区中的铁素体晶粒易过热粗化，使焊接接头的塑性和韧性急剧下降，甚至开裂。因此焊接时一般采用手工电弧焊和氩弧焊，并采用与焊件化学成分相同或相近的焊接材料。为了防止过热脆化，焊前预热温度应控制在 150℃ 以下，并采用小电流、快速焊等工艺措施，以减少熔池金属在高温的停留时间，降低晶粒长大倾向。

4. 铸铁件的焊接

铸铁具有成本低、铸造性能好、切削性能优良等性能特点，在机械制造业中应用广泛。但铸铁的 $w_C > 2.11\%$，塑性很低，而且组织不均匀，焊接时易产生白口、淬硬组织和裂纹，一般都不考虑直接用于制造焊接结构。如果铸铁件在生产中出现铸造缺陷或在使用过程中发生局部损坏或断裂，可采用焊接来修补铸铁件缺陷和修理局部损坏的零件。因此，铸铁的焊接主要是补焊。

根据铸铁的焊接特点，采用气焊、手工电弧焊来补焊较为适宜。按焊前是否预热，铸铁的补焊可分为热焊法和冷焊法两大类。

（1）热焊法　焊前将焊件整体或局部预热到 600~700℃，补焊后缓慢冷却。热焊法能防止焊件产生白口组织和裂纹，补焊质量较好，焊后可进行机械加工。但热焊法成本较高、生产率低、焊工劳动条件差，一般用于补焊形状复杂、焊后需进行加工的重要铸件，如床头箱、气缸体等。用气焊进行铸铁热焊比较方便。气焊火焰还可以用于预热焊件和焊后缓冷。填充金属应使用专制的铸铁棒，并配以气焊焊剂，以保证焊接质量。同时也可用铸铁焊条进行手工电弧焊补焊，药皮成分主要是石墨、硅铁、碳酸钙等，以补充补焊处碳和硅的烧损，并造渣清除杂质。

（2）冷焊法　补焊前焊件不预热或只进行 400℃ 以下的低温预热。补焊时主要依靠焊条来调整焊缝的化学成分，以防止或减少焊件产生白口组织和裂纹。冷焊法方便、灵活、生产率高、成本低、劳动条件好，但焊接处切削加工性能较差，生产中多用于补焊要求不高的铸件以及不允许高温预热引起变形的铸件。焊接时，应尽量采用小电流、短弧、窄焊缝、短焊道（每段不大于 50mm），并在焊后及时锤击焊缝，以松弛应力，防止焊后开裂。

冷焊法一般采用手工电弧焊进行补焊。根据铸铁性能、焊后对机械加工的要求及铸件的重要性等来选定焊条，常用的焊条有：钢芯或铸铁芯铸铁焊条，适用于一般非加工面的补焊；镍基铸铁焊条，适用于重要铸件加工面的补焊；铜基铸铁焊条，用于焊后需要加工的灰铸铁件的补焊。

5. 有色金属及其合金的焊接

常用的有色金属有铝、铜及其合金等。由于有色金属具有许多特殊性能，在工业中的应用越来越广，其焊接技术也越来越受到重视。

（1）铝及铝合金的焊接　工业中主要对纯铝、铝锰合金、铝镁合金和铸铝件进行焊接，其焊接特点如下：

1）极易氧化。铝与氧的亲和力很大，可形成致密的氧化铝薄膜（熔点高达 2050℃）覆盖在金属表面，难破坏，能阻碍焊件金属熔合。此外，氧化铝薄膜的密度较大，易引起焊缝熔合不良及夹渣缺陷。

2）易变形、开裂。铝的导热系数较大，焊接中要使用大功率或能量集中的热源，焊件厚度较大时应考虑预热；铝的线胀系数大，焊接应力与变形大，加之在高温下铝的强度和塑性很低，因此易开裂。

3）易生成气孔。液态铝及其合金能吸收大量氢气，但固态铝几乎不能溶解氢，因此在熔池凝固中易产生气孔。

4）熔融状态难控制。铝及其合金由固态向液态转变时无明显的色泽变化及塑性流动迹象，故不易控制加热温度，容易焊穿。此外，铝在高温时强度和塑性很低，焊接中经常由于不能支持熔池金属而形成焊缝塌陷，因此常需采用垫板进行焊接。

目前，焊接铝及铝合金的常用方法有氩弧焊、气焊、点焊、缝焊和钎焊。其中，氩弧焊是焊接铝及铝合金较好的方法，气焊主要用于焊接不重要的薄壁构件。

（2）铜及铜合金的焊接　铜及铜合金的焊接性较差，其主要原因如下：

1）焊缝难熔合，易变形。铜的导热性很好（纯铜为低碳钢的 6~8 倍），焊接时热量非常容易散失而达不到焊接温度，容易造成焊不透等缺陷。

2）线胀系数和收缩率都较大，焊接热影响区宽，易产生较大的焊接应力，变形和裂纹产生的倾向大。

3）热裂倾向大。液态铜易氧化，生成的 Cu_2O 与硫反应生成 Cu_2S，形成脆性低熔点共晶体，分布在晶界上形成薄弱环节，焊接过程中易产生热裂纹。

4）易产生气孔。液态铜吸气性强，特别容易吸收氢气，凝固时来不及逸出，在焊件中易形成气孔。

5）不适用电阻焊。铜的电阻极小，不宜采用电阻焊。

某些铜合金比纯铜更容易氧化，使焊接的困难增大。例如，黄铜（铜锌合金）中的锌沸点很低，极易蒸发并生成氧化锌（ZnO），锌的烧损不但改变了接头的化学成分，降低了接头性能，而且所形成的氧化锌烟雾易引起焊工中毒。铝青铜中的铝在焊接中易生成难熔的氧化铝，增大熔渣黏度，易生成气孔和夹渣。

铜及铜合金可用氩弧焊、气焊、埋弧焊、钎焊等方法进行焊接。其中，氩弧焊能有效地保护铜液不被氧化和不溶于气体，主要用于焊接纯铜和青铜件；气焊主要用于焊接黄铜件，能获得较好的焊接质量。

6. 陶瓷的焊接

随着科学技术的发展，陶瓷的组成、性能、制造工艺和应用领域已发生了根本性的变化，从传统的生活用陶瓷发展成为具有特殊性能的功能陶瓷和高性能的工程陶瓷，在现代社会中发挥了重要的作用。由于陶瓷的脆性很大，不宜做成复杂的和承受冲击载荷的零件。因此，必须采取连接技术来制造复杂的陶瓷件以及陶瓷和金属的复合件。这就涉及陶瓷与陶瓷以及陶瓷与金属的焊接问题。

不论是陶瓷与金属的焊接，还是用金属填充材料焊接陶瓷与陶瓷，都存在陶瓷/金属界面的结合问题。由于陶瓷与金属在电子结对、晶体结构、力学性能、热物理性能以及化学性能等方面存在明显的差别，因此要实现陶瓷/金属界面的冶金结合是非常困难的，用常规的焊接材料和工艺几乎无法获得可靠的连接，现有的较成功的焊接方法都是在陶瓷不熔化的条件下进行的，如固相扩散焊和钎焊。

目前陶瓷焊接研究的主要方向如下：

1）为充分发挥陶瓷耐高温的特性，必须解决接头的高温性能。

2）进行大面积和复杂零件的焊接时，陶瓷开裂和低应力破坏是一个严重问题，必须进一步研究降低内应力的办法。

3）目前陶瓷焊接主要都在真空中进行，效率低、成本高，急需研究非真空的高效低成本焊接方法。

7. 塑料的焊接

根据向焊缝导入热的方法不同，可以将塑料焊接技术分为机械运动生热法、外加热源生热法、电磁生热法三类。

（1）机械运动生热法

1）直线性振动。待连接的两部分在压力作用下互相接触，由往复运动而产生的摩擦热使界面的塑料熔化，接下来将熔化的两部分对中并固定直到焊缝凝固。大部分热塑性材料可以用这种技术焊接，这种技术被广泛地应用在汽车部件的连接上。

2）旋转运动。类似摩擦焊，焊缝区的形状总是圆形的，并使其旋转运动。

3）超声波。利用高频振动机械能转化为热能，软化或熔化接缝处的热塑性塑料。被连接部分在压力作用下固定在一起，然后经过频率通常为20kHz或40kHz的超声波振动，换能器把大功率振动信号转换为相应的机械能，施加于所需焊接的塑料件接触面，焊件接合处剧烈摩擦瞬间产生高热量，从而使分子交替熔合，达到焊接连接效果。超声波焊接过程很快，焊接时间不到1s，并且很容易实现自动化，在汽车、医疗器械、电子产品和包装行业的部件制造中很受欢迎。

（2）外加热源生热法

1）电热板。将待连接的两部分的端部紧贴在电热台面上加热，直到端面塑料充分熔化，然后移出电热板，将待连接的两部分压在一起。焊后需保持足够的冷却时间以增强焊缝的强度。

2）热棒和脉冲。将两层薄膜紧压在热金属棒上，软化后连接在一起，主要用于连接厚度小于0.5mm的塑料薄膜，焊接速度非常快。

3）热气焊。热气流直接吹向接缝区，使接缝区和与母材同材质的填充焊丝熔化，通过填充材料与被焊塑料熔化在一起而形成焊缝。所焊板厚通常在30mm以内并开V形或T形坡口。

（3）电磁生热法

1）电阻性插销。在通高电流产生电阻热前，在两个被焊件之间放置一个导电的插销，当插销被加热时，其周围的热塑性塑料软化，继而熔化，再施加压力，使熔化的焊件表面熔合在一起形成焊缝。

2）高频。利用被焊塑料在快速交变电场中产生热量来实现连接。

塑料在日常生活中的应用越来越多，范围越来越广，这为塑料焊接技术提供了更大的用武之地，小到耳内佩戴的助听器，大到机场防水项目，都能看到塑料焊接技术的身影。目前，可焊塑料及热塑性树脂基复合材料的焊接成形技术均是研究热点。

5.2　常用焊接工艺方法

5.2.1　熔焊

熔焊是最重要的焊接工艺方法，其中以电弧为加热热源的电弧焊是熔焊中最基本、应用最广泛的金属焊接方法。

1. 电弧焊

电弧焊是利用焊条与焊件之间产生的电弧热熔化焊件和焊条。常用的焊接方法有手工电弧焊、埋弧自动焊、气体保护焊等。

（1）手工电弧焊　手工电弧焊又称焊条电弧焊，是利用电弧产生的热量来局部熔化被焊焊件及填充金属，冷却凝固后形成牢固接头。这种方法是熔焊中最基本的焊接方法。由于设备简单、操作方便，这种方法特别适用于尺寸小、形状复杂、短缝或弯曲焊缝的焊件。手工电弧焊的焊接过程如图 5-12 所示。

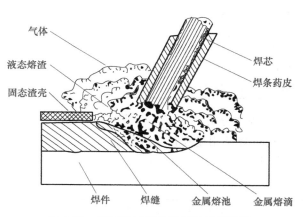

图 5-12　手工电弧焊的焊接过程示意图

焊接时，在焊条末端和焊件之间燃烧的电弧所产生的高温使焊条药皮、焊芯及焊件同时熔化。焊芯端部迅速形成细小的金属熔滴，通过弧柱到达局部熔化的焊件表面，并与表面融合在一起形成熔池。药皮熔化过程中所产生的气体和熔渣不仅使熔池与电弧周围的空气隔绝，而且和熔化的焊芯、焊件发生一系列的冶金反应，保证所形成焊缝的性能。随着电弧以适当的速度在焊件上不断地前移，熔池液态金属逐步冷却结晶形成焊缝。

电焊条是手工电弧焊中涂有药皮的熔化电极，由焊芯和药皮两部分组成。

1）焊芯。焊芯一般是一根具有一定长度及直径的金属丝，其化学成分和非金属夹杂物

123

的含量将直接影响焊缝质量。焊芯是根据国家标准，经过特殊冶炼而成的。焊芯有两个作用：一是作为电极传导焊接电流，产生电弧；二是作为填充金属，与熔化的焊件金属形成焊缝。

2）药皮。药皮是压涂在焊芯表面的涂料层，是决定焊缝质量的主要因素之一。药皮的主要作用如下：

① 机械保护作用：利用药皮熔化放出的气体和形成的熔渣机械隔离空气，防止有害气体侵入熔化金属。

② 冶金处理作用：通过冶金反应去除有害杂质，补充有益合金元素，使焊缝获得满足要求的力学性能。

③ 改善焊接性能：药皮使电弧燃烧稳定，焊缝成形美观，飞溅减少，脱渣容易和熔敷效率高等。

药皮的组成复杂，根据在焊接过程中所起的作用，可将其分为七类，见表5-2。

表 5-2　药皮原料及其作用

类别	原料	作用
稳定剂	碳酸钾、碳酸钠、长石、大理石、钛白粉、钠水玻璃、钾水玻璃	改善引弧性能，提高电弧燃烧的稳定性
造气剂	淀粉、木屑、纤维素、大理石	造成一定量的气体，隔绝空气，保护焊接熔滴与熔池
造渣剂	大理石、萤石、菱苦土、长石、锰矿、钛铁矿、黏土、钛白粉、金红石	产生具有一定物理-化学性能的熔渣，保护焊缝。碱性渣中的CaO还可起脱硫、脱磷作用
脱氧剂	锰铁、硅铁、钛铁、铝铁、石墨	降低电弧气氛和熔渣的氧化性，脱除金属中的氧。锰还起脱硫作用
合金剂	锰铁、硅铁、铬铁、钼铁、钒铁、钨铁	使焊缝金属获得必要的合金成分
稀渣剂	萤石、长石、钛白粉、钛铁矿	降低熔渣黏度，增加熔渣流动性
黏结剂	钾水玻璃、钠水玻璃	将药皮牢固地黏在钢芯上

3）焊条分类。根据不同情况，电焊条有以下几种分类方法。

① 按焊条用途和化学成分分类。按焊条用途和化学成分分类没有原则区别，前者用商业牌号表示，后者用型号表示，见表5-3。

表 5-3　焊条的种类

焊条分类（按用途分类）				焊条分类（按化学成分分类）		
类别	名称	代号		国家标准编号	标准名称	代号
		字母	汉字			
一	结构钢焊条	J	结	GB/T 5117—2012	《非合金钢及细晶粒钢焊条》	E
二	钼和铬钼耐热钢焊条	R	热	GB/T 5118—2012	《热强钢焊条》	E
三	低温钢焊条	W	温			
四	不锈钢焊条	G A	铬 奥	GB/T 983—2012	《不锈钢焊条》	E

（续）

焊条分类（按用途分类）				焊条分类（按化学成分分类）		
类别	名称	代号		国家标准编号	标准名称	代号
		字母	汉字			
五	堆焊焊条	D	堆	GB/T 984—2001	《堆焊焊条》	ED
六	铸铁焊条	Z	铸	GB/T 10044—2006	《铸铁焊条及焊丝》	EZ
七	镍及镍合金焊条	Ni	镍			
八	铜及铜合金焊条	T	铜	GB/T 3670—2021	《铜及铜合金焊条》	ECu
九	铝及铝合金焊条	L	铝	GB/T 3669—2001	《铝及铝合金焊条》	E
十	特殊用途焊条	TS	特	—	—	—

② 按熔渣化学性质分类。根据焊接熔渣的酸碱度，即熔渣中碱性氧化物与酸性氧化物的比例，可将焊条分为酸性焊条和碱性焊条。

酸性焊条的熔渣中含有大量酸性氧化物（如 SiO_2、TiO_2、Fe_2O_3 等），氧化性较强，焊接过程中合金元素烧损较多，焊缝金属中氧和氢的含量较多，焊缝的力学性能特别是冲击韧性较差，但电弧稳定性好，焊接性能较好，交、直流电源均可使用。酸性焊条一般适用于低碳钢和强度较低的低合金结构钢的焊接，应用最为广泛。

碱性焊条的熔渣中含有大量碱性氧化物（如 CaO、MnO、Na_2O、MgO 等）。由于碱性焊条的药皮中含有较多的大理石和萤石，具有脱氧、脱硫、脱磷及除氢作用，因此焊缝金属中氧、氢及杂质的含量较少，焊缝具有良好的抗裂性和力学性能，但工艺性较差，一般用直流电源。碱性焊条主要用于重要结构件的焊接，如锅炉、压力容器和合金结构钢等。

③ 按药皮类型分类。按药皮的种类，焊条可分为：氧化钙型、氧化钛钙型、钛铁矿型、氧化钛型、纤维素型、低氢钾型、低氢钠型、石墨型、盐基型等。其中，石墨型药皮主要用于铸铁焊条，盐基型药皮主要用于铝及其合金等有色金属焊条，其余均属于碳钢焊条。

4）焊条型号。焊条型号是国家标准中规定的焊条代号。以结构钢焊条为例，其型号是由字母 "E" 和四位数字组成的，表示方法如图 5-13 所示。

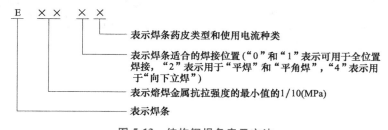

图 5-13　结构钢焊条表示方法

5）焊条选用原则。通常先根据焊件化学成分、力学性能、抗裂性、耐蚀性以及高温性能等要求，选用相应的焊条种类，再根据焊接结构、受力情况、焊接设备条件和焊条价格来选定具体型号。

① 低碳钢和低合金钢构件，一般都要求焊缝金属与焊件等强度，因此可根据钢材的强度等级来选用相应的焊条。但应注意，钢材是按屈服强度确定等级的，而碳钢、低合金钢焊条的等级是指抗拉强度的最低保证值。

② 同一强度等级的酸性焊条或碱性焊条的选定，应依据焊接件的结构形状（简单或复杂）、钢板厚度、载荷性质（静载或动载）和钢材的抗裂性能而定。通常对要求塑性好、冲击韧度高、抗裂能力强或低温性能好的结构，要选用碱性焊条。如果构件受力不复杂、焊件质量较好，应尽量选用较经济的酸性焊条。

③ 低碳钢与低合金钢焊接，可按异种钢接头中强度较低的钢材来选用相应的焊条。

④ 铸钢件的碳含量一般都比较高，而且厚度较大、形状复杂，很容易产生焊接裂纹，一般选用碱性焊条并采取适当的工艺措施（如预热）进行焊接。

⑤ 焊接不锈钢或耐热钢等有特殊性能要求的钢材，应选用相应的专用焊条，以保证焊缝的主要化学成分和性能与焊件相同。

（2）埋弧自动焊　埋弧自动焊是电弧在焊剂下燃烧以进行焊接的熔焊方法。由于焊接时引弧、焊条送进、电弧移动等动作由机械自动完成，电弧掩埋在焊剂层下燃烧，电弧光不外露，因此称为埋弧自动焊。

1）埋弧自动焊的焊接过程。埋弧自动焊过程示意图如图5-14所示。焊接时，焊剂从漏斗中流出，均匀堆敷在焊件表面（一般厚为30～50mm）。焊丝由送丝机构自动送进，经导电嘴进入电弧区。焊接电源分别接在导电嘴和焊件上以产生电弧，电弧在颗粒状的焊剂层下燃烧，电弧周围的焊剂熔化形成熔渣，焊件金属与焊丝熔化成较大体积的熔池，熔池被熔渣覆盖，熔渣既能起到隔绝空气保护熔池的作用，又阻挡了弧光对外辐射和金属飞溅，焊机带着焊丝匀速向前移动（或焊机不动，焊件匀速运动），熔池金属被电弧气体排挤向后堆积形成焊缝，如图5-15所示。

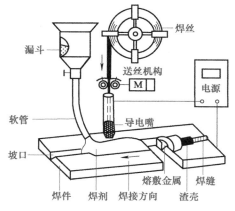

图5-14　埋弧自动焊过程示意图

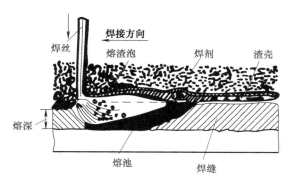

图5-15　埋弧自动焊的焊缝形成

2）埋弧自动焊的主要特点及应用。

① 生产率高。埋弧自动焊的电弧掩埋在焊剂层下燃烧，基本没有电弧辐射能量损失，电弧热的有效利用率高达90%以上，在电弧焊方法中热效率最高。埋弧自动焊的导电嘴接近电弧，焊丝电阻产热量少，可以在大电流、高电流密度下以很大的焊丝熔化速度进行焊接，比手工电弧焊的生产率高5～10倍。

② 焊接金属的品质良好、稳定。埋弧自动焊对电弧区保护严密，空气污染少，熔池保持液态时间长，冶金反应比较充分，气体和杂质容易浮出，焊缝金属化学成分均匀。同时，焊接参数可以自动控制调整，焊接过程自动进行。因此，埋弧自动焊的焊接质量高而且稳

定，焊缝成形美观。

③ 节约金属材料，劳动条件好。埋弧自动焊热量集中，熔深大，厚度在 20mm 以下的焊件可以不开坡口进行焊接，而且没有焊条头的浪费，飞溅少，可节省大量金属材料。埋弧自动焊的熔渣可隔离弧光，有利于焊接操作，且焊接时利用机械化操作，人工劳动强度低，使劳动条件得到很大改善。

埋弧自动焊在焊接生产中已得到广泛应用，常用来焊接长的直线焊缝和较大直径的环形焊缝。当焊件厚度增加或批量生产时，其优点尤为显著。但埋弧自动焊的设备费用较高，工艺装备复杂，对接头加工与装配要求严格，只适用于批量生产长的直线焊缝与圆筒形焊件的纵、环焊缝。对狭窄位置焊缝以及薄板焊接，埋弧自动焊则受到一定限制。

3）埋弧自动焊的工艺。埋弧自动焊要求更仔细地下料、准备坡口和装配。焊接前，应将焊缝两侧 50~60mm 内的一切污垢和铁锈除掉，以免产生气孔。

埋弧自动焊一般在平焊位置焊接，用以焊接对接和 T 形接头的长直线焊缝。当焊接厚度不超过 20mm 的焊件时，可以采用单面焊接。如果设计上有要求（如锅炉与容器），也可双面焊接。当焊件厚度超过 20mm 时，

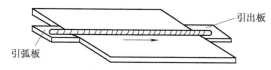

图 5-16　埋弧自动焊的引弧板与引出板

可进行双面焊接，或采用开坡口单面焊接。由于引弧处和断弧处质量不易保证，焊前应在接缝两端焊上引弧板与引出板（见图 5-16），焊后再去掉。为了保持焊缝成形和防止烧穿，生产中常采用各种类型的焊剂垫和垫板（见图 5-17），或者先用手工电弧焊封底。

焊接筒体对接焊缝时，焊件以一定的焊接速度旋转，焊丝位置不动。为防止熔池金属流失，焊丝位置应逆旋转方向偏离焊件中心线一定距离 α，其大小视筒体直径与焊接速度等而定，如图 5-18 所示。

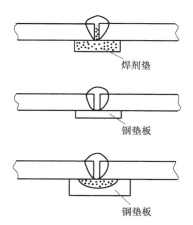

图 5-17　埋弧自动焊的焊剂垫和垫板

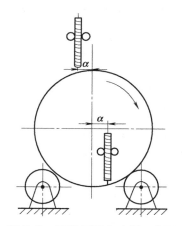

图 5-18　环缝埋弧自动焊示意图

（3）气体保护焊　气体保护焊是指用外加气体作为电弧介质并保护电弧和焊接区的电弧焊。按保护气体的不同，常用的气体保护焊有 CO_2 气体保护焊和氩弧焊。

1）CO_2 气体保护焊。CO_2 气体保护焊利用 CO_2 作为保护气体，以焊丝作为电极，靠焊丝和焊件之间产生的电弧熔化金属与焊丝，以自动或半自动方式进行焊接。

如图 5-19 所示，焊丝由送丝机构通过软管经导电嘴自动送进，纯度超过 99.8% 的 CO_2

气体以一定流量从喷嘴中喷出。电弧引燃后，焊丝末端、电弧及熔池被 CO_2 气体所包围，从而使高温金属受到保护，避免空气的有害影响，熔池冷凝后形成焊缝。

CO_2 气体保护焊的主要特点有以下几个方面：

① 因为 CO_2 气体价廉，CO_2 气体保护焊的成本明显低于手工电弧焊和埋弧自动焊。

② CO_2 气体保护焊的电流密度大、熔深大，焊接速度快，还可以节省敲渣时间，所以焊接生产率高。

③ 由于 CO_2 气体保护焊的焊缝含氢量低，且采用合金钢焊丝，易保证焊缝质量，所以焊缝出现裂纹的可能性小，而且焊件变形小，焊接质量较好。

④ 采用明弧焊接操作，能用于全位置焊接，易于实现自动化。

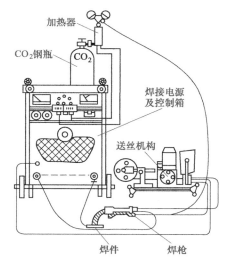

图 5-19　CO_2 气体保护焊示意图

⑤ CO_2 气体的氧化性强，焊缝处金属和合金元素易氧化、烧损，而且飞溅大。

目前 CO_2 气体保护焊广泛应用于造船、车辆、农业机械等工业领域，主要用于焊接 1～30mm 厚的低碳钢和部分合金结构钢，一般采用直流反接法。

2）氩弧焊。使用氩气作为保护气体的一种气体保护焊称为氩弧焊。氩气是惰性气体，在高温下不与金属发生化学反应，也不溶解于金属中，焊接过程基本上是简单的金属熔化和结晶过程，因此是一种比较理想的保护气体。氩气电离势高，引弧较困难，但一经引燃就很稳定。按照电极材料的不同分为非熔化极氩弧焊（钨极氩弧焊）和熔化极氩弧焊两种。

图 5-20 所示为熔化极氩弧焊示意图。焊丝既作电极又起填充金属作用，焊接时焊丝与焊件之间产生电弧，电弧在氩气流保护下燃烧，焊丝经送丝机构从喷嘴中心位置连续送出并不断熔化，形成熔滴后以喷射方式进入熔池，待熔池冷凝后便形成焊缝。图 5-21 所示为非熔化极氩弧焊示意图。焊接时非熔化极不熔化，只起发射电子产生电弧的作用，常用钨或钨合金作电极，焊丝只起填充金属作用。焊接时在非熔化极和焊件之间产生电弧，电弧在氩气保护下将焊丝和焊件局部熔化，冷凝后形成焊缝。

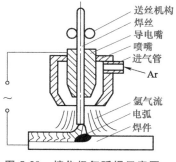

图 5-20　熔化极氩弧焊示意图

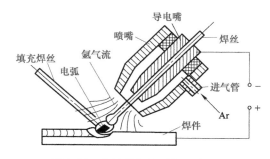

图 5-21　非熔化极氩弧焊示意图

氩弧焊主要特点有以下几个方面：

① 适于焊接各类合金钢、易氧化的非铁金属及锆、钽、钼等稀有金属材料。

② 氩弧焊电弧稳定，飞溅小，焊缝致密，表面没有熔渣，成形美观。

③ 电弧和熔池区受氩气流保护，明弧可见，便于操作，容易实现全位置自动焊接。

④ 电弧在气流压缩下燃烧，热量集中，熔池较小，焊接速度较快，焊接热影响区较窄，因而焊件焊后变形小。

由于氩气价格较高，目前氩弧焊主要用于焊接铝、镁、钛及其合金，也用于焊接不锈钢、耐热钢和一部分重要的低合金钢焊件。

2. 电渣焊

电渣焊是利用电流通过液态熔渣时所产生的电阻热将电极和焊件熔化形成焊缝的一种熔焊方法。根据电极形式的不同，电渣焊可分为丝极电渣焊、板极电渣焊、熔嘴电渣焊和管极电渣焊等。

如图 5-22 所示，电渣焊焊接接头处于垂直位置，两侧装有冷却成形装置，在焊接的起始端和结束端装有引弧板和引出板。焊接时，先将颗粒状焊剂装入接头空间至一定高度，然后焊丝在引弧板上引燃电弧，将焊剂熔化形成渣池。当渣池达到一定深度时，电弧被淹没而熄灭，电流通过渣池产生电阻热，进入电渣焊过程，渣池温度可达 1700～2000℃，可将焊丝和焊件边缘迅速熔化，形成熔池。随着熔池液面的升高，冷却铜滑块也向上移动，渣池则始终浮在熔池上面作为加热的前导，熔池底部结晶，形成焊缝。

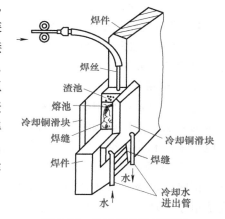

图 5-22 丝极电渣焊示意图

电渣焊的主要特点有以下几个方面：

1）在焊接厚件时可一次完成，生产率高；节省开坡口工时，节省焊接材料和焊接工时，焊接成本低。

2）由于渣池保护性能好，空气不易进入；熔池存在时间长，焊缝不易产生气孔、夹渣等缺陷，焊缝质量好，金属比较纯净。

3）焊缝金属在高温停留时间长，过热区大，焊缝金属组织粗大，焊后要进行正火处理。

电渣焊主要用于重型机械制造业中，制造锻-焊结构件和铸-焊结构件，如重型机床的机座、高压锅炉等，焊件厚度一般为 40～450mm，材料为碳钢、低合金钢、不锈钢等。

3. 等离子弧焊

等离子弧是一种被压缩的钨极氩弧，具有很高的能量密度（$10^5 \sim 10^6 \mathrm{W/cm^2}$）、温度（24000～50000K）及电弧力。如图 5-23 所示，在钨极与喷嘴之间或钨极与焊件之间加一高电压，经高频振荡使气体电离成自由

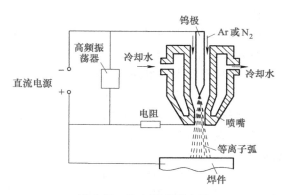

图 5-23 等离子弧示意图

电弧，该电弧受到机械压缩、热压缩及电磁压缩等作用后形成等离子弧。

1）机械压缩效应：电弧通过具有细小孔道的喷嘴时，弧柱被强迫缩小，产生机械压缩效应。

2）热压缩效应：由于喷嘴内壁的冷却作用，弧柱边缘气体电离度急剧降低，使弧柱外围受到强烈冷却，迫使带电粒子流向弧柱中心集中，电离度更大，导致弧柱被进一步压缩，产生热压缩效应。

3）电磁压缩效应：定向运动的带电粒子流产生的磁场间的电磁力使弧柱进一步压缩，产生电磁压缩效应。

等离子弧焊的主要特点有以下几个方面：

1）等离子弧能量密度大、弧柱温度高、穿透能力强，厚度 12mm 以下的焊件可不开坡口。

2）焊接速度快、生产率高、焊缝质量好、热影响区小、焊接变形小。

3）焊接电流调节范围大，即使电流小到 0.1A 时，电弧仍能稳定燃烧，可焊接超薄件。

4）设备比较复杂、造价较高、气体消耗量很大。

5）等离子弧焊适合焊接难熔金属、易氧化金属、热敏感性强材料以及不锈耐蚀钢等，也可以焊接一般钢材或非铁合金材料。

4. 电子束焊

电子束焊是指利用加速和聚焦的电子束轰击置于真空或非真空的焊件所产生的热能进行焊接的方法。根据焊接时焊件所处环境真空度的不同，电子束焊可分为真空电子束焊、低真空电子束焊和非真空电子束焊。目前，应用最广泛的是真空电子束焊。

图 5-24 所示为真空电子束焊示意图。它主要由灯丝、阴极、阳极、聚焦透镜、偏转线圈等组成的电子枪完成电子的产生、电子束的形成和汇聚。灯丝通电升温并加热阴极，当阴极温度达到 2400K 左右时即发射电子。在阴极和阳极之间的高压电场作用下，电子被加速（约为光速的 1/2），穿过阳极孔射出，然后经聚焦透镜、偏转线圈，汇聚成直径为 0.8～3.2mm 的电子束射向焊件，并在焊件表面将动能转化为热能，使焊件连接处迅速熔化，经冷却结晶后形成焊缝。

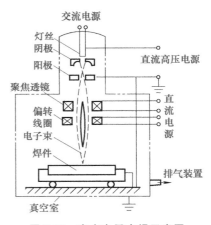

图 5-24　真空电子束焊示意图

真空电子束焊的主要特点有以下几个方面：

1）焊接过程是在真空中进行的，保护效果极佳，金属不会被氧化、氮化，所以焊接质量好。

2）能量密度大、熔深大，焊接速度快，焊缝窄而深。

3）由于热量高度集中，焊接热影响区小，所以基本上不产生焊接变形。

4）焊接工艺参数可在较大范围内进行调节，控制灵活，适应性强。

5）焊接设备复杂，造价高，对焊件清理、装配质量要求较高，焊件尺寸受真空室限制。

真空电子束焊可以焊接普通低合金钢、不锈钢，也可以焊接非铁合金材料、难熔金属、异种金属以及复合材料等，还能够焊接一般焊接方法难以施焊的复杂形状焊件，所以它被称为多能的焊接方法。

5. 激光焊

激光焊接是利用聚集的激光束作为能源轰击焊件所产生的热量将焊件熔化，进行焊接的方法。

激光焊接（见图 5-25），利用激光器产生的激光束，通过聚焦系统可聚焦到十分微小的焦点（光斑）上，其能量密度大于 $10^5\,\mathrm{W/cm^2}$。当调焦到焊件接缝时，光能转换为热能，使金属熔化形成焊接接头。按激光器的工作方式，激光焊接可分为脉冲激光点焊和连续激光焊接两种。目前脉冲激光点焊已得到广泛应用。

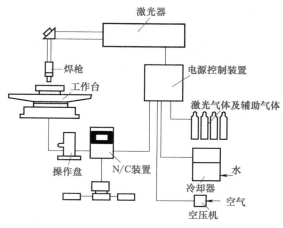

图 5-25　激光焊示意图

激光焊的主要特点有以下几个方面：

1）能量密度大，热量集中，焊接时间短，热影响区小，焊件变形极小，所以可进行精密零件、热敏感性材料的焊接。

2）焊接装置不需要与被焊焊件接触，借助于棱镜和光导纤维等可完成远距离焊接和难接近处的焊接。

3）激光辐射放出的能量极其迅速，焊件不易被氧化，所以不需要真空环境或气体保护，可在大气中进行焊接。

4）设备比较复杂，功率较小，可焊接厚度受到限制。

激光焊特别适合微型、精密、排列非常密集和热敏感材料的焊件及微电子元件的焊接（如集成电路内外引线焊接，微型继电器、电容器、石英晶体的管壳封焊，以及仪表游丝的焊接等），但激光焊设备的功率较小，可焊接的厚度受到一定限制，而且操作与维护的技术要求较高。

5.2.2　压焊

压焊的焊接区金属一般处于固相状态，依靠压力的作用（或伴随加热）产生塑性变形、再结晶和原子扩散而结合，压焊中压力对形成焊接接头起主要作用。加热可以提高金属的塑性，显著降低焊接所需压力，同时增加原子的活动能力和扩散速度，促进焊接过程的进行。只有少数的压焊方法在焊接过程中可出现局部熔化现象。

1. 电阻焊

电阻焊是焊件组合后通过电极施加压力，利用电流通过接头的接触面及邻近区域产生的电阻热，把焊件加热到塑性或局部熔化状态，在压力作用下形成接头的焊接方法。电阻焊中焊件的总电阻很小，为使焊件在极短时间内（0.01 秒到几秒）迅速加热，必须采用很大的焊接电流（几千到几万安培）。

与其他焊接方法相比，电阻焊的主要优点是接头可靠、机械化和自动化水平高、生产率高、变形小、生产成本低等。但电阻焊存在设备复杂、维修难、电容量大、对电网冲击严重等缺点。

电阻焊根据接头形式特点分为点焊、缝焊和对焊三种。

（1）点焊　点焊示意图如图 5-26 所示。点焊时将两个焊件装配成搭接接头，夹持在上、下两柱状电极之间并施加压紧力；然后通以焊接电流至被焊处金属呈高塑性或熔化状态，形成一个透镜形状的液态熔池；熔化金属在电极压力下冷却结晶形成熔核；断电后，应继续保持或加大压力，使熔核在压力下凝固结晶，形成组织致密的焊点。电极与焊件接触处产生的热量会被导热性好的铜电极（或铜合金）及冷却水带走，所以温升有限，不会焊合。

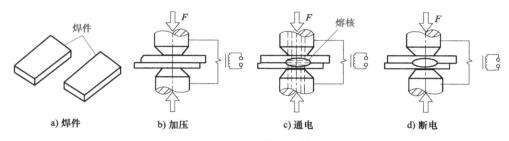

图 5-26　点焊示意图

焊接第二点时，有一部分电流会流经已焊好的焊点，称点焊分流现象。分流使焊接区电流减小，影响焊点质量。焊件厚度越大，导电性越好，相邻焊点间距越小，分流现象越严重。因此在实际生产中，对各种材料在不同厚度下的焊点最小间距有一定的规定。

点焊主要适用于厚度为 4mm 以下的薄板、冲压结构及线材的焊接，每次焊一个点或一次焊多个点。目前，点焊已广泛用于制造汽车、车厢、飞机等薄壁结构，以及轻工、生活用品等。

（2）缝焊　将焊件装配成搭接接头，并置于两滚轮电极之间，滚轮对焊件加压并转动，连续或断续送电，形成一条连续焊缝的电阻焊工艺称为缝焊，如图 5-27 所示。缝焊过程与电阻点焊相似，只是用滚轮电极代替了点焊时用的柱状电极。焊接时，在滚轮电极中通电，依靠滚轮电极压紧焊件并滚动，带动焊件向前移动，在焊件上形成一条由许多焊点相互重叠而成的连续焊缝。缝焊焊件不仅表面光滑平整，而且焊缝具有较高的强度和气密性。

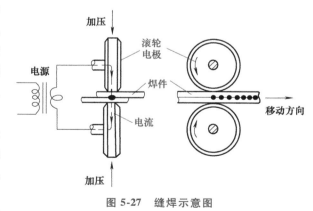

图 5-27　缝焊示意图

缝焊分流现象严重，只适合于焊接 3mm 以下的薄板结构。缝焊主要用于制造要求密封性的薄壁结构，如油箱、小型容器和管道等。

（3）对焊　对焊即对接电阻焊，是利用电阻热使两个焊件在整个接触面上焊接起来的一种方法。根据焊接操作方法的不同，对焊又可分为电阻对焊和闪光对焊。

1）电阻对焊。电阻对焊是利用电阻热使焊件以对接的形式在整个接触面上被焊接起来的一种电阻焊，如图 5-28 所示。焊接时，将两个焊件装夹在对焊机的电极夹具中，施加预压力使两焊件端面压紧并通电。当电流通过焊件时产生电阻热，使接触面及附近区域加热至塑性状态，然后向焊件施加较大的顶锻力并同时断电，这时处于高温状态的焊件端面便产生一定的塑性变形而焊接在一起。在顶锻力的作用下冷却时，可促使焊件端面金属原子间的溶解和扩散作用，并可获得致密的组织结构。

电阻对焊焊接操作简便，生产率高，接头较光滑，毛刺少，但焊前对被焊焊件的端面加工和清理要求较高，否则易造成加热不均，接合面易受空气侵袭，发生氧化、夹杂，焊接质量不易保证。因此，电阻对焊一般用于焊接接头强度和质量要求不太高，断面简单，直径小于 20mm 的棒料、管材，如钢筋、门窗等，可焊接碳钢、不锈钢、铜和铝等。

2）闪光对焊。闪光对焊时将两个焊件装配成对接接头，然后接通电流并使两焊件的端面逐渐移近达到局部接触，局部接触点会产生电阻热（发出闪光）使金属迅速熔化，当端部在一定深度范围内达到预定温度时，迅速施加顶锻力使整个端面熔合在一起完成焊接，如图 5-29 所示。

闪光对焊接头质量高，焊接适应性强，焊前对焊件端面的清理要求不严，但金属损耗多，焊后有毛刺，设备也较复杂。闪光对焊适于焊接重要零件和结构，可焊接碳钢、合金钢、不锈钢、有色金属等，也可用于异种金属如铜-钢、铝-钢、铝-铜等的焊接。

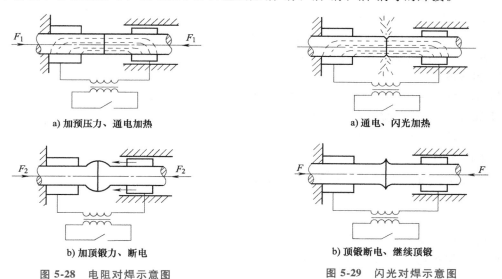

a) 加预压力、通电加热

a) 通电、闪光加热

b) 加顶锻力、断电

b) 顶锻断电、继续顶锻

图 5-28　电阻对焊示意图　　　　　　图 5-29　闪光对焊示意图

2. 摩擦焊

摩擦焊是利用焊件接触端面相互摩擦所产生的热，使端面达到热塑性状态，然后迅速施加顶锻力，实现焊接的一种固相压焊方法。

图 5-30 所示为摩擦焊示意图。将焊件分别夹紧在旋转夹头和移动夹头上并施加一定的预压力，使焊件端面紧密接触。其中一焊件随旋转夹头做高速旋转，使两个焊件端面之间剧烈摩擦，并产生大量的热。待两焊件端面被加热至塑性状态并开始局部熔化时，旋转夹头停止转动并增加轴向压力，两焊件端面在压力作用下融为一体，得到致密的接头组织。

摩擦焊的主要特点有以下几个方面：

1）在摩擦焊过程中，焊件接触表面的氧化膜与杂质被清除，接头组织致密，不易产生

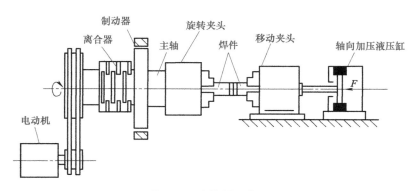

图 5-30　摩擦焊示意图

气孔、夹渣等缺陷，接头质量好而且稳定。

2）可焊接的金属范围较广，不仅可焊接同种金属，也可焊接异种金属。

3）焊接操作简单，不需要焊接材料，容易实现自动控制，生产率高。

4）设备简单、电能消耗少（消耗的电能只有闪光对焊的 1/15～1/10），但要求制动及加压装置的控制灵敏。

目前摩擦焊已广泛应用各工业部门，可焊接一些异种金属产品，如电力工业中的铜-铝过渡接头，金属切削用的高速钢-结构钢刀具等；也可焊接一些结构钢产品，如电站锅炉蛇形管、阀门、拖拉机轴瓦等。摩擦因数小的铸铁、黄铜不宜采用摩擦焊。

3. 超声波焊

超声波焊是利用超声的高频振荡能（频率超过 20kHz）对焊件接头进行局部加热和表面清理，然后施加压力实现焊接的一种压焊方法，如图 5-31 所示。

超声波发生器产生的超声波通过换能器转化为上、下声极的高频振动，通过聚能器使振动增强。焊件局部接触处在一定压力下，高频、高速相对运动，产生强烈的摩擦、升温和变形，使接触面杂质被清理，纯净的金

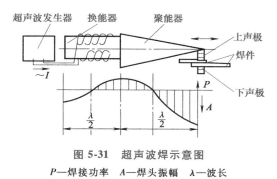

图 5-31　超声波焊示意图
P—焊接功率　A—焊头振幅　λ—波长

属原子充分靠近并扩散形成焊接接头。在焊接过程中，焊件没有受到外加热源和电流的作用，是摩擦、塑性变形、扩散综合作用的焊接过程。

超声波焊的主要特点有以下几个方面：

1）超声波焊的焊件温度低，焊接过程对焊点附近的金属组织性能影响极小，焊接应力与变形也很小，接头力学性能高于电阻焊。

2）接头中无铸态组织或脆性金属化合物，接头强度比电阻焊高 15%～20%。

3）可焊接厚度差异很大，适合多层箔片结构。

4）超声波焊对焊件表面清理质量要求不严，耗电较少，仅为电阻焊的 5%。

超声波焊的适焊材料广泛，除可焊接常用金属材料外，特别适合焊接银、铜、铝等高导电性、高导热性材料，也可焊接铜-铝、铜-钨、铜-镍等物理性能相差很大的异种金属，以及

如云母、塑料等非金属材料。

4. 扩散焊

扩散焊是在真空或保护气氛中，在一定温度和压力下保持较长时间，使焊件接触面之间的原子相互扩散而形成接头的焊接方法。

利用高压气体加压和高频感应加热对管子与衬套进行真空扩散焊，如图 5-32 所示。首先对管壁内表面和衬套进行清理、装配，管子两端用封头封固，然后放入真空室内。再利用高频感应加热焊件，同时向封闭的管子内通入高压的惰性气体。在一定温度、压力下，保持较长时间，接触表面先产

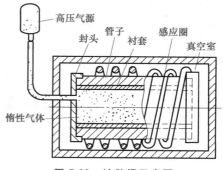

图 5-32　扩散焊示意图

生微小的塑性变形，管子与衬套紧密接触，因接触表面的原子处于高度激活状态，很快通过扩散形成金属键，并经过回复和再结晶使结合界面推移，最后经长时间保温，原子进一步扩散，界面消失，实现固态焊接。

扩散焊的主要特点有以下几个方面：

1）扩散焊接头成分、组织和性能基本相同，甚至完全相同，从而减少了因组织不均匀引起的局部腐蚀和应力腐蚀开裂的危险。

2）扩散焊接焊件不过热、不熔化，几乎在不损坏性能的情况下焊接一切金属和非金属，特别是用一般方法难以焊接的材料，如弥散强化的高温合金、纤维强化的硼-铝复合材料等。

3）可以焊接不同类型的材料，包括异种金属、金属与陶瓷等完全不相容的材料。

4）可以焊接结构复杂及薄厚相差很大的焊件。

焊件表面状态对焊接质量影响很大。因此，焊前必须对焊件进行精密加工、磨平抛光、清理油污，以获得尽可能光洁、平整、无氧化膜的表面。

扩散焊接不仅在原子能、航空航天及电子工业等尖端技术领域得到了广泛应用，而且逐渐推广到一般机械制造工业部门。

5. 爆炸焊

爆炸焊是利用炸药产生的冲击力造成覆层金属与基板迅速碰撞，使两金属焊件的待焊表面实现连接的方法，一般有平行制备法和倾斜制备法两种，如图 5-33 所示。

基板放在牢固的地基上，覆板上面安放炸药。点燃后，炸药爆炸瞬间产生高压（700MPa）、高温（3000℃）、高速（500～1000m/s）冲击波作用在覆板上，使覆板变形并加速向基板运动发生猛烈撞击，在接触处产生金属射流，从而清除表面氧化物等杂质，液态金属在高压下冷却，形成焊接接头而实现焊接。整个过程必须沿焊接接头逐步连续地完成，才能获得性能良好且结合面呈波浪形的焊接接头。

爆炸焊的主要特点有以下几个方面：

1）适合于层状金属复合板或复合管的制备，可焊面积为 $6.5cm^2 \sim 28m^2$，获得的接头一般呈现波状结合界面，界面结合强度高。

2）可焊接的金属材料种类几乎不受限制，设备简单，操作简便。

3）爆炸焊一般在野外进行，机械化程度低，劳动条件差，焊接时会发出很大的噪声，

135

必须特别重视安全防护。

目前，爆炸焊主要用于双金属复合板、管、棒材（如双硬度防弹板，耐腐蚀、抗高温的双金属、多金属管及异型管等），异种金属过渡接头（如电气化铁道铜-钢路轨、汇流排铝-铜过渡接头等），特殊接头（如热交换器的管子-管板连接、管子插塞等）的焊接。

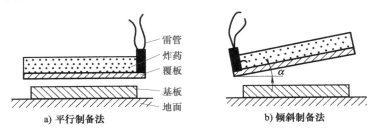

a) 平行制备法   b) 倾斜制备法

图 5-33 爆炸焊示意图

5.2.3 钎焊

钎焊是采用熔点比母材低的金属作为钎料，将焊件加热到高于钎料熔点、低于母材熔点的温度，使钎料填充接头间隙，与母材产生相互扩散，冷却后实现连接的方法。

如图 5-34 所示，钎焊过程分可为钎料的浸润、铺展和连接三个阶段。将表面清洗好的焊件以搭接形式装配在一起，把钎料放在接头间隙附近或接头间隙中。当母材与钎料被加热到稍高于钎料的熔点温度后，钎料熔化（焊件未熔化）并借助毛细作用被吸入和充满固态焊件间隙中，液态钎料与焊件金属相互扩散溶解，冷凝后即形成钎焊接头。

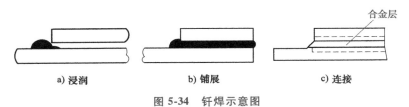

a) 浸润   b) 铺展   c) 连接

图 5-34 钎焊示意图

钎焊的主要特点有以下几个方面：

1）加热温度低，母材组织性能变化小，焊件变形小，焊件尺寸精确。

2）钎焊材料不受限制，生产率高，可以焊接同种或异种金属，可以同时焊接多道焊缝。

3）钎焊设备大多简单，易于实现生产过程自动化。

4）接头强度较低，尤其动载强度低。

通常按照钎料的熔点不同，将钎焊分为软钎焊和硬钎焊两种。

1）软钎焊。钎料的熔点不超过 450℃ 的钎焊为软钎焊。软钎焊的接头强度低，只适用于受力很小且工作温度低的焊件，如电器产品、电子导线、导电接头、低温热交换器等。软钎焊常用钎料为锡铅钎料，最常用的加热方法为烙铁加热。

2）硬钎焊。钎料熔点在 450℃ 以上的钎焊为硬钎焊。硬钎焊的接头强度较高，工作温度也较高，可用于受力部件的连接，如天线、雷达、自行车架等的连接。硬钎焊常用钎料为银基钎料、铜基钎料、铝基钎料和镍基钎料，常用的加热方法为火焰加热、炉内加热、盐浴加热、高频加热和电阻加热。

5.3　焊接结构工艺性

设计焊接结构时，设计者既要很好地了解产品使用性能的要求，如载荷大小、载荷性质、使用温度、使用环境以及有关产品结构的国家标准与规程，又要考虑焊接结构的工艺性，如焊接材料的选择、焊接方法的选择、焊接接头的工艺设计。此外，还要考虑制造单位的质量管理水平、产品检验技术等有关问题，这样才能设计出比较容易生产、质量优良、成本低廉的焊接结构。

5.3.1　焊接结构材料和工艺的选择

选择焊接结构材料的总原则是：在满足使用要求的前提下，尽量选择焊接性能较好的材料。具体应遵循下列原则：

1) 优先选用焊接性好、价格便宜的材料。一般说来，$w_C < 0.25\%$ 的低碳钢和 $w_{C当量} < 0.4\%$ 的低合金钢，都具有良好的焊接性，在设计焊接结构时应尽量选用。

2) 采用异种材料焊接时，要特别注意材料的焊接性。通常应以焊接性差的材料确定焊接工艺。

3) 尽可能选用轧制的标准型材和异型材。因轧制的型材表面光整、质量均匀可靠，易控制焊接质量。

4) 尽量采用等厚度的材料，因厚度差异大易造成接头处应力集中和焊不透等缺陷。若必须焊接厚度差异大的材料，需要考虑过渡结构。

焊接工艺应根据材料的焊接性、焊件厚度、生产批量、产品质量要求、各种焊接工艺的适用范围和现场设备条件等综合考虑来选择确定。常用金属材料不同工艺下的焊接性见表5-4。

表 5-4　常用金属材料不同工艺下的焊接性

金属材料	焊接工艺									
	气焊	焊条电弧焊	埋弧自动焊	CO_2 气体保护焊	氩弧焊	电子束焊	点焊、缝焊	对焊	摩擦焊	钎焊
低碳钢	A	A	A	A	A	A	A	A	A	A
中碳钢	A	A	B	B	A	A	B	A	A	A
低合金结构钢	B	A	A	A	A	A	B	A	A	A
不锈钢	A	A	B	B	A	A	A	A	A	A
耐热钢	B	A	B	C	A	A	B	C	D	A
铸铜	A	A	A	A	A	A	E	B	B	B
铸铁	B	B	C	C	B	E	E	D	D	D
铜及其合金	B	B	C	C	A	B	D	D	A	A
铝及其合金	B	C	C	D	A	A	A	A	B	C
钛及其合金	D	D	D	D	A	A	B~C	C	D	B

注：A 为焊接性良好；B 为焊接性较好；C 为焊接性较差；D 为焊接性不好；E 为很少采用。

5.3.2 焊接接头的选择和设计

焊接接头的选择和设计应根据结构形状、强度要求、焊件厚度、焊后变形大小、焊条消耗量、坡口加工难易程度、焊接方法等因素综合考虑确定。

1. 接头形式选择

焊接碳钢和低合金钢的基本接头形式有对接、搭接、角接和 T 形接四种，如图 5-35 所示。

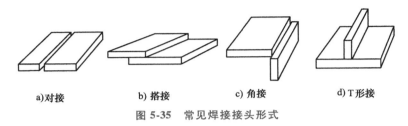

a)对接　　　b)搭接　　　c)角接　　　d)T形接

图 5-35　常见焊接接头形式

1）对接接头受力均匀，应力集中较小，易保证焊接质量，静载和疲劳强度都比较高，且节约材料，但对下料尺寸精度要求较高。一般应尽量选用对接接头，如锅炉、压力容器等结构受力焊缝常用对接接头。

2）搭接接头受力复杂，接头处产生附加弯矩，材料损耗大，需要坡口，下料尺寸精度要求低，可用于受力不大的平面连接，如厂房屋架、桥梁、起重机吊臂等桁架结构多用搭接接头。

3）T 形接头和角接接头受力复杂，但接头呈一定角度或直角连接时，必须采用这两类接头形式。

2. 坡口形式选择

手工电弧焊对板厚为 1~6mm 对接接头施焊时，一般可不开坡口（即 I 形坡口）直接焊成。当板厚增大时，为保证厚度较大的焊件能够焊透，常将焊件接头边缘加工成一定形状的坡口。坡口除保证焊透外，还能起到调节焊件金属和填充金属比例的作用，由此可以调整焊缝的性能。坡口形式的选择主要根据板厚和采用的焊接方法确定，同时兼顾焊接工作量大小、焊接材料消耗、坡口加工成本和焊接施工条件等，以提高生产率和降低成本。对接接头常见的坡口形状有不开坡口（I 形坡口）、V 形坡口、X 形坡口、U 形坡口等，如图 5-36 所示。

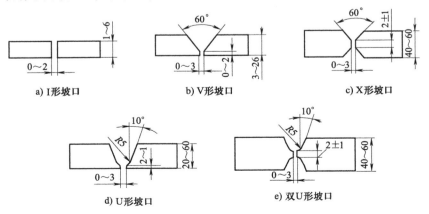

a) I形坡口　　　b) V形坡口　　　c) X形坡口

d) U形坡口　　　e) 双U形坡口

图 5-36　对接接头常见的坡口形状

V 形坡口和 U 形坡口用于单面焊，其焊接性较好，但焊后角度变形较大，焊条消耗量也多些。X 形坡口和双 U 形坡口适合双面施焊，受热均匀，变形较小，焊条消耗量较少，但有时受结构形状限制。U 形坡口和双 U 形坡口根部较宽，允许焊条深入，容易焊透，而且坡口角度小，焊条消耗量较小，但因坡口形状复杂，一般只在重要的受动载的厚板结构中采用。

3. 接头过渡形式

设计焊接构件最好采用相等厚度的金属材料，以便获得优质的焊接接头。当两块厚度相差较大的金属材料进行焊接时，接头处会造成应力集中，而且接头两边受热不匀，易产生焊不透等缺陷。不同厚度钢板对接时允许的厚度差见表 5-5。如果（$\delta_1-\delta$）超过表中规定值或者双面超过 2（$\delta_1-\delta$）时，应在较厚板材上加工出单面或双面斜边的过渡形式，如图 5-37 所示。

表 5-5 不同厚度钢板对接时允许的厚度差

较薄板的厚度/mm	2 ~ 5	6 ~ 8	9 ~ 11	≥ 12
允许厚度差（$\delta_1-\delta$）/mm	1	2	3	4

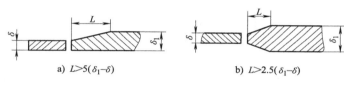

a) $L>5(\delta_1-\delta)$ b) $L>2.5(\delta_1-\delta)$

图 5-37 不同厚度板材对接的过渡形式

钢板厚度不同的角接与 T 形接头的受力焊缝，可考虑采取图 5-38 所示的过渡形式。

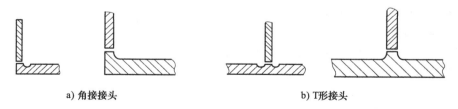

a) 角接接头   b) T形接头

图 5-38 不同厚度钢板接头的过渡形式

5.3.3 焊缝的设计

合理的焊缝位置是焊接结构设计的关键，与产品质量、生产率、成本及劳动条件密切相关，其一般工艺设计原则如下：

（1）焊缝位置应便于施焊，有利于保证焊缝质量 按施焊时焊缝所处的位置不同，焊缝可分为平焊缝、立焊缝、横焊缝和仰焊缝四种形式，如图 5-39 所示。其中，平焊缝施焊操作最方便，焊接质量最容易保证，因此在布置焊缝时应尽量使焊缝能在水平位置进行焊接。

布置焊缝时，要考虑到有足够的操作空间。图 5-40a 所示的内侧焊缝，焊接时焊条无法

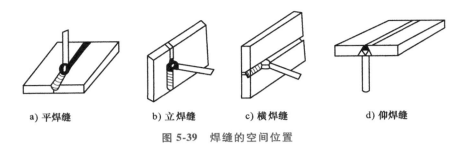

a) 平焊缝　　　b) 立焊缝　　　c) 横焊缝　　　d) 仰焊缝

图 5-39　焊缝的空间位置

伸入。若必须焊接，只能将焊条弯曲，但操作者的视线被遮挡，极易造成缺陷。因此应改为图 5-40b 所示的设计。埋弧焊结构要考虑接头处在施焊中存放焊剂和熔池的保持问题（见图 5-41）。点焊与缝焊应考虑电极伸入的方便性（见图 5-42）。

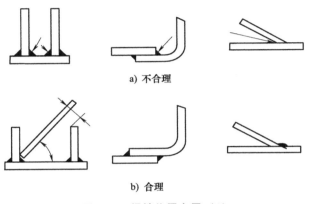

a) 不合理

b) 合理

图 5-40　焊缝位置布置（1）

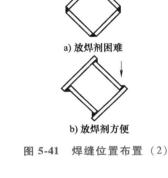

a) 放焊剂困难

b) 放焊剂方便

图 5-41　焊缝位置布置（2）

（2）尽量减少焊缝数量　减少焊缝数量可减少焊接加热，减小焊接应力和变形，同时减少焊接材料的消耗，降低成本，提高生产率。尽量选用轧制型材，以减少备料工作量和焊缝数量，形状复杂部位可采用冲压件、铸钢件等以减少焊缝数量。图 5-43 所示为采用型材和冲压件减少焊缝数量的实例。

（3）焊缝布置应尽可能分散，避免过分集中和交叉　焊缝密集或交叉会加大热影响区，使组织恶化，性能下降。两条焊缝间距一般要求大于 3 倍板厚 δ 且不小于 100mm，如图 5-44 所示。

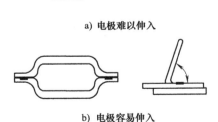

a) 电极难以伸入

b) 电极容易伸入

图 5-42　焊缝位置布置（3）

（4）焊缝的位置应尽可能对称布置　如图 5-45a 所示的构件，焊缝位置偏离截面中心，并在同一侧，由于焊缝的收缩，会造成较大的弯曲变形。图 5-45b 所示的焊缝位置对称，焊后不会发生明显的变形。

（5）焊缝布置应尽量避开最大应力位置或应力集中位置　焊接接头往往是焊接结构的薄弱环节，存在残余应力和焊接缺陷，因此焊缝应避开应力较大位置和集中位置。如图 5-46 所示，焊接钢梁焊缝不应在梁的中间，应增加一条焊缝；压力容器一般不用无折边封头，应改用碟形封头；构件截面有急剧变化的位置或尖锐棱角部位应避免布置焊缝。

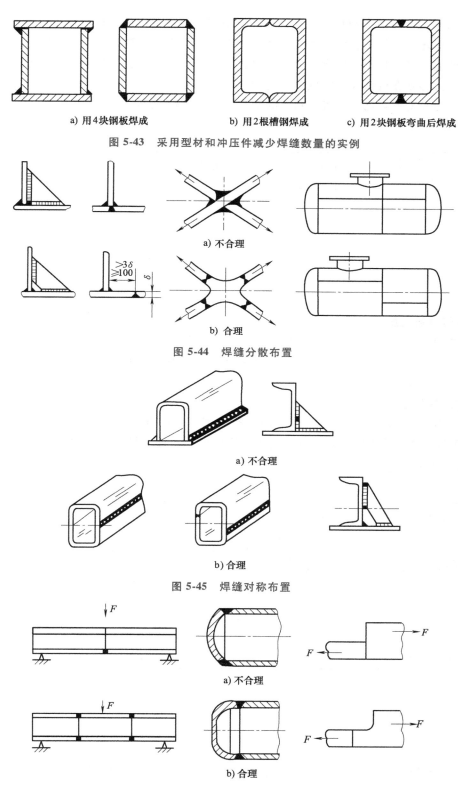

图 5-43　采用型材和冲压件减少焊缝数量的实例

a) 用4块钢板焊成　　　b) 用2根槽钢焊成　　　c) 用2块钢板弯曲后焊成

a) 不合理

b) 合理

图 5-44　焊缝分散布置

a) 不合理

b) 合理

图 5-45　焊缝对称布置

a) 不合理

b) 合理

图 5-46　焊缝避开最大应力与应力集中位置

（6）焊缝应尽量避开机械加工面　一般情况下，焊接工序应在机械加工工序之前完成，以防止焊接损坏机械加工表面。此时焊缝的布置也应尽量避开需要加工的表面，因为焊缝的机械加工性能不好，且焊接残余应力会影响加工精度。如果焊接结构上某一部位的加工精度要求较高，又必须在机械加工完成之后进行焊接工序时，应将焊缝布置在远离加工面处，以避免焊接应力和变形对已加工表面精度的影响，如图 5-47 所示。

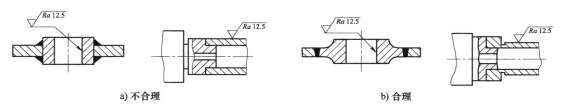

a) 不合理　　　　　　　　　　　　　　　　　　　b) 合理

图 5-47　焊缝远离机械加工表面的设计

5.3.4　焊接热处理工艺规范

1. 焊前预热温度

碳钢和低合金钢焊前预热温度通常按钢的碳当量 $w_{C当量}$ 范围确定。当 $w_{C当量}$ < 0.4% 时，焊前不预热；当 $w_{C当量}$ = 0.4% ~ 0.6% 时，焊前可预热 100 ~ 200℃；当 $w_{C当量}$ > 0.6% 时，焊前则预热 200 ~ 370℃ 。

2. 焊后热处理

常用金属材料焊后均需要进行消除应力热处理，各种金属材料焊后热处理温度范围见表 5-6。而珠光体耐热钢则需要进行高温回火热处理，并且材料成分不同，焊后回火温度范围也不同，见表 5-7。

表 5-6　各种金属材料焊后热处理温度范围

材料	碳钢及中碳低合金钢	奥氏体钢	铝合金	镁合金	钛合金	铌合金	铸铁
温度/℃	580 ~ 680	850 ~ 1050	250 ~ 300	250 ~ 300	550 ~ 600	1100 ~ 1200	600 ~ 650

注：含钒低合金钢在 600 ~ 620℃ 回火后塑性、韧性下降，热处理温度宜选在 550 ~ 560℃ 。

表 5-7　珠光体耐热钢焊前预热和焊后回火温度

材料牌号	16MnR	12CrMo	15CrMo	20CrMo	12Cr1MoV	10CrMo910
焊前预热/℃	200 ~ 250	200 ~ 250	200 ~ 250	200 ~ 350	200 ~ 250	200 ~ 300
焊后回火/℃	690 ~ 710	680 ~ 720	680 ~ 720	650 ~ 680	710 ~ 750	700 ~ 775

5.4　焊接质量检验

焊接质量检验是检查和评价焊接产品质量优劣的重要手段，是焊接生产中必不可少的重要环节。

5.4.1　焊接缺陷与焊接缺欠

根据 GB/T 6417.1—2005，焊接缺欠是指在焊接接头中因焊接产生的金属不连续、不致密或连接不良的现象，而焊接缺陷是指超过规定值的缺欠。出现焊接缺陷意味着焊接接头不合格，而焊接缺欠可否容许由具体技术标准规定。常见焊接缺欠及其产生原因见表 5-8。

表 5-8　常见的缺欠及其产生原因

缺欠名称		示意图	产生原因
外观缺欠	咬边		电流过大、运条不当、电弧过长、焊条角度不对
	焊瘤	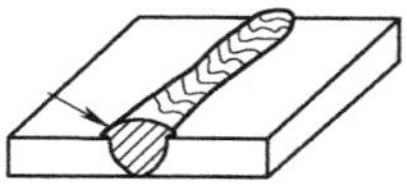	焊条熔化速度太快、电弧过长、电流过大、焊速太慢、运条不当
	未焊透	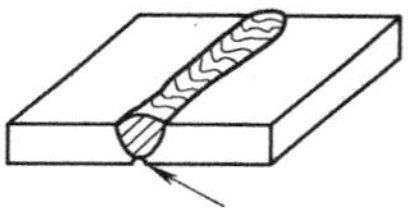	电流过小、焊速太快、焊件不清洁、焊条未对准焊缝、坡口开得太小
内部缺欠	气孔	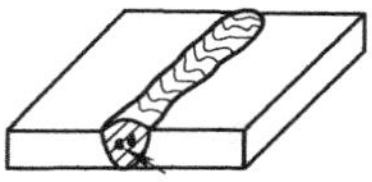	焊件不清洁、焊条潮湿、电弧过长、焊速太快、电流过大
	裂纹	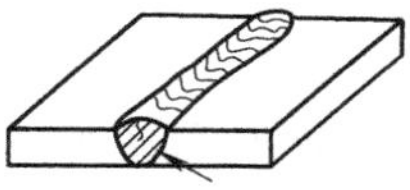	焊接结构不合理、焊接过程不当、焊缝冷却太快、焊件中含碳、硫、磷高
	夹渣	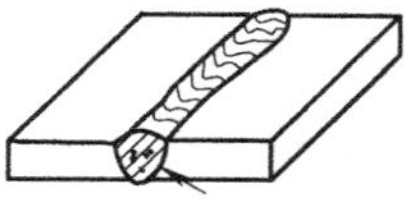	施焊中未搅拌熔池、焊件不清洁、电流过小、分层焊时未除焊渣

143

5.4.2　焊接质量检验过程

焊接质量检验包括焊前检验、焊接过程中检验及焊后成品检验。

（1）焊前检验　焊前检验是指焊接前对焊接原材料的检验，对焊接结构论证检查，以及焊前对焊接工人的培训考核等。焊前检验是防止焊接缺欠产生的必要条件，其中对原材料的检验特别重要，应对原材料进行化学成分分析、力学性能试验和必要的焊接性试验。

（2）焊接过程中检验　焊接过程中检验是指焊接生产各工序间的检验。这种检验通常由每道工序的焊工在焊完后自己进行检验，检验内容主要是外观检验。

（3）焊后成品检验　焊后成品检验是指焊接产品制成后的最后质量评定检验。焊后检验的内容主要包括焊缝的外观检查、焊缝密封性检验和焊缝内部缺欠检验。焊后检验是决定其能否投入使用的关键。

5.4.3　焊接质量检验方法

焊接质量检验的方法可分为无损检验和破坏检验两大类。无损检验是在不损坏被检查材料、成品的性能及完整性情况下检验焊接缺欠的方法。破坏检验是从焊件或试件上切取试样，或以产品（或模拟体）的整体做破坏试验，以检查其各种力学性能的试验方法。常用焊缝无损检验方法有以下几种。

（1）外观检查　在工业生产常用的外观检查方法中，除用眼睛或低倍放大镜观察焊缝表面缺欠外，较多的采用下列方法。

1）着色探伤：利用渗透性很强的有色油液喷到焊缝位置，去除油液后，用显微剂可显示出带有色彩的缺欠形状图像，从而判断缺欠的位置和严重程度。

2）荧光探伤：将焊缝位置涂上荧光油液，停留 5～10min，去除油液后，再涂氧化镁粉。将多余的氧化镁粉去除后，用紫外线灯照射，可看到缺欠处的荧光物质发光，由此确定缺欠种类和大小。

3）磁粉探伤：利用在强磁场中铁磁性材料表层缺欠产生的漏磁场吸附磁粉的现象而进行的无损检验。通过强磁场使焊件磁化，在焊件表面均匀撒上磁粉，有缺欠的位置会出现磁粉聚集现象，从而可找到缺欠位置。

（2）密封性检验　密封性检验是指用液体或气体来检查焊缝区有无漏水、漏气、渗油、漏油等现象的检验方法。

1）煤油试验：将煤油涂在焊缝一侧，在另一侧涂白粉水溶液并使其干燥。当煤油透过后，在白粉处显示明显的油斑，可确定贯穿性缺欠的位置和大小。煤油的渗透性很强，可透过极小的贯穿性缺欠。

2）水压试验：将焊接容器灌满水，排尽空气，用水压泵加入静水压力并维持一定的时间，观察焊缝位置是否有泄漏，并确定缺欠位置。

3）气密性检验：将压缩空气（或氨、氮、氟利昂、卤素气体等）压入焊接容器，利用容器内外气体的压差检查有无泄漏。可充气并加压到规定试验压力，保压一定时间，观察压力表数值是否下降，并用肥皂水在焊缝处寻找和确定漏气部位。

（3）无损探伤　常用的无损探伤方法主要有以下几种。

1）声发射探伤。固体材料在外力作用下的变形和破坏会发出声波，通过声换能器可以检验出发声位置，确定缺欠部位。声发射探伤利用了声发射现象，对载荷作用下的焊件进行动态检测，可了解缺欠的形成过程和使用条件下的发展趋势。

2）超声波探伤。超声波探伤是利用超声波探测材料内部缺欠的无损检验法。超声波在固体介质中传播时，介质变换的界面处会使超声波产生部分反射波束，根据反射波的脉冲可判断内部缺欠位置。

3）激光全息探伤。激光全息探伤可得到被测物体的空间像，固体物质受外力作用时，物质内部缺欠会在所对应的表面处产生微小的相对位移，与无缺欠处形成差异。将受力和不受力时的全息图像在同一激光照射下建立成像，可以看到缺欠位置的波纹图样变化，从而判断出缺欠大小和位置。

4）射线探伤。射线探伤是利用 X 射线或 γ 射线在不同介质中穿透能力的差异，检查内部缺欠的无损检验法。X 射线和 γ 射线都是电磁波，当经过不同物质时，其强度会有不同程度的衰减，从而使置于金属另一面的底片得到不同程度的感光。

当焊缝中存在未焊透、裂纹、气孔和夹渣时，射线通过时衰减程度小，置于金属另一面的底片相应部位的感光较强，底片冲洗后，缺欠部位上则会显示出明显的黑色条纹和斑点，由底片可形象地判断出缺欠的位置、大小和种类。X 射线探伤宜用于厚度 50mm 以下的焊件，γ 射线探伤宜用于厚度 50~150mm 的焊件。

5.5　焊接技术的新进展

5.5.1　熔焊工艺新技术

由于现代工业对焊接效率与焊接质量提出了更高的要求，出现了一些新的焊接技术，这里将对这些新的焊接技术的特点与应用进行简要的介绍。

（1）真空电弧焊接　真空电弧焊接技术是可以对不锈钢、钛合金和高温合金等金属进行熔化焊，以及对小试件进行快速、高效的局部加热钎焊的技术。该技术一经发明就迅速应用在航空发动机的焊接中。使用真空电弧进行涡轮叶片的修复、钛合金气瓶的焊接，可以有效地解决材料氧化、软化、热裂、抗氧化性能降低等问题。

（2）窄间隙熔化极气体保护电弧焊技术　该技术具有比其他窄间隙焊接工艺更多的优势，在任意位置都能得到高质量的焊缝，且具有节能、焊接成本低、生产率高、适用范围广等特点。利用表面张力过渡技术进行熔化极气体保护电弧焊，必将进一步促进熔化极气体保护电弧焊在窄间隙焊接的应用。

（3）激光填料焊接　激光填料焊接是指在焊缝中预先填入特定焊接材料后用激光照射熔化或在激光照射的同时填入焊接材料以形成焊接接头的方法。广义的激光填料焊接应该包括两类：激光对焊与激光熔覆。其中，激光熔覆是利用激光在工件表面熔覆一层金属、陶瓷或其他材料，以改善材料表面性能的一种工艺。激光填料焊接技术主要应用于异种材料焊接、有色及特种材料焊接和大型结构钢件焊接等激光直接对焊不能胜任的领域。

（4）高速焊接技术　高速焊接技术包括快速电弧技术和快速熔化技术。由于采用的焊接电流大，所以熔深大，一般不会产生未焊透和熔合不良等缺欠，焊缝成形良好，焊缝金属与母材过渡平滑，有利于提高疲劳强度。

（5）激光-电弧复合热源焊接技术　该技术结合了激光和电弧两个独立热源各自的优点，如激光热源具有高的能量密度、极优的指向性及透明介质传导的特性，电弧等离子体具有高的热-电转化效率、低廉的设备成本和运行成本、技术发展成熟等优势；极大程度地避免了两者的缺点，如金属材料对激光的高反射率造成的激光能量损失、激光设备高的设备成本、低的电-光转化效率等，电弧热源较低的能量密度、高速移动时放电稳定性差等；同时两者的有机结合衍生出了很多新的特点，如高能量密度、能量利用率、电弧稳定性，较低的工装准备精度以及待焊接焊件表面质量等；使之成为具有极大应用前景的新型焊接热源。与传统的电弧焊相比，激光-电弧复合焊接，具有更快的焊接速度，可获得更优质的焊接接头，实现了高效率、高质量的焊接过程，是当前最有发展前景的焊接技术。

（6）双丝及多丝电弧焊接技术 传统的单丝电弧焊很难通过增加焊接电流来提高焊接速度，一定直径的焊丝，其电流容量是有限的，过大的电流不仅影响焊接工艺的稳定性和可控性，也不利于焊缝成形和接头质量；焊接速度也不能简单、无限制地增加，过快的焊接速度容易产生驼峰焊道和咬边等缺欠，影响焊缝成形质量和接头力学性能。而双丝或多丝电弧焊可以在保持对熔池有足够瞬时输入功率的前提下，将更多的瞬时输入功率用于焊丝的熔化，从而保证了焊丝的熔化速率，实现了稳定的高速焊接过程。多丝电弧焊作为一种高效焊接方法，特别适合于中、厚板对接和高速焊管等场合。

（7）冷金属过渡焊接技术 冷金属过渡焊接技术是一种新型的熔化极气体保护电弧焊方法。该方法采用数字化电源和过程的精密控制技术，在焊接过程中可大幅度降低焊接热输入量，从而减小焊接残余应力和焊接变形。冷金属过渡焊接技术将送丝与焊接过程控制直接联系起来。当数字化的过程控制监测到一个短路信号，就会反馈给送丝机，焊丝即停止前进并自动回抽，从而使得焊丝与熔滴分离。在这种方式中，电弧自身输入热量的过程很短，短路发生，电弧即熄灭，热输入量迅速地减少，整个焊接过程即在冷热交替中循环往复。

（8）焊接增材制造技术 金属构件增材制造（3D 打印）的技术基础是焊接/连接。近些年，国内外增材制造实现了两大突破：其一是由早期的激光快速成形（3D 打印）光敏树脂等非金属材料制品向金属结构件的增材制造发展的突破；其二是把高能束流热源（电子束、激光束）的柔性和焊接成形技术与计算机辅助设计/制造（CAD/CAM）信息技术深度融合，实现了金属结构订制式无模制造，形成了新的产业发展方向。

关桥院士提出了"广义"和"狭义"增材制造的概念。"狭义"的增材制造是指不同的能量源与 CAD/CAM 技术结合、分层累加材料的技术体系；而"广义"增材制造则是以材料累加为基本特征，以直接制造零件为目标的大范畴技术群。通过"广义"增材制造的概念，更是把其他类型能源用于增材制造也涵盖其中，扩大了热源范围，有利于增材制造产业面的扩展，如氩弧堆焊成形、焊接修复、等离子喷涂成形、冷喷涂成形、线性摩擦焊块体组焊成形等。

5.5.2 计算机数值模拟技术

随着计算机技术和计算数学的发展，数值分析方法特别是有限元方法，已较普遍地用于模拟焊缝凝固和变形过程。焊接过程是非常复杂的，涉及高温及瞬时的物理、冶金和力学过程，很多重要参数极其复杂的动态过程，在以前的技术水平下是无法直接测定的。随着计算机应用技术的发展，可采用数值模拟技术来研究一些复杂过程。采用科学的模拟技术和少量的试验验证以代替过去一切都要通过大量重复性试验的方法，已成为焊接技术发展的一个重要方向。这不仅可以节省大量的人力、物力，还可以通过数值模拟技术来研究一些目前尚无法采用试验进行直接研究的复杂问题。

（1）焊接热过程的数值模拟 焊接热过程是焊接的最根本的过程，它决定了焊接化学冶金过程和应力、应变发展过程及焊缝成形等。研究实际焊接接头中三维温度场分布是今后数值模拟技术要解决的一个重要问题。

（2）焊缝金属凝固和焊接接头相变过程的数值模拟 根据焊接热过程和材料的冶金特

点，用数值模拟技术研究焊缝金属的凝固过程和焊接接头的相变过程。通过数值模拟技术来模拟不同焊接工艺条件下过热区高温停留时间和 800~500℃ 的冷却速度，控制晶粒度和相变过程，预测焊接接头组织和性能。以此代替或减少工艺和性能试验，优化出最佳的焊接工艺方案。

（3）焊接应力和应变发展过程的数值模拟　研究不同约束条件、接头形式和焊接工艺下的焊接应力、应变产生和发展的动态过程，可将焊缝凝固时的应力、应变动态过程的数值模拟与焊缝凝固过程的数值模拟相结合，预测裂纹产生的倾向，优化避免热裂纹产生的最佳工艺方案。通过焊接接头中氢扩散过程的数值模拟以及对焊接接头中内应力大小及氢分布的数值模拟，预测氢致裂纹产生的倾向，优化避免氢致裂纹的最佳工艺。通过对实际焊接接头中焊接应力、应变动态过程的数值模拟，确定焊后残余应力和残余应变的大小及位置分布，优化出最有效的消除残余应力和残余变形的方案。

（4）非均质焊接接头的数值模拟　焊接接头的力学性能往往是不均匀的，而且其不均匀性具有梯度大的特点。当其中存在裂纹时，受力后裂纹尖端的应力、应变场是非常复杂的。目前还不能精确测定，采用数值模拟是一个比较有效的办法。这对研究非均质材料中裂纹的扩展和断裂具有重要的意义。

（5）焊接熔池形状和尺寸的数值模拟　结合实际焊接结构和接头形式来研究工艺条件对熔池形状和尺寸的影响规律，对确定焊接工艺参数，实现焊缝成形和熔透的控制具有重要意义。

（6）焊接过程的物理模拟　利用热模拟试验机可以精确地控制热循环，并模拟研究金属在焊接过程中的力学性能及其变化。此项技术已广泛用于模拟焊接热影响区内各区的组织和性能变化。此外，模拟材料在焊接时凝固过程中的冶金和力学行为，可以揭示焊缝凝固过程中材料的结晶特点、力学性能和缺陷的形成机理。

5.5.3　焊接机器人和智能化

焊接机器人是焊接自动化的革命性进步，突破了焊接刚性自动化传统方式，开拓了一种柔性自动化新方式。焊接机器人的主要优点是：稳定和提高焊接质量，保证其均一性；提高生产率，可 24h 连续生产；可在有害环境下长期工作，改善了工人劳动条件；降低对工人操作技术要求；可实现小批量产品焊接自动化；为焊接柔性生产线提供技术基础。

图 5-48 为点焊机器人系统。汽车车身、家用电器框架等薄壁结构多采用点焊方法制造，用机器人进行点焊，能获得较高质量和生产率。

为提高焊接过程的自动化程度，除了控制电弧对焊缝的自动跟踪外，还应适时控制焊接质量，为此需要在焊接过程中检测焊接坡口的状况，如熔宽、熔深和背面焊道成形等，以便能适时地调整焊接参数，保证良好的焊接质量，这就是智能化焊接。智能化焊接其中一个发展重点是视觉系统，它的关键技术是传感器技术。

焊接工程专家系统已经开始研究，并已推出或准备推出某些商品化焊接专家系统。焊接专家系统是具有相当于专家的知识和经验水平，以及具有解决焊接专业问题能力的计算机软件系统。在此基础上发展起来的焊接质量计算机综合管理系统在焊接中也得到了应用，其内容包括对产品的初始试验资料和数据的分析、产品质量检验、销售监督等，其软件包括数据

147

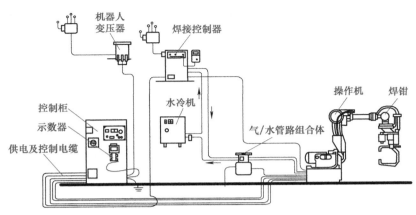

图 5-48　点焊机器人系统

库、专家系统等技术的具体应用。

　　纵观国内焊接自动化、智能化的发展历程，研究人员针对焊接过程复杂、多变性，开发出系列多源焊接传感器，收集焊前、焊接过程中数据，提取传感数据的特征信息，建立特征信息与焊接接头质量之间的关系，并应用一些控制策略保证焊接质量。但也存在两方面的空缺：一方面，缺乏对焊接制造整体流程的统一描述，缺少焊接过程可视化界面，一些传感信息并未被数字化，这为后续焊接大数据分析、存储和分享带来诸多困难；另一方面，融合焊接工艺机理、焊接知识库和焊接大数据的工艺机理模型十分匮乏，使得在复杂焊接场景下，构建的焊接知识模型泛化能力不足。随着机器人技术、传感器技术、控制技术、数据分析技术和通信技术等先进技术的不断发展，以及这些技术与传统焊接工艺的融合，机器人智能化焊接技术将得以快速发展，使得焊接机器人变得越来越智能。智能的焊接机器人有望在未来应用到航空航天、造船、重工和风电等各个领域。

5.5.4　极端条件下焊接技术

　　随着科学技术的不断进步，工程应用标准的不断提高，越来越多的极端条件对焊接技术提出了更苛刻的要求。例如，环境温度、腐蚀环境、磨损情况、真空环境变化对焊接结构在这些极端环境下的综合性能要求，分别对焊接材料结构、结构疲劳寿命评估和焊接新技术开发提出了新的挑战和要求。

　　1）环境温度会显著改变焊接结构的性能与使用寿命。低温环境下金属会发生脆性转变，这在金属材料低温应力疲劳寿命和裂纹扩展行为中起到了关键作用，但有关的研究成果尚少，有待进一步的研究探讨。高温环境的影响机制更为复杂，对焊接头的要求更为苛刻，目前研究人员对如何通过调整焊接工艺或材料成分消除高温环境下各类焊缝力学性能变坏情况的负面影响做出了一定的研究成果，但将来会有更高温度范围的使用条件，其对焊接提出了更高的要求，需要继续研发新的焊接方法和工艺。

　　2）新评价体系和模型建立，评定大型构件和薄壁件焊接残余应力和残余变形的影响情况，为工程结构的设计提供参考和焊接施工方案的优劣提供判据。此外，对极冷/热环境和腐蚀环境下服役的焊接结构件的动静载服役评估模型，以及大量试验数据基础上的机器学习都是未来研究的方向。

3）极端条件下焊接包括在极端环境中进行焊接的技术，也包括焊接设备在极端环境下进行焊接的问题。例如，湿法焊接、高压焊接的水下焊接技术、核环境下的机器人自动焊接技术和太空焊接技术等。

思考题

5-1　焊接的实质是什么？熔焊、压焊、钎焊有哪些区别？

5-2　焊接冶金过程的特点是什么？焊条的药皮在冶金过程中起何作用？

5-3　熔焊接头包括哪几部分？何谓焊接热影响区？从焊接方法和工艺上考虑，能否减少或消除焊接热影响区？

5-4　产生焊接裂纹、焊接应力和变形的原因是什么？如何防止和矫正焊接变形？

5-5　焊条的药皮有何功用？按药皮性质的不同，焊条可分为哪几种类型？

5-6　何谓酸性焊条？何谓碱性焊条？两者的差异是什么？焊接时应怎样选用？

5-7　等离子弧焊、激光焊和电子束焊各有哪几种常用的方法？

5-8　试比较常用的压力焊方法的特点及应用范围。

5-9　试说明点焊、缝焊、对焊、摩擦焊的焊接过程特点和应用范围。

5-10　钎焊与熔焊的实质有何差别？钎焊的主要适用范围有哪些？

5-11　什么是焊接结构的结构工艺性？在焊接结构设计时如何考虑其结构工艺性？试举例说明焊缝布置的一般原则有哪些。

5-12　常见的焊接缺欠有哪些？焊接件质量检验方法有哪些？

5-13　分析图 5-49 所示焊件的结构工艺性。如不合理，应如何改正？

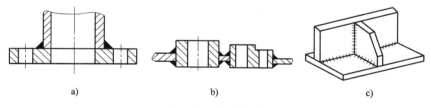

a)　　　　　　　　　　　b)　　　　　　　　　　　c)

图 5-49　题 5-13 图

第6章 特种加工及增材制造技术

本章主要介绍电化学加工、高能束流加工和增材制造技术。电化学加工是一种利用电化学反应（或称电化学腐蚀）对金属材料进行加工的方法。高能束流加工是指利用激光束、电子束、离子束等高能量密度的束流对材料或构件进行加工的特种加工技术。增材制造技术是以三维数字模型为基础，将材料通过分层制造、逐层叠加的方式制造出实体零件的新兴制造技术。相对于传统的切削加工等去除毛坯中多余材料的加工方法，增材制造技术是通过"自下而上"地累加材料来制造工件的。

6.1 电化学加工

电化学加工是指基于电化学作用原理去除材料（阳极溶解）或增加材料（阴极沉积）的加工技术。电化学加工原理如图6-1所示，将两铜片作为电极，接上约10V的直流电，并浸入 $CuCl_2$ 的水溶液中（此水溶液中含有 OH^-、Cl^- 和 H^+、Cu^{2+} 等正、负离子），形成电化学反应通路，导线和溶液中均有电流通过。溶液中的离子定向移动，Cu^{2+} 移向阴极，在阴极上得到电子而还原成铜原子沉积在阴极表面。相反，在阳极表面铜原子不断失去电子而成为 Cu^{2+} 进入溶液。溶液中正、负离子的定向移动称为电荷迁移。在阴、阳极表面发生的得失电子的化学反应称为电化学反应，利用这种电化学作用对金属进行加工的方法称为电化学加工。

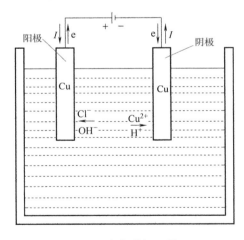

图6-1 电化学加工原理

电化学加工按其作用原理可分为三大类：第Ⅰ类是利用电化学阳极溶解来进行加工，主要有电解加工、电解抛光等；第Ⅱ类是利用电化学阴极沉积进行加工，主要有电镀、涂镀、电铸等；第Ⅲ类是利用电化学加工与其他加工方法相结合的电化学复合加工工艺，目前主要有电化学加工与机械加工相结合，如电解磨削、电化学阳极机械加工（还包含有电火花放电作用）。电化学加工的分类见表6-1。

表 6-1 电化学加工的分类

类别	加工方法（及原理）	加工类型
I	电解加工（阳极溶解）	用于形状、尺寸加工
	电解抛光（阳极溶解）	用于表面加工，去毛刺
II	电镀（阴极沉积）	用于表面加工，装饰
	涂镀（阴极沉积）	用于表面加工，尺寸修复
	复合电镀（阴极沉积）	用于表面加工，模具制造
	电铸（阴极沉积）	用于制造复杂形状的电极，复制精密、复杂的花纹模具
III	电解磨削，包括电解珩磨、电解研磨（阳极溶解，机械刮除）	用于形状、尺寸加工，超精、光整加工，镜面加工
	电解电火花复合加工（阳极溶解，电火花蚀除）	用于形状、尺寸加工
	电化学阳极机械加工（阳极溶解，电火花蚀除、机械刮除）	用于形状、尺寸加工，高速切断、下料

6.1.1 电解加工

电解加工（electrochemical machining，ECM）是作为阳极的金属工件在电解液中进行溶解而去除材料，实现工件加工成形的工艺过程，是继电火花加工之后发展较快、应用较广泛的一项新工艺。它可以加工大部分导电材料，常用于加工硬质合金、高温合金、淬火钢、不锈钢等难加工材料。目前已成功应用于汽车、拖拉机、采矿机械等民用领域和枪炮、航空发动机等国防工业领域。例如，各种膛线、花键孔、深孔、内齿轮、链轮、叶片、异形零件及模具等已广泛采用电解加工工艺进行加工。

1. 电解加工的基本原理和规律

（1）电解加工的基本原理 电解加工成形原理如图 6-2 所示，图中的细竖线表示阴极（工具）与阳极（工件）间通过的电流，竖线的疏密程度表示电流密度的大小。加工时，工件接直流电源的正极，工具接电源的负极。图 6-3 所示为电解加工过程示意图。在加工刚开始时，阴极与阳极距离较近的地方通过的电流密度较大，电解液的流速也较高，阳极溶解速度也就较快，如图 6-2a 所示。由于工具相对于工件不断进给，使工件表面不断被电解，电解产物不断被电解液冲走，直至工件表面形成与阴极工作面相吻合的形状为止，如图 6-2b 所示。

（2）电解加工电极反应 以 NaCl 水溶液中电解加工铁基合金为例分析电极反应。由于 NaCl 和水（H_2O）的离解，在电解液中存在着 H^+、OH^-、Cl^-、Na^+ 四种离子，现分别讨论其阳极反应与阴极反应。

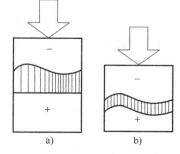

图 6-2 电解加工成形原理图

1）阳极反应。

① 阳极表面每个铁原子在外电源的作用下放出两个或三个电子，成为正的二价或三价铁离子而溶解进入电解液中，即

151

$$Fe-2e\rightarrow Fe^{2+}, U'=-0.59V$$
$$Fe-3e\rightarrow Fe^{3+}, U'=-0.323V$$

② OH^- 被阳极吸引，失去电子而析出 O_2，即

$$4OH^--4e\rightarrow O_2\uparrow, U'=0.867V$$

③ Cl^- 被阳极吸引，失去电子而析出 Cl_2，即

$$2Cl^--2e\rightarrow Cl_2\uparrow, U'=1.334V$$

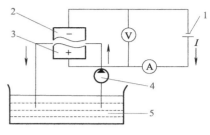

图 6-3　电解加工过程示意图
1—直流电源　2—工具阴极　3—工件阳极
4—电解液泵　5—电解液

其中，U' 是平衡电极电位，当离子质量分数改变时，电极电位也随着改变，可用能斯特方程对 U' 进行计算。在 25℃时的简化式为

$$U'=U^0\pm\frac{0.059}{n}\lg a \qquad (6-1)$$

式中，U^0 为标准电极电位，单位为 V；n 为电极反应得失电子数，即离子价数；a 为离子的有效质量分数。其中，"+" 号用于计算金属的电极电位，"-" 号用于计算非金属的电极电位。

通常以标准氢电极为基准，人为地规定它的电极电位为零。U^0 表示在 25℃时，把金属放在其金属离子的有效质量浓度为 $1g/L$ 的溶液中，此金属的电极电位与标准氢电极的电极电位之差。

电极电位的高低决定了电极反应的顺序，平衡电极电位最低的物质将首先在阳极反应。因此，在阳极，最低的平衡电极电位为 $U'=-0.59V$，即首先是铁失去两个电子，而溶解成为 Fe^{2+}，很少溶解为 Fe^{3+}，更不可能发生正的平衡电极电位，析出氧气和氯气。阳极上溶入电解液中的 Fe^{2+} 又与电解液中 OH^- 化合，生成 $Fe(OH)_2$，由于它在水溶液中的溶解度很小，故生成沉淀而离开反应系统，即

$$Fe^{2+}+2OH^-\rightarrow Fe(OH)_2\downarrow$$

$Fe(OH)_2$ 沉淀为墨绿色的絮状物，随着电解液的流动而被带走。$Fe(OH)_2$ 又逐渐被电解液及空气中的氧氧化为 $Fe(OH)_3$，即

$$4Fe(OH)_2+2H_2O+O_2\rightarrow 4Fe(OH)_3\downarrow$$

$Fe(OH)_3$ 为黄褐色沉淀物（铁锈）。

2）阴极反应。

① H^+ 被吸引到阴极表面从电源得到电子而析出 H_2，即

$$2H^++2e\rightarrow H_2\uparrow, U'=-0.42V$$

② Na^+ 被吸引到阴极表面得到电子而析出 Na，即

$$Na^++e\rightarrow Na\downarrow, U'=-2.69V$$

电极电位的高低决定了电极反应的顺序，平衡电极电位最高的离子将首先在阴极反应。因此，在阴极上只能析出 H_2，而不可能沉淀出 Na。由此可见，电解加工过程中，在理想情况下，阳极铁不断地以 Fe^{2+} 的形式被溶解，水被分解消耗，成为黄褐色锈和析出氢气泡，因而电解液的浓度逐渐变大。

（3）电解加工的基本规律

1）法拉第定律。在生产中，人们不仅关心加工原理还关心加工过程中工件尺寸、形状

152

和加工表面质量的变化规律。法拉第定律就是揭示电化学加工工艺规律的基本定律，它不仅可以定性分析，还可以定量计算。

法拉第第一定律是指在电极的两相界面处（如金属/溶液界面上）发生电化学反应的物质质量与通过其界面上的电量成正比。法拉第第二定律是指在电极上溶解或析出 1mol 当量任何物质所需的电量是一样的，与该物质的本性无关。根据电极上溶解或析出 1mol 当量物质在两相界面上电子得失量的理论计算，同时也为实验所证实，对任何物质这一特定的电量均为常数，称为法拉第常数，记为 F。

$$F \approx 96500 \text{A} \cdot \text{s/mol} \approx 1608.3 \text{A} \cdot \text{min/mol}$$

对于电解，如果阳极只发生确定原子价的金属溶解而没有其他物质析出，则根据法拉第第一定律，阳极溶解的金属质量为

$$m = kQ = kIt \tag{6-2}$$

式中，m 为阳极溶解的金属质量，单位为 g；k 为单位电量溶解的元素质量，称为元素的质量电化当量，单位为 g/（A·s）或 g/（A·min）；Q 为通过两相界面的电量，单位为 A·s 或 A·min；I 为电流，单位为 A；t 为电流通过的时间，单位为 s 或 min。

根据法拉第常数的定义，阳极溶解 1mol 当量金属的电量为 F；而对于原子价为 n（更确切地讲，应该是参与电极反应的离子价，或在电极反应中得失电子数）、相对原子质量为 A 的元素，其 1mol 质量为 A/n（单位为 g），即

$$\frac{A}{n} = kF$$

可以得到

$$k = \frac{A}{nF} \tag{6-3}$$

式（6-3）是有关质量电化当量理论计算的重要表达式。

对于零件加工而言，更重要的是工件几何量的变化。由式（6-2）得到阳极溶解金属的体积为

$$V = \frac{m}{\rho} = \frac{kIt}{\rho} = \omega It \tag{6-4}$$

式中，V 为阳极溶解金属的体积，单位为 cm^3；ρ 为金属的密度，单位为 g/cm^3；ω 为单位电量溶解的元素体积，即元素的体积电化当量，单位为 cm^3/（A·s）或 cm^3/（A·min）。

可得

$$\omega = \frac{k}{\rho} = \frac{A}{nF\rho}$$

2）电流效率。电化学加工实践和试验测量均表明，实际电化学加工过程中阳极金属的溶解量（或阴极金属的沉积量）与上述按法拉第定律进行理论计算的量有差别，一般情况下实际量小于理论计算量，极少数情况下实际量大于理论计算量。这是因为实际条件与理论计算时假设"阳极只发生确定原子价的金属溶解（或沉积）而没有其他物质析出"这一前提条件存在差别。为了确切表示这一差别，引入电流效率的概念，用以表征实际溶解（或沉积）金属所占的耗电量对通过总电量的有效利用率，即定义电流效率 η 为

$$\eta = \frac{m_{实际}}{m_{理论}} = \frac{V_{实际}}{V_{理论}}$$

在大多数电化学加工条件下，η 小于或接近 100%；对于少量特殊情况，也可能 $\eta > 100\%$。

影响电流效率的主要因素有加工电流密度 i，金属材料与电解液成分的匹配，甚至还有电解液浓度、温度等工艺条件。为利于工程实用，通常由试验得到 η-i 关系曲线，这是计算电化学加工速度、分析电化学成形规律的基础。

2. 电解加工的设备及工艺特点

（1）电解加工的基本设备　电解加工的基本设备包括直流电源、机床及电解液系统三大部分。

1）直流电源。电解加工中常用的直流电源包括硅整流电源和晶闸管整流电源等。为了进一步提高电解加工精度，生产中采用了脉冲电流电解加工，这时需要采用脉冲电源。

2）机床。在电解加工机床上要安装夹具、工件和阴极工具，实现进给运动，并接通直流电源和电解液系统。它与一般金属切削机床相比，特殊要求如下：

① 机床的刚性。电解加工虽然没有机械切削力，但电解液有很高的压力，如果加工面积较大，对机床主轴、工作台的作用力也是很大的。因此，电解加工机床的工具和工件系统必须有足够的刚度，否则将引起机床部件的过大变形，改变阴极工具和工件的相对位置，甚至造成短路烧伤。

② 进给速度的稳定性。金属的阳极溶解量是与时间成正比的，进给速度不稳定，阴极相对工件的各个截面的电解时间就不同，会影响加工精度。

③ 防腐绝缘。电解加工机床经常与有腐蚀性的电解液相接触，故必须采取相应的防腐措施保护机床，避免或减少腐蚀。

④ 安全措施。电解加工过程中将产生大批氢气，可能因火花短路等而引起氢气爆炸，因此必须采取相应的排氢防爆措施。另外，在电解加工过程中也有可能析出其他气体，如果采用混气加工，则有大量雾气从加工区逸出，需要防止它们扩散并及时排出。

3）电解液系统。电解系统的主要组成部件有泵、电解液槽、过滤装置、管道和阀等，如图 6-4 所示。目前生产中的电解液泵大多采用多级离心泵，这种泵密封和防腐性能较好，使用周期较长。随着电解加工的进行，电解液中电解产物含量增加，最后黏稠成为糊状，严重时将堵塞加工间隙，引起局部短路，故电解液的净化是非常必要的。目前用得比较广泛的电解液净化方法是自然沉淀法。但由于金属氢氧化物以絮状物存在于电解液中，而且质量较小，自然沉淀的速度很慢，所以必须要有较大的沉淀面积，才能获得好的效果。

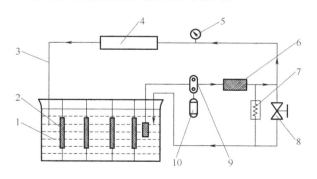

图 6-4　电解液系统示意图

1—电解液槽　2—过滤网　3—管道　4—加工区　5—压力表
6—过滤器　7—安全阀　8—阀　9—泵　10—泵用电动机

154

（2）电解加工工艺特点　电解加工工艺的优点及不足都很突出。电解加工工艺适用于难加工材料、形状相对复杂的零件和大批量零件的加工。

1）电解加工的优点：加工范围广，不受金属材料本身力学性能的限制，可以加工硬质合金、淬火钢、不锈钢、耐热合金等高硬度、高强度及韧性金属材料，并可加工叶片、锻模等的各种复杂型面；电解加工的生产率较高，约为电火花加工的 5~10 倍，在某些情况下，比切削加工的生产率还高，且加工生产率不直接受加工精度和表面粗糙度的限制；可以达到较小的表面粗糙度值（$Ra0.8~1.25\mu m$）和 ±0.1mm 左右的平均加工精度；由于加工过程中不存在机械切削力，所以不会产生由切削力所引起的残余应力和变形，没有飞边和毛刺；加工过程中阴极工具在理论上不会耗损，可长期使用。

2）电解加工的不足：由于影响电解加工间隙电场和流场稳定性的参数很多，控制比较困难，因此不易达到较高的加工精度和加工稳定性；电极工具的设计和修正比较麻烦，因而很难适用于单件小批生产；电解加工的附属设备较多，占地面积较大，机床要有足够的刚度和耐腐性，造价较高；电解液与电解产物需要进行妥善处理，否则将污染环境。

3. 电解加工的应用

下面以电解加工在枪、炮管膛线电解加工，型孔和型腔加工、叶片加工和电解抛光方面的应用为例进行介绍。

（1）枪、炮管膛线电解加工　枪、炮管膛线是我国在工业生产中最先采用电解加工的实例之一。与传统的膛线加工工艺相比，电解加工具有质量高、效率高、经济效益好的特点。经过生产实践的考验，膛线加工工艺已经成为枪、炮制造中的重要工艺，并且随着工艺的不断改进和阴极结构的不断创新，加工精度得到进一步提高，生产应用面也进一步扩大。通常膛线电解加工包括阳线的电解抛光和阴线（膛线）的电解成形两道工序。

（2）型孔和型腔加工　电解加工可以加工一些形状复杂尺寸较小的四方、六方、椭圆、半圆等形状的通孔和不通孔，可以大大提高生产率及加工质量。型孔加工一般采用端面进给法，为了避免产生锥度，阴极侧面必须绝缘。为了提高加工速度，可适当增加端面工作面积，出水孔的截面面积应大于加工间隙的截面面积。多数锻模为型腔模，当锻模消耗量比较大、精度要求不太高时，如煤矿机械、汽车拖拉机等制造，可以采用电解加工。

进行复杂型腔的表面加工时，由于电解液流场不均匀，容易产生短路。此时应在阴极的对应处加开增液孔或增液槽，增补电解液使流场均匀，避免短路烧伤现象。

（3）叶片加工　叶片是喷气发动机、汽轮机中的重要零件，叶身型面形状比较复杂，精度要求较高，加工批量大，在发动机和汽轮机制造中占有相当大的劳动量。采用电解加工，则不受叶片材料硬度和韧性的限制，在一次行程中就可加工出复杂的叶身型面，生产率高、表面粗糙度值小。叶片加工大多采用侧流法供液，加工是在工作箱中进行的，我国目前叶片加工多数采用氯化钠电解液的混气电解加工法。

（4）电解抛光　电解抛光也是利用金属在电解液中的电化学阳极溶解对工件表面进行腐蚀抛光的，它只是一种表面光整加工方法。电解抛光的效率要比机械抛光高，而且抛光后的表面除了常常生成致密牢固的氧化膜等膜层外，不会产生加工变质层，也不会造成新的表面残余应力，且不受被加工材料（如不锈钢、淬火钢、耐热钢等）硬度和强度的限制，因而在生产中经常采用。

6.1.2　电沉积加工

电沉积（electrodeposition）加工是阴极沉积材料的加工工艺，与电解加工相反，是金属正离子在电场的作用下运动到阴极，并得到电子在阴极沉积下来的过程。它包括电镀、电铸、复合镀和涂镀等加工工艺。

1. 电沉积金属质量的计算

溶解或析出（沉积）物质的质量可以通过法拉第定律或其变换式计算获得。在电沉积过程中，发生还原反应的阴极表面析出物质的质量与式（6-2）描述的阳极溶解的金属质量类似，其计算公式为

$$m = kIt \tag{6-5}$$

式中，m 为阴极上析出物质的质量，单位为 g；k 为析出物质的质量电化当量，单位为 g/（A·s）或 g/（A·min）或 g/（A·h）；I 为电沉积电流，单位为 A；t 为电沉积时间，单位为 s 或 min 或 h。

电沉积时，通过阴极的电量 Q 为

$$Q = It = i_c St \tag{6-6}$$

式中，i_c 为阴极电流密度，取平均值，单位为 A/dm^2；S 为阴极原模沉积作用面积，单位为 dm^2。

当不考虑电流效率，即假定通过阴极的电流全部用于金属沉积时，电沉积的金属质量为

$$m = ki_c St \tag{6-7}$$

法拉第定律不受溶液组成、温度、电极材料等因素的影响。但在实际工作时，电流效率很难达到 100% 的理想状态，绝大多数情况下电沉积过程通过阴极的电流都不会完全用于沉积金属。电流效率是评价电沉积液性能的重要参数，提高电流效率可以加快镀层的沉积速度。此处更关注的是阴极电流效率 η_c。

$$\eta_c = \frac{m'}{m} \times 100\% = \frac{Q'}{Q} \times 100\% \tag{6-8}$$

式中，m' 为电极上实际溶解或析出的物质的质量，单位为 g；m 为由总电量换算出的理论溶解或析出的物质的质量，单位为 g；Q' 为由电极上实际溶解或析出的物质的质量换算出的电量，单位为 F；Q 为电极上通过的总电量，单位为 F。考虑到阴极电流效率，即通过阴极的电流实际只有一部分用于沉积金属，电沉积金属的质量应表示为

$$m = \eta_c ki_c St \tag{6-9}$$

2. 电沉积加工的基本原理

（1）电镀原理　电镀（electroplating）就是利用电化学原理在某些金属表面上镀上一薄层其他金属或合金的过程，可以起到防止腐蚀，提高耐磨性、导电性、反光性及美观性等作用。电镀一般以镀层金属作为阳极，待镀的工件作为阴极，需用含镀层金属阳离子的溶液作为电镀液，以保持镀层金属阳离子的浓度不变，金属阳离子在待镀工件表面被还原沉积为金属镀层。

（2）电铸原理　电铸的原理如图 6-5 所示，用可导电的原模作为阴极，用电铸材料（如纯铜）作为阳极，用电铸材料的金属盐（如硫酸铜）溶液作为电铸液。在直流电源的作用

下，阳极上的金属原子交出电子成为正金属离子进入电铸液，并进一步在阴极上获得电子成为金属原子而沉积镀覆在阴极原模表面，阳极金属源源不断地成为金属离子补充溶解进入电铸液，保持质量分数基本不变，阴极原模上电铸层逐渐加厚，当达到预定厚度时即可取出，设法与原模分离，即可获得与原模型面凹凸相反的电铸件。

（3）复合镀原理　复合镀的基本原理与电镀相似，只是其在金属工件表面镀金属镍或钴的同时，将磨料作为镀层的一部分也一起镀到工件表面上，故称为复合镀。

（4）特殊形式电沉积加工原理

1）涂镀原理。涂镀又称刷镀或无槽电镀，是在金属工件表面局部快速电化学沉积金属的技术。图 6-6 所示为涂镀原理图。转动的工件 1 接直流电源 3 的负极，正极与镀笔 4 相接，镀笔端部的不溶性石墨电极用外包尼龙布的脱脂棉套 5 包住，镀液 2 饱蘸在脱脂棉中或另行浇注，多余的镀液流回到容器 6 中。镀液中的金属正离子在电场作用下在阴极表面获得电子而沉积涂镀在阴极表面，从而获得性能良好的沉积层。

2）喷射电沉积原理。喷射电沉积（jet electrodeposition）又称射流电沉积，属于电沉积新技术之一。它是一种局部高速电沉积技术，由于其具有非常特殊的流场及电场，因此在传质速率、扩散层厚

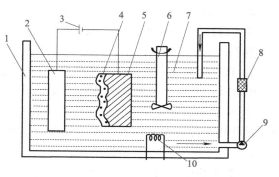

图 6-5　电铸的原理图

1—电铸槽　2—阳极　3—直流电源　4—电铸层
5—原模（阴极）　6—搅拌器　7—电铸液
8—过滤器　9—泵　10—加热器

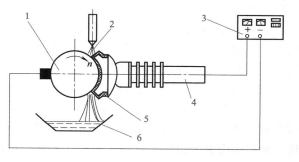

图 6-6　涂镀原理图

1—工件　2—镀液　3—直流电源
4—镀笔　5—脱脂棉套　6—容器

度、极限电流密度等方面与常规电沉积有很大的差异，可以认为是电沉积技术中的一种特种技术。电沉积时，一定流量和压力的电解液从阳极喷嘴垂直喷射到阴极表面，使得电沉积反应在喷射流与阴极表面冲击的区域发生。电解液的冲击不仅对镀层进行了机械活化，同时还有效地减少了扩散层的厚度，改善了电沉积过程，使镀层组织致密，晶粒细化，性能提高。

3. 电沉积加工的设备及工艺特点

（1）电沉积加工的基本设备

1）电镀设备。

① 镀前处理工艺中所用的设备主要有打磨机、抛光机、刷光机、喷砂机、滚光机和各类固定槽。

② 电镀处理过程中所用的设备主要有各类固定槽、滚镀槽、挂具、吊篮等。

③ 镀后处理是对零件进行抛光、出光、钝化、着色、干燥、封闭、去氢等工作，其常用设备主要有打磨机、抛光机、各类固定槽等。

157

2）电铸设备。

① 电铸槽。由铅板、橡胶或塑料等耐腐蚀的材料作为衬里，小型的可用陶瓷、玻璃或搪瓷容器。

② 直流电源。和电解、电镀电源类似，电压在 3~20V 范围内可调，电流和功率能满足 15~30A/dm² 即可，一般常用硅整流或晶闸管直流电源。

③ 搅拌和循环过滤系统。其作用为减少浓差极化，加大电流密度，提高电铸质量。过滤器的作用是除去溶液中的固体杂质微粒，常用玻璃棉、丙纶丝、泡沫塑料或滤纸芯筒等过滤材料。

④ 加热和冷却装置。电铸的时间较长，为了使电铸液保持温度基本不变，配有加热冷却和恒温控制装置。常用蒸汽或电热加温，用风或自来水冷却。

3）涂镀设备。涂镀设备主要包括电源、镀笔、镀液、泵、回转台等。

① 电源。涂镀所用直流电源与电解、电镀、电解磨削等所用的相似，电压在 3~30V 范围内无级可调，电流 30~100A 视所需功率而定。

② 镀笔。镀笔由手柄和阳极两部分组成。阳极采用不溶性的石墨块制成，为防止阳极与工件直接接触短路和滤除阳极上脱落下来的石墨微粒，在石墨块外面需包上一层脱脂棉和一层耐磨的涤棉套。

③ 镀液。涂镀用的镀液根据所镀金属和用途不同分很多种，比如槽镀用的镀液有更高的离子质量分数，由金属络合物水溶液及少量添加剂组成。镀液中还包括电净液和活化液等，以便对被镀表面进行预处理。

（2）电沉积加工的工艺特点

1）电镀工艺特点。电镀工艺可以在物品的表面形成金属光泽，具有良好的美观效果；可以有效地弥补原材料的缺陷和防止物品表面的氧化、腐蚀等现象，从而提高物品的耐蚀性、使用寿命和稳定性；可以大规模、连续、自动地制造产品，从而提高了制造效率和降低了生产成本。

2）电铸工艺特点。电铸工艺能准确、精密地复制复杂型面和细微纹路；能获得尺寸精度高、表面粗糙度小的复制品，同一原模生产的电铸件一致性极好；借助特殊原模材料（如石膏、石蜡等），可把复杂零件的内表面复制为外表面，外表面复制为内表面，再电铸复制，适应性广泛。

3）复合镀工艺特点。复合镀工艺的设备投资少，操作较简单，易于控制，原材料利用率比较高；同一基质金属可以方便地镶嵌一种或数种性质各异的固体颗粒，适用范围较广；复合镀层也和普通电镀层一样，可以根据需要直接在零部件表面上获得一定厚度镀层；复合镀层对基体材料本身的物理性能的影响很小。

4）涂镀工艺特点。涂镀工艺不需要镀槽，可以对局部表面进行涂镀，设备操作简单，机动灵活性强；涂镀液种类、可涂镀的金属种类比槽镀多，一套设备可涂镀多种金属，易于实现复合镀层；镀层与基体金属的结合力牢固，涂镀速度快，厚度可控性强；因工件与镀笔之间有相对运动，故需要手工操作，工作量大，难以实现大批量自动化生产。

4. 电沉积加工的应用

（1）电镀加工的应用　电镀加工目前广泛应用在航天、核工业、钢铁、机械、电子等领域，生活中充斥着各种电镀产品。例如，发动机活塞环上的硬铬镀层可以提高运动过程的耐磨损性能，塑胶模具表面的金属镀层可以提高脱模性能，大型齿轮表面的镀铜层可以防止滑动面早期拉毛，常见的钢铁基体表面防大气腐蚀的镀锌层，防止钢与铝之间形成原电池腐蚀的锡锌镀层等。此外，电镀加工还被应用于零件再制造修复过程中。例如，发动机中的磨损连杆，可以通过特殊电镀工艺在磨损内孔表面镀上一层铜，修复内孔尺寸偏差后再次用于发动机中。

（2）电铸加工的应用　电铸加工主要用于：复制精细的表面轮廓，如唱片、艺术品、钱币等；复制注塑用的模具、电火花型腔加工用的电极工具；制造复杂、高精度的空心零件和薄壁零件，如波导管等；制造表面粗糙度标准样块、反光镜、表盘等特殊零件；注塑模和厚度很小的薄壁零件的加工，如剃须刀网罩。

（3）复合镀加工的应用　复合镀加工可以用于制造金刚石套料刀具及小孔加工刀具，如牙科钻；可制造锥角较大近似平面的刀具，如制造电镀金刚石气门铰刀，用以修配汽车发动机缸体上的气门座锥面；可制造金刚石小锯片，用以切割建筑材料。

（4）涂镀加工的应用　涂镀加工主要用于：修补表面被磨损的零件，如轴类、轴瓦、套类零件的磨损修补；补救尺寸超差的零件；修补表面划伤、空洞、锈蚀等缺陷，如机床导轨、活塞液压缸的修补；大型、复杂、小批、工件表面的局部镀金属或非金属零件的金属化。未来涂镀加工过程会结合人工智能、金属学、真空技术、薄膜物理、机械设计制造、自动控制等多学科先进技术，满足不断发展的市场需求。

6.2　高能束流加工

高能束流加工是一种利用高能粒子束（如电子束、离子束等）进行材料加工的技术，这种技术可以在微观层面上改变材料的结构和性质，从而实现对材料形状、尺寸、表面性能等方面的精确控制。高能束流加工于 20 世纪 60 年代迅速发展起来，并逐步应用于科学研究和工业生产中，尤其在难加工材料的加工、精密微细加工、仪器仪表零件加工、微电子器件制造、微机电系统和航空航天零件制造中得到越来越广泛的应用。通常将电子束加工（electron beam machining，EBM）、激光加工（laser beam machining，LBM）和离子束加工（ion beam machining，IBM）称为高能束流加工，也称为三束加工。

6.2.1　电子束加工

电子束加工就是在真空条件下，利用电子枪中产生的电子经加速、聚焦后产生的极细束流高速冲击到工件表面上极小的部位，使其产生热效应或辐射化学和物理效应，以达到预定工艺目的的加工技术。

1. 电子束加工的基本原理

如图 6-7 所示，在真空条件下，电子束通过电子枪加速、聚焦后，以极高的速度冲击到工件表面的微小部位。这些电子束在撞击工件时，其大部分能量转变为热能，使得被冲击部分的材料温度急剧升高，导致材料局部熔化或蒸发，从而实现对材料的加工。

控制电子束能量密度的大小和能量注入时间，就可以达到不同的加工目的。例如，只使材料局部加热就可进行电子束热处理；使材料局部熔化就可进行电子束焊接；提高电子束的能量密度，使材料熔化和气化，就可进行打孔、切割等加工；利用较低能量密度的电子束轰击高分子材料时产生化学变化的原理，即可进行电子束光刻加工。

2. 电子束加工的设备及工艺特点

（1）电子束加工设备　电子束加工设备的结构如图 6-8 所示，它主要由电子枪（见图 6-9）、真空系统、控制系统和电源等部分组成。

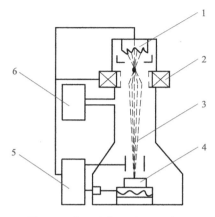

图 6-7　电子束加工原理示意图
1—电子枪　2—聚焦系统　3—电子束　4—工件
5—电源及控制系统　6—真空系统

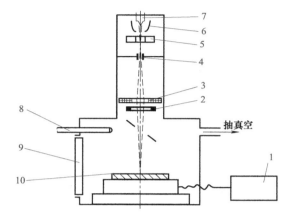

图 6-8　电子束加工设备的结构
1—工作台系统　2—偏转线圈　3—电磁透镜　4—光阑
5—加速阳极　6—控制栅极　7—发射电子的阴极
8—光学观察系统　9—带窗真空室门　10—工件

1）电子枪。电子枪是获得电子束的装置。它包括电子发射阴极、控制栅极和加速阳极等，如图 6-9 所示。阴极经电流加热发射电子，带负电荷的电子通过控制栅极后在阳极产生的电场下进行加速，在飞向阳极的过程中，经过加速极加速，又通过电磁透镜把电子束聚焦成很小的束斑。

2）真空系统。真空系统是为了保证在电子束加工时维持 $1.33 \times 10^{-4} \sim 1.33 \times 10^{-2}$ Pa 的真空度。此外，加工时的金属蒸气会影响电子发射，因此，也需要不断把加工中产生的金属蒸气抽出去。真空系统一般由机械旋转泵和油扩散泵或涡轮分子泵两级组成，先用机械旋转泵把真空室抽至中真空度（0.14 ~ 1.4Pa），然后由油扩散泵或涡轮分子泵抽至更高真空度（0.00014 ~ 0.014Pa）。

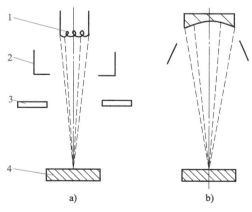

图 6-9　电子枪
1—电子发射阴极　2—控制栅极
3—加速阳极　4—工件

3）控制系统。控制系统的功能包括束流聚焦控制、束流位置控制、束流强度控制以及工作台位移控制等。束流聚焦控制是为了提高电子束的能量密度，使电子束聚焦成很小的束斑，加工点的孔径或缝宽基本上由束斑尺寸决定。束流位置控制是为了改变电子束的方向，常用电磁偏转来控制电子束焦点的位置。工作台位移控制是为了在加工过程中控制工作台的位置。

4）电源。电子束加工装置对电源电压的稳定性要求较高，常配备稳压设备，因为电子束聚焦以及阴极发射强度与电压波动有密切关系。

（2）电子束加工的工艺特点

1）微细加工能力高：电子束能够极其微细地聚焦，最小直径可小于 $1\mu m$，适合进行精密微细加工。

2）非接触式加工：由于电子束加工是非接触式的，工件不受机械力的影响，避免了宏观应力和变形。

3）高能量密度和加工效率：电子束的能量密度高，加工效率高，适合快速加工。

4）自动化加工：整个加工过程可以实现自动化，提高了加工的准确性和重复性。

5）清洁环保：加工在真空中进行，减少了污染，加工表面不易被氧化。

6）专用设备和系统：电子束加工需要整套的专用设备和真空系统，设备成本相对较高。

3. 电子束加工的应用

电子束加工技术因其高精度、高效率和清洁环保的特点，在多个领域有着广泛的应用。按照功率密度和能量注入时间的不同，电子束加工可用于高速打孔、切割、蚀刻、焊接、热处理和光刻加工等。

（1）电子束高速打孔　电子束高速打孔已在生产中实际应用，目前可加工最小直径为 0.003mm 的微孔。例如，部分工业筛网、生产玻璃纤维所需的离心盘等，在 $1cm^2$ 面积上有高达数十万个微孔，最宜使用电子束高速打孔。

（2）电子束热处理　电子束热处理也是把电子束作为热源，但要适当降低其功率密度，使金属表面加热而不熔化，以达到热处理的目的。电子束热处理在真空中进行，以防止材料氧化，适用于特定的热处理需求。

（3）电子束光刻　电子束光刻是一种利用聚焦电子束对某些高分子聚合物（通常称为电子束光刻胶）进行曝光的技术，通过显影过程获得所需的微观图形，具有高分辨率、高精度和高效率等优点。

近些年国内外研究开发了电子束加工的其他一些应用：①多束流电子加工技术（multibeam technology），是指采用两束以上的电子束对材料或结构进行处理和加工的一种方法。②电子束"毛化"（electron beam surfi-sculpt）技术，是英国焊接研究所（TWI）Bruce Dance 等人近年来发明的一种新型电子束加工技术，它借助于电磁场对电子束的复杂扫描控制而在金属材料表面产生特殊的成形效果。

6.2.2　激光加工

激光技术是 20 世纪 60 年代初发展起来的。随着大功率激光器的出现并用于材料加工，已逐步形成一种崭新的加工方法——激光加工。激光加工可以用于打孔、切割、电子器件的微调、焊接、热处理以及激光存储等，因其不需要加工工具、加工速度快、表面变形小、可以加工各种材料，以及容易实现自动化控制等特点，在生产中获得人们的广泛关注。

1. 激光加工的基本原理

激光加工是一种重要的高能束流加工方法，其原理是利用光热效应产生的高温熔融和冲击波协同作用来实现材料加工。它利用激光高强度、高亮度、方向性好、单色性好的特性，通过一系列的光学系统，聚焦成平行度很高的微细光束，以获得极高的能量密度照射到材料上，并在极短的时间内使光能转变为热能，使被照部位迅速升温，材料发生气化、熔化、金相组织变化，以及产生相当大的热应力，达到加热和去除材料的目的。图 6-10 所示为激光加工原理示意图。

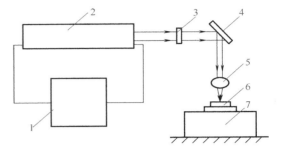

图 6-10　激光加工原理示意图
1—电源　2—激光器　3—透镜　4—平面镜
5—聚焦镜　6—工件　7—机械系统

2. 激光加工的设备及工艺特点

（1）激光加工设备的组成　激光加工的基本设备包括激光器、电源、光学系统及机械系统四大部分。

1）激光器。它是激光加工的核心设备，是受激辐射的光放大器，它把电能转化成光能，产生激光束。

2）电源。它为激光器提供所需要的能量及控制功能。

3）光学系统。它包括激光聚焦系统和观察瞄准系统，后者能观察和调整激光束的焦点位置，并将加工位置显示在投影仪上。

4）机械系统。它主要包括床身、能在三坐标范围内移动的工作台及机电控制系统等。随着电子技术的发展，已采用计算机来控制工作台的移动，实现了激光加工的数控操作。

（2）激光加工常用的激光器　常用的激光器按激活介质种类可分为固体激光器和气体激光器。按激光器的输出方式可大致分为连续激光器和脉冲激光器。表 6-2 所列为常用激光器的主要性能特点。

表 6-2　常用激光器的主要性能特点

种类	工作物质	激光波长/μm	发散角/rad	输出方式	输出能量或功率	主要用途
固体激光器	红宝石（Al_2O_3、Cr^{3+}）	0.69（红光）	$10^{-8} \sim 10^{-2}$	脉冲	几至十焦	打孔、焊接
	钕玻璃（Nd^{3+}）	1.06（红外线）	$10^{-3} \sim 10^{-2}$	脉冲	几至几十焦	打孔、切割、焊接
	掺钕钇铝石榴石（$Y_3Al_5O_{12}$、Nd^{3+}）	1.06（红外线）	$10^{-3} \sim 10^{-2}$	脉冲	几至几十焦	打孔、切割、焊接、微调
				连续	一百至一千瓦	
气体激光器	二氧化碳（CO_2）	10.6（红外线）	$10^{-3} \sim 10^{-2}$	脉冲	几焦	切割、焊接、热处理、微调
				连续	几十至几千瓦	
	氩（Ar^+）	0.5145（绿光）0.4880（青光）	$10^{-3} \sim 10^{-2}$	连续	几十毫瓦至几十瓦	打标、刻蚀

（3）激光加工的工艺特点

1）聚焦后激光加工的功率密度可高达 $10^8 \sim 10^{10} W/cm^2$，光能转化为热能，可以熔化、气化任何材料。例如，耐热合金、陶瓷、石英、金刚石等硬脆材料都能加工。

2）激光光斑的大小可以聚焦到微米级，输出功率可以调节，因此可用于精密微细加工。

3）加工所用的工具是激光束，属于非接触加工，所以没有明显的机械力，没有工具损耗问题。加工速度快，热影响区小，容易实现加工过程的自动化。还能通过透明体进行加工，如对真空管内部进行焊接加工等。

4）和电子束加工等相比较，激光加工装置比较简单，不要求复杂的抽真空装置。

5）激光加工是一种瞬时、局部熔化、气化的热加工，影响因素很多，因此在精微加工时，精度尤其是重复精度和表面粗糙度不易保证，必须进行反复试验，寻找合适的参数，才能达到一定的加工要求。

6）对于加工中产生的金属气体及火星等飞溅物，应及时抽走，操作者应佩戴防护眼镜。

3. 激光加工的应用

激光加工的应用极其广泛，在打孔、切割、焊接、表面淬火、冲击强化（laser shock peening，LSP）、表面合金化、表面融覆等表面处理中都得到了成功的应用。在此着重介绍激光打孔加工和激光切割加工。

（1）激光打孔 利用激光几乎可在任何材料上打微型小孔，目前已应用于火箭发动机和柴油机的燃料喷嘴加工、化学纤维喷丝板打孔、钟表及仪表中的宝石轴承打孔、金刚石拉丝模加工等方面。

激光打孔适合于自动化连续打孔，如加工钟表行业红宝石轴承上直径为 0.12~0.18mm、深度为 0.6~1.2mm 的小孔，采用自动传送，每分钟可以连续加工几十个红宝石轴承。激光打孔的直径可以小到 0.01mm 以下，深径比可达 50:1。

（2）激光切割 激光切割以其切割范围广、切割速度高、切缝质量好、热影响区小、加工柔性大等优点，在现代工业中得到广泛应用，是激光加工技术中最为成熟的技术之一。由于激光对被切割材料几乎不产生机械冲击和压力，故适宜切割玻璃、陶瓷和半导体等既硬又脆的材料。再加上激光光斑小、切缝窄，且便于自动控制，所以更适宜对细小部件进行各种精密切割。

6.2.3 离子束加工

1. 离子束加工的基本原理

离子束加工的基本原理和电子束加工相似，在真空条件下，将离子源产生的离子经过加速聚焦，利用产生高能离子束流射到材料表面，使材料发生变形、破坏、分离，从而实现加工。离子束加工是发展较快的新兴特种加工方式，如亚微米加工和纳米加工技术就主要使用了离子束加工方式。不同于电子束加工的是，离子带正电荷且其质量比电子大数千、数万倍，如氩离子的质量是电子的 7.2 万倍，因此高能离子束比电子束具有更高的撞击动能。

离子束加工的物理基础是离子束射到材料表面时所发生的撞击效应、溅射效应和注入效应。具有一定动能的离子斜射到工件材料（或靶材）表面时，可以将表面的原子撞击出来，这就是离子的撞击效应（和溅射效应）。如果将工件直接作为离子轰击的靶材，工件表面就会受到离子的撞击，工件原子被撞击出去而被刻蚀，也称为离子铣削，如图 6-11a 所示。如果将工件放置在靶材附近，靶材原子受离子束撞击后就会溅射到工件表面而被溅射沉积吸附，使工件表面镀上一层靶材原子的薄膜，如图 6-11b 和 c 所示。如果离子能量足够大并垂直于工件表面撞击时，离子会钻进工件表面，这就是离子的注入效应，如图 6-11d 所示。

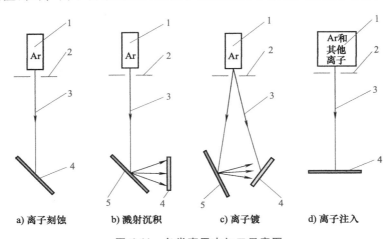

a) 离子刻蚀　　b) 溅射沉积　　c) 离子镀　　d) 离子注入

图 6-11　各类离子束加工示意图

1—离子源　2—吸极（吸收电子，引出离子）　3—离子束　4—工件　5—靶材

2. 离子束加工的设备及工艺特点

（1）离子束加工设备　离子束加工设备与电子束加工设备类似，也包括离子源、真空系统、控制系统和电源等部分。主要的不同部分是离子源。

离子源用以产生离子束流。使原子电离的办法是把要电离的气态原子（如氩等惰性气体或金属蒸气）注入电离室，经高频放电、电弧放电、等离子体放电或电子轰击，使气态原子电离为等离子体（即正离子数和电子数相等的混合体）。用一个相对于等离子体具有负电位的电极（吸极），就可从等离子体中引出正离子束流。根据离子束产生方式和用途的不同，离子源有很多形式，常用的有考夫曼型离子源和双等离子体型离子源。

图 6-12 所示为考夫曼型离子源示意图。它由灼热的灯丝 2 发射电子，电子在阳极 9 的作用下向下方移动，同时受电磁线圈 4 磁场的偏转作用，螺旋前进。惰性气体氩由注入口 3 注入电离室 10，在电子的撞击下被电离成等离子体，阳极 9 和引出电极（吸极）8 上有数量相当的小孔，上下位置对齐。在引出电极 8 的作用下，将离子吸出并形成多条准直的离子束，再向下则均匀分布在工件表上。

图 6-13 所示的双等离子体型离子源利用阴极和阳极之间的低气压直流电弧放电，将氩、氮或氙等惰性气体在阳极小孔上方的低真空区等离子体化。中间电极的电位一般比阳极电位低，它和阳极都用软铁制成，因此在这两个电极之间形成很强的轴向磁场，使电弧放电局限在这中间，在阳极小孔附近产生强聚焦高密度的等离子体。引出电极将正离子导向阳极小孔以下的高真空

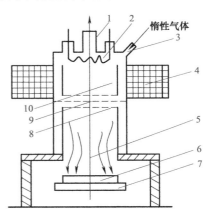

图 6-12　考夫曼型离子源示意图

1—真空抽气口　2—灯丝　3—惰性气体注入口　4—电磁线圈　5—离子束流　6—工件　7—阴极　8—引出电极　9—阳极　10—电离室

区，再通过静电透镜形成密度很高的离子束去轰击工件表面。

（2）离子束加工的特点

1）由于离子束可以通过电子光学系统进行聚焦扫描，离子束轰击材料是逐层去除原子的，离子束流密度及离子能量可以精确控制，所以离子刻蚀可以达到纳米级的加工精度，离子镀膜可以控制在亚微米级精度，离子注入的深度和浓度也可极精确地控制。因此，离子束加工是所有特种加工方法中最精密、最微细的加工方法，是当代纳米加工技术的基础。

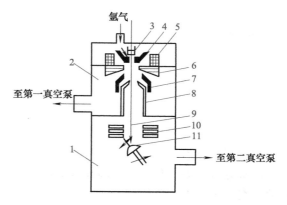

图 6-13　双等离子体型离子源示意图
1—加工室　2—离子枪　3—阴极　4—中间电极
5—电磁铁　6—阳极　7—控制电极　8—引出电极
9—离子束　10—静电透镜　11—工件

2）由于离子束加工是在高真空中进行的，所以污染少，特别适用于易氧化的金属、合金材料和高纯度半导体材料的加工。

3）离子束加工是靠离子轰击材料表面的原子来实现的。它是一种微观作用，宏观压力很小，故加工应力、热变形等极小，加工质量高，适于对各种材料和低刚度零件进行加工。

4）离子束加工设备费用高、成本高、加工效率低，因此应用范围受到一定的限制。

3. 离子束加工的应用

离子束加工的应用范围正在日益扩大，离子束加工可用于离子刻蚀加工、离子镀膜加工、离子注入加工等。

（1）离子刻蚀加工　离子刻蚀加工是从工件上去除材料的加工，是一个撞击溅射的过程。当离子束轰击工件时，入射离子的动量传递到工件表面的原子，当传递能量超过原子间的键合力时，原子就从工件表面撞击溅射出来，达到刻蚀的目的。离子刻蚀加工既用于刻蚀陀螺仪空气轴承和动压马达上的沟槽；也用于刻蚀高精度的图形，如集成电路、光电器件和光集成器件等微电子学器件的亚微米图形；还用于刻蚀减薄材料，如致薄石英晶体振荡器、探测器探头和压电传感器。

（2）离子镀膜加工　离子镀膜加工有溅射沉积和离子镀两种。例如，用磁控溅射的方法可在高速钢刀具上镀氮化钛超硬膜，可大大提高刀具的寿命。离子镀膜加工时，工件不仅接受靶材溅射来的原子，还受到离子的轰击，加强了靶材上溅射来的原子与被镀工件表面的结合强度，这使离子镀膜加工具有许多独特的优点，如镀膜附着力强、膜层不易脱落；镀膜时，绕射性好，基板所有暴露的表面均能被镀覆等。

（3）离子注入加工　离子注入加工是向工件表面直接注入离子，它不受热力学限制，可以注入任何离子，且注入量可以精确控制。离子注入加工普遍应用于半导体领域，它是用硼、磷等杂质离子注入半导体，用以改变导电形式（P 型或 N 型）和制造 P-N 结，制造一些通常用热扩散难以获得的各种特殊要求的半导体器件。由于离子注入的数量、P-N 结的含量、注入的区域都可以精确控制，所以成为制作半导体器件和大面积集成电路的重要手段。目前，用离子注入的方法改善金属表面性能已成为一个新的研究方向。

6.3 增材制造技术

6.3.1 增材制造技术概述

增材制造技术是相对于传统的车、铣、刨、磨等机械加工去除材料工艺，以及铸造、锻压、注塑等材料凝固和塑性变形成形工艺而提出的，通过材料逐层叠加的方式以制造三维实体的一类工艺技术的总称。

1. 增材制造技术的内涵

增材制造依据三维计算机辅助设计（computer aided design，CAD）模型数据，通过数字驱动逐层堆积的方式将粉材、丝材、液材和片材等各种形态的材料成形为三维实体。增材制造具有明显数字化、智能化特征，其工作阶段可分为数据处理过程和叠层制作过程。

1）数据处理过程：对三维 CAD 模型进行平面或曲面分层切片处理，将三维 CAD 数据分解为若干二维数据。

2）叠层制作过程：依据分层的二维数据，采用某种工艺制作与数据分层厚度相同的薄片实体，将每层薄片叠加起来，构成三维实体，从而实现从二维薄层到三维实体的成形。

增材制造技术从传统制造技术向多学科融合发展，物理、化学、生物和材料等新技术的发展给增材制造技术注入新的生命力。图 6-14 所示为传统制造与增材制造对比图。

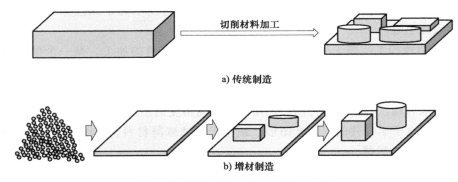

图 6-14　传统制造与增材制造对比图

2. 增材制造技术的发展

1）概念雏形初现。增材制造技术的核心思想最早起源于美国。20 世纪 80 年代中后期，增材制造技术仅仅停留在设想阶段，还只是一个概念，并未付诸应用。

2）相关技术产生。随着美国各大高校及公司逐步探索，各种增材制造技术开始出现。1986 年，美国 UVP 公司的 Hull 发明了立体光固化成形（SLA）技术。1989 年，美国德州大学的 Deckard 发明了激光选区烧结（SLS）技术。1992 年，美国 Stratasys 公司的 Crump 发明了熔丝沉积成形（FDM）技术。

3）技术设备出现。随着对于不同增材制造技术的深入研究，相应的增材制造控制装备开始出现。1988 年，美国 3D Systems 公司根据 Hull 的专利，制造出第一台增材制造装备——SLA250，开创了增材制造技术发展的新纪元。1994 年，德国 EOS 公司推出 EOSINT 型 SLS 装备。1996 年，3D Systems 制造出第一台 3DP 装备——Actua2100。

4）快速发展阶段。随着材料、工艺和装备的日益成熟，增材制造技术的应用范围由模型和原型制作进入产品制造阶段。目前，增材制造技术正处于快速发展阶段，已然在航空航天、生物医疗、材料建筑等领域产生深远影响。未来，随着材料科学、计算机科学等相关领域的进步，增材制造有望在更多领域实现突破，为人类的生产和生活带来更多可能性。

3. 增材制造技术的典型工艺

常见增材制造根据工艺可以分为七大类，每一类中又分为许多不同的成形技术。增材制造工艺分类见表 6-3。

表 6-3 增材制造工艺分类

工艺类型	工艺说明	主要成形技术
粉末床熔融 (powder bed fusion)	选择性地熔化或烧结粉末床区域	激光粉末床熔融(laser powder bed fusion, LPBF)、激光选区烧结(selective laser sintering, SLS)、电子束粉末床熔融(electron beam powder bed fusion, EBPBF)
定向能量沉积 (directed energy deposition)	聚焦热能将材料同步熔化沉积	激光近净成形(laser engineering net shaping, LENS)、电子束熔丝沉积(electron beam wire deposition, EB-WD)、电弧增材制造(wire and arc additive manufacturing, WAAM)
光固化 (stero lithography)	光致聚合作用选择性地固化液态光敏聚合物	光固化成形(stereo lithography appearance, SLA)
黏接剂喷射 (binder jetting)	选择性喷射沉积液态黏结剂、黏结粉末材料	三维立体打印(3D printing, 3DP)
材料挤出 (material extrusion)	通过喷嘴或孔口挤出材料	熔丝沉积成形(fused deposition modeling, FDM)
材料喷射 (material jetting)	微滴形式的材料按需喷射沉积	材料喷射成形(material jetting, MJ)
薄材叠层 (sheet lamination)	薄层材料逐层黏结以形成实物	分层实体制造(laminated object manufacturing, LOM)、超声波增材制造(ultrasonic additive manufacturing, UAM)

167

6.3.2 金属材料增材制造技术

凡是采用材料堆积方式而成形制品的工艺方法都可以称为增材制造工艺。许多增材制造工艺方法已经得到了一定程度的应用，本节将介绍当前应用较为成熟以及未来发展前景较好的几种金属材料增材制造工艺方法。

1. 激光粉末床熔融技术

（1）定义 激光粉末床熔融（LPBF）技术首先需要构建目标构件的三维 CAD 模型，然后通过切片软件将三维实体模型进行逐层切片，并存储为包含切片截面信息的 STL（stand-ard tessellation language）文件；随后通过铺粉装置在工作缸底部铺设金属粉末，在计算机的控制下，激光器根据各层截面的位置信息扫描相应区域内的粉末，经过扫描的金属粉末熔融在一起，当一层加工完成后，工作台下降一定的高度，送粉缸上升并进行下一层的铺粉；如此重复，得到最终成形构件。图6-15所示为激光粉末床熔融技术原理示意图。

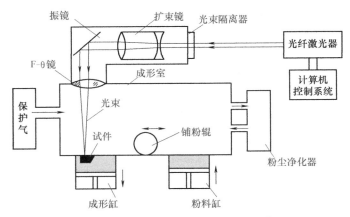

图6-15　激光粉末床熔融技术原理示意图

（2）工艺流程

1）铺粉。铺粉是将由粉料缸释放的金属粉末用铺粉辊均匀地铺展到粉末床上。粉末层的均匀性会影响粉末熔化和凝固过程，不均匀的粉末分布会造成表面过热或者熔合失败。

2）预热。预热是指将铺设好的金属粉末预先加热到一定温度。预热的主要目的在于降低烧结过程中所需要的能量，防止激光能量过大而导致材料分解，以及减小温度梯度，防止构件翘曲变形。

3）选区熔化。预热完成之后，根据构件的三维模型，使用激光熔化金属粉末。熔化过程受熔池表面张力和金属蒸气反冲力的相互作用，过大的蒸气反冲力会引起熔池向后堆积，不利于成形表面的平整，因此需要控制成形参数和扫描策略，以获得平整的构件表面。

4）平台下降。平台下降是指根据预设的层厚下降成形平台。

循环执行上述操作，直至构件成形完成。构件完成之后，去除包裹构件的微熔粉末，即可获得构件。

2. 电子束粉末床熔融技术

（1）定义　电子束粉末床熔融（EBPBF）技术是通过高能束熔化粉末床上的金属粉末逐层成形构件的。

（2）技术特点　电子束粉末床熔融技术与激光粉末床熔融技术类似，两者同属粉末床增材制造技术，但两者区别在于：

1）电子束粉末床熔融技术使用电子束作为能量源，电子束是通过强电场加速由热阴极释放的电子产生的，与光子相比，在接触材料时，电子具有更好的穿透能力。

2）由于大多材料表面无法反射电子，所以电子束能量可以直接传递到材料，因此可高效成形激光反射率较高、不适宜使用激光成形的材料。

3）产生电子束的过程中，电能直接转化为电子束的动能，能量转换率高，装备更节能。

4）电子束的聚焦和偏转通过电磁透镜实现，可实现极高的扫描速度，具有加工更复杂材料的能力。

5）电子束作用到粉末床时，使粉末床带上负电，同种电荷的相互排斥，严重时会使粉末床瞬间吹散，使成形中断，所以电子束粉末床熔融工艺一般只成形金属等导电性好的材料。

6）由于采用电子束作为热源，电子束粉末床熔融只能在密闭环境内进行，以避免在成形过程中出现气体的混入和材料氧化的现象。

3. 激光近净成形技术

（1）定义　激光近净成形（LENS）是把粉末状或丝状金属材料同步地送进激光辐照在基材上形成的移动熔池中，随着熔池移出高能束辐照区域而凝固，把所送进的金属材料以冶金结合的方式添加到基材上，实现增材制造过程。图 6-16 所示为激光近净成形技术原理示意图。

（2）技术特点　激光近净成形技术的成形方式决定了它无法制造结构极端复杂的零件，但该技术具有特有的成形制造优势：

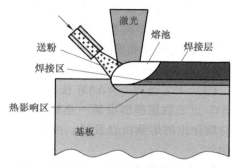

1）可成形制造的尺寸范围极大，对零件尺寸要求较低。

2）成形构件致密度高，具有较强的承载能力与抗冲击性能。

图 6-16　激光近净成形技术原理示意图

3）可以用多个材料送进装置按任意设定的方式送进不同的材料，实现复合材料制造。

4）制造成本比粉末床技术显著降低。

（3）工艺流程　LENS 技术采用多道多层同步送粉激光熔覆的方法进行金属构件的增材制造，高功率激光束聚焦成直径很小的焦斑辐照到金属基板上，形成一个液态熔池；一个与激光束保持同步移动的喷嘴将金属粉末或丝材连续地送到熔池中，金属粉末或丝材在熔池中熔化，当激光辐照区域移出后，不再受到激光辐照的原熔池中的液态金属将快速凝固，而与下方的金属基板以冶金结合的方式牢固地结合在一起；点状的熔池在基板上移动，把金属成线状堆积到基板上，使新熔覆上的金属线不但与基材冶金结合，还同前一道熔覆线冶金结合在一起，如此逐线叠加熔覆而覆盖一个选定的二维平面区域；完成一层金属的熔覆之后，成形工件相对于激光焦斑下移一层的高度，重复以上过程进行构件第二层截面形状的熔覆制造；如此逐层熔覆制造，形成一个在三维空间中完全以冶金方式牢固结合的金属构件。

4. 电弧增材制造技术

（1）定义　电弧增材制造（WAAM）技术是一种利用逐层熔覆原理，采用熔化极惰性气体保护电弧（metal inert-gas arcwelding）、钨极惰性气体保护电弧（tungsten inert-gas arc-welding）、气体保护电弧、等离子电弧等作为热源，通过熔化金属丝材，在程序的控制下，根据三维数字模型由线—面—体逐渐成形出金属实体构件的先进数字化制造技术。图 6-17 所示为电弧增材制造技术原理示意图。

（2）技术特点　WAAM 的电弧具有能量密度低、加热半径大、热源强度高等特征，且成形过程中往复移动的瞬时点热源与成形环境强烈相互作用，其热边界条件具有非线性时变特征，故成形过程稳定性控制是获得连续一致成形形貌的难点。WAAM 的电弧越稳定，越有利于成形过程的控制，也就越有利于成形形貌的尺寸精度控制。

除了具有增材制造技术所共有的优点，如无须传统刀具即可成形，减少工序和缩短产品周期外，WAAM 技术还具有以下优点：

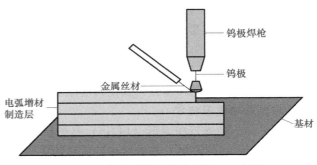

图 6-17　电弧增材制造技术原理示意图

1）制造成本低，金属丝材的 90% 以上都能利用，材料利用率高，且可大量采用通用焊接装备，制造成本较同类型的增材制造技术低廉。

2）堆积速度高效且无须支撑，在大尺寸构件成形时有优势。

3）制造尺寸和形状自由，开放的成形环境对构件尺寸无限制。

4）对金属材质不敏感，适用于大多数金属材料。

（3）工艺流程　WAAM 技术与其他增材制造技术的原理相同。首先进行切片处理，通过 STL 点云数据模型沿某一坐标方向进行切片，生成离散开来的虚拟片层，而后通过金属丝材熔化出的熔滴由点及线、由线及面地进行堆积，将实体片层打印出来，层层堆砌形成最终构件。

5. 其他金属材料增材制造技术

（1）增减材复合制造技术　增减材复合制造技术是在同一装备上完成构件增材制造成形与减材粗、精加工，使构件获得增材制造成形复杂结构优势的同时具有减材制造良好成形精度与表面粗糙度的成形技术。增减材复合制造技术具有独有的工艺复合优势：切削构件的毛坯由增材制造生成，位置确定，无须对刀；相比于传统切削加工的毛坯，增材制造成形毛坯尺寸更精确，切削余量更小。

（2）微铸锻技术　微铸锻技术是通过对电弧增材制造制备的构件进行二次微区锻造，以消除铸造缺陷，获得组织更加均匀、力学性能更好的构件的成形技术。通过微铸锻技术成形的构件普遍具有较高的疲劳寿命与力学性能，使构件能接受各种极端环境的考验。

（3）材料喷射技术　材料喷射技术是一个增材制造过程，其中材料滴被选择性地沉积在固化板上并固化。使用在光线下固化的光敏聚合物或蜡滴，可以一次将物体堆积一层。材料喷射过程的性质允许在同一对象中打印不同的材料。

（4）黏结剂喷射技术　黏结剂喷射技术是类似于 SLS 技术的增材制造技术，要求在构建平台上具有初始粉末层。与使用激光烧结粉末的 SLS 技术不同，黏结剂喷射将打印头移动到粉末表面上方，从而沉积出黏合剂液滴。这些液滴将粉末颗粒黏合在一起，以产生物体的每一层。印刷完一层后，放下粉末床，然后在新近印刷的一层上铺一层新的粉末。

6.3.3　金属材料增材制造技术的应用

1. 增材制造先进材料与结构

增材制造技术正向"材料-结构-功能"一体化制造的方向发展。通过增材制造技术，控制混合粉末或多种粉末同时输送，可以制备金属梯度材料、复合材料。通过在金属粉材、丝材中添加特定的纳米或微米级别的异质颗粒，以及促进异质形核、原位自生增强颗粒等方式，改善增材制造工件的微观组织和强韧性。

　　增材制造可以制造具有复杂胞元结构的多孔材料，也可制备具有良好吸能、散热等功能性的特殊结构，如轻量化多孔夹芯材料、模具散热流道，同时实现结构件整体力学性能的定制化调控。天然生物材料通常利用有限的组分构造复杂的多级结构，具有人工合成材料不可比拟的优越性能。然而，天然生物材料的一些主要特征，很难使用传统制造方法精确模仿制造出来，而利用增材制造技术成形具有类似性能的仿生结构在工艺上具有良好的可行性。

2. 增材制造的典型应用

　　受制造工艺约束，一些构件采用传统制造技术无法实现整体制造，只能先分体制造再进行焊接或铆接。增材制造技术几乎不受制造工艺约束，可实现"化零为整"的整体制造，从而减少加工和装配工序，缩短制造周期，减小质量。增材制造在航空航天、生物医疗和模具制造等领域具有广阔的应用前景。

　　增材制造技术可以用于制造航空发动机的涡轮叶片、燃料喷嘴等部件。这些部件通常具有复杂的内部结构和轻量化设计要求，传统的制造方法难以实现。通过增材制造技术，可以直接构建出复杂的零部件结构，提高生产率和材料利用率。在航天领域中，增材制造技术可以用于火箭推进器与发动机的制造，可以大幅度减小装备质量，进一步减少发射过程中所需燃料的损耗。在生物医疗领域，增材制造技术的应用也越来越广泛，如生产个性化的医疗植入物和器械，提高了手术效率和患者舒适度；通过增材制造技术成形的牙冠，可以更加精准地适应患者口腔形态，避免了制作过程中的误差与调整，提高了治疗效果与患者舒适度。

思考题

　　6-1　简述电化学加工的原理及分类。

　　6-2　电解加工中，何谓电流效率？

　　6-3　喷射电沉积与传统电沉积有何区别？

　　6-4　试述激光加工的能量转化过程，以及它是如何从电能转化为光能又转化为热能来加工材料的。

　　6-5　电子束加工和离子束加工在原理上有何异同？

　　6-6　电子束、离子束、激光束三者相比，在工艺和应用范围上各有何特点？

　　6-7　简述增材制造技术的分类。

　　6-8　简述激光粉末床熔融技术与电子束粉末床熔融技术的区别与各自优势。

　　6-9　简述影响激光近净成形质量的因素。

智 能 技 术

第7章 智能检测技术

以铸造、锻造、轧制、焊接等为代表的成形产品被广泛地应用于航空航天、海洋船舶、轨道交通、建筑桥梁等领域。由于工艺、设备和原料等综合因素的影响，在成形过程中不可避免地会出现几何误差、表面缺陷和内部缺陷，对产品质量、服役安全和结构寿命等产生较大影响。在制造业智能化、低碳化转型升级的进程中，成形过程智能在线检测已成为成形领域高质量发展的迫切之需。人工检测和基于规则的检测方法存在误检率高、效率低和安全隐患大等问题。在机器学习和深度学习浪潮的影响下，以机理和数据驱动的检测方法已成为实现成形产品几何尺寸、表面缺陷和内部缺陷智能化检测的重要手段。本章主要介绍以视觉检测、超声检测和 X 射线检测等为代表的无损检测方法的基本理论，并引入工业视觉检测、激光超声检测和 X 射线内部缺陷检测中的典型应用，阐述先进成形质量检测技术的发展概况。

7.1 无损检测概述

7.1.1 无损检测的定义及内容

1. 无损检测的定义

无损检测是指以不损及将来使用和使用可靠性的方式，对材料或制件进行宏观缺陷检测、几何特性测量，以及化学成分、组织结构和力学性能变化的评定，并就材料或制件对特定应用的适用性进行评价的一门学科。无损检测在工程应用中的定义为：在不损坏检测对象的前提下，以物理或化学方法为手段，借助相应的设备及器材，按照规定的技术要求，对检测对象的内部及表面结构、性质或状态进行检查和测试，并对检测结果进行分析和评价。在工程应用中，无损检测的对象主要是原材料或制件，主要用于检测其中的缺陷。

2. 无损检测的内容

随着制造业朝着智能化的方向发展，无损检测技术从单一的质量检验逐渐发展成为一门多学科交叉的综合技术。在工程应用中，无损检测的内容主要包括以下三个方面：

1）产品的质量检测：通过无损检测的方式确定缺陷的位置、数量、大小、形状，依据相应的检测标准定量地评价产品的质量，并为产品的设计、工艺修订提供依据。

2）工件的性能检测：可以实现对产品的几何尺寸、涂层、镀层、钢板的平直度等的非接触式测量。

3）产品的在役检测：对正在运行中的重要部件进行动态监测，并对部件缺陷变化进行实时检测。

7.1.2　无损检测方法及其选择

1. 常用的无损检测方法

随着无损检测技术应用的日益广泛和其他基础科学的综合应用，当前已发展了几十种无损检测方法。例如，按照缺陷部位，无损检测可分为内部缺陷检测方法和表面及近表面缺陷检测方法；按照所借助的物理手段，无损检测可分为射线检测、声学检测、磁学检测、流体检测、电学检测、光学检测及热学检测。

1）射线检测包括 X 射线检测、γ 射线检测、高能 X 射线检测、中子射线检测及射线计算机层析检测等。

2）声学检测包括超声检测、声发射检测、声成像检测、声全息检测及声振检测等。

3）磁学检测包括磁粉检测、磁场检测、磁声发射检测、核磁共振检测及磁记忆检测等。

4）流体检测包括渗透检测、氨渗检验、煤油渗检验、氨检漏、载水试验及沉水试验等。

5）电学检测包括涡流检测及带电粒子检测等。

6）光学检测包括目视检测、红外检测、光全息术检测、激光检测及微波检测等。

7）热学检测包括液晶检测、热光效应检测、热电效应检测及热敏检测等。

虽然这种分类方法使得繁多的无损检测方法有了清晰的归类，但实际上一些无损检测方法本质上是复合方法，并不单单依赖于某一种物理手段，因此不能简单地将其归类于某一种物理手段的检测方法。

在实际工程中得到最多应用的无损检测方法有射线检测（radiographie testing，RT）、超声检测（ultrasonic testing，UT）、渗透检测（penetrate testing，PT）、磁粉检测（magneticparicle testing，MT）和涡流检测（eddycurent testing，ET）。

2. 无损检测方法的选择

在实际工程应用中，往往从技术性和经济性来分析并选择适宜的无损检测方法。其中，技术性角度主要考虑两方面：无损检测方法的优势及局限性、检测对象及其缺陷的特点。进一步，考虑缺陷的类型、缺陷在产品的位置及产品的材质、形状和大小等因素。

（1）常见缺陷　成形工艺中的常见缺陷主要包括以下几个方面：

1）铸件中的常见缺陷。铸件中的常见缺陷主要包含气孔、缩孔、夹杂、裂纹和疏松。其中，气孔和缩孔缺陷是由液态金属冷却凝固时体积收缩得不到补充而形成的缺陷，夹杂、裂纹和疏松是由于铸件凝固缓慢的区域因微观补缩通道堵塞而在枝晶间及枝晶臂之间形成的细小空洞。

2）锻件中的常见缺陷。锻件是由热态坯料经锻压变形而成的，因此锻件缺陷可分为铸造缺陷、锻造缺陷和热处理缺陷。锻件中的铸造缺陷主要有缩孔残余（常与铸锭的切头量不足有关）、疏松（即凝固收缩时结构的不致密），以及孔穴在锻造时因锻造比不足而出现的未全焊合、夹杂及裂纹等；锻件中的锻造缺陷主要有裂纹、白点及折叠等；锻件中的热处理缺陷主要有裂纹等。

3）轧件中的常见缺陷。金属轧制的类型按照成形温度是否在再结晶温度以上分为热轧和冷轧，轧制产品表面的缺陷产生的原因复杂，在表面分布的形态多种多样。根据缺陷的几何特点，轧件缺陷可分为点缺陷、线缺陷和面缺陷。点缺陷以麻点和疤痕为主要表现形式，线缺陷主要包括划痕、裂纹和条纹等缺陷，面缺陷主要包括乳化液斑、锈斑和油污等缺陷。

4）焊件中的常见缺陷。焊接缺陷是指焊接接头部位在焊接过程中形成的缺陷，可分为外观缺陷和内部缺陷。外观缺陷主要包括咬边、凹陷、表面裂纹、焊瘤和根部未焊透等，内部缺陷主要包括气孔、夹渣、裂纹和未焊透等。根据缺陷的几何特点也可将焊接缺陷分为体积型缺陷和线缺陷。气孔、夹渣为体积型缺陷，未焊透、未熔合和裂纹为线缺陷。

（2）方法选择的技术因素　在确定好检测产品及缺陷的特点之后，还需要考虑采用哪种无损检测方法。在工程应用中需要对无损检测方法进行选择时，应考虑以下技术因素并综合分析：

1）工件的几何因素，如超声检测很难检测尺寸极小的工件。

2）工件的材料特点，如磁粉检测只能用于铁磁性材料的检测。

3）工件的材料加工工艺，如铸件较难采用超声检测。

4）工件缺陷的特点，如相比于射线检测，超声检测更易发现裂纹类缺陷，涡流检测不能检测内部缺陷，缺陷尺寸太小则应考虑检测方法的灵敏度。

5）工件表面条件，如表面粗糙度过大则不宜采用超声检测。

6）检测区域的可达性，如细小狭长部位的射线检测，相比于 X 射线检测 γ 射线检测更适合。

7）检测方法的技术优势及其局限性，如因超声探头压电晶片的居里温度问题而不宜采用超声检测方法来检测高温工件。

（3）常规检测方法的技术特点　以射线检测、超声检测、渗透检测、磁粉检测和涡流检测为代表的五种常规无损检测方法的技术特点如下：

1）渗透检测仅能检测工件表面的开口缺陷，但几乎没有材料种类方面的限制。

2）磁粉检测只能检测铁磁性材料表面开口缺陷和近表面缺陷，但灵敏度极高，是铁磁性材料检测应该优先选用的方法。

3）涡流检测只能检测导电材料的表面开口缺陷和近表面缺陷，但因非接触而对表面状态要求较低。

4）射线检测和超声检测几乎可以检测任何材料中任何位置的缺陷，但是超声检测对于表面开口缺陷或近表面缺陷的检测能力低于磁粉检测、渗透检测或涡流检测。射线检测结果直观且客观，但对人和环境有害。

7.2　视觉检测技术基础理论

7.2.1　计算机视觉检测系统

视觉检测系统在工业上的应用范围十分广泛，大体分为工件的尺寸测量与定位、表面缺陷检测以及物料处理和跟踪等。工业领域内的计算机视觉检测系统一般由相机、光源、镜头、图像采集卡等部分组成。通过图像的获取、图像的处理分析等来完成视觉检测的功能。其中，图像的获取主要通过相机、镜头以及光源等硬件来完成，而图像的处理分析主要包括图像预处理、分类、检测和分割等内容。

1. 图像传感器

工业相机主要分为电荷耦合器件（CCD）相机和互补金属氧化物半导体（CMOS）相机。CCD 相机通常提供高质量、低噪声的图像，在低光条件下，CCD 相机通常表现很好且适用于需要高速捕获的应用。CMOS 相机具有较低的功耗、快速的读取速度以及灵活性，适合于长时间运行以及在需要高速图像捕集和工业上的应用。在工业应用中，选择使用 CCD 相机还是 CMOS 相机通常取决于具体需求，包括对图像质量、功耗、成本和速度的要求。

按照图像传感器的排列方式来分，相机主要有面阵相机和线阵相机两大类。面阵相机是一种使用面阵传感器的图像采集设备，能够以高分辨率捕获图像，在图像处理和分析方面具有广泛的应用。线阵相机是一种利用线阵传感器的图像采集设备，主要用于捕获沿着一个方向运动的对象或者进行单维成像的应用，在需要对运动物体进行高速成像和单维成像时发挥着重要的作用。

2. 光源

在视觉检测系统中，光源的合理性选择，直接影响了输入图像数据的质量和后续图像处理的效果，因此应该针对每个场景独有的应用特点来选择相应的光源以及合理的照明方式，从而获得良好的图像采集效果。

按照明方式来分，光源又可分为穹形光源、环形光源、平行光源、同轴光源、点光源、低角度光源、线光源、光栅等。其中，在工业领域中较为常用的是环形光源、平行光源、同轴光源以及点光源。环形光源用于机器视觉系统中的成像和检测任务时，可提供均匀的照明，有助于减少阴影并突出目标的特征；平行光源通常用于投射平行光束进行特定的照明和成像任务；而同轴光源常用于表面缺陷检测和轮廓检测等，能够减少反射干扰并提供清晰的成像效果。

按发光机理来分，可以将光源分为钨丝白炽灯、卤素灯、气体放电灯、发光二极管（LED）和激光光源，常用光源的性能对比见表 7-1。

表 7-1　常用光源的性能对比

光源	卤素灯	LED	激光
亮度	较亮	较亮	亮
响应速度	慢	快	慢
单色性	差	好	好
聚光性	差	中	好
频闪	不可频闪	可频闪	不可频闪

3. 视觉检测系统

视觉检测系统的总体框架主要是由硬件系统和软件系统组成，如图 7-1 所示。硬件系统主要包括工业相机和光源，用于获取静止或者运动中的产品表面的图像信息，在机器视觉检测系统方案制订时需要根据生产线的实际需求和特点来选取光源和工业相机。在获取图像信息后，利用软件系统对图像进一步进行处理和分析，主要包括图像预处理、分类算法、目标检测算法和分割算法等模块。如果系统在线检测时需要对图像数据进行实时处理，则在方案设计时需要重点考虑整个硬件和软件系统的实时性。在硬件上需要采用高性能的工业相机和服务器，保证数据的实时获取；在软件设计上也需要考虑图像处理算法的实时性，以确保能够满足系统的检测速度。

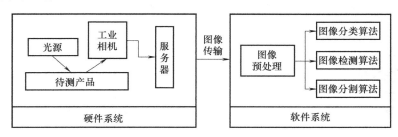

图 7-1　视觉检测系统的组成

7.2.2　数字图像处理与计算机视觉技术基础理论

通过视觉检测系统获取数字图像之后，首先需要对图像进行预处理来消除图像中的噪声信息，并需要根据检测任务的需求来决定采用对应的检测方法，主要包括图像分类算法、图像检测算法和图像分割算法。由于深度学习的方法可以在海量的数据中以自学习的方式自动学习任务所需的特征，并在自然场景、医学影像等场景中表现出卓越的性能，因此基于卷积神经网络的视觉算法已被广泛地应用于工业视觉检测任务中。本章将重点介绍典型的图像处理方法和深度学习的基础理论。

1. 图像预处理方法

（1）滤波算法　滤波器这一词来自频率域处理，其中滤波是指通过修改或抑制图像规定频率分量。而图像滤波算法大体分为空间域滤波和频率域滤波。空间域滤波是直接对图像的像素进行操作，基于像素的空间位置来进行滤波处理，包括均值滤波、高斯滤波、中值滤波等。频率域滤波是在图像的频率域进行处理，通常通过傅里叶变换将图像从空间域转换到频率域进行操作，典型的频率域滤波算法包括低通滤波、高通滤波、带阻滤波等。

（2）边缘检测算法　边缘检测是图像处理中的一项重要任务，旨在识别图像中物体之间的边界或边缘信息。边缘通常表示图像中像素强度的突变或变化，是图像中重要的特征之一。图像的边缘是指图像中物体或场景之间像素强度突然变化的地方，如果将图像的灰度值看作是函数的话，那么在图像的边缘处梯度通常是最大的。因此可以通过这一性质来确定图像中边缘的位置。常见的边缘检测算法主要包括基于梯度的算子，如 Sobel、Prewitt、Laplacian 算子等。

2. 卷积神经网络

近年来，随着计算机算力的提升，深度学习理论在计算机视觉领域得到了空前的发展，基于深度学习的视觉模型在各类视觉任务中的检测精度和效率均得到大幅提高。基于深度学习的卷积神经网络（convolutional neural network，CNN）可以从复杂场景中通过自学习的方式自动提取任务所需的特征，VGGNet-16、ResNet101 等模型在 ImageNet 数据集分类任务上

177

取得了与人相近的检测效果，甚至在某些领域可以超越人的检测结果。卷积神经网络架构主要由卷积层、池化层和全连接层等核心层次构成，如图 7-2 所示。

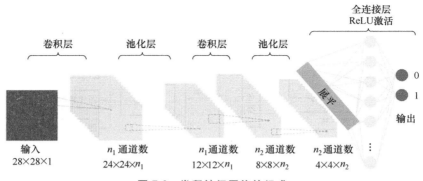

图 7-2　卷积神经网络的组成

（1）卷积层　卷积层（convolution layer，CL）也称为特征提取层，是卷积神经网络的核心，主要作用是对输入的数据进行特征提取。卷积运算即让卷积核沿着输入图像的坐标横向或纵向滑动，与相对应的数据进行卷积运算，随着卷积核的滑动，可以得到一个新的特征激活图，此激活图的值为卷积核在输入图像不同空间位置的响应。卷积层的主要参数包括卷积核尺寸（kernal size，KS）、步长（stride）、填充（padding）、输入通道数和输出通道数等参数。图像经过一轮卷积操作后的输出图像的宽度和高度的计算公式为：

$$H_{\text{output}} = \frac{H_{\text{input}} - H_{\text{filter}} + 2P}{S} + 1 \tag{7-1}$$

$$W_{\text{output}} = \frac{W_{\text{input}} - W_{\text{filter}} + 2P}{S} + 1 \tag{7-2}$$

式中，W 和 H 分别为图像的宽度和高度；下标 filter 表示卷积核的相关参数；S 为卷积核步长，P 为填充数。

卷积层具有局部连接和权值共享两种特点。卷积神经网络中，神经元只与部分相邻神经元连接。在图像处理中，通常认为像素之间存在某种关联，这种关联可以用局部连接来表达。卷积神经网络中所有神经元所使用的卷积核参数都是相同的，这意味着，当一个卷积核识别到某种特征时，它在图像的任何位置都可以使用相同的权重来计算。卷积层的运算过程如图 7-3 所示。

（2）池化层　池化层（pooling layer，PL）也称下采样层（subsampling layer，SL），可以被看作卷积神经网络中的一种提取输入数据的核心特征的方式，根据特征图上的局部统计信息进行采样，在保留有用信息的同时，不仅实现了对原始数据的压缩，还大量减少了参与模型计算的参数，提升了计算效率。

与卷积层不同的是，池化层不包含需要学习的参数。最大池化是在一个局部区域选择最大值作为输出，而平均池化则计算一个局部区域的均值作为输出。池化层的运算过程如图 7-4 所示。

（3）激活层　在神经网络中每个神经元节点接受上一层神经元的输出作为本神经元的输入，并将输出值传入到下一层，输入层神经元节点会将输入属性值直接传递给下一层。通

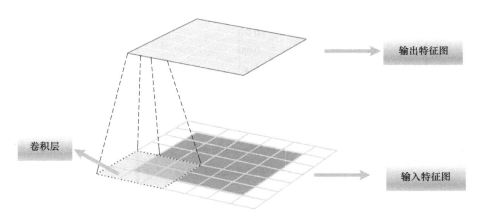

图 7-3　卷积层的运算过程

过在信息传输过程中引入非线性因素，来增强模型对非线性特征的表达能力，通常用激活函数（activation function）或者非线性映射层（non-linearity mapping）来完成此功能。典型的激活函数有 Sigmoid、Softmax、ReLU 等，如图 7-5 所示。

1）Sigmoid 函数。Sigmoid 函数是机器学习中比较常用的一个函数，在逻辑回归、人工神经网络中有着广泛的应用。Sigmoid 函数是一个 S 形曲线的数学函数，Sigmoid 函数将输入变换为（0，1）上的输出，其表达式为

$$\mathrm{Sigmoid}(x)=\frac{1}{1+\exp(-x)} \qquad (7\text{-}3)$$

2）Softmax 函数。在二分类任务时，经常使用 Sigmoid 函数，而在处理多分类问题时，需要使用 Softmax 函数。Softmax 函数的数学表达式为

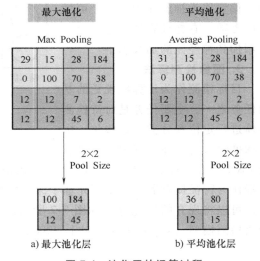

图 7-4　池化层的运算过程

$$\mathrm{Softmax}=y_i'=\frac{\exp(y_i)}{\displaystyle\sum_{i=1}^{j}\exp(y_i)} \qquad (7\text{-}4)$$

式中，y_i' 为第 i 个元素的输出概率值；y_i 为第 i 个元素的输入概率值；j 为总共元素的个数。

3）ReLU 函数。ReLU 函数提供了一种非常简单的非线性变换，给定变量 x，ReLU 函数定义为该变量与 0 比较的最大值，其表达式为

$$\mathrm{ReLU}=\max(0,x)=\begin{cases}x,x>0\\0,x\leqslant 0\end{cases} \qquad (7\text{-}5)$$

（4）全连接层　在 CNN 结构中，经多个卷积层和池化层后，连接着 1 个或 1 个以上的全连接层。全连接层网络模型如图 7-6 所示。全连接层中的每个神经元与其前一层的所有神经元进行全连接。每一个神经元把前一层所有神经元的输出作为输入，其输出又会作为下一

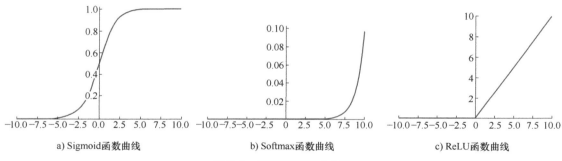

a) Sigmoid函数曲线　　　b) Softmax函数曲线　　　c) ReLU函数曲线

图 7-5　典型激活函数曲线

层每一个神经元的输入，相邻层的每个神经元都有"连接权"，而全连接层的权重保存在这些"连接"中。偏置作为神经元中的一个可学习的参数，它在计算神经元输出时被添加到神经元的加权和中。

3. 图像检测算法

目标检测作为计算机视觉的基础任务之一，主要任务是对待检测物体进行定位和分类。近些年，由

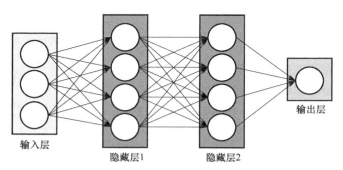

图 7-6　全连接层网络模型

于深度学习可以在数据中通过自学习的方式自动获取所需要的深层特征，因此基于深度学习的 CNN 提取的特征具有更强的鲁棒性和表征能力。研究者们进一步将 CNN 代替传统的特征工程作为特征提取器，开始研究基于深度学习的目标检测算法，根据算法中有无区域提案阶段，可以将现有的研究分为如图 7-7 所示的两阶段检测模型（two-stage model，TSM）和单阶段检测模型（single-stage model，SSM）。

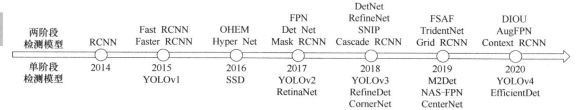

图 7-7　两阶段检测模型和单阶段检测模型发展历程

Faster RCNN 是第一个端到端，最接近于实时性能的深度学习检测算法，其网络结构如图 7-8 所示。该网络的主要创新点就是提出了区域选择网络用于生成候选框，能极大提升检测框的生成速度。该网络首先输入图像到卷积网络中，生成该图像的特征映射。在特征映射上应用区域候选网络（region proposal network，RPN），返回目标候选框（object proposals，OP）和相应分数。应用 ROI 池化层，将所有候选框修正到同样尺寸。最后，将候选框传递到完全连接层，生成目标物体的边界框。该网络在 VOC-07、VOC-12 和 COCO 数据集上实现了较好的检测精度。以 Faster RCNN 模型为基础，研究人员对两阶段目标检测方法进行了深入的研究，并在工业视觉检测任务上得到了良好的应用效果。

4. 图像分割算法

图像分割（segmentation）是将图像划分成若干个子区域的过程，划分后的子区域分别属于不同的类别或不同的个体。传统的图像分割方法有以下几种：

1）阈值分割：根据色彩或灰度特征设置阈值，把图像像素点分为若干类别。

2）区域分割：根据区域特征的相似性将图像划分成不同的区块。

3）边缘分割：根据边缘特征（像素的灰度等级或结构突变的位置）将图像划分成不同的区块。

传统的图像分割方法是指根据像素灰度值分布的特征进行区域划分。在深度学习时代，一些模型（如卷积神经网络）可以识别出图像中每个像素所属的类别，从而诞生了语义分割（semantic segmentation，SS）

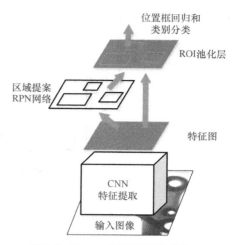

图 7-8　Faster RCNN 网络结构

和实例分割（instance segmentation，IS）。语义分割技术作为计算机视觉领域中的关键技术之一，目标为完成在像素点上对各类目标的分类任务。随着算力的不断提升和 CNN 网络的不断发展，当前学者围绕自然场景和医学影像进行了深入且系统的研究，基于深度学习的语义分割算法的发展历程如图 7-9 所示。

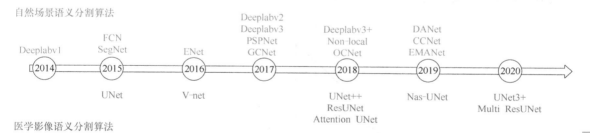

图 7-9　基于深度学习的语义分割算法的发展历程

UNet 模型在编码阶段设计了一个 23 层的卷积网络，用于提取图像中上下文信息，在解码阶段采用跳级连接融合不同阶段的特征图，逐层恢复目标的细节信息，UNet 模型在样本量较小的数据集中训练后，可以保持较高的分割精度。UNet 提出了"编码-解码"的网络架构，如图 7-10 所示，在编码部分由五个卷积层组成，每个卷积层模块中包含了两个卷积核为 3×3 的卷积层和 ReLu 层以及一个卷积核为 2×2 的最大池化层（下采样层）。在解码器中，解码模块将深层特征图和编码器中对应的浅层特征通过特征级联的方式进行融合，且经过 3×3 的卷积层和 ReLu 层，逐级恢复待分割对象的细节信息，最终输出分割结果。

7.2.3　视觉检测技术的应用案例

1. 板带表面缺陷在线检测技术

带钢表面缺陷在线检测系统检测装置示意图如图 7-11 所示。光源发出的光以一定角度

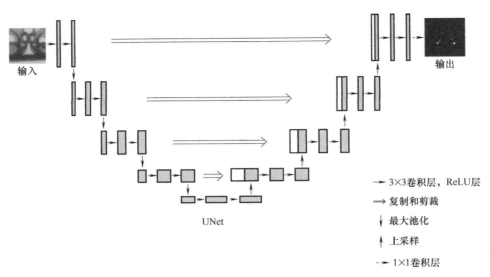

图 7-10　UNet 结构图

照射到运行状态的带钢表面上,置于带钢上方的线阵 CCD 摄像机对带钢表面进行横向扫描,采集从钢板表面反射的光,并将反射光的强度转换成灰度图像。线阵 CCD 摄像机自身完成横向一维扫描,而带钢的运行实现纵向扫描,从而构成二维图像。如果带钢表面存在缺陷,将会对入射光产生吸收或散射作用,从而使进入摄像机的光线强度发生变化。

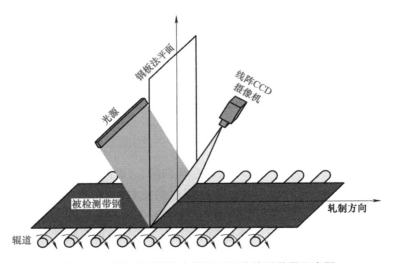

图 7-11　带钢表面缺陷在线检测系统检测装置示意图

　　北京科技大学团队提出一种表面缺陷检测系统架构,如图 7-12 所示。该表面缺陷检测系统是由上表面检测单元、下表面检测单元、并行处理系统、服务器、控制台组成。上、下表面检测单元中包括光源和摄像机,用来获取带钢表面的图像信息,并且把运动状态的带钢数据传送到并行处理系统来进行处理。该处理系统是由多台客户机组成,每台客户机与单独的一台摄像机相连,接收并处理该摄像机所传送的数据,从而保证每个摄像头采集的图像可以由单独的计算机进行处理,这样就可实现多台计算机对图像的并行处理,从而提高系统的数据处理能力。如遇带钢表面质量异常时，系统就会将图像保存到缓冲区内等待进一步处理。通过采用图像处理和模式识别技术，自动识别带钢上、下表面缺陷，并按照系统定义的分类，将缺陷归类至其所属类型，根据其严重程度采取不同的报警措施。所有的图像处理和模式识别过程都在客户机中完成。

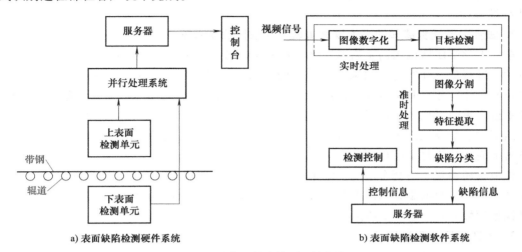

a) 表面缺陷检测硬件系统　　　　　　　　b) 表面缺陷检测软件系统

图 7-12　表面缺陷检测系统架构

　　服务器与多台控制台终端相连，用来显示和记录带钢的缺陷图像和数据。表面检测系统通过带钢生产线自动化系统和过程计算机控制系统，获取带钢的代码、状态、钢种、速度、宽度和长度等数据，结合表面质量检测结果，最终形成每卷带钢完整的质量信息。针对数字图像的信息量非常庞大的特点，带钢表面缺陷检测系统不仅要采用高性能的硬件来保证实时数据处理能力，同时在软件设计上也需要采用特殊的方法，如考虑运算方式、运算速度、简化图像识别算法等，以保证系统实时数据处理能力。如图 7-12b 所示，数字化后的图像需要经过 4 个步骤来处理，即目标检测、图像分割、特征提取和缺陷分类。热轧带钢缺陷检测结果如图 7-13 所示。

183

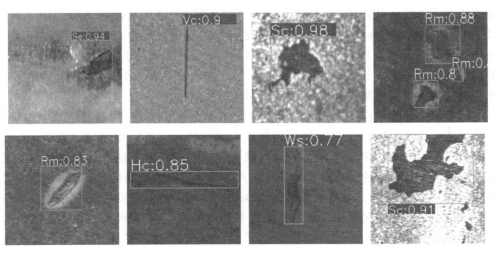

图 7-13　热轧带钢缺陷检测结果

热轧生产中，由于节奏快、图像数据量大，所以在表面检测过程中需要滤掉大量的非缺陷，比如水印、成片铁鳞等；显示对质量有较大影响的缺陷，如氧化铁压入、辊印、划伤、异物压入、裂纹等；尤其对于连续性或周期性缺陷，如矫直辊压痕、轧辊印、严重连续划伤等需要及时报警。图 7-14 所示为热轧带钢产线表面缺陷在线检测缺陷分析 HMI 终端界面。

2. 融合多维视觉感知的高速铁路重轨表面缺陷检测系统

东北大学某团队以国内某高速铁路重轨表面缺陷为研究对象，搭建了一套基于双目线阵相机的多维视觉感知实时数据采集与分析处理系统，如图 7-15 所示。该系统包含：两台高清工业彩色线阵相机和两台高亮度线型 LED 光源组成的图像数据采集装置，以及重轨线性运动平台。重轨平稳地在该系统上匀速运动，系统可以实时采集二维彩色图像，并利用被动立体匹配方法实现三维表面的实时重构，整个处理流程在搭载了两台高速数据处理 GPU 的服务器上完成，满足实时性要求。

该项目还构建了一套全新的多维重轨表面缺陷图像数据集，既有二维彩色图像，又有三维深度图像。该数据集是国际上首个公开的工业级多维表面缺陷图像数据集，并得到了欧洲机器视觉领域专业杂志 *Imaging & Machine Vision Europe* 的报道。

3. H 型钢尺寸测量技术

热轧 H 型钢是大型工程的重要建材与构件，具有抗弯和抗压性能较高、比强度高、生产率高、安装便利、轻质、绿色可循环等优点，广泛应用于建筑、石油化工、船舶、电力、交通运输等领域。与焊接 H 型钢相比，热轧 H 型钢可降低生产过程中的能耗、物耗，有利于实现结构材料绿色制造，助力碳达峰、碳中和目标的实现。H 型钢生产正朝着智能化、高质量方向发展，在轧制过程中实时获取型钢断面尺寸信息可有效提高生产率和产品质量。但是热轧 H 型钢的高温生产环境使得传统接触式测量方法不能满足测量需求。近年来，基于结构光的视觉测量技术发展迅速。该技术具有精度高、抗干扰能力强、实时性强等特点，易实现尺寸在线测量，在交通运输、板材轧制、钢铁冶炼、零件加工等领域得到广泛应用。

太原理工大学先进成形与智能装备团队提出了一种 H 型钢断面全尺寸测量系统，它由四个线结构光子系统、H 型钢、空压机等组成。H 型钢断面尺寸测量方法如图 7-16 所示。机架尺寸为 1230mm×1500mm×1840mm（长×宽×高），辊道宽度为 600mm，测量高度范围为 200~400mm，测量宽度范围为 100~200mm。线结构光子系统由工业相机、镜头、滤光片、激光器等组成，各子系统分别安装在辊道上、下、左、右各侧，分别测量 H 型钢对应侧断面尺寸并进行测量数据拼接，实现 H 型钢断面全尺寸测量。

在测量算法中，线结构光中心线的提取决定着测量算法的速度与精度。针对高温 H 型钢表面铁鳞造成的断线问题，分析 H 型钢断面轮廓点数字特征，提出一种基于特征点检测的高温 H 型钢断面全尺寸测量算法，通过线结构光中心线提取算法和边缘检测算法提取 H 型钢断面轮廓特征，根据轮廓点数学特征检测尺寸特征点，实现断面尺寸测量，算法流程如图 7-17 所示。在测量系统上对两组规格为 200mm×100mm 的 HN 型高温 H 型钢的断面尺寸进行了测量试验，试验结果表明，与考虑膨胀系数后的高温 H 型钢尺寸相比，两组 H 型钢高度和宽度满足系统规定的 ±2% 测量误差要求，腹板厚度和翼缘厚度满足系统规定的 0.5mm 测量误差要求。

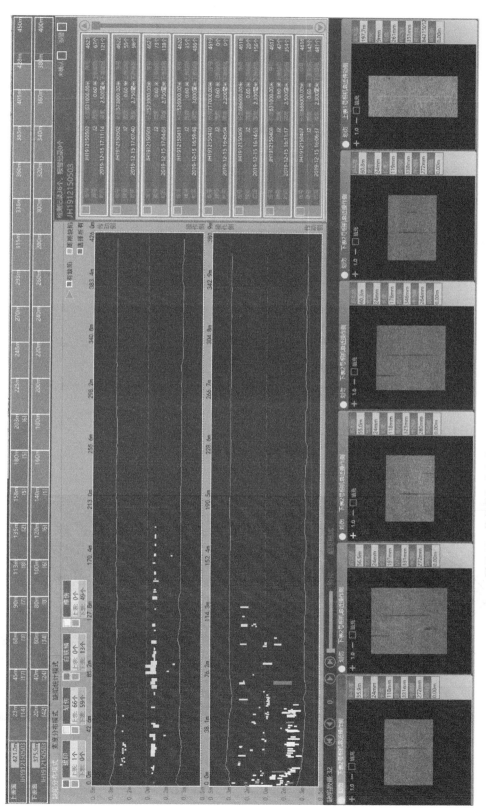

图 7-14　热轧带钢产线表面缺陷在线检测缺陷分析 HMI 终端界面

185

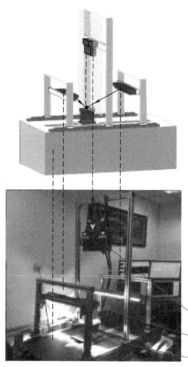

双目线阵相机

线型LED光源

线性运动平台

图 7-15 融合多维视觉感知的高速铁路
重轨表面缺陷检测系统

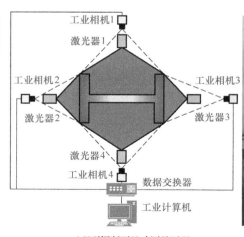

a) H型钢断面尺寸测量原理

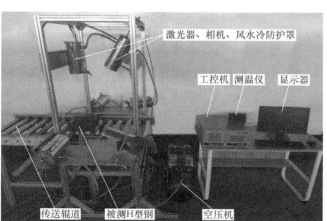

b) H型钢截面尺寸测量平台

图 7-16 H 型钢断面尺寸测量系统

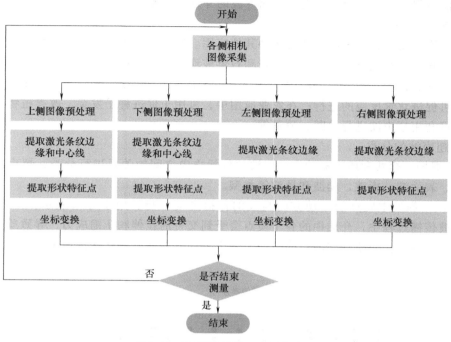

图 7-17　H 型钢断面尺寸测量方法

7.3　超声检测技术基础理论

7.3.1　超声波的基本性质

1. 超声波的定义及分类

（1）超声波的定义　声波是一种由物体的机械振动产生的机械波。根据振源的频率不同，声波可分为次声波、可闻声波和超声波。一般认为人耳所能听见的声波频率的上限为 20kHz，下限为 20Hz。因此，把频率分布在 20Hz~20kHz 范围内的声波称为可闻声波，把频率分布在高于 20kHz 的声波称为超声波，频率分布在低于 20Hz 的声波称为次声波。其中，超声波具有以下特性：

① 良好的方向性。由于超声波的高频率和短波长类似于光波，具有良好的方向性，可以被定向发射。

② 能量高。超声波频率高，能量与频率平方成正比。因此，即使声源的位移振幅相同，超声波的能量远大于可闻声波。

③ 界面反射、折射和波型转换。超声波在界面上能产生反射、折射和波型转换，这些特性在超声波检测中被广泛利用，特别是在超声波脉冲反射法中。

④ 穿透能力强。相比于电磁波（如 X 射线），超声波传播能量损失较小，传播距离较

大，穿透能力强。在一些金属材料中，超声波的穿透能力甚至可达数米，这是其他检测手段无法比拟的。

超声波不仅用于无损检测，还有多种其他应用。例如，在机械加工中，可用于加工硬度特别高的材料，如红宝石、金刚石、陶瓷和石英玻璃等；在焊接中，可应用于焊接难以焊接的金属，如钛、钍等；在清洗应用中，可以清洗电子零件、光学器件、医疗器械等；在化学工业中，可促进化学反应的进行；在农业应用中，可用于促进种子发芽，改善植物生长；在医学中，可利用超声波进行诊断、消毒等。

（2）超声波的分类

1）根据振动模式和质点振动方向与波的传播方向之间的关系进行分类，超声波包括纵波、横波、表面波、板波、爬波和导波等类型。

① 纵波。纵波中质点的振动方向与波的传播方向平行，用字母 L 表示，如图 7-18 所示。在纵波传播过程中，介质中的各个质点会受到交替的拉伸和压缩应力，导致质点之间发生伸缩变形。因此，介质在波的传播方向上会出现密度的疏密变化，纵波也被称为压缩波或疏密波。

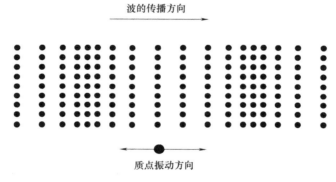

图 7-18　纵波示意图

纵波可以在能够承受拉伸或压缩应力的介质中传播。固体介质能同时承受拉伸和压缩应力，因此可以传播纵波；液体和气体介质虽然不能承受拉伸应力，但能够承受压缩应力，因此也能传播纵波。因此，纵波可以在各种弹性介质中传播，包括固体、液体和气体等。

② 横波。横波是一种质点振动方向与波的传播方向相互垂直的波，用字母 T 或 S 表示。在横波的传播过程中，介质中的各个质点会受到交替的剪切应力，导致整个介质产生切变形。因此，横波也被称为切变波或剪切波，如图 7-19 所示。

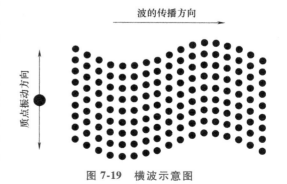

图 7-19　横波示意图

由于只有固体介质才能承受剪切应力，所以横波只能在固体介质中传播。横波常用于钢管及焊接件的超声检测。超声波在几种常见介质中的横波波速和纵波波速见表 7-2。

表 7-2　超声波在几种常见介质中的横波波速和纵波波速

介质	介质密度/(g/cm³)	纵波波速/(m/s)	横波波速/(m/s)
铝	2.69	6300	3130
钢	7.8	5900	3230
甘油	1.26	1900	液体和气体中不能传播横波
20℃的水	1.0	1500	
油	0.92	1400	
空气	0.0012	340	

③ 表面波。表面波是指当介质表面受到交变应力作用时，在介质表面上产生的沿表面传播的波，如图 7-20 所示，用符号 R 表示，也称为瑞利波。后来的研究证实，瑞利波只是表面波的一种形式。

在表面波的传播过程中，介质表面上的质点会以椭圆形轨迹振动。这种振动轨迹是纵波和横波振动形式的合成，其中椭圆轨迹的长轴垂直于波的传播方向，而短轴则平行于波的传播方向。表面波在介质表面较深的位置振动较弱，而在距离表面 1/4 波长深度处振幅最大。由于表面波中质点的振动同时具有横波和纵波振动形式，因此表面波只能在固体介质中传播。

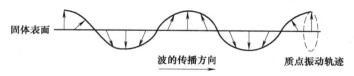

图 7-20　表面波示意图

④ 板波。板波是一种在板厚几个波长且厚度均匀的薄板中传播的波动。其中，最常见的板波为兰姆波。在兰姆波的传播过程中，薄板的两个表面的质点振动是纵波振动形式和横波振动形式的合成。这种振动轨迹呈现出椭圆形。

兰姆波根据薄板两个表面的质点振动方向分为对称型和非对称型。对称型兰姆波，用符号 S 表示，在传播时，薄板的中心质点沿着纵向振动，而两个表面的质点振动形成椭圆振动，且其振动相位相反，对称于板中心，如图 7-21 所示；非对称型兰姆波，用符号 A 表示，在传播时，薄板的中心质点沿着横向振动，而两个表面的质点振动形成椭圆振动，且其振动相位相同，非对称于板中心，如图 7-22 所示。

⑤ 爬波。爬波是一种特殊的波，当纵波以接近第一介质与第二介质的临界角度射入第

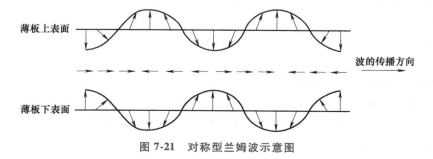

图 7-21　对称型兰姆波示意图

189

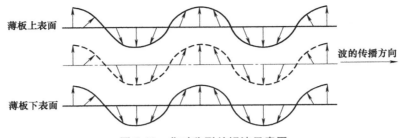

薄板上表面

波的传播方向

薄板下表面

图 7-22 非对称型兰姆波示意图

二介质时，在第二介质中产生沿近表面传播的纵波，这种波动被称为爬波，其传播路径是沿着第二介质表面的。

⑥ 导波。导波是一种在具有一定边界（如板、管、棒等）的波导内传播的机械波。导波可以是几种不同类型波的合成，如前面提到的兰姆波就是垂直剪切横波和纵波的合成。

2）根据波形分类可将超声波分为：平面波、球面波和柱面波。波形是指波阵面的形状，即波在空间中的外形或轮廓。波阵面是指介质中在同一时刻振动相位相同的所有质点所形成的平面或曲面。波前是指在某一时刻，振动传播到距离声源最远的位置所形成的波阵面。波线是指波的传播方向所形成的线。

① 平面波：波阵面呈现为相互平行的平面的波。在平面波中，波阵面与波的传播方向垂直。理想情况下，当一个无限大的平面波源在各向同性的弹性介质中发射波时，波阵面与振源平面平行，这样的波就可以被视为平面波。一般情况下，如果平面振源的尺寸远大于波长，那么该波源所发射的波可以近似看作是平面波。此外，离点波源无限远的波也可以近似看作是平面波。

② 球面波：波阵面为同心球面的波。球面波从波源向介质中的各个方向传播，当球形声源表面上的各点以相同的振幅和相同的相位沿径向振动时，向周围介质辐射的波即为球面波。

③ 柱面波：一种波阵面为同心圆柱面的波。其波源为一条线，当长度远大于波长的线状波源进行径向振动时，在各向同性介质中辐射的波即为柱面波。柱面波的波束沿径向扩散，意味着波的传播方向与柱面波的波阵面垂直。值得注意的是，柱面波的各质点振幅与距离的二次方根成反比关系。

3）根据波源振动的持续时间，可以把超声波划分为连续波和脉冲波。

① 连续波：是指介质中的质点连续振动产生的波动。简谐振动所产生的简谐波就是一种连续波。

② 脉冲波：是指振源进行间歇性振动且振动持续时间非常短（通常为微秒级，$1\mu s = 10^{-6}s$）所产生的波。

在超声检测中，连续波法和脉冲波法都得到了应用，其中，脉冲波法是目前广泛采用的一种形式。

2. 超声波的声速、声压及声强

1）超声波的声速是指超声波在单位时间内传播的距离，通常称为传播速度，用符号 c 表示。它是描述声波现象或声学研究的重要参数之一。超声波的声速与介质的弹性模量、介质的密度、超声波的波形、温度、压力以及介质的均匀性等有关。

2）声压是指由于声振动使声场中的介质质点受到的附加压力的强度。它用某一时刻某一点的压强 p_1 与没有超声波存在时的静态压强 p_0 之差 p 表示，即

$$p = p_1 - p_0 \tag{7-6}$$

由波动方程 $y = A\cos\omega\left(t - \dfrac{x}{c}\right)$ 得到质点的振动速度 u 为

$$u = \frac{\mathrm{d}y}{\mathrm{d}t} = -A\omega\sin\omega\left(t - \frac{x}{c}\right) \tag{7-7}$$

式中，$A\omega$ 为速度振幅，即介质质点的速度振幅是其位移振幅的 ω 倍。

3）声强是指声波传播的能流密度 pu 在一个周期 T 内的平均值，即在单位时间内通过垂直于传播方向上单位面积的声能，常用字母 I 表示，常用单位是 $\mathrm{W/m^2}$ 或 $\mathrm{W/cm^2}$。声强的数学计算公式为

$$I = \frac{1}{T}\int_0^T pu\,\mathrm{d}t \tag{7-8}$$

式中，pu 为垂直通过单位面积的瞬时功率，即能流密度。

7.3.2　超声检测的特点和方法

超声检测（ultrasonic testing，UT）是利用超声波与工件相互作用，通过分析超声波在物体内部的反射、透射和散射等现象来检测和评估物体内部结构和表面缺陷的。这项技术用于检测工件的宏观缺陷、测量几何特性、分析组织结构和评估力学性能变化，从而对工件的特定应用性进行评价。

1. 超声检测的基本原理

超声检测的基本原理是通过机械振动产生的超声波传入被检测工件，如图 7-23 所示。在超声波传播过程中，当遇到不同介质的界面（如金属材料中的气孔缺陷处的金属-气体界面）或同一金属材料的不同密度区域时，部分能量会被衰减，同时超声波会在这些界面处发生反射、透射和散射，并在特定波长时产生共振。通过电子技术测量声能衰减程度、反射波的声强、传播时间以及共振次数等参数，并将这些数据处理后显示在屏幕上。再将这些结果与标准试块及其反射体的检测结果进行比较，从而确定被检工件的厚度、物理特性、力学特性或缺陷特性等。

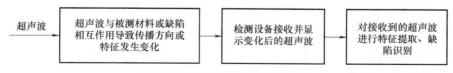

图 7-23　超声波检测原理示意图

超声检测应用广泛，它不仅可用于检测工件的内部缺陷和表面缺陷，还可进行材料特性检测。该技术被广泛应用于航空航天、核工业、兵器制造、造船、特种设备、机械、电力、冶金、化工、矿业、建筑和交通等工业领域，以及科学研究和医疗领域。超声检测可以测量材料的声速、声衰减、厚度、应力和硬度等参数，还可以检测液体的浓度、密度、黏度、流速、流量和液位。此外，它还能用于地层断裂、空洞测量、岩石空隙率和含水量的检测等。

2. 超声检测的特点

（1）超声检测的优点　超声检测具有多项优点，包括成本低、操作简便、技术灵活、设备轻便等。它能够检测较大厚度的工件，对人和环境无害，并对内部和表面缺陷高度敏感，特别是对于焊接中的裂纹和未熔合等危害性较大的面积型缺陷，超声检测具有较高的灵敏度。此外，超声检测能够定量确定缺陷在工件中的深度，通常只需在工件的一侧即可进行检测。它可以实时提供检测结果，除了探伤外，还能进行材料特性的测定，并且在役检测也十分方便。

（2）超声检测的局限性　超声检测存在一些局限性，如缺陷判定不直观，难以确定缺陷的密度、大小及类型等。超声检测对检测人员的技能和经验要求很高。此外，超声检测很难检测粗晶材料、表面过于粗糙、形状不规则、检测对象过小或过薄以及非同质材料，平行于声束的线状缺陷也难以检测，设备和缺陷均须依据标准进行标定。在工程实践中，超声检测通常与射线检测配合使用，以提高检测效率和结果的可靠性。

3. 超声波检测的方法

（1）共振法　应用共振现象对试件进行检测的方法叫共振法。探头把超声波辐射到试件后，通过连续调整声波的频率以改变其波长，当试件的厚度为声波半波长的整数倍时，则在试件中产生驻波，且驻波的波腹正好落在试件的表面上。用共振法测厚时，在测得超声波的频率和共振次数后，可用式（7-9）计算试件的厚度 δ 为

$$\delta = n\frac{\lambda}{2} = \frac{nc}{2f} \tag{7-9}$$

式中，c 为超声波在试件中的传播速度；λ 为波长；n 为共振次数；f 为超声波频率。

当在试件中有较大缺陷或壁厚改变时，将使共振点偏移乃至共振现象消失，所以共振法常用于壁厚的测量，以及复合材料的胶合质量、板材点焊质量、均匀腐蚀和金属板材内部夹层等缺陷的超声检测。

（2）透射法　透射法又称穿透法，是最早采用的一种超声检测技术，如图7-24所示。

1）透射法的工作原理。透射法是将发射探头和接收探头分别置于试件的两个相对面上，根据超声波穿透试件后的能量变化情况，来判断试件内部质量的方法。如试件内无缺陷，声波穿透后衰减小，则接收信号较强；如试件内有小缺陷，声波在传播过程中部分被缺陷遮挡，使之在缺陷后形成阴影，接收探头只能收到较弱的信号；若试件中缺陷面积大于声束截面，全部声束被缺陷遮挡，接收探头则收不到发射信号。

超声信号的减弱既与缺陷尺寸有关，还与探头的超声特性有关。此方法除超声信号是衰减而不是增加外，与分贝降低法十分相似。透射法简单易懂，便于实施，不需要考虑反射脉冲幅度，而且裂纹的遮蔽作用不受缺陷表面粗糙度或缺陷方位等因素的影响。

2）透射法检测的优缺点。透射法检测的主要优点是：透射法是根据缺陷遮挡声束而导致声能变化来判断缺陷有无和大小的，当缺陷尺寸大于探头波束宽度时，该方法测得的裂纹尺寸的精度高于±2mm；在试件中声波只做单向传播，适合检测高衰减的材料；对发射和接收探头的相对位置要求严格，须使用专门的探头支架；当选择好耦合剂后，特别适用于单一产品大批量加工制造过程中的机械化自动检测；在探头与试件相对位置布置得当后即可进行检测，在试件中几乎不存在盲区。

透射法检测的主要缺点是：一对探头单收单发的情况下，只能判断缺陷的有无和大小，

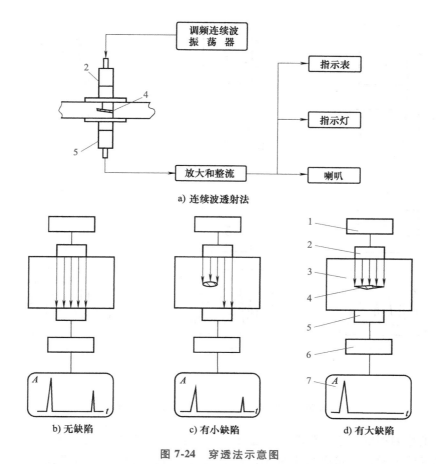

图 7-24　穿透法示意图

1—脉冲波高频发生器　2—发射探头　3—工件　4—缺陷　5—接收探头　6—放大器　7—显示屏

A—幅值　t—时间

不能确定缺陷的方位；当缺陷尺寸小于探头波束宽度时，该方法的探测灵敏度低；若用探伤仪上透射波高低来评价缺陷的大小，则当透射声压变化 20% 以上时，才能将超声信号的变化进行有效的区分。若用数据采集器采集超声波信号，并借助于计算机进行信号处理，则可大大提高探测灵敏度和精度。

（3）脉冲反射法　脉冲反射法是应用最广泛的一种超声检测方法。在实际检测中直接接触式脉冲反射法最为常用，如图 7-25 所示。该法按照检测时所使用的波的类型大致可分为：纵波法、横波法、表面波法、板波法。在某些特殊情况下，有的检测是用两个探头进行的，有的检测则必须在液浸的情况下才能进行。

1）脉冲反射法的工作原理。脉冲反射法是利用超声波脉冲在试件内传播的过程中，遇有声阻抗相差较大的两种介质的界面时，将发生反射的原理进行检测的方法。采用一个探头兼作发射和接收器件，接收信号在探伤仪的显示屏上显示，并根据缺陷及底面反射波的有无、大小及其在时基轴上的位置来判断缺陷的有无、大小及其方位。

2）脉冲反射法的优缺点。

① 优点：检测灵敏度高，能发现较小的缺陷；当调整好仪器的垂直线性和水平线性后，

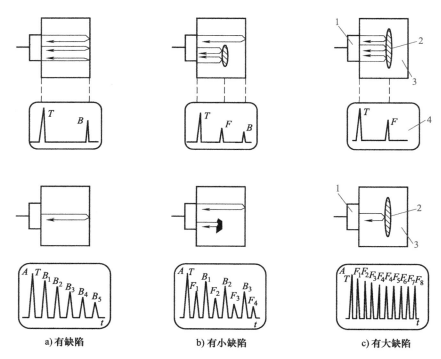

图 7-25　直接接触脉冲反射法

1—探头　2—缺陷　3—工件　4—显示屏

A—幅值　t—时间　T—始波　F—缺陷波　B—底波

可得到较高的检测精度；适用范围广，适当改变耦合方式，选择合适的探头可以实现预期的探测波形和检测灵敏度；可采用多种不同的方法对试件进行检测；操作简单、方便、容易实施。

② 缺点：单探头检测往往在试件上有一定盲区；由于探头的近场效应，不适用于薄壁试件和近表面缺陷的检测；缺陷波的大小与被检缺陷的取向联系密切，容易有漏检现象发生；因声波往返传播，故不适用于衰减太大的材料。

3）直接接触脉冲反射法。直接接触脉冲反射法是使探头与试件之间直接接触，接触情况取决于探测表面的平行度、平整度和粗糙度，但良好的接触状态一般很难实现。若在两者之间填充很薄的一层耦合剂，则可保持两者之间良好的声耦合，耦合剂的性能将直接影响声耦合的效果。直接接触脉冲反射法又可分为纵波法、横波法、表面波法和板波法等，其中以纵波法应用最为普遍。

4）液浸法。液浸法是在探头与试件之间填充一定厚度的液体介质作为耦合剂，使声波首先经过液体耦合剂，再入射到试件中去，探头与试件并不直接接触，从而克服了直接接触法的上述缺点。液浸法的优点是探头角度可任意调整，声波的发射、接收也比较稳定，便于实现检测自动化，大大提高了检测速度；缺点是当耦合层较厚时，声能损失较大。另外，自动化检测还需要相应的辅助设备，有时是复杂的机械设备和电子设备，它们对单一产品（或几种产品）往往具有很高的检测能力，但缺乏灵活性。液浸法与直接接触法相比各有利弊，应根据被检对象的具体情况选用适宜的方法。

194

7.3.3　超声检测技术的应用案例

1. 基于深度学习的航空机匣环件超声全聚焦缺陷检测技术

随着航空工业的快速发展，航空机械零部件的结构也更加复杂，如航空机匣环件截面具有不同曲率的曲面结构。为了减少机加工过程中的材料浪费，环件近净轧制技术成为发展趋势，可直接获得截面形状复杂的环类零件。受原材料质量、工艺因素、环境干扰等影响，机匣环件制造过程中容易产生折叠、孔洞、裂纹等多类型缺陷。由于航空发动机高温高压，机匣工作环境恶劣，内部缺陷更容易造成零件失效，严重影响航空发动机服役寿命和质量安全。超声检测作为航空机匣环件生产制造过程的必要环节，目前主要依赖人工检测与经验分析，存在劳动强度大、检测效率低，容易出现误判和漏判等问题。为了提高航空机匣环件超声检测精度和速率，武汉理工大学团队提出了基于深度学习的航空机匣环件超声全聚焦缺陷检测技术，开发了航空机匣环件超声相控阵自动化、智能化检测系统（见图 7-26）。

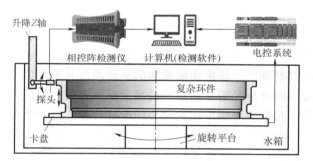 

图 7-26　航空机匣环件水浸超声全聚焦检测系统

构建的航空机匣环件水浸超声全聚焦检测系统，采用水浸超声相控阵检测系统，主要包括水箱、相控阵检测仪、超声相控阵探头和工业计算机。采用 64/64 并行发射和接收通道的超声相控阵检测仪，采集超声全矩阵信号并进行全聚焦成像。针对超声全聚焦图像中的缺陷目标小、图像分辨率低和检测实时性差的难点，提出了基于深度学习的复杂多类型缺陷智能检测方法，建立了多类型缺陷特征图像数据库，提出了基于超声分辨率网络和混合注意力机制的 YOLOX-S 缺陷智能识别深度学习模型的改进算法（见图 7-27），将该模型应用于某航空机匣环件超声相控阵全聚焦检测试验，实现了孔洞、裂纹和密集型孔多类型缺陷的精确识别，平均识别准确率达到 99.17%。

2. 基于超声平面波全聚焦的管座角焊缝缺陷检测技术

管座角焊缝广泛存在于电站锅炉及油气输送管道等基础设施中，因其极易产生缺陷，故对超声无损检测技术有着强烈的需求。由于管座角焊缝独特的相贯线结构，从主管端检测时探头与工件难以耦合，从接管端检测时超声回波信号声程较远，且需经过底面反射，故检测分辨率与精度较低。近些年新兴的相控阵超声全聚焦成像技术，由于其完备的数据采集方式以及对所有像素点都进行合成孔径聚焦的特点，大幅提升了检测图像的分辨率与缺陷测量精度，也使得可从接管端进行高精度检测。

浙江大学团队提出了一种采用超声平面波全聚焦成像方法，可从接管端对管座角焊缝进

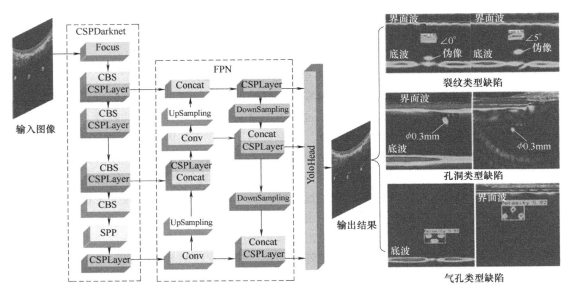

图 7-27　YOLOX-S 改进算法识别结果

行多模态融合成像检测。首先基于声场解析模型建立灵敏度图像算法，得到表征区域内各点检测灵敏度的图像，在此基础上向焊缝区域发射朝多个特定角度偏转的平面声波并采集回波数据。其次考虑到声束在管道壁面折射、反射时产生的沿不同路径的横、纵波声束，对回波数据进行多模态多路径的平面波全聚焦成像。最后将灵敏度图像作为匹配滤波器，处理生成的多模态图像，得到最终的融合成像视图。

模拟试块的成像检测（见图 7-28）结果表明，该方法不仅能清晰地呈现缺陷的形貌，也能准确地还原主管的侧壁面。以管座角焊缝试件为对象开展超声检测，如图 7-29 所示。通过测量该侧壁面的位置，不仅能推算出当前探头沿接管周向所处的位置，从而省去编码器的使用，也能对缺陷进行定位。测量结果表明，横通孔与刻槽缺陷的位置与尺寸位置的最大偏差为 0.59mm，小于对应声波波长，刻槽角度测量误差最大为 9°。图 7-30 所示为对含气孔、裂纹、未焊透三种缺陷的管座角焊缝试件的检测结果，考虑到人工预埋缺陷的误差，该方法对实际缺陷也有着良好的检测效果。

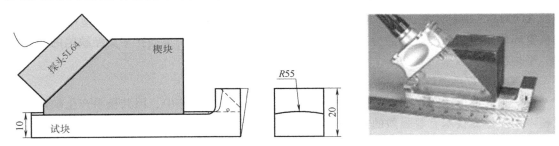

图 7-28　模拟试块检测示意图

3. 基于激光超声的波纹复合板界面缺陷在线检测技术

激光超声是一种先进的无损检测技术。激光超声检测技术能够通过激光实现工件中超声波的非接触式激发和检测。激发激光通过热弹机制和烧蚀机制在工件表面激发超声波，并传至内部。工件缺陷会导致超声波在传播过程中产生反射、折射、散射或剧烈衰减等现象，并反映到工件表面的微小位移。检测激光照射到工件表面上，散射或者反射的光就携带了超声信息，这些信息可以被干涉型或非干涉型的光学接收器所收集。激光超声检测技术通过全光学的方法取代了传统超声中的压电换能器。激光超声与传统压电超声相比，具有非接触，不依赖耦合剂，可同时激发多种类型的超声波，能够在酸、碱、高温高压及辐射等恶劣环境下进行检测等优点。激光超声作为一种新兴的无损检测技术，在

图 7-29　管座角焊缝试件检测示意图

工业检测领域具有广泛的应用前景，本书作者团队研制出了一种基于激光超声的波纹复合板界面缺陷在线检测技术。

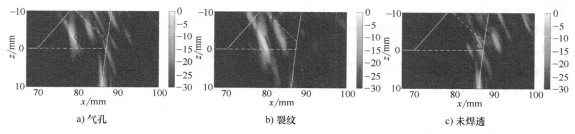

a) 气孔　　　　　　　　　　b) 裂纹　　　　　　　　　　c) 未焊透

图 7-30　含气孔、裂纹、未焊透三种缺陷的管座角焊缝试件的检测结果

扫描成像技术通过采集回波数据并分析处理，实现图像重构，获得直观缺陷图像。扫描成像技术主要依赖于探测元件对检测目标进行逐点逐行取样，根据不同组织、结构对超声产生的不同回波特性，集合特征信息，对声场中各点进行成像。扫描成像根据扫描形式不同，分为 B 扫描、C 扫描、D 扫描、S 扫描和 P 扫描等。B 扫描一般通过在表面上沿一条直线顺次激发，可以得到与材料表面垂直的断面图，因此 B 扫描是最常用的扫描方式。

（1）激光超声检测平台及 B 扫描　典型的激光超声检测平台结构如图 7-31 所示。激光超声成像平台由干涉仪、脉冲激光器、电控平台和信号采集装置组成，所有这些都由中央控制单元控制。激发激光由脉冲激光器产生。脉冲激光经反射镜反射后，经柱面透镜聚焦成线状光斑，在样品表面产生轻微烧蚀，从而在样品内部产生超声波。超声波信号可由干涉仪等光学仪器收集，典型的干涉仪包括双波混合（TWM）干涉仪、双光束零差干涉仪和外差干涉仪等。一般选取连续激光源作为干涉仪的光源。TWM 干涉仪具有两束相干光束自动保持正交、自动补偿低频漂移、对

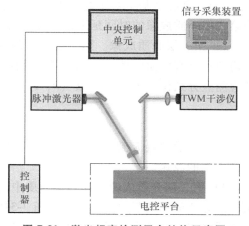

图 7-31　激光超声检测平台结构示意图

197

样品表面粗糙度不敏感等优点。因此，TWM 干涉仪适用于工业环境中的无损检测。中央控制单元会控制电动平台带动样品沿扫描方向进行顺次的激发和接收。与传统的超声 B 扫描不同的是，为避免激发点处热膨胀效应的影响，在激光超声检测系统中，激光点和检测点在样品表面之间存在一个固定的距离 Δx，如图 7-32 所示。

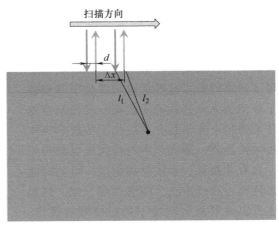

图 7-32　B 扫描示意图

（2）合成孔径聚焦成像技术　图 7-33 所示为铜铝波纹板的波场仿真模拟结果。由于铜和铝的声阻抗不同，在材料内部传播的纵波、横波等波会在波纹界面处同时反射和折射，并伴有复杂的波形转换，从而产生极其复杂的波场分布。受波纹界面影响，反射波的传播路径难以预测，传统 B 扫描难以准确显示弯曲界面。因此，需要采用更加精确的成像算法来实现波纹复合板的精确检测。

合成孔径聚焦成像技术（SAFT）是一种常用的聚焦成像算法。合成孔径聚焦成像技术本质上是将一系列单独的小孔径探头接收的信号转换为一个大孔径探头的接收信号，从而提高横向分辨率实现聚焦。SAFT 算法中每个成像点处的幅值叠加计算公式为

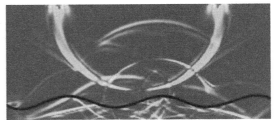

图 7-33　铜铝波纹板的波场仿真模拟结果

$$I(x,z) = \sum_{i=1}^{N} s_i(t_i(x,z)) \tag{7-10}$$

式中，N 为激光超声信号 s 的总数；i 为序号；$t_i(x,z)$ 为时间延迟，在数值上等于波从激发点到点 (x,z) 再到检测点的传播时间；$I(x,z)$ 为计算成像点 (x,z) 处的振幅。

SAFT 算法是基于射线追踪法，需要计算波的传播路径。因此波纹板的第一层介质成像和第二层介质成像的时间延迟计算方法有一定区别。

1）第一层介质成像。第一层介质的时间延迟计算方法如图 7-34a 所示。因为第一层材料均匀且具有各向同性，因此波的传播路径较为简单。设扫描信号的序列号为 i 时的激发点和检测点分别位于 E 和 D，点 (x,z) 处的时间延迟 $t_i(x,z)$ 的计算公式为

$$t_i(x,z) = \frac{l_1 + l_2}{c_1} \tag{7-11}$$

式中，l_1 为激发点 E 到点 (x,z) 的距离；l_2 为检测点 D 到点 (x,z) 的距离；c_1 为第一层介质中的波速。

2）第二层介质成像。第二层介质中的时间延迟计算必须考虑波在波纹界面处的折射。第二层介质的时间延迟计算方法如图 7-34b 所示。费马原理指出，波的传播路径对应于最短的传播时间。以激发路径 $E \rightarrow O_1 \rightarrow O$ 为例，可通过梯度下降法等数值计算方法计算得总传播

时间（$l_1/c_1 + l_3/c_2$）最短时的激发路径折射点 O_1，其中 c_2 为第二层中的波速。同理可得接收路径 $O \rightarrow O_2 \rightarrow D$ 的折射点 O_2。当折射点 O_1 和 O_2 均已知时，点 $O(x, z)$ 的时间延迟的计算公式为

$$t_i(x,z) = \frac{l_1 + l_2}{c_1} + \frac{l_3 + l_4}{c_2} \tag{7-12}$$

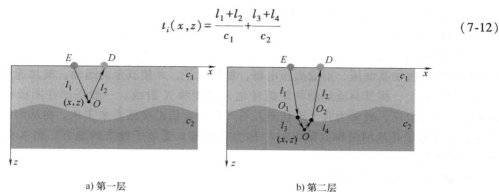

a) 第一层　　　　　　　　　　　　　　　b) 第二层

图 7-34　时间延迟计算原理图

（3）波纹复合板界面未结合缺陷检测结果　波纹板的激光超声合成孔径聚焦成像结果如图 7-35 所示。图 7-35a 中结合良好的区域界面轮廓均匀且光滑，而图 7-35b 中未结合区域（虚线方框内）有明显的颜色变化，幅值更高。图像中未结合区域下方，出现界面的二次回波图像，并且观察不到底面，这可以进一步揭示缺陷的位置。

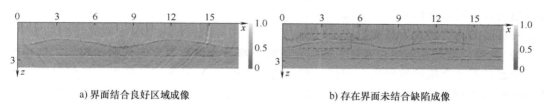

a) 界面结合良好区域成像　　　　　　　　　b) 存在界面未结合缺陷成像

图 7-35　波纹板复合板激光超声检测结果

7.4　数字射线检测技术基础理论

7.4.1　射线成像基础理论

1. 射线的基本性质

X 射线、γ 射线和中子射线均可用于固体材料的无损检测，其特性如下：

1）射线是一种波长极短的电磁波，不可见，直线传播。X、γ 射线统称为光子。根据波谱图可以得出：X 射线的波长为 $0.01 \sim 10\text{nm}$；γ 射线的波长为 $0.001 \sim 0.1\text{nm}$。

2）射线不带电，不受电场和磁场的影响。

3）射线具有很强的穿透能力，而且波长越短，穿透能力越强。根据波长的长短，可以把射线分为硬射线和软射线。

2. X 射线的产生

（1）X 射线产生的三个条件

1）具有一定数量的电子。

2）迫使这些电子在一定方向上做高速运动。

3）在电子运动方向上设置一个能急剧阻止电子运动的障碍物。

（2）X 射线的发生　首先，对灯丝通电预热，产生电子热辐射，形成电子云；然后，对阴极和阳极施加高电压，形成高压电场，加速电子，并使其定向运动；被加速的电子最终撞击到阳极靶上，将其高速运动的动能转化为热能和 X 射线。一般把加在阴极和阳极之间的电压称为管电压，通常为几十千伏至几百千伏，要借助变压器来实现。将从阳极向阴极流动的电流（电子是从阴极移向阳极的）称为管电流。受电子撞击的地方，即 X 射线发生的地方，称为焦点。

3. 射线检测原理及特点

（1）射线在物质中的衰减定律　射线在穿透物质的同时也会发生衰减现象。其发生衰减的根本原因有两点：吸收和散射。

1）吸收。吸收是一种能量的转换。当 X 射线通过物质时，射线的能量光子与物质中原子轨道上的电子互相撞击，可使得与原子核联系较弱的电子脱离原子，亦即使原子离子化，并且其碰撞情况也可以不同，有的能量光子在撞击时消耗全部能量，致使飞出的电子带有颇大的速度，这就是光电子；有的能量光子仅消耗部分能量。而这些逸出的电子，速度较高者可以超出被照射的物体以外，形成与阳极射线相似的辐射；其余电子与物质的能量光子碰撞时，将自己的动能转变为热能。

2）散射。散射是射线在通过不均匀介质时一部分光偏离原方向传播的现象。这种现象与光线通过浑浊介质的散射完全相似。唯一的区别就是 X 射线波长甚小，任何对于光线透明的介质都可被视为"浑浊"，也就是物质的原子或其本身成了散射中心。射线穿过物质时，由于康普顿效应（频率改变的散射过程）而被散射。

射线在穿透物质的同时发生的衰减定律是射线穿过一定厚度的工件，其强度比与该工件的厚度成负幂指的关系，即

$$I_{\delta} = I_0 e^{-\mu\delta} \tag{7-13}$$

式中，I_0 为射线的初始强度；I_{δ} 为射线的透射强度；δ 为工件的厚度；μ 为线衰减系数。

衰减系数是入射光子在物质中穿行单位距离时，与物质发生相互作用的概率。不同材料具有不同的衰减系数，一般与射线的波长、穿透物质的密度和被检物质的原子序数成正比，即

$$\mu = f(\lambda, \rho, z) \tag{7-14}$$

式中，λ 为射线的波长；ρ 为材料密度；z 为原子序数。

μ 随射线的种类和线质的变化而变化，也随穿透物质的种类和密度的变化而变化。对于电磁波（X 射线和 γ 射线），若穿透物质相同，则波长 λ 增加，衰减系数变大；若波长 λ 相等，则穿透物质的原子序数 z 越大，衰减系数越大，密度越大，衰减越大。

（2）射线检测原理　射线检测主要是利用它的指向性、穿透性、衰减性等几个基本性质。工件的厚度是 δ，缺陷沿射线入射方向的厚度是 X，A、B 为工件缺陷上下的厚度，则有

$$\delta = A + X + B \tag{7-15}$$

式中，X 为缺陷厚度；A 为缺陷上部厚度；B 为缺陷下部厚度。

1）无缺陷区的射线透射强度 I_δ 为

$$I_\delta = I_0 \mathrm{e}^{-\mu} \tag{7-16}$$

2）有缺陷区的射线透射强度 I_x 为

$$
\begin{aligned}
I_x &= I_0 \mathrm{e}^{-\mu A} \mathrm{e}^{-\mu' X} \mathrm{e}^{-\mu B} \\
&= I_0 \mathrm{e}^{-\mu A} \mathrm{e}^{-\mu B} \mathrm{e}^{-\mu X} \mathrm{e}^{\mu X} \mathrm{e}^{-\mu' X} \\
&= I_0 \mathrm{e}^{-\mu\delta} \mathrm{e}^{-(\mu'-\mu) X} \\
&= I_\delta \mathrm{e}^{-(\mu'-\mu) X}
\end{aligned}
\tag{7-17}
$$

由式（7-17）可得

$$\frac{I_x}{I_\delta} = \mathrm{e}^{-(\mu'-\mu) X} \tag{7-18}$$

① 当 $\mu' < \mu$ 时，$I_x > I_\delta$，缺陷区域对射线的衰减较少，如钢中的气孔、夹渣。

② 当 $\mu' > \mu$ 时，$I_x < I_\delta$，缺陷区域对射线的衰减较大，如钢中的夹铜。

③ 当 $\mu' = \mu$ 或 x 很小时，$I_x = I_\delta$，缺陷区域对射线的衰减几乎没有差异，因此缺陷得不到显示。

（3）射线检测特点　射线成像与常规无损检测技术（如超声、磁粉、渗透、涡流）相比，主要特点是快速、高效、动态、多方位在线检测。射线检测特点如下：

1）检测结果可及时给出，可以长期保存，显示直观。

2）检验效率高，可实现自动化流水作业。

3）可在各种角度的透视方向上检查，提高缺陷显示的可能性。

4）保持被检部件和操作人员联系，可以逐点进行检查。

5）在 X 射线透视检查同时，可直接调整被检工件位置。

6）检验人员远离射线源，可有效解决防护问题。

7）可以监测检验技术和检验工作质量。

除此以外，射线检测技术适用于各种材料的检验，不仅可用于金属材料（黑色金属和有色金属），也可用于非金属材料和复合材料的检验，还可以用于放射性材料的检验。射线检测对被检工件的表面和结构没有特殊要求，可应用于各种产品的检验。射线检测的原理决定了这种技术最适宜体积型缺陷（即具有一定空间分布的缺陷，特别是具有一定厚度的缺陷）的检测。射线检测的灵敏度与一系列因素相关，如所采用的射线照相技术、缺陷的类型、被检工件的材料与结构特点。

4. 射线成像应用

射线成像检验技术在医疗、安全检查和工业射线检测方面的应用如下：

1）射线成像检验技术最早应用于医疗方面，现在仍是重要的医疗诊断手段。

2）射线成像检验技术在安全检查方面主要用于包裹、集装箱和包装物的检查，已是车站、机场、海关等最重要的安全检查和反走私检查手段。

3）射线成像检验技术在工业无损检测方面主要用于线管焊接件生产检验、火箭发动机外壳检验，以及铸件、晶体管件、微型电路、火箭推进剂电路板均匀性、电磁阀、熔断器、继电器、钢铁、铝和铝合金的焊接件、轻质材料、塑料、橡胶、陶瓷制品等的质量检验。

7.4.2 数字射线检测系统

1. 数字射线检测系统的组成

数字射线检测系统可分为两类：一类是面阵探测器数字射线检测系统，另一类是线阵探测器数字射线检测系统。

（1）面阵探测器数字射线检测系统 面阵探测器数字射线检测系统的基本组成部分是：射线源、面阵射线探测器、图像显示与处理单元，如图7-36所示。

面阵探测器常用的是非晶硅面阵探测器、CMOS面阵探测器或非晶硒面阵探测器。探测器完成对射线的探测与转换，同时完成图像数字化，直接获得数字检测图像。常用的面阵探测器像素尺寸为$200\mu m$、$150\mu m$、$100\mu m$等，也有其他像素尺寸的探测器。A/D转换位数一般都

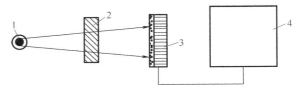

图7-36 面阵探测器数字射线检测系统示意图
1—射线源 2—工件 3—面阵射线
探测器 4—图像显示与处理单元

可达到12bit、14bit或16bit。显然，更小的像素尺寸、更高的A/D转换位数可以构成性能更好的数字射线检测系统。

面阵探测器数字射线检测系统应用时，通常都采用静态检测方式获取检测信号。如果配备适当的机械装置和软件，这类系统也可以采用动态方式完成检测。

（2）线阵探测器数字射线检测系统 线阵探测器数字射线检测系统的组成部分包括：射线源、线阵射线探测器、机械装置、图像显示与处理单元，如图7-37所示。线阵探测器常用的是非晶硅、CMOS或CCD分立辐射探测器，探测器完成射线的探测、转换，同时完成图像数字化。典型的像素尺寸有$84\mu m$、$127\mu m$等，其A/D转换位数一般都可达到12bit、14bit或16bit。

线阵探测器每次采集的仅是图像的一行数据，只能通过扫描方式完成一个部位检测图像采集。因此这种系统必须有机械装置。一般射线源与探测器是固

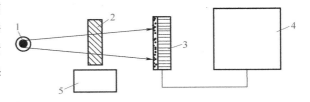

图7-37 线阵探测器数字射线检测系统示意图
1—射线源 2—工件 3—线阵射线探测器
4—图像显示与处理单元 5—机械装置

定的，由机械装置驱动工件运动，完成检验部位的图像采集。因此机械装置的运动形成了垂直于探测器方向的采样间隔。机械装置必须能够适宜固定工件，能以一定精度、平稳地完成平移或旋转运动。显然，采用线阵探测器构成的系统，只能以动态检测方式获取检测图像。

线阵探测器的像素尺寸常小于面阵探测器的像素尺寸，另外，线阵探测器数字射线检测系统常采用准直缝，这能够有效地限制散射线，使图像质量得到改善。但它要求所配置的机械扫描装置必须具有满足要求的性能。

在实际检测系统中，一般把射线源控制部分、机械装置控制部分和图像显示与处理部分

组合在一起，附加上一些辅助设备（如摄像机、监视器等）的控制和显示设备构成控制台管理和操纵检测系统。

2. X 射线检测设备

（1）X 射线机的种类　X 射线机可按结构、用途、频率及绝缘介质分类，如图 7-38 所示。

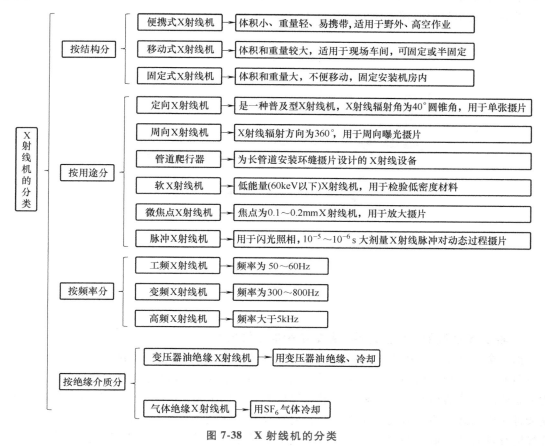

图 7-38　X 射线机的分类

（2）X 射线机的结构　工业射线成像检测中使用的普通 X 射线机主要由高压部分、保护部分、冷却部分、控制部分组成。

1）高压部分包括 X 射线管、高压变压器、灯丝变压器、高压整流管、高压电容、高压电缆等。

2）保护部分包括过电流保护、阴极冷却保护、X 管过载保护、零位保护、接地保护、其他保护。

3）冷却部分包括循环油冷却靶、外冷式水冷却油。

4）控制部分包括管电流调节、管电压调节、操作指示部分等。

3. 工业 CT 检测设备

大多数传统工业 X 射线 CT 系统采用锥形束的几何结构，主要由 4 部分组成：①X 射线源，用于产生 X 射线；②X 射线探测器，用于测量工件对 X 射线的衰减；③机械轴，将物体置于射线源和探测器之间，并提供 CT 所需的旋转；④计算机，用于数据采集、重建与后续分析。本质上前 3 部分的参数和性能直接影响着采集数据的质量，而测量体积受限于探测器和系统屏蔽机柜尺寸。典型的平板探测器像素数量为 1000×1000 或 2000×2000，范围为 400mm×400mm。大部分工业 CT 系统采用全角度（360°）扫描，通常每次扫描需采集多达 3600 张图像，旋转速度取决于曝光时间和转台的机械稳定性。X 射线源需要有足够大的功率来穿透高吸收材料。商用标准射线源电压一般不高于 450kV，也有特殊的 800kV 的射线源。图 7-39 所示为带温控柜体的微焦点工业 CT 系统。

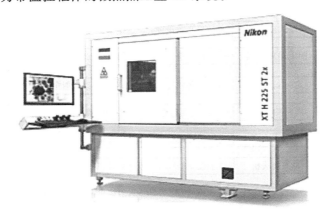

图 7-39 带温控柜体的微焦点工业 CT 系统（Nikon Metrology）

7.4.3 射线检测技术的应用案例

1. 基于 X 射线的铝合金铸件内部缺陷智能分级技术

铝合金铸件中的缺陷严重影响铸件在航空航天、兵器、汽车等领域的使用安全。因此，在使用前必须进行有效的无损检测。对于铝合金铸件，常见的无损检测方法包括射线检测、超声波检测和渗透检测等。每种方法都可以检测到不同类型的异常，但由于铝合金铸件结构复杂且对内部缺陷检测有高分辨率要求，射线检测是评估铸件内部结构最常用的方法。人工目视检查具有效率低、漏检率高、不同检查员之间差异大等局限性，严重制约着铸件产品质量检测的效率，因此，开发面向铸件内部缺陷等级智能分级系统是当前铸件质量检测的迫切需求。

沈阳铸造所开发了一套铸件内部缺陷等级智能分级系统（见图 7-40），设计了一个基于多任务学习的卷积神经网络框架，卷积神经网络可对输入的 X 射线图像进行特征提取，利用缺陷等级分布预测分支和回归分支可同时完成对缺陷等级分布的学习和缺陷等级回归任务，通过多个损失函数的联合学习，该多任务分类模型可学习到缺陷图像到其等级的映射，相较于单任务的分类网络表现出了显著的优势。

2. 基于 X 射线的铝合金压铸件内部缺陷检测技术

在实际质检过程中，铝合金压铸件内部缺陷检测主要依靠人工检测，质检员依靠自身的经验与标准的图例进行对照来判定待检测零部件的缺陷等级。人工质检的方式存在检测标准难统一的问题，且质检员在长时间的工作后容易因疲劳而造成漏检或者误检。现有的 X 射线检测设备中配备的缺陷检测系统，在面对复杂的铝合金压铸件缺陷检测时精

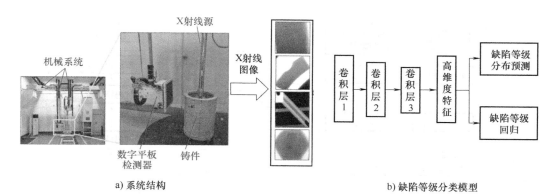

a) 系统结构　　　　　　　　　　　　　　b) 缺陷等级分类模型

图 7-40　铸件内部缺陷等级智能分级系统的结构和模型

度较低，并不能满足实际检测需求。针对 X 射线图像中低对比度区域缺陷较难分割的问题，浙江大学团队提出了一种基于深度学习的铝合金压铸件 X 射线图像缺陷分割模型，并开发了铝合金压铸件 X 射线图像缺陷检测系统，实现了对铝合金压铸件内部缺陷的实时在线检测。

　　X 射线铸件内部缺陷检测系统包括零件托盘、传送带、机械臂、X 射线检测系统、分拣机构和计算机图像处理系统，其中 X 射线检测系统由高频恒压 160kV 的 X 射线机、高分辨率数字平板探测器、X 射线-数字成像信息管理系统组成，如图 7-41a 所示。针对现有的语义分割算法在铝合金压铸件 X 射线图像低对比度区域中缺陷分割精度低，且对具有多尺度且分布随机特点的压铸缺陷具有较低的召回率等问题，提出了双路编码模块分别将原始图像和经过 CLAHE 算法处理的图像进行编码，并在特征图层面进行融合，从而获得在低对比度区域互补的特征，设计了一种基于注意力机制的多层特征融合模块，将深层具有高语义信息的特征自适应地与浅层特征融合来增强浅层特征的语义信息，提高了分割模型在缺陷模糊边界区域的分割精度，提出了一种带权重的 WIOU 损失函数，将区域信息引入到损失函数中，使模型在训练过程中聚焦到较易分割的区域，提高模型对缺陷区域的召回率。提出的 CXDS-Net 模型（见图 7-42）可以有效地提升在铝合金压铸件 X 射线图像中低对比度区域的缺陷分割精度和召回率。

205

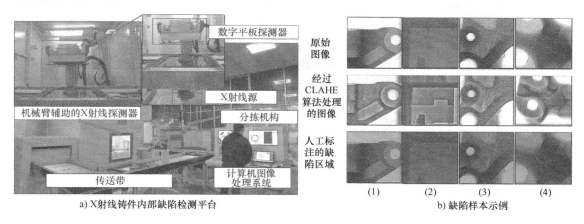

a) X射线铸件内部缺陷检测平台　　　　　　　b) 缺陷样本示例

图 7-41　汽车结构件 X 射线图像部分类型示例

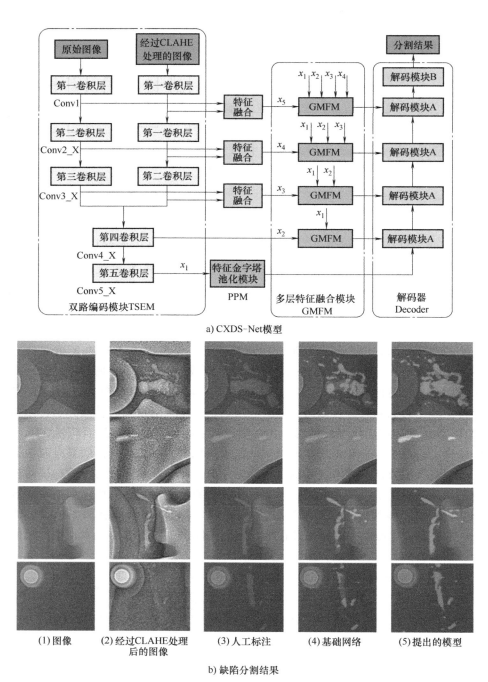

a) CXDS-Net模型

| (1)图像 | (2)经过CLAHE处理后的图像 | (3)人工标注 | (4)基础网络 | (5)提出的模型 |

b) 缺陷分割结果

图 7-42   基于深度学习的铝合金压铸件 X 射线图像缺陷分割模型及分割结果示例

思考题

7-1   请分别说明冷轧钢板表面缺陷和焊接内部缺陷适合的无损检测方法是什么？

7-2　有一批涡轮叶片需要检测是否有裂纹，请举出两种以上的检测方法并阐述其对应的优缺点。

7-3　在生产过程中需要采用光学传感来检测产品表面质量从而对其进行分类，请从硬件和检测算法方面阐述具体流程和核心技术。

7-4　卷积神经网络的主要特点是什么？有哪些典型的网络模型？请列举出三种卷积神经网络在工业领域中的应用。

7-5　超声检测的优点和局限性分别是什么？请举出三种超声检测在工业质量检测中的典型应用。

7-6　什么是平面波、柱面波和球面波？它们各有什么特点？

7-7　请说明射线检测设备的主要组成部分以及在工业中的典型应用。

第8章 金属成形过程智能控制技术

先进成形技术是铸造、锻压、轧制、焊接以及特种加工等成形领域的发展方向，在国民经济的物质基础和产业主体中发挥着重要作用。控制则成为先进成形与产品质量的有力保障。得益于人工智能、认知科学、模糊集理论和生物控制论等许多学科的发展，为满足制造业生产柔性化、制造自动化的发展需求，金属成形过程中的智能化水平不断提高。智能控制理论和应用研究是现代控制理论在深度和广度上的拓展，实现控制过程智能化和提高成形质量是金属成形技术的发展趋势。本章主要从智能制造系统与典型控制方法、云计算与物联网技术等方面介绍相关理论基础，并以铸造成形过程中的 PID 控制、快速自由锻液压机的智能控制、轧制成形过程中的智能控制、焊接过程中的智能控制等为典型代表，介绍智能控制技术在金属成形中的具体应用。

8.1 智能制造系统与典型控制方法

所谓智能制造，就是面向产品全生命周期，实现泛在感知条件下的信息化制造。在现代传感技术、网络技术、自动化技术、拟人化智能技术等先进技术的基础上，通过智能化的感知、人机交互、决策和执行技术，实现设计过程、制造过程和制造装备智能化，是信息技术、智能技术与装备制造技术的深度融合与集成。智能制造是基于新一代信息技术，贯穿设计、生产、管理和服务等制造活动的各个环节，运用人工智能技术、云计算和物联网技术，借助计算机模拟人类专家的智能活动进行分析、推理、判断等，实现科学决策、智能设计和合理排产的，其基本特征是生产装备和生产过程的数字化、网络化、信息化、智能化。

8.1.1 智能制造系统结构简介

智能制造系统一般由信息层级结构、系统组成结构和关键新一代技术组成。信息层级结构主要包括规划管理层、设备层、感知与控制层、数据采集与监控层、制造运行管理层等。系统组成结构主要包括企业资源计划系统、生产执行系统、传感器与控制系统、数据库系统、工业机器人和自动化系统。关键新一代技术主要包括人工智能技术、云计算和物联网技术。智能制造系统的结构组成如图 8-1 所示。

智能传感器与关键新一代技术是实现智能制造的关键所在。智能传感器是实现信息采

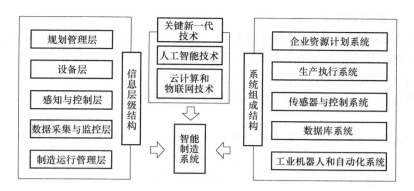

图 8-1　智能制造系统的结构组成

集、处理、交换的重要载体，机器学习、自然语言处理、图像识别等人工智能技术用于数据分析、预测、优化和智能决策，云计算和物联网技术用于实现智能化的远程监控和数据共享。

8.1.2　智能传感器功能与特点

传感器被誉为实现智能控制的基石，在现代制造过程中，设备运行状态和产品加工质量很大程度上取决于所用传感器的水平。特别是对实现成形过程智能化而言，需要配置传感器进行装备运行状态与产品质量信息的反馈，以保证成形过程的稳定性，提高成形质量和生产率。智能传感器技术已成为先进成形过程中实现感知环境、实时监测、信息处理的核心技术之一。

1. 智能传感器的概念

智能传感器的概念最早是由美国国家航空航天局在研发宇宙飞船过程中提出的，并于1979 年开始逐渐形成产品。与传统传感器相比，它克服了以往只能获取信息而信息处理能力不足的缺点。智能传感器涉及传感器、微机械与微电子、计算机、信息处理、人工智能等多个学科的技术。

智能传感器（intelligent sensor）是一种带微处理器的兼具信息检测、信息处理、信息记忆、逻辑思维和判断功能的传感器。相对于传统传感器，智能传感器集感知、信息处理、通信于一体，可实现自校准、自补偿、自诊断等处理功能。智能传感器主要由传感器、微处理器和相关电路构成。其中，传感器负责信号的获取，微处理器通过输入信号进行分析处理得到特定的输出结果，利用外部网络接口模块与外部系统实现数据交换。智能传感器就是一个最小的微机系统，其基本结构框图如图 8-2 所示。

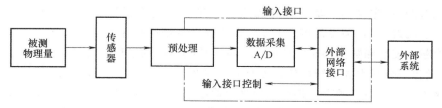

图 8-2　智能传感器基本结构框图

2. 智能传感器的功能与特点

（1）智能传感器的功能　智能传感器的功能是通过模拟人的感官和大脑的协调动作，结合长期以来测试技术的研究和实际经验而提出来的。在智能传感器系统中，微处理器能够按照给定的程序对传感器实现软件控制，是一个相对独立的智能单元，它的出现减轻了对原来硬件性能的苛刻要求，通过软件帮助可以使传感器的性能大幅度提高，并增加了丰富的信息处理功能。

1）信息处理与传输功能。基于微处理器的计算和存储能力，智能传感器可实现对被测物理量的特征分析与参数变换。同时，智能传感器内容集成了模数转换电路，能够直接输出数字信号。智能传感器采用双向通信接口，既可向外部设备发送测量、状态信息，又能接收和处理外部设备发出的指令，通过测试数据传输或接收指令来实现各项功能，如增益设置、补偿参数设置、内检参数设置、测试数据输出等。

2）自补偿和计算功能。智能传感器的自补偿和计算功能为传感器的漂移和非线性补偿提供了新途径，利用微处理器对测试信号进行软件计算，采用多次拟合和差值计算方法对传统传感器的非线性、温度漂移、时间漂移，以及环境影响因素引起的信号失真进行自动补偿，达到软件补偿硬件的目的。

3）自检、自校、自诊断功能。智能传感器通过其故障诊断软件和自检测软件，自动对传感器和系统工作状态进行定期和不定期的检测、测试。自诊断功能在电源接通时进行自检、诊断测试，以确定组件有无故障，诊断发生故障的原因、位置，并给予相应的提示。它可根据使用时间进行在线校正，微处理器利用存在 EPROM 内的计量特性数据进行对比校对。

4）自学习与自适应功能。智能传感器可以通过编辑算法使传感器具有学习功能，利用近似公式和迭代算法认知新的被测量值，即有再学习能力。此外，还可以根据一定的行为准则自适应地重置参数，如自选量程、自选通道、自动触发、自动滤波切换和自动温度补偿等。

5）多参数测量功能。智能传感器设有多种模块化的硬件和软件，具有复合测量功能，根据不同的应用需求，可选择其模块的组合状态，实现多传感单元、多参数的测量，给出能够较全面反映物质运动规律的信息。例如，复合力学传感器可同时测量物体某一点的三维振动加速度、速度、位移等。

（2）智能传感器的特点　智能传感器因其专有的结构型式与功能属性，使其在成形制造及信息监测中展现出传统传感器无法比拟的优势，其主要特点如下：

1）测量精度高。智能传感器具有信息处理功能，可通过软件修正各种确定性系统误差（如通过自动校零去除零点，与标准参考基准实时对比，进行自动标定与非线性校正、异常值处理等），还可适当补偿随机误差、降低噪声，提高了传感器的测量精度。

2）可靠性与稳定性高。集成传感器系统小型化，消除了传统结构的某些不可靠因素（如温度变化导致的零点和灵敏度漂移），改善整个系统的抗干扰能力。同时，具有实时自检、自动诊断、校准和数据存储的功能，保障了传感器使用过程中的可靠性与稳定性。

3）信噪比与分辨力高。智能传感器具有信息处理、信息存储和记忆功能，通过信息处理可以去除测量数据中的噪声，将有用信号提取出来；通过信息处理中的数据融合可以消除多参数测量状态下交叉灵敏度的影响，保证在多参数状态下对特定参数测量时具有高的分辨率。

4）组态功能与自适应性强。智能传感器可以实现多传感器多参数综合测量，有一定的自适应能力，可根据检测对象或条件的改变相应地改变量程反输出数据的形式。同时，它具有判断分析与处理功能，能根据系统工作情况决策各部分的供电，使系统工作在最优功耗状态，也可优化与上位机的数据传送速率等。

5）性价比高。智能传感器主要是通过软件而不是硬件来实现传感测量功能的，以嵌入式微处理器为核心，集成了传感单元、信号处理单元和网络接口单元，能够将各种现场数据直接在有线/无线网络上传输、发布与共享。随着集成电路工艺的进步，微处理器芯片成本也越来越低，因此智能传感器具有较高的性价比。

8.1.3 典型智能控制方法

1. PID 控制

闭环控制的目的是减少实际值与目标值的差值或控制对象的不确定。反馈理论则是实现闭环控制的根本，其要素主要包括测量、比较和执行。通过对被控变量进行测量获取实际值，与期望值进行比较，利用两者的偏差实现对系统响应的纠正与调节控制。在工程实际中，应用最为广泛的调节器控制规律为比例（proportion）、积分（integral）、微分（differential）控制，简称 PID 控制，又称 PID 调节。PID 控制器因其结构简单、稳定性好、工作可靠、调整方便成为工业控制的主要方式之一。当被控对象的结构和参数不能完全掌握，或得不到精确的数学模型时，控制理论的其他技术难以采用，系统控制器的结构和参数必须依靠经验和现场调试来确定，这时应用 PID 控制技术最为方便。其中，比例（P）控制是一种最简单的控制方式，其控制器的输出与输入误差信号成比例关系。积分（I）控制中，控制器的输出与输入误差信号的积分成正比关系。微分（D）控制中，控制器的输出与输入误差信号的微分（即误差的变化率）成正比关系。PID 控制器就是根据系统的误差，利用比例、积分、微分计算出控制量进行控制的。

（1）比例（P）控制 比例控制是借助比例校正装置（或称比例控制器、P 控制器）而实现的。比例校正装置的输出能够无失真地、完全按比例复现输入。图 8-3 所示为比例控制器系统框图（二阶）。

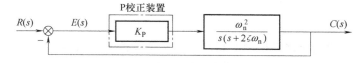

图 8-3 比例控制器系统框图

原有部分的传递函数 $G_o(s)$ 为

$$G_o(s) = \frac{\omega_n^2}{s(s+2\zeta\omega_n)}$$ (8-1)

式中，ω_n 为无阻尼自然振荡角频率；s 为拉普拉斯算子；ζ 为阻尼比。

比例控制器的传递函数 $G_c(s)$ 为

$$G_c(s) = K_P$$ (8-2)

式中，K_P 为比例系数，即增益。

系统的开环传递函数 $G(s)$ 可表示为

$$G(s) = G_c(s) G_o(s) = K_P \frac{\omega_n^2}{s(s+2\zeta\omega_n)} \qquad (8-3)$$

以 K_P 为变量的系统根轨迹图如图 8-4 所示。当 $K_P = 0$ 时，根轨迹始于 $s_1 = 0$ 和 $s_2 = -2\zeta\omega_n$ 两个开环极点。当 K_P 从零增大至 ζ^2 时，两条根轨迹分支在实轴 $\sigma = -\zeta\omega_n$ 处汇合。当 K_P 继续增大，两条根轨迹分支从实轴分离，沿着 $\sigma = -\zeta\omega_n$ 垂线向无穷远处延伸。闭环极点的坐标是 $p_{1,2} = -\zeta\omega_n \pm j\omega_n\sqrt{K_P - \zeta^2}$，随着 K_P 的增大，闭环系统极点坐标的实部不变，但虚部却在增大。

由于系统属于 I 型系统，位置误差系数为无穷大，速度误差系数 K_v 为

$$K_v = \lim_{s \to 0} sG(s) = K_P \frac{\omega_n}{2\zeta} \qquad (8-4)$$

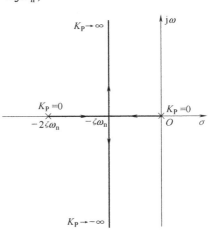

图 8-4　比例控制时系统的根轨迹图

系统在斜坡函数形式的输入作用下，其稳态误差的终值与 K_v 成反比，如欲减小稳态误差，就须增大比例系数 K_P，这必将导致闭环控制系统的一对复数极点的虚部增大，从而使系统的暂态响应有较大的超调和强烈的振荡过程。如果是三阶系统，甚至可能导致系统失去稳定。由此可知，单纯的比例控制较难兼顾系统稳态和暂态两方面的性能要求。

（2）比例微分（PD）控制　比例微分控制的规律：当被控变量发生偏差时，调节器的输出信号增量与偏差大小及偏差对时间的微分（偏差变换速度）成正比。图 8-5 所示为比例微分控制系统框图，它是一个采用串联的比例微分校正装置的二阶系统。

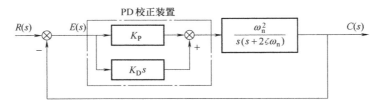

图 8-5　比例微分控制系统框图

原有部分的传递函数与比例控制的相同，比例微分控制器的传递函数 $G_c(s)$ 为

$$G_c(s) = K_P + K_D s \qquad (8-5)$$

式中，K_D 为微分系数。

系统的开环传递函数 $G(s)$ 为

$$G(s) = G_c(s) G_o(s) = \frac{\omega_n^2(K_P + K_D s)}{s(s+2\zeta\omega_n)} \qquad (8-6)$$

式（8-6）说明，比例微分控制相当于系统开环传递函数增加了一个位于负实轴上 $\sigma = -K_P/K_D$ 的零点。

因为 $de(t)/dt$ 是 $e(t)$ 随时间的变化率，所以微分控制实质上是一种"预见"型控制。

通常一个线性系统，如果其阶跃响应 $c(t)$ 或误差 $e(t)$ 的变化率过大，则必然会出现大的超调。微分控制可测量出 $e(t)$ 的瞬时变化率，提前预见到这一过大的超调，并在超调出现之前产生一个适当的校正作用。只有当稳态误差随时间而变化时，微分控制才会对系统的稳态误差起作用。

采用比例微分控制，根据式（8-6）所给出的系统开环传递函数，可求得闭环控制系统的传递函数及特征方程为

$$\begin{cases} \dfrac{C(s)}{R(s)} = \dfrac{\omega_n^2(K_P + K_D s)}{s^2 + (2\zeta\omega_n + K_D\omega_n^2)s + K_P\omega_n^2} \\ s^2 + (2\zeta\omega_n + K_D\omega_n^2)s + K_P\omega_n^2 = 0 \end{cases} \tag{8-7}$$

经整理，特征方程又可写为

$$K_D \frac{\omega_n^2 s}{s^2 + 2\zeta\omega_n s + K_P\omega_n^2} = -1 \tag{8-8}$$

现按式（8-8）绘制以微分系数 K_D 为变量的根轨迹图（见图 6-6）。假设为满足系统稳态误差要求，将 K_P 值选取得足够大，当 $K_D = 0$ 时，根轨迹始于一对复数极点 $-\zeta\omega_n + j\omega_n\sqrt{K_P - \zeta^2}$ 及 $-\zeta\omega_n - j\omega_n$ $\sqrt{K_P - \zeta^2}$。当 $K_D \to \infty$ 时，根轨迹的一条分支将终止位于坐标原点的零点上，另一根轨迹分支将延伸至无穷远处。随着 K_D 从零增大，根轨迹向负实轴左方移动，两分支汇合于负轴上，汇合点坐标是 $\sigma = -\omega_n$ $\sqrt{K_P}$，这是从求解 $\mathrm{d}K_P/\mathrm{d}s = 0$ 而得到的。对应于根轨迹汇合点的 K_D 值也就可以求得，即

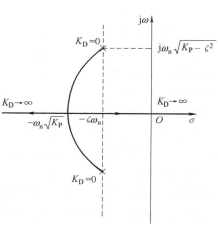

图 8-6　比例微分控制时系统的根轨迹图

$$K_D = \frac{2(\sqrt{K_P} - \zeta)}{\omega_n} \tag{8-9}$$

当 K_D 值继续增大，根轨迹一条分支沿负实轴向坐标原点延伸，另一分支则沿负实轴向无穷远处延伸。

图 8-6 表明，当采用微分控制后，随着微分控制作用的加强，系统的根轨迹将向负实轴的左方移动。尽管为了减小稳态误差，可以将 K_P 值选定得很大，但总可以选择适当的 K_D 值，使系统的暂态响应同时满足要求。例如，希望系统的阶跃响应是单调的，则选定的 K_D 值应等于或大于式（8-9）所确定的 K_D 值。

为了便于选定参量，可以利用如图 8-7 所示的 K_P-K_D 参量平面图，图中横坐标表示参量 K_D，纵坐标表示参量 K_P。

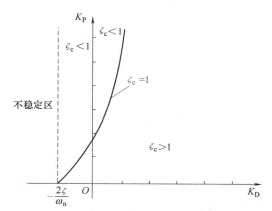

图 8-7　K_P-K_D 参量平面图

首先，根据闭环控制系统特征方程式（8-7）按代数判据确定出系统稳定的条件是

$$\begin{cases} K_P > 0 \\ K_D > -2\zeta/\omega_n \end{cases} \tag{8-10}$$

其次，从式（8-7）可知，闭环控制系统的无阻尼自然振荡角频率为 $\omega_n\sqrt{K_P}$。于是，根据典型的二阶系统特征方程可知，闭环控制系统的阻尼比 ζ_c 为

$$\zeta_c = \frac{2\zeta + \omega_n K_D}{2\sqrt{K_P}} \tag{8-11}$$

据此，不但能在 $K_P\text{-}K_D$ 参量平面图内划出系统稳定区域，而且还能划出相应的等 ζ_c 曲线。当由系统稳态误差、暂态响应所要求的 K_P 及 ζ_c 已定时，能够方便地确定出 K_D 值。

（3）积分（I）控制　将具有积分控制规律的控制称为积分（I）控制，其传递函数 $G_c(s)$ 为

$$G_c(s) = K_I \frac{1}{s} \tag{8-12}$$

式中，K_I 为积分系数。

对于一个自动控制系统，如果在进入稳态后存在稳态误差，则称这个系统为有稳态误差系统，简称有差系统。为了消除稳态误差，控制器必须引入"积分项"，积分项的误差取决于时间的积分，随着时间的增加，积分项会增大使稳态误差进一步减小，直到等于零。

积分环节主要是用来消除静差的。所谓静差，就是系统稳定后输出值和设定值之间的差值。积分环节实际上就是偏差累积的过程，把累计的误差加到原有系统上以抵消系统造成的静差。由于积分控制作用不及时，故一般不单独使用。

（4）比例积分（PI）控制　图 8-8 所示为比例积分控制器系统框图，它是一个采用串联比例积分（PI）校正装置的二阶反馈控制系统。

原有部分的传递函数与比例控制的相同，比例积分校正装置的传递函数 $G_c(s)$ 为

$$G_c(s) = K_P + K_I \frac{1}{s} \tag{8-13}$$

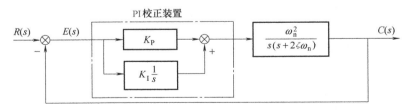

图 8-8　比例积分控制器系统框图

系统的开环传递函数 $G(s)$ 为

$$G(s) = \frac{\omega_n^2(K_P s + K_I)}{s^2(s + 2\zeta\omega_n)} \tag{8-14}$$

比例积分校正装置相当于在系统开环传递函数中增加了一个位于坐标原点的极点和一个位于负实轴上 $-K_I/K_P$ 处的零点。积分控制的一个明显作用是把原来的 I 型系统转换为 II 型系统，从而使系统的稳态误差得到本质性的改善。例如，在斜坡函数输入下，原 I 型系统的

稳态误差为常量，但采用积分控制后，系统稳态误差将为零。

　　在比例微分控制系统中，比例系数 K_P 的取值将由系统的稳态误差要求决定。但在比例积分控制中，比例系数 K_I 的取值不再依据系统的稳态误差的要求，而是选取配合适当的 K_P 与 K_I，使系统开环传递函数有一个所需要的零点，从而得到满意的暂态响应。

　　根据式（8-14）可知，闭环控制系统的特征方程为

$$s^3 + 2\zeta\omega_n s^2 + K_P\omega_n^2 s + K_I\omega_n^2 = 0 \tag{8-15}$$

　　再根据劳斯判据给出系统稳定的充分和必要条件为

$$\begin{cases} K_P > 0 \\ 2\zeta\omega_n K_P > K_I > 0 \end{cases} \tag{8-16}$$

　　将式（8-15）改写成式（8-17）形式，绘制系统的根轨迹图，分析参量 K_P 与 K_I。

$$K_I \frac{\omega_n^2}{s(s^2 + 2\zeta\omega_n s + K_P\omega_n^2)} = -1 \tag{8-17}$$

　　当选定 K_P 值后，系统开环极点有三个，分别是 $s_1 = 0$，$s_{2,3} = -\zeta\omega_n \pm j\omega_n\sqrt{K_P - \zeta^2}$。

　　图 8-9 所示为 K_P 选定后以 K_I 为变量的根轨迹。显然，当 K_P 选定后，K_I 的取值必须满足式（8-16）的条件，否则闭环系统的极点将进入 s 平面的右半部。如不但欲使闭环系统稳定，而且还希望其阶跃响应具有不大的超调，则 K_P 不能取值过大，否则开环系统一对复数极点的虚部值过大，闭环系统的阶跃响应必有大的超调和较强烈的振荡。由于采用了积分控制，改善系统稳态误差并不主要依靠 K_P，所以在此可以适当减小 K_P 的取值。将式（8-15）改写成式（8-18）形式，绘制选定 K_I 后以 K_P 为变量的根轨迹图，如图 8-10 所示。

$$K_P \frac{\omega_n^2 s}{s^2(s + 2\zeta\omega_n) + K_I\omega_n^2} = -1 \tag{8-18}$$

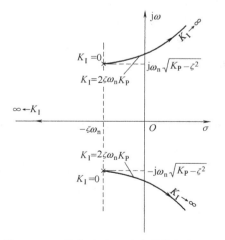

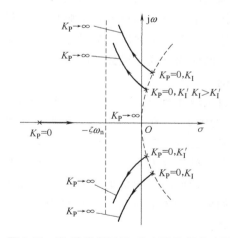

图 8-9　K_P 选定后以 K_I 为变量的根轨迹图　　　　图 8-10　K_I 选定后以 K_P 为变量的根轨迹图

　　图 8-10 给出了按式（8-18）绘制的根轨迹。K_P 必须按式（8-16）的条件取值，否则闭环控制系统的极点不能进入 s 平面的左半部。当 K_P 充分大时，根轨迹趋向于渐近线，渐近线与实轴相交点的坐标将由系统开环的零、极点的位置决定。比例积分控制虽然能将系统的稳态误差改善一级，但如果同时只允许暂态响应有小的甚至没有超调，则响应的时间可能较

长。如果采用比例积分控制不能兼顾系统的稳态和暂态响应的要求，可以考虑采用比例积分微分控制，以便充分利用各种控制的最佳性能。

（5）比例积分微分（PID）控制　PID 控制器是一个在工业控制应用中常见的反馈回路部件，由比例单元 P、积分单元 I 和微分单元 D 组成。PID 控制的基础是比例控制；积分控制可消除稳态误差，但可能增加超调；微分控制可加快大惯性系统响应速度以及减弱超调趋势。模拟 PID 控制系统框图如图 8-11 所示。

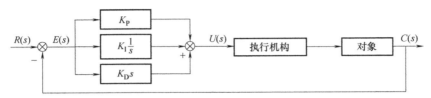

图 8-11　模拟 PID 控制系统框图

PID 是一个闭环控制算法，因此要实现 PID 算法，必须在硬件上具有闭环控制，即必须要有反馈。比如控制一个电动机的转速，就要有一个测量转速的传感器并将结果反馈到控制路线上。积分和微分都不能单独起作用，必须与比例控制配合，但并不是必须同时具备这三种算法，也可以是 PD 控制、PI 控制，甚至只有 P 控制。

2. 模糊逻辑控制

（1）模糊集合与模糊变换　模糊集合是用来表达模糊性概念的集合，又称模糊集、模糊子集。普通的集合是指具有某种属性的对象的全体。这种属性所表达的概念应该是清晰的，界限分明的。因此每个对象对于集合的隶属关系也是明确的，非此即彼。但在人们的思维中还有着许多模糊的概念，如年轻、很大、暖和、傍晚等，这些概念所描述的对象属性不能简单地用"是"或"否"来回答，模糊集合就是指具有某个模糊概念所描述属性的对象的全体。由于概念本身不是清晰的、界限分明的，因而对象对集合的隶属关系也不是明确的。这一概念是美国加利福尼亚大学控制论专家 L. A. 扎德于 1965 年首先提出的。模糊集合这一概念的出现使得数学的思维和方法可以用于处理模糊性现象，从而构成了模糊集合论的基础。

由论域 X 到 Y 的点映射 $f: X \rightarrow Y$ 出发，通过扩张原理，可以扩展出一个从 $f(X)$ 到 $f(Y)$ 的映射 $f: f(X) \rightarrow f(Y)$，使得 X 上的每一个模糊集合 A 都有一个 Y 上的模糊集合 B 与之对应；也可以扩展（诱导）出一个从 $f(Y)$ 到 $f(X)$ 的映射 $f: f(Y) \rightarrow f(X)$，使得 Y 上的每一个模糊集合 B 都有一个 X 上的模糊集合 A 与之对应。实际上，我们还可以一般性地讨论从一个论域的模糊幂集到另一个论域的模糊幂集上的映射，即所谓的模糊变换。

如果 A 和 B 是论域 U 中的两个模糊集，对应的隶属函数分别为 μ_A 和 μ_B，则存在如下基本运算：

A 和 B 的并集，记为 $A \cup B$，则隶属函数定义为

$$\mu_{A \cup B} = \mu_A \vee \mu_B = \max\{\mu_A, \mu_B\} \tag{8-19}$$

A 和 B 的交集，记为 $A \cap B$，则隶属函数定义为

$$\mu_{A \cap B} = \mu_A \wedge \mu_B = \min\{\mu_A, \mu_B\} \tag{8-20}$$

A 的补集，记为 $\bar{A}$，则隶属函数定义为

$$\mu_{\bar{A}} = 1 - \mu_A \tag{8-21}$$

如果 U、V 为两个模糊集合，则其直积 $U \times V$ 中的一个模糊子集 R 成为从 U 到 V 的模糊关系或模糊变换，可表示为

$$R_{U \times V} = \{((u,v), \mu_R(u,v)) u \in U, v \in V\} \tag{8-22}$$

模糊语言是具有模糊性的语言。模糊语言变量是用模糊语言表示的模糊集合。

（2）模糊推理与模糊判决

1）模糊推理。模糊推理是从一种当前状态物理值到规范论域的标度变换，主要包括以下两种。

① Zadeh 推理：$\mu_{A \to B} = (\mu_A \wedge \mu_B) \vee (1 - \mu_A)$。

② Mamdani 推理：$\mu_{A \to B} = \mu_A \wedge \mu_B$。

2）模糊判决。通过模糊推理得到的结果是一个模糊集合或隶属函数，但在模糊控制系统中，需要一个确定的数值去驱动执行器。在推理得到模糊集合中取一个最能代表这个模糊集合的单值过程称为清晰化或模糊判决。清晰化方法包括重心法、最大隶属度法、隶属度限幅元素平均法。

① 取模糊隶属函数曲线与横坐标围成面积的重心作为代表点的方法是重心法。

② 在推理结论的模糊集合中取隶属度最大的那个元素作为输出量的方法是最大隶属度法。

③ 用所确定的隶属度值对隶属函数曲线进行切割，再对切割后等于该隶属度的所有元素进行平均，用这个平均值作为输出执行量的方法是隶属度限幅元素平均法。

（3）模糊控制系统　图 8-12 所示为模糊控制系统的组成。模糊控制器包括模糊化、模糊推理、解模糊和知识库。将给定值和系统输出的反馈送入模糊控制器（FC）后，解算出控制信号，驱动被控对象运动。模糊控制过程包括尺度变换、模糊处理、知识库建立、模糊推理、清晰化。

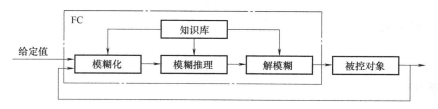

图 8-12　模糊控制系统的组成

知识库存储有关模糊化、模糊推理、解模糊的一切知识，如模糊化中论域的变换方法、输入变量隶属函数的定义、模糊推理算法、解模糊算法、输出变量各模糊集的隶属函数定义等。知识库分为数据库和规则库。数据库主要包括各语言变量的隶属函数、尺度变换因子及模糊空间的分级数等。规则库包括用模糊语言变量表示的一系列控制规则，它们反映了控制专家的经验和知识。

3. 机器学习与深度学习

（1）人工神经网络　人工神经网络（artificial neural network，ANN）是模拟人脑思维方式的数学模型。人工神经网络是在现代生物学研究人脑组织成果的基础上提出的，用于模拟人脑神经网络的结构和行为，以及分布式工作特点和自组织功能。人工神经网络反映了人脑

功能的基本特征，如并行信息处理、学习、记忆、联想、模式分类等。人工神经网络可以通过学习来获取外部知识并存储在网络内，特别是信息的理解、知识的处理、组合优化计算和智能控制等一系列本质上非计算的问题。

1）单神经元模型　图8-13所示为人工单神经元模型。其中，θ_i称为阈值，w_{ij}表示神经元j到神经元i的连接权系数，$f(\cdot)$称为输出变换函数。变换函数实际上是神经元模型的输出函数，用于模拟神经细胞的兴奋、抑制及阈值等非线性特性，经过加权加法器和线性动态系统进行时空整合得到信号u_i，即$u_i = \sum_{j=1}^{n} w_{ij}x_j - \theta_j$，再经变换函数$f(\cdot)$后得到神经元的输出$y_i$。

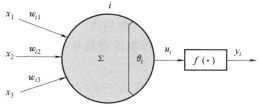

图8-13　人工单神经元模型

一般常用的变换函数有符号函数、饱和函数、阈值函数、Sigmoid函数以及高斯函数等。

① 符号函数：

$$y = f(u) = \begin{cases} 1, & u \geq 0 \\ -1, & u < 0 \end{cases} \tag{8-23}$$

② 饱和函数：

$$y = f(u) = \begin{cases} 1, & u \geq 1/k \\ ku, & -1/k \leq u < 1/k \\ -1, & u < -1/k \end{cases} \tag{8-24}$$

③ 阈值函数：

$$y = f(u) = \begin{cases} 1, & u \geq 0 \\ 0, & u < 0 \end{cases} \tag{8-25}$$

④ Sigmoid函数：

$$y = f(u) = \frac{1}{1+e^{-u}} \tag{8-26}$$

⑤ 高斯函数：

$$y = f(u) = e^{-u^2/\sigma^2} \tag{8-27}$$

2）连接方式与学习方法。神经网络的连接方式分为两种形式：前馈网络和反馈网络。在前馈网络中，神经元分层排列，组成输入层、隐含层和输出层；每层的神经元只接受前一层神经元的输入；在各神经元之间不存在反馈。例如，BP网络就是前馈网络形式。在反馈网络中，网络结构在输出层到输入层之间存在反馈，输入信号决定反馈系统的初始状态。例如，Hopfield网络就是反馈网络形式。

此外，还有混合型和网状神经网络结构。在前馈网络中，若同一层的神经元之间有互连的结构型式，则称为混合型网络。这种在内层神经元的互连是为了限制同层内同时兴奋或抑制的神经元数目。网状结构是互相结合型的结构，各神经元都有可能相互连接，所有神经元既是输入又是输出。该结构若在某一时刻从神经元外施加一个输入，则各神经元一边相互作用，一边进行信息处理，直到所有神经元的阈值和系数都收敛。

神经网络的工作过程主要分为两个阶段：第一个阶段是学习期，此时各计算单元的状态不变，各连接权上的权值可通过学习来修改；第二个阶段是工作期，此时各连接权固定，计算单元变化，以达到某种稳定状态。

神经网络学习方法主要包括有教师学习、无教师学习、再励学习。在有教师学习方式中，将网络的输出和期望的输出（即教师信号）进行比较，根据两者之间的差异来调整网络的权值，最终使差异变小。例如，Delta 规则就是有教师学习方法。在无教师学习方式中，输入模式进入网络后，网络按照预先设定的规则（如竞争规则）自动调整权值，使网络最终具有模式识别、分类等功能。例如，Kohonen 算法就是无教师学习方法。再励学习对系统的输出结果只给出评价（奖或罚）而不给出正确答案，学习系统通过强化那些受奖励的动作来改善自身性能，由于外部提供的信息少，所以它需靠自身经历来学习、获取知识。

3）典型模型。

① ARP 网络：有教师学习方式，使用随机增大率学习规则、反向传播方式，主要应用在模式识别方面。

② ART 网络：无教师学习方式，使用竞争率学习规则、反向传播方式，主要应用在分类方面。

③ BAM 网络：无教师学习方式，使用 Hebb/竞争率学习规则、反向传播方式，主要应用在图像处理方面。

④ BP 网络：有教师学习方式，使用误差修正学习规则、反向传播方式，主要应用在分类方面。

⑤ CPN 网络：有教师学习方式，使用 Hebb 学习规则、反向传播方式，主要应用在自组织映射方面。

⑥ LAM 网络：有教师学习方式，使用 Hebb 学习规则、正向传播方式，主要应用在系统控制方面。

⑦ 感知器：有教师学习方式，使用误差修正学习规则、正向传播方式，主要应用在分类和预测方面。

4）知识表示与推理。人工神经网络的知识表示隐藏在权值和阈值中，经过神经网络的学习训练过程，将知识通过对权值和阈值的训练，拟合出对复杂过程的模型来实现知识表示。人工神经网络经过充分训练后进行的工作就是神经网络的推理。神经网络的推理就是在训练好的神经网络上进行的网络计算。

（2）基于神经网络的系统辨识　基于神经网络的系统辨识是指可在已知常规模型结构的情况下估计模型的参数，或利用神经网络的线性、非线性特性来建立线性、非线性系统的静态、动态、逆动态及预测模型。

辨识就是根据输入和输出的数据，从一组给定的模型中确定一个与所测系统等价的模型。由此可知，辨识有三大要素：数据、模型类、等价准则。

1）数据：能观测到的被辨识系统的输入/输出数据。为了能够辨识实际系统，对输入信号的最低要求是在辨识时间内系统的动态过程必须被输入信号持续激励，即要求输入信号的频率必须足以覆盖系统的频谱，同时要求输入信号应能使给定问题的辨识模型精度足够高。

2）模型类：待寻找模型的范围。模型只是在某种意义下对实际系统的一种近似描述，若要同时兼顾其精确性和复杂性，则既可以由一个或多个神经网络组成，也可以加入线性系统，一般选择能逼近原系统的最简模型。

3）等价准则：辨识的优化目标，用来衡量模型与实际系统的接近情况。

假设一个离散非时变系统的输入和输出分别为 $u(k)$ 和 $y(k)$，其辨识问题可描述为寻求一个数学模型，使得模型的输出与被辨识系统的输出 $y(k)$ 之差满足规定的要求。非线性对象的数学模型可表示为

$$y(t)=f(y(t-1),y(t-2),\cdots,y(t-n),u(t),u(t-1),\cdots,u(t-m)) \tag{8-28}$$

式中，$f(\cdot)$ 为描述系统特征的未知非线性函数；m，n 为输入输出的阶次。

神经网络辨识包括系统正模型辨识和逆模型辨识。正模型辨识包括并联结构和串并联结构两种，如图 8-14a 和 b 所示，被辨识系统输出与模型输出的偏差不用于辨识修正过程。并联结构和串并联结构的差异在于，在串并联结构中，神经网络辨识需要使用被辨识系统输出 $y(t)$。逆模型辨识包括前向结构和反馈结构，如图 8-14c 和 d 所示，被辨识系统输出与模型输出的偏差用于辨识修正过程，逐步修正模型，以减小模型误差。在图 8-14c 所示的前向结构中，神经网络位于前向通道中；在图 8-14d 所示的反馈结构中，神经网络位于反馈通道中。

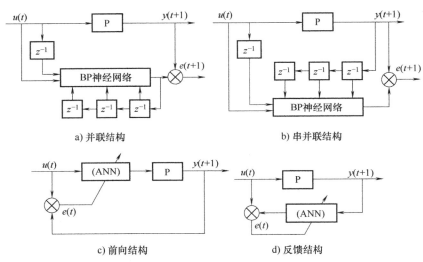

a) 并联结构 　　b) 串并联结构
c) 前向结构 　　d) 反馈结构

图 8-14　神经网络辨识的结构

基于神经网络的系统辨识，就是选择适当的神经网络来作为被控对象或生产过程（线性或非线性）的模型或逆模型。在辨识过程中，系统模型的参数对应于神经网络中的权值、阈值，通过调节这些权值、阈值就可以使网络输出逼近系统输出。神经网络的系统辨识可以分为在线辨识和离线辨识两种，在线辨识过程要求具有实时性。神经网络辨识一般先进行离线训练，将得到的权值作为在线学习的初始权值，然后进行在线学习，以便加快后者的学习过程。

（3）神经网络控制　神经网络作为控制器，可实现对不确定系统或未知系统进行有效的控制，使控制系统达到所要求的动态特性、静态特性。

1）神经网络直接逆控制。图 8-15 所示为神经网络直接逆控制框图。用评价函数 $E(t)$

作为性能指标，以调整神经网络控制器的权值，神经网络通过评价函数进行学习，当性能指标为零时，神经网络控制器即对象的逆模型。

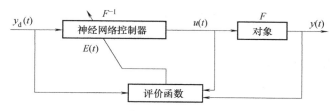

图 8-15　神经网络直接逆控制框图

神经网络控制器与被控对象 F 串联，以实现被控对象的逆模型 F^{-1}，且能在线调整，因此要求对象动态可逆。若 $F^{-1} \cdot F = 1$，则在理论上可做到 $y(t) = y_d(t)$。输出跟踪输入的精度取决于逆模型的精确程度。

2）神经网络监督控制。图 8-16 所示为神经网络监督控制框图。

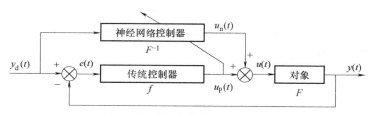

图 8-16　神经网络监督控制框图

传统控制的输出 u_P 是传统控制器输入 e 的函数，e 是输入与输出的偏差，系统输出 y 是系统输入 u 的函数，因此 u_P 最终是网络权值的函数，故可通过使 u_P 逐渐趋于零来调整网络权值。

当 $u_P = 0$ 时，从前馈通路看，有

$$y = F(u) = F(u_n) = F(F^{-1}(y_d)) = y_d \tag{8-29}$$

此时再从反馈回路看，有 $e = y_d - y = 0$。

神经网络监督控制的特点：

① 神经网络控制器是前馈控制器，用于建立被控对象的逆模型。

② 神经网络控制器基于传统控制器的输出，在线学习调整网络的权值，使反馈控制输入趋近于零，从而使神经网络控制器逐渐在控制作用中占据主导地位，最终取消反馈控制器的作用。

③ 一旦系统出现干扰，反馈控制器就重新起作用。

④ 可确保控制系统的稳定性和鲁棒性，有效提高系统的精度和自适应能力。

3）神经网络自适应 PID 控制。神经网络控制器通过对加权系数的调整来实现自适应、自组织功能，其自适应 PID 控制框图如图 8-17 所示。

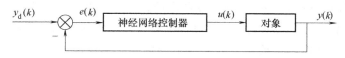

图 8-17　神经网络自适应 PID 控制

选线性激活函数，控制算法为

$$u(k) = u(k-1) + K_P \cdot \sum_{i=1}^{3} \left(\frac{w_i(k)}{\sum_{i=1}^{3} |w_i(k)|} \cdot x_i(k) \right) \tag{8-30}$$

式中，K_P 为神经元的比例系数。

$$\begin{cases} x_1(k) = e(k) \\ x_2(k) = e(k) - e(k-1) \\ x_3(k) = e(k) - 2e(k-1) + e(k-2) \end{cases}$$

$$\begin{cases} w_1(k+1) = w_1(k) + \eta_P e(k) u(k) x_1(k) \\ w_2(k+1) = w_2(k) + \eta_I e(k) u(k) x_2(k) \\ w_3(k+1) = w_3(k) + \eta_D e(k) u(k) x_3(k) \end{cases} \tag{8-31}$$

式中，η_P、η_I、η_D 为比例、积分、微分的学习速率。

权系数的调整按有监督的 Hebb 学习规则实现，即在学习算法中加入监督项 $e(k)$。

8.2　云计算与物联网技术

随着计算机网络、专家系统、数据库、模糊理论、神经网络、遗传算法等技术的不断发展，智能控制系统集成在各行各业中得到广泛研究与应用。智能控制系统的集成离不开云计算、物联网、大数据和人工智能。云计算是一个计算、存储、通信工具，物联网、大数据和人工智能必须依托云计算的分布式处理、分布式数据库和云存储、虚拟化技术才能形成行业级应用。物联网来源于互联网，是万物互联的结果，是人和物、物和物之间产生通信和交互的桥梁。形象地说，物联网好比是眼睛、耳朵、鼻子和手；大数据将这些感观信息汇集与存储；人工智能好比掌控这个实体的大脑；云计算可以看作是在大脑指挥下对大数据的处理与控制。通过物联网产生、收集海量的数据存储于云平台，再通过大数据分析，甚至更高形式的人工智能提取云计算平台存储的数据，为人类的生产活动、生活所需提供更好的服务。最终人工智能会辅助物联网更加发达，形成循环。下面简要介绍云计算和云服务技术、物联网技术。

8.2.1　云计算和云服务技术

1. 云计算

云计算（cloud computing）是由分布式计算（distributed computing）、并行处理（parallel computing）、网格计算（grid computing）发展来的，是一种新兴的商业计算模型。目前，对于云计算的认识在不断的发展变化，云计算仍没有普遍一致的定义。通俗的理解是，云计算的"云"就是存在于互联网上的服务器集群上的资源。它包括硬件资源（如服务器、存储器、中央处理器等）和软件资源（如应用软件、集成开发环境等）。本地计算机只需要通过互联网发送一个需求信息，远端就会有成千上万的计算机提供所需资源并将结果返回到本地计算机，本地计算机几乎不需要进行处理，所有的处理都由云计算提供商所提供的计算机群来完成。

云计算基础架构广泛采用包括计算虚拟化、存储虚拟化、网络虚拟化等虚拟化技术，并通过虚拟化层，屏蔽硬件层自身的差异和复杂度，向上呈现为标准化、可灵活扩展和收缩、弹性的虚拟化资源池。云计算通过虚拟化整合与自动化，应用系统共享基础架构资源池，实现高利用率、高可用性、低成本与低能耗；通过云平台层的自动化管理，构建易于扩展、智能管理的云服务模式。云计算的虚拟化技术按应用可分为如下类型。

（1）服务器虚拟化　服务器虚拟化是指将虚拟化技术应用于服务器上，将一台或多台服务器虚拟化为若干服务器使用。通常，一台服务器只能执行一个任务，导致服务器利用率低下。采用服务器虚拟化技术，可以在一台服务器上虚拟出多个虚拟服务器，每个虚拟服务器运行不同的服务，这样便可提高服务器的利用率，节省物理存储空间及电能。

（2）桌面虚拟化　桌面虚拟化是指将计算机的终端系统（也称为桌面）进行虚拟化，以达到桌面使用的安全性和灵活性。桌面虚拟化可以使用户运用任何设备，在任何地点、任何时间通过网络访问属于个人的桌面系统，获得与传统 PC 一致的用户体验。

（3）应用虚拟化　应用虚拟化是指将各种应用发布在服务器上，客户通过授权之后就可以通过网络直接使用，获得如同在本地运行应用程序一样的体验。

（4）存储虚拟化　存储虚拟化是将整个云系统的存储资源进行统一整合管理，为用户提供一个统一的存储空间。存储虚拟化可以以最高的效率、最低的成本来满足各类不同应用在性能和容量等方面的需求。

（5）网络虚拟化　网络虚拟化是指让一个物理网络支持多个逻辑网络，虚拟化保留了网络设计中原有的层次结构、数据通道和所能提供的服务，使得最终用户的体验和独享物理网络一样，同时网络虚拟化技术还可以高效地利用如空间、能源、设备容量等网络资源。

2. 云服务

云服务主要分为基础设施即服务、平台即服务及软件即服务三个层次，其部署形式有公有云服务、私有云服务及混合云服务三种。基础设施即服务层关键技术包含计算虚拟化技术、网络虚拟化技术、云存储技术。平台即服务层关键技术包含分布式技术、隔离与安全技术、数据处理技术。软件及服务层关键技术包含自动部署技术、元数据技术和多租户技术。基于互联网的公有云服务对社会开放，私有云服务提供服务主要基于企业内网的互联网入口，不开放外部用户。私有云服务将 IT 资源整合使企业 IT 成本降低，资源利用率有效提高，实现企业运行效率的提升。混合云服务整合公有云服务与私有云服务，并为内外部用户同时提供服务，通常采用 VPN 等技术打通公有云与私有云环境，利用安全技术措施为云环境提供安全保障。混合云服务充分利用公有云与私有云服务优势，尤其是对外及对内业务都存在的应用场合更为适合。

8.2.2　物联网技术

物联网的概念分为广义和狭义两方面。广义来讲，物联网是一个未来发展的愿景，等同于"未来的互联网"或者"泛在网络"，能够实现人在任何时间、任何地点，使用任何网络

223

与任何人与物的信息交换以及物与物之间的信息交换；狭义来讲，物联网是物品之间通过传感器连接起来的局域网，不论是否接入互联网，都属于物联网的范畴。

显然，物联网的概念来自于互联网的类比。根据物联网与互联网的关系，不同的专家学者对物联网给出了不同的定义，可归纳为如下类型。

（1）物联网是传感网，但不接入互联网　有的专家认为，物联网就是传感网，只是给人们生活环境中的物体安装传感器，这些传感器可以帮助人们更好地认识环境，这个传感器网不接入互联网。例如，上海浦东机场的传感器网络，其本身并不接入互联网。物联网与互联网是相对独立的两张网。

（2）物联网是互联网的一部分　物联网并不是一张全新的网，实际上早就存在了，它是互联网发展的自然延伸和扩张，是互联网的一部分。互联网是可包容一切的网络，将会有更多的物品加入这张网中。也就是说，物联网是包含于互联网之内的。

（3）物联网是互联网的补充网络　通常所说的互联网是指人与人之间通过计算机结成的全球性网络，服务于人与人之间的信息交换。而物联网的主体则是各种各样的物品，通过物品间传递信息从而达到最终服务于人的目的。两张网的主体是不同的，因此物联网是互联网的扩展和补充。互联网好比是人类信息交换的动脉，物联网就是毛细血管，两者相互联通，且物联网是互联网的有益补充。

（4）物联网是未来的互联网　从宏观的概念上讲，未来的物联网将使人置身于无所不在的网络之中，在不知不觉中，人可以随时随地与周围的人或物进行信息的交换，这时物联网也就等同于泛在网络，或者说未来的互联网。物联网、泛在网络、未来的互联网，它们的名字虽然不同，但表达的都是同一个愿景，那就是人类可以随时随地使用任何网络联系任何人或物，达到信息交换的目的。

总而言之，物联网都需要对物体具有全面感知能力，对信息具有可靠传送和智能处理能力，从而形成一个连接物体与物体的信息网络。也就是说，全面感知、可靠传送、智能处理是物联网的基本特征。全面感知是指利用 RFID、二维码、GPS、摄像头、传感器、传感器网络等感知、捕获、测量的技术手段，随时随地对物体进行信息采集和获取；可靠传送是指通过各种通信网络与互联网的融合，将物体接入信息网络，随时随地进行可靠的信息交互和共享；智能处理是指利用云计算、模糊识别等各种智能计算技术，对海量的跨地域、跨行业、跨部门的数据和信息进行分析处理，提升对物理世界、经济社会各种活动和变化的洞察力，实现智能化的决策和控制。

8.3　金属成形智能控制典型应用

8.3.1　铸造成形过程中的 PID 控制

以铸造车间差压铸造机微型机控制系统为例，介绍铸造成形过程中的 PID 控制。

1. 差压铸造系统

图 8-18 所示为差压铸造系统组成简图。

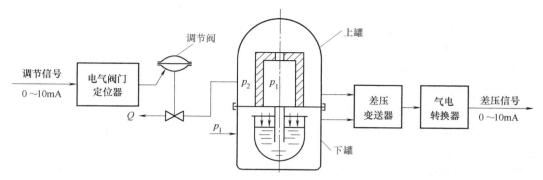

图 8-18　差压铸造系统组成简图

差压铸造机主要由上、下罐组成。铸型在机外制成后放进机内，把上罐紧扣在下罐上并锁紧。随后把压缩空气同时引入上下罐内，并称这时气压为同步压力，一般同步压力为500～700kPa。铸件凝固时即在此同步压力（或称结晶压力）下结晶。这时上下罐间的互通阀打开，以免由于充压时上、下罐中压力不同步，造成液体金属提前沿升液管上升或上下波动造成铸件废品。上、下罐内达到要求的同步压力后，互通阀断开并停止进气。随后采用上罐排气的方法，建立上、下罐间的压差。坩埚置于下罐内，其中的液体金属在此压差 $\Delta p = p_1 - p_2$ 作用下沿升液管上升。当铸型内充入液体金属后，型内会有反压力 p_s 产生。p_s 值的大小主要取决于铸型上排气口的大小及数量。液体金属在沿升液管上升过程中，压差值逐渐增大，以保证液体金属获得要求的上升速度。压差 Δp 由差压变送器检测并转换为 20～100kPa 气压信号，再经气电转换器转换为 0～10mA 的电流信号。此电流信号与给定的电信号比较后，经 PID 运算后输出给电气阀门定位器，从而改变薄膜调节阀的开度，控制上罐的排气量 Q_0，使上下罐间的压差 Δp 按要求的压差值变化。

差压铸造液面加工工艺曲线如图 8-19 所示。其中，升液段、充型段加压曲线的斜率取决于铸件的类型。

2. 控制系统的组成

图 8-20 所示为微机控制差压铸造生产过程示意图。检测元件把上下罐压差值检测出来，由采样器采样，经输入通道把信息送入微机。微机按 PID 调节算法进行运算，经输出通道把信息输出，控制被控对象。

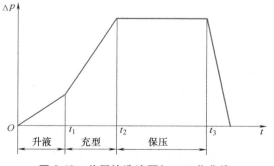

图 8-19　差压铸造液面加工工艺曲线

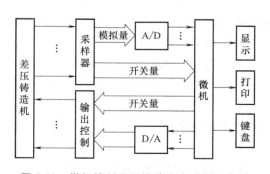

图 8-20　微机控制差压铸造生产过程示意图

图 8-21 所示为差压铸造微机控制原理图。

225

（1）工艺过程控制器　此控制器不断检测各开关量的变化，并产生控制工艺流程的指令，为系统的正常工作提供一个逻辑时序。开关量包括上下罐同步压力值、液体金属到位信号、锁型到位信号等。

（2）加压工艺曲线发生器　根据差压铸造过程的数学模型，不断产生相应时刻加压工艺要求的给定压差值，此功能由软件程序完成。

（3）A/D 与 D/A　转换相应信号。

（4）调节算法　根据工艺曲线设定值与压差采样值的偏差，按 PID 调节算法运算，然后把运算结果作为调节信号输出。

（5）工艺参数设定　为使工艺过程按制订的工艺要求进行和达到满意的控制精度，须将有关工艺参数输入计算机。

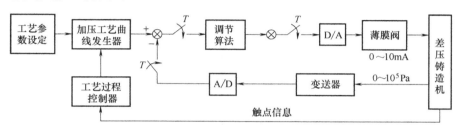

图 8-21　差压铸造微机控制原理

3. 加压工艺曲线的数学模型及调节算法

（1）加压工艺曲线的数学模型　气体升压速度 $\mathrm{d}\Delta p_i/\mathrm{d}t$ 和液体金属充型速度 v_i 间有下列关系：

$$\frac{\mathrm{d}\Delta p_i}{\mathrm{d}t}=\rho g\left(1+\frac{A_i}{A}\right)v_i(1+\theta v_i) \tag{8-32}$$

式中，Δp_i 为第 i 段差值；ρ 为液体金属密度；A 为坩埚截面积；A_i 为型腔第 i 段处截面积；v_i 为型腔第 i 段上要求的液体金属充型速度；θ 为气体升压速度补偿系数，由试验确定；g 为重力加速度。

（2）调节算法　本系统采用了非线性抗积分饱和型位置式 PID 调节算法。所谓积分饱和，就是阀门执行机构不能按调节规律动作，产生失控现象，这时会引起被控量大幅度超调振荡或调节迟钝。为防止积分饱和失控，本系统中采用了积分分离算法。

由于采用了微机控制，使系统还实现了下列功能：

1）可以任意给定液体充填铸型速度。

2）可人为给定结壳压力、结壳时间、保压压力及保压时间。

3）补偿铸型反压力：铸型内设置了一些触点，微机可自动快速计算两触点间液体金属平均上升速度和反压力值，并自动调节气体加压速率，以补偿反压力对液体金属充填铸型速度的影响。

4）信息巡回检测与处理：控制系统按一定的采样周期不断检测系统中工作对象的信息状态变化并及时进行处理。

5）信息显示与打印。

8.3.2　快速自由锻液压机的智能控制

快速自由锻液压机是由压机本体、液压控制系统、电气控制系统、机械化辅助设备和不同种类的锻造工具等组成。快速自由锻液压机按机架结构可分为四柱式和双柱式两种，如图 8-22 和图 8-23 所示。

图 8-22　四柱快速自由锻液压机

图 8-23　双柱快速自由锻液压机

1. 液压控制系统

快速自由锻液压机的液压系统能够以优化和节能方式适应锻造程序不断变化的要求，系统压力按照锻件材料的变形阻力大小而相应变化，使电能的消耗减少到最小，并可在最大工作压力下连续压下，特别适用于执行高压连续和间隙式压力工作程序。

液压系统的动力泵站集中设置在锻造车间内靠近锻造压机的封闭的泵房内。整个泵站由油箱装置、循环加热/冷却/过滤（HCF）系统、控制泵和保压泵系统、主泵供油增压和轴承冲洗系统、主泵组和电动机与泵头集成控制阀块、管路系统等组成。循环加热/冷却/过滤（HCF）系统是保证设备正常运行的关键，系统的介质油的清洁度必须达到使用元件的要求，主系统清洁度 ≤NAS8 级，控制系统清洁度 ≤NAS6 级。热电偶温度变送器检测和采集主油箱油的温度。油箱油温通过温度信号进行控制，保证液压系统在正常的温度范围内进行工作。

主工作缸在快速下降和回程时，缸体内需要补充低压油或排出低压油，可以采用两种方式：高位上油箱或低压充液罐。高位上油箱控制比较简单方便，但会增加厂房的高度，存在一定的风险，常在中小型锻造液压机上采用。低压充液罐尽量布置在靠近压机的半地坑内，通过管道与主缸上的充液阀相连接，管内的液位和压力要满足系统正常运行的要求。

主、辅逻辑控制系统采用了集成设计和分布式控制技术，操纵系统集成阀块采用了二通插装式逻辑阀，分为各种功能组，分别设置于各个工作缸的附近，合理地规定了油流方向，能够实现维护工作的简易性；液压系统由不同功能的插装件、控制盖板和先导控制球阀、快锻阀、安全阀、蓄能器、压力传感器和测压接头组成，控制油路中的油流方向、压力和流量，具有流阻小、响应快、内泄漏少、启闭特性好、主侧缸排气、安全联锁和行程极限过载保护等特点；按规定操作程序，实现系统柔性升压、升速，通过控制各阀启闭瞬时的动作时间，使工作缸柔性换向，运行平稳，降低了振动和噪声，并有助于对外泄漏的控制。

为确保液压控制系统的设计可靠、运行稳定，避免设备出现振动、噪声和气蚀等现象，需要对整个液压系统在不同吨位下的锻造频次进行仿真计算，完善液压系统原理设计，提供现场调试服务。

采用由回程缸常压蓄势站与主缸快速锻造阀构成的位置闭环快速锻造控制系统，满足了最大快速锻造频次和锻造尺寸精度要求。

2. 电气控制系统

电气控制系统由上位工业控制计算机（IPC）和可编程序控制器（PLC）两级控制构成。通过 IPC 和 PLC 系统的协调工作实现对压机工作过程的在线智能管理和控制。PLC 对锻造压机及其辅助设备进行精确过程控制，包括对锻造尺寸的控制，以及锻造压机与操作机联机操作。IPC 用于实现锻造压机设备的参数设置、人机对话操作和故障检测。锻造压机和操作机由一个人操作，工作制度分三种方式，即手动、半自动和联机自动控制三种工作制度，在操作台上通过转换开关进行选择。

主要特点：①清晰地再现所有控制；②监视所有工序过程；③能进行人机对话式操作；④能与辅助、多级计算机系统连接；⑤根据智能 IPC 给出的故障指示和维修可采取的方法进行维护，便于进行修改或补充。

电气控制设备分别安装在高压与低压配电室、控制室、泵站和压机现场，包括动力柜、控制柜、操作台，以及若干个总线控制箱和接线盒。压机供电为高、低压两种供电方式，主泵为高压供电（AC 10kV），辅助系统供电为 380V，三相四线制。为避免大电流冲击，系统连锁控制各台主泵电动机分别依次起动。

系统的可编程控制器采用 Siemens SIMATIC S7-400 系列产品。PLC 编程软件采用 STEP7，模块化结构程序设计，各模块之间可进行任意组合以满足各种工况要求。各种输入/输出模块使 PLC 直接同电气元件即电液阀线圈、按钮、接近开关、压力继电器、压力/温度/位置传感器、编码器、比例阀控制器连接，实现对压机位置、压力、速度及各主、辅助机构动作的可靠控制与安全联锁。由 PLC 处理锻造控制系统的所有输入数据和反馈信号（如编码器、传感器和限位开关等），并且实现所要求的过程控制。

整个 PLC 通过一个开放的标准化现场控制通信总线（Profibus DP）连接各个部件，分布式的内部总线允许 CPU 与 I/O 间进行快速通信，具有调整和扩展灵活的特点，如图 8-24 所示。

可视化上位工业计算机可通过本地 TCP/IP 网络同压机控制系统连接。通过监视器、键盘提供人机对话操作。可将上位工业计算机系统连接到锻造压机和操作机的 PLC 系统，进行生产、工艺、控制信息的传输、数据交换和管理通信。上位机（IPC）监控界面（HMI）加 Siemens 视窗控制中心（Winee）组态软件，可获得下列功能信息：

1）帮助信息，如无响应、错误的开关设置、不正确的数据输入、没有设定初始位置等。

2）泵的选择和状态显示。

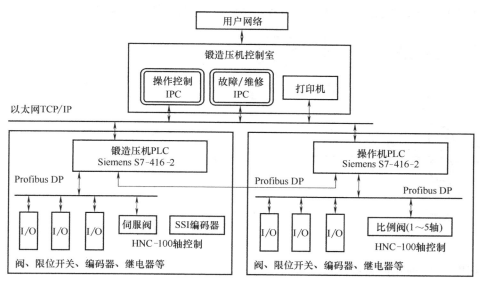

图 8-24　计算机操作网络系统

3）以文字形式显示故障信息。

4）压机设定数据和实际数据的补充显示。

5）执行机构的行程、速度、压力参数设定及实时显示。

6）对设备状态数据显示和故障信息显示（包括故障报警显示和检测、极限参数报警、各动作时阀通断电检测及显示、各动作连锁条件检测及显示）进行监控。

7）液压系统仿真显示。

8）工艺参数（包括钢锭材质、锻造比、速度、位置、系统压力）显示及工作曲线、钢锭温度设定和显示。

9）对控制、工艺、生产数据库中的数据进行处理。

8.3.3　轧制成形过程中的智能控制

1. 厚度自动控制系统

厚度自动控制是通过测厚仪或传感器（如辊缝仪和压头等）对带钢实际轧出厚度进行连续测量，并根据实测值与给定值相比较后的偏差信号，借助于控制回路和装置或计算机的功能程序，改变压下位置、轧制压力、张力、轧制速度等，把厚度控制在允许偏差范围之内的方法。将制品的厚度自动控制在一定尺寸范围内的系统称为厚度自动控制系统（AGC）。根据轧制过程中控制信息流动和作用情况不同，厚度自动控制系统可分为反馈式、前馈式、监控式、张力式、金属秒流量式等；从执行机构来看，可以分为电动式和液压式。

图 8-25 所示为反馈式厚度自动控制系统。带钢从轧机中轧出之后，通过测厚仪测出实际厚度 h_{FAC}，并与给定厚度值 h_{REF} 相比较，得到厚度偏差 $\Delta h = h_{REF} - h_{FAC}$。当两者数值相等时，厚度差运算器的输出为零，即 $\Delta h = 0$；若实测厚度值与给定厚度值相比较出现厚度偏差 Δh 时，便将它反馈给厚度自动控制装置，变换为辊缝调节量 ΔS 的控制信号，输出给电动压下或液压压下系统做相应的调节，以消除此厚度偏差。

为了消除已知的厚度偏差 Δh，必须找出 Δh 与 ΔS 关系的数学模型，如图 8-26 所示。

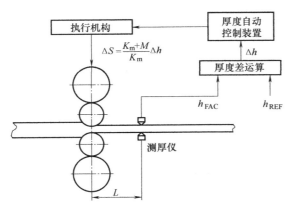

图 8-25　反馈式厚度自动控制系统

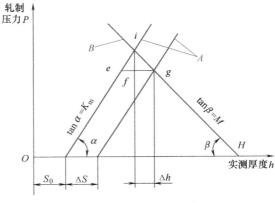

图 8-26　Δh 与 ΔS 关系曲线

根据图 8-26 的几何关系，可以得到

$$\Delta h = fg = \frac{fi}{M} \tag{8-33}$$

$$\Delta S = eg = ef + fg = \frac{fi}{K_{\mathrm{m}}} + \frac{fi}{M} = fi\frac{M + K_{\mathrm{m}}}{K_{\mathrm{m}}M} \tag{8-34}$$

故

$$\frac{\Delta h}{\Delta S} = \frac{\dfrac{fi}{M}}{fi\dfrac{M + K_{\mathrm{m}}}{K_{\mathrm{m}}M}} = \frac{K_{\mathrm{m}}}{M + K_{\mathrm{m}}} \tag{8-35}$$

即

$$\Delta h = \frac{K_{\mathrm{m}}}{M + K_{\mathrm{m}}}\Delta S \tag{8-36}$$

或

$$\Delta S = \frac{M + K_{\mathrm{m}}}{K_{\mathrm{m}}}\Delta h = \left(1 + \frac{M}{K_{\mathrm{m}}}\right)\Delta h \tag{8-37}$$

从式（8-37）可知，为消除带钢的厚度偏差 Δh，必须使辊缝移动 $\left(1 + \dfrac{M}{K_{\mathrm{m}}}\right)\Delta h$ 的距离，也就是说，要移动比厚度差 Δh 还要大 $\dfrac{M}{K_{\mathrm{m}}}\Delta h$ 的距离。因此，只有当 K_{m} 越大，M 越小时，才能使得 ΔS 与 Δh 之间的差别越小。当 K_{m} 和 M 为一定值时，即 $(K_{\mathrm{m}} + M)/K_{\mathrm{m}}$ 为常数，则 ΔS 与 Δh 成正比关系。只要检测到厚度偏差 Δh，便可以计算出为消除此厚度偏差应做出的辊缝调节量 ΔS。

一个厚度自动控制系统由下列几个部分组成：

（1）厚度的检测部分　厚度控制系统能否精确地进行控制，首先取决于一次信号的检测，对于热连轧来说，测厚仪可以是 X 射线或 γ 射线的非接触式测厚仪；而冷连轧除可用上述两种非接触式测厚仪之外，在较低速度情况下还可以采用接触式测厚仪。

（2）厚度自动控制装置　它是整个厚度自动控制系统的核心部分，其作用是将测厚仪测出的厚度偏差信号进行放大，或经计算机的功能程序进行处理，然后输出控制压下位置的信号。

（3）执行机构　根据控制信号对带钢厚度直接进行控制。例如，通过压下电动机或液压装置调整压下位置，或通过主电动机改变轧制速度调节带钢的张力，来实现厚度的控制。

由于辊缝调节量 ΔS 与厚度差 Δh 之间成一定的比例关系（压下有效系数），故在自动控制系统中采用比例调节器，如图 8-27 所示。当轧制不同尺寸和不同材质的轧件时，因 M 的改变会导致 M/K_m 的改变，故在此种控制系统中的比例系数应是可变的。通常在比例调节器中，比例系数用一个电位器进行调节，实质是调节它的比例度。

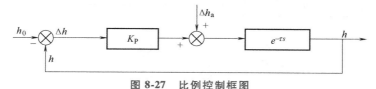

图 8-27　比例控制框图

h_0—厚度的给定值　h—实测厚度值　Δh—厚度偏差　K_P—放大系数

$e^{-\tau s}$—由时间滞后引起的变化量　Δh_a—对厚度的干扰

2. 板形自动控制系统

现代板带轧机的板形自动控制系统一般通过两个控制层面来实现，一个是过程自动化级（L2 级），另一个是基础自动化级（L1 级）。过程自动化级中包含有板形设定模块，基础自动化级中一般采用板形闭环反馈控制（automatic flatness control，AFC）或（auto-matic shape control，ASC）。

过程自动化级和基础自动化级的功能不同。过程自动化级从生产管理系统接收钢卷的生产信息，在经过一定触发后开始钢卷的设定计算。板形设定计算的内容包括各个板形调控机构的调控量，如弯辊力大小、轧辊横移量等。设定值计算完成后将这些设定值发送到基础自动化级执行相应的控制。当基础自动化级没有相应的反馈或前馈功能时，这些设定值将维持整个钢卷的生产；当基础自动化级有相应的反馈或前馈功能时，这些设定值就是控制的初始值。

典型板形自动控制系统的结构如图 8-28 所示。

在 L2 级中的板形控制部分一般都集成于过程自动化的数学模型中，作为设定计算的一个子系统来处理。这样不仅可以利用轧制设定的硬件和操作系统等平台，而且板形设定计算需要使用很多其他轧制设定的资源，如需要调用轧制力计算模型等，如果有后计算还要提取实测信号，因此集成在过程自动化的数学模型中有很多方便之处。

在 L1 级中的板形控制包括前馈和反馈两部分。轧制力前馈一般由 L2 级中的板形设定模型计算相应的前馈系数，然后在 L1 级中执行简单的前馈运算和控制。板形闭环反馈控制比较复杂，包括大量的数学计算和处理，运算量很大。

在 L1 级中的板形控制系统的硬件结构有独立式或嵌入式两种形式。独立式板形闭环反馈控制系统是由单独的板形控制计算机（简称板形计算机）组成，如图 8-29 所示；嵌入式板形闭环反馈控制系统是将全部控制模块部集成于 PLC 控制系统中，如图 8-30 所示。

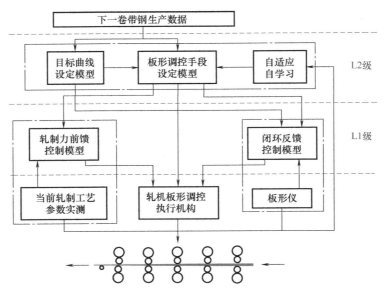

图 8-28　典型板形自动控制系统的结构

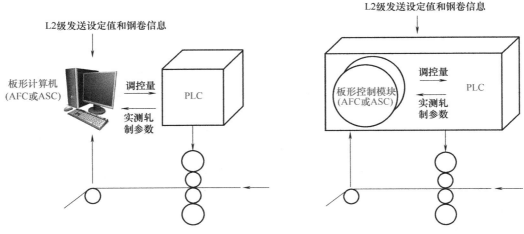

图 8-29　独立式板形闭环反馈控制系统　　　图 8-30　嵌入式板形闭环反馈控制系统

以嵌入式板形闭环反馈控制系统为例，如图 8-31 所示。

L2 级中，板形设定采用表格式设定方法，不进行复杂的计算，只根据带钢等级和规格直接查表获得过程设定参数。

L1 级中，高速处理器（HPU）中的控制程序主要负责输入实测的板形数据、控制运行周期，以及将闭环控制数据输出到基础自动化。CPU 中的控制程序主要负责板形目标值计算、板形的识别、控制手段的控制量参数的计算等功能。

带钢轧制过程中，HPU 会定时启动 CPU 程序中的板形计算任务，在从 HPU 获得实测板形数据后，根据有效通道和目标曲线的计算，即可求得板形偏差。对板形偏差进行控制求解计算，得到各个调控机构的调控量。在控制计算完毕后，将控制计算的结果输出到 HPU，用于控制执行机构动作。

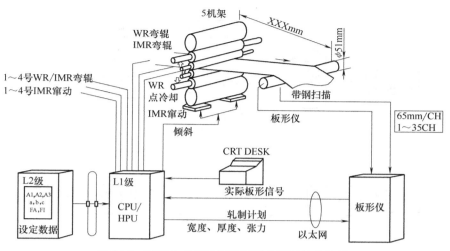

图 8-31　某嵌入式板形闭环反馈控制系统结构图

3. 轧制过程在线智能预测与决策系统

轧制工艺参数机理模型对于产品的质量、成本、生产率、控制精度等有着重要影响。合理的机理模型既可以提高板带轧制的生产率，降低能耗，又能保证产品的质量，提高工艺控制精度。针对定制化生产对热轧的要求，构建了全流程温度计算模型、高精度轧制力计算模型，提出了基于三维刚塑性有限元法与影响函数法耦合的有载辊缝快速计算策略，提高了热轧板凸度和板形设定模型的计算效率和精度。通过模型构建和深度学习开发了热轧全流程整体在线智能预测与决策系统，采用大数据挖掘技术实现对热轧现场板形相关数据的在线收集、深度挖掘和高效利用。运用统计学及机器学习算法，对影响产品质量的原始变量和衍生变量进行全面分析，研究热轧所有过程参数之间的相互关系和潜在变化规律。通过特征变量重要性排序，筛选重要特征变量。通过融合工艺知识和大数据挖掘技术，建立热轧生产条件、工艺参数、操作制度等数据与生产状态和产品质量之间的关系，生成数据分析报告，对特征变量的趋势、敏感性和重要性做出总结归纳。利用现场工业数据、解析模型和反馈神经网络、深度学习等先进机器学习算法实现板形控制中间变量的精准预测。将所建立的板形控制理论和先进的数据驱动建模方法相结合，构建了板形控制机理模型、人工智能方法和生产数据相融合的新型智能板形控制预设定模型，分别采用多目标优化算法和 k-邻近算法实现弯辊力和窜辊位置的在线优化设定，实现板形在线预设定计算，并提供网络版报告可视化接口。热轧全流程整体在线智能预测与决策系统如图 8-32 所示。

4. 板带热轧过程组织性能预测与优化软件

组织性能作为热轧产品的重要指标与控制难点，一直制约着热轧工序的高质量生产。传统的性能检测手段主要是依靠线下检测的方法，一般是在热轧后做组织性能检测，在板带的带头或带尾位置处取样，集中在检测中心进行组织性能检测与分析。根据该类产品的检测结果对之后生产的板带进行相应的工艺调整与优化，再次重复上述性能检测与工艺调整工作，直到达到期望值。这种检测方式具有严重的滞后性，不能根据测定结果对生产工艺进行及时调整，而且所取样位置局限在带头或带尾，无法保证整卷板带性能质量的均匀性。

为实现热轧板带组织性能的在线预测与优化调控，结合机理模型与智能算法，基于热轧

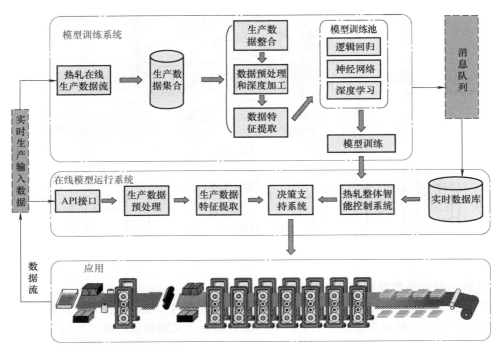

图 8-32　热轧全流程整体在线智能预测与决策系统

工艺编制预报热轧带钢的变形温度场-组织-性能的数值模拟程序，优化软件应具有以下功能：

1）在已知钢化学成分和热轧工艺参数时，模拟整个轧制过程轧件芯部、中部、表面温度场。

2）基于材料的化学成分、热轧工艺参数、温度场，预报全过程显微组织（不同阶段的晶粒尺寸演化行为、相变过程）和成品带钢力学性能（屈服强度、抗拉强度、伸长率等）

3）具有友好的人机界面，形象生动的画面，适合轧钢工程师和轧机操作者使用。

轧制工艺对组织性能的影响如图 8-33 所示。

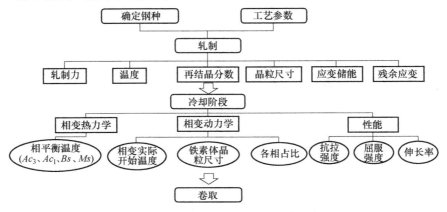

图 8-33　轧制工艺对组织性能的影响

在智能算法方面，收集现场工业生产大数据，采用人工智能的随机森林法与主成分分析法对热轧过程材料力学性能影响参数进行重要度分析和数据样本聚类分析，确定合理的算法结构。在此基础上，对海量数据进行筛选、处理和训练，为算法提供合理的输入参数，并制订合理的隐层和学习效率参数，最终形成基于大数据分析的超薄带力学性能算法模型。与此同时，再结晶模型和相变模型中有一些公式的参数是与材料性质和实际工艺相关的参数，因此在实际应用时，需要对某些参数做出调整，以探索适合热轧工艺条件的具体模型。可利用遗传算法来调整参数，编制的遗传算法程序的步骤如图 8-34 所示。

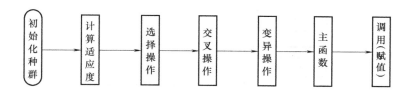

图 8-34　编制遗传算法程序的步骤

基于温度场模型与轧制力模型，可以显示出当前热轧工艺条件下晶粒度、各组织所占比例、屈服强度、抗拉强度、伸长率等各项力学性能，从而实现组织性能的在线预测。进一步，根据预报结果与期望值间的偏差，可以实现对热轧工艺参数的优化调控。

该成果将机理模型与智能算法相结合，两者之间优势互补，通过机理模型对大数据分析得到结果把握影响规律，通过大数据分析弥补典型钢种与规格之外的产品机理模型的局限性，实现了板带热轧过程组织性能预测与工艺优化调整，解决了由于传统线下组织性能检测不及时导致的工艺参数在线调整无参考与批量性能质量事故的难题，引领钢铁工业智能检测与控制技术迈向新台阶。

8.3.4　焊接过程中的智能控制

焊接工艺动态过程是一个多因素影响的复杂过程，尤其是在弧焊动态过程中对焊接熔池尺寸（即熔宽、熔深、熔透及成形等焊接质量）的实时控制问题。由于被控对象的强非线性、多变量耦合、材料的物理化学变化的复杂性，以及大量随机干扰和不确定因素的存在，使得有效地实时控制焊接质量成为国内外焊接界多年来瞩目的难题。除了需要解决实时准确地检测提取焊接质量的动态特征信息这一难题之外，还有如何实现对熔池尺寸及熔透等特征量的实时控制。由于经典及现代控制理论所能提供的控制器设计方法是基于被控对象的精确数学建模的，而焊接动态过程不可能给出这种可控的数学模型，因此对焊接过程也很难应用这些理论方法设计有效的控制器。

近年来，随着模拟人类智能行为的模糊逻辑、人工神经网络、专家系统等智能控制理论方法的出现，可采用新思路来设计模拟焊工操作行为的智能控制器，以解决焊接质量实时控制的难题。国内外已有大批的学者进行这一方面的研究工作，并取得了较大的进展。下面以脉冲 GTAW 平板对接熔池尺寸控制为例，介绍将模糊逻辑、人工神经网络、专家推理等人工智能技术综合运用于机器人系统焊接动态过程控制器设计的实例。

对于脉冲 GTAW 对接过程焊缝成形控制问题，经过多次试验观察发现，焊道成形变差的主要原因是熔池长度方向的尺寸变大，而且熔池后半部面积也同时增大，而此时人工调节焊接速度却能够改善焊缝成形质量。因而将此种经验知识转化为产生式规则并将其与模糊理论和神经网络有机地结合起来，以熔池反面熔宽为被控目标，建立模糊神经网络和专家系统相结合的脉冲 GTAW 对接过程焊缝成形双变量自学习模糊神经网络控制系统（fuzzy neural networks controller，FNNC），如图 8-35 所示。

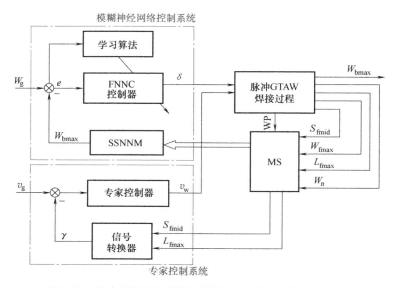

图 8-35　脉冲 GTAW 对接双变量闭环智能控制系统原理图

MS—焊接过程传感系统　SSNNM—神经网络模型　W_g—熔池宽度设定值　v_g—焊接速度设定值

W_{bmax}—熔池反面最大宽度输出值　v_w—焊接速度　W_{fmax}—熔池正面最大宽度　W_n—熔池正面扫描线上的参数

WP—脉冲 GTAW 熔宽动态过程　L_{fmax}—熔池正面最大半长　S_{fmid}—熔池正面后半部面积

图 8-35 中，模糊神经网络控制系统用于调节占空比来保证熔池反面熔宽；专家控制系统用来调节焊接速度，与模糊神经网络控制器一起来完成对焊缝成形质量的控制。FNNC 控制器在线自调整控制参数，修改控制规则，使控制规律适应对象的变化。专家控制系统的输入变量为熔池正面最大半长 L_{fmax} 和熔池正面后半部面积 S_{fmid}，经信号转换器将其综合为成形指标 γ，与给定值相比较，比较结果与专家控制系统知识库中某个产生式规则相匹配，输出当前相应的焊接速度 v_w。模糊神经网络控制器输出的当前的占空比 δ 和该焊接速度 v_w 一起送给实际的焊接过程，实现焊缝成形的双变量闭环智能控制。

对于以焊接机器人为主体的包括焊接任务规划、各种传感系统、机器人轨迹控制以及焊接质量智能控制器组成的复杂系统，要求有相应的系统优化设计结构与系统管理技术。从系统控制领域的发展分类来看，可将机器人焊接智能化系统归结为一个复杂系统的控制问题。这一问题在近年系统科学的发展研究中已有确定的学术地位，已有相当的学者进行这一方面的研究。目前对这种复杂系统的分析研究主要集中在系统中存在的各种不同性质信息流的共同作用、系统的结构设计优化及整个系统的管理技术方面。随着机器人焊接智能化控制系统向实用化发展，对其系统的整体设计、优化管理也将有更高的要求，这方面研究工作的重要性将进一步明确。典型弧焊机器人智能焊接系统如图 8-36 所示。

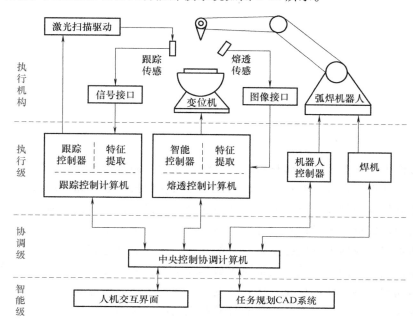

图 8-36 典型弧焊机器人智能焊接系统

综上所述，在焊接机器人技术的现阶段，发展与焊接工艺相关设备的智能化系统是适宜的。这种系统可以作为一个焊接产品柔性加工单元（WFMC）相对独立，也可以作为复合柔性制造系统（FMS）的子单元存在，技术上具有灵活的适应性。

思考题

8-1 智能传感器相比传统传感器，其结构型式有什么不同，具有哪些特点？

8-2 PID 控制中比例单元、积分单元、微分单元各有什么作用？比例微分控制有什么规律？

8-3 基于神经网络的系统辨识的三要素是什么？有何作用？

8-4 厚度自动控制系统由哪几部分组成？分别起什么作用？

8-5 轧制成形过程中，板带的板形是如何实现自动控制的？L1 级、L2 级在控制系统中分别起什么作用？

第 9 章 成形过程模拟仿真技术

塑性成形作为一种重要的金属材料加工方法，在加工制造行业中应用广泛。由于金属塑性成形过程的复杂性，传统基于经验的试错设计方法周期长、成本高，产品质量不容易得到保证。随着计算机软硬件技术及专业理论认识的进一步提高，计算机数值模拟仿真技术飞速发展，为金属塑性成形工艺及模具设计、产品质量控制等带来了巨大变革。数值模拟仿真技术能够为塑性加工产业转型升级提供强有力的支撑，在智能制造和工业 4.0 的时代，数值模拟软件的重要性进一步凸显。数值模拟对于成形工艺是强有力的设计、分析和优化的工具，可以预测成形期间零件形状的变化、坯料的变形规律、最终应力应变分布、温度场分布、组织性能变化规律、工艺参数对产品质量和尺寸精度的影响规律、缺陷形成方式和区域等，并且可以在零件实际生产之前最大限度地优化工艺参数，这些对于缩短成形时间是至关重要的。数值模拟能够处理各种复杂工程问题，同时它也是进行科学研究的重要工具。数值模拟分析已成为替代大量实物试验的数值化虚拟试验，基于该方法的大量计算分析与典型的验证性试验相结合，可以使塑性加工成形做到高效率和低成本。

9.1 成形过程建模方法

在实际工程应用中，工程技术人员更关注零件宏观形状和性能。金属成形过程建模与分析也围绕着一定力与速度边界条件下金属流动、力场和温度场分布及演变、组织演化、缺陷形成等方面展开。

成形过程的材料流动直接决定了材料的变形（应变）、充填以及形状等情况，这些是工艺路线优化、模具型面确定、预成形坯料设计等的基础。力场具体表现为应力、载荷等，是模具应力分析、设备选择的重要依据。预测分析金属成形过程中金属流动、力场、温度场等内容的建模与分析方法主要有解析法（理论分析）、数值法（计算机仿真）、试验法等。解析法主要有滑移线场法、主应力法等。数值法主要有有限元法、有限差分法等，金属塑性成形的数值分析以有限元法为主。解析法与数值法的建模流程如图 9-1 所示。

获得物理模型、建立数学模型的过程中往往需要一定的假设和简化，一般数值模拟预测结果比解析模型预测结果更接近真实解，特别是对于三维复杂问题。数值法建模过程中的假设和简化更少，更接近物理模型。此外，数值模拟技术不仅可以准确描述材料性能和变形行为，还可以获取成形过程中详细的场变量信息。因此，解析模型多用于指导数值模型建立、试验过程确定；试验研究用于解析（理论）模型、数值仿真模型的可靠性评估与验证，以数值仿真方法获得塑性成形工艺的变形机理与参数影响规律，进行成形工艺优化设计。对于大型复杂构件的塑性成形问题，特别是热成形问题，由于存在费用高、周期长、参数难测量等问题，其试验研究往往以物理模拟试验为主，与实际完全一致的工艺试验为辅。

虽然解析法在分析复杂成形问题时存在一定的局限性，但是解析法数学计算较简单，所需计算时间很少，对软硬件要求远小于有限元法；所获得的数学表达式具有明确的参数关系和物理意义，便于分析其影响规律，可较为简捷迅速地探究成形机理、把握工艺参数的影响规律。特别是根据成形特征分区域（单元）分别采用解析模型，甚至在离散网格内采用解析模型，可获得较好的预测结果，计算时间比有限元法少多个数量级。大型复杂构件的有限元正向模拟时间较长，可用解析法确定工艺参数及加载条件的大致范围，然后进行有限元分析研究，以缩短成形过程分析计算的周期。

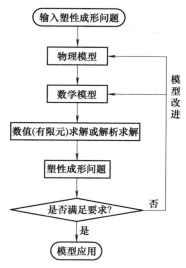

图 9-1　金属塑性成形过程解析法与数值法的建模流程

9.1.1　塑性变形问题描述

弹性、塑性、黏性是物质材料的三种基本理想性质。固态金属在外力作用下产生的非破坏性的永久变形为塑性变形，去除外力后可恢复的变形为弹性变形，与时间有关的变形为黏性变形。一般在短时间、低温、低速度加载条件下，应力、应变与此外力的持续时间和加载速度无关；在高温、高速度加载条件下，变形都不同程度地随时间变化，反映在金属变形方面表现为材料对应变速率的敏感性。

金属体积成形中，如轧制、锻造、挤压等，金属材料产生较大的塑性变形，弹性变形极少，可忽略弹性变形，将金属材料看成刚塑性材料或刚黏塑性材料。因此，本章解析法的基础理论是基于刚塑性材料建立的，有限元法的基础理论是基于刚塑性或刚黏塑性材料建立的。

1. 塑性变形的边值问题

刚塑性或刚黏塑性变形问题是一个边界值问题，可以描述为：设一块变形体（见图 9-2）的体积为 V、表面积为 S；边界 S 的一部分为力面 S_F，其上给定面力 F_i；边界 S 的另一部分为速度面 S_u，其上给定速度 u_i。

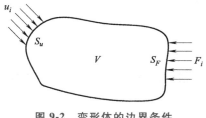

图 9-2　变形体的边界条件

该塑性变形边值问题由以下塑性方程和边界条件定义。

（1）平衡微分方程

$$\sigma_{ij,j} = 0 \tag{9-1}$$

239

式（9-1）忽略了体积力和惯性力。

（2）几何方程（协调方程）

$$\dot{\varepsilon}_{ij} = \frac{1}{2}(u_{i,j} + u_{j,i}) \tag{9-2}$$

（3）本构关系（莱维-米泽斯关系）

$$\dot{\varepsilon}_{ij} = \frac{3}{2}\frac{\dot{\bar{\varepsilon}}}{\bar{\sigma}}\sigma'_{ij} \tag{9-3}$$

式中，σ'_{ij} 为应力偏张量分量；$\bar{\sigma}$ 和 $\dot{\bar{\varepsilon}}$ 分别为等效应力和等效应变速率。

$$\bar{\sigma} = \sqrt{\frac{3}{2}\sigma'_{ij}\sigma'_{ij}} \tag{9-4}$$

$$\dot{\bar{\varepsilon}} = \sqrt{\frac{2}{3}\dot{\varepsilon}_{ij}\dot{\varepsilon}_{ij}} \tag{9-5}$$

（4）米泽斯屈服准则

$$\sqrt{J'_2} - K = 0 \tag{9-6}$$

式中，J'_2 为偏应力张量第二不变量。

（5）体积不可压缩条件

$$\dot{\varepsilon}_V = \dot{\varepsilon}_{ij}\delta_{ij} = 0 \tag{9-7}$$

（6）边界条件　边界条件包括应力边界条件和速度边界条件。在力面 S_F 上，有

$$\sigma_{ij}n_j = F_i \tag{9-8}$$

式中，n_j 为表面相应点处单位法向矢量分量。

在速度面 S_u 上，有

$$u_i = \bar{u}_i \tag{9-9}$$

对于黏塑性材料，除屈服条件中的材料模型外，其他方程和条件都与刚塑性材料相同。

2. 平面应变基本方程

解析法一般用于求解二维问题，如金属塑性成形的平面应变问题。平面应变分析过程所用基本方程如下。

平面应变状态下沿一方向（z 向）没有变形，塑性流动都平行于给定的坐标面（xOy 坐标面），因此位移满足

$$\begin{cases} u = u(x, y) \\ v = v(x, y) \\ w = 0 \end{cases} \tag{9-10}$$

根据位移分量和应变分量之间关系的几何方程，可得应变分量为

$$\begin{cases} \varepsilon_x = \dfrac{\partial u}{\partial x} \\[2mm] \varepsilon_y = \dfrac{\partial v}{\partial y} \\[2mm] \varepsilon_z = \dfrac{\partial w}{\partial z} = 0 \end{cases} \tag{9-11a}$$

$$\begin{cases} \gamma_{xy} = \dfrac{1}{2}\left(\dfrac{\partial u}{\partial y}+\dfrac{\partial v}{\partial x}\right) \\ \gamma_{xz} = \dfrac{1}{2}\left(\dfrac{\partial w}{\partial x}+\dfrac{\partial u}{\partial z}\right) = 0 \\ \gamma_{yz} = \dfrac{1}{2}\left(\dfrac{\partial w}{\partial y}+\dfrac{\partial v}{\partial z}\right) = 0 \end{cases} \tag{9-11b}$$

因此，可得应变速率分量为

$$\dot{\varepsilon}_z = 0 \tag{9-12}$$

应用增量理论，根据塑性流动方程 $\dot{\varepsilon}_{ij} = \dot{\lambda}\,\sigma'_{ij}$ 可得

$$\dot{\varepsilon}_z = \dot{\lambda}\,\sigma'_z = \dot{\lambda}(\sigma_z - \sigma_m) = 0 \tag{9-13}$$

式中，$\dot{\lambda} = \dfrac{\mathrm{d}\lambda}{\mathrm{d}t} = \dfrac{3}{2}\dfrac{\dot{\bar{\varepsilon}}}{\bar{\sigma}}$，卸载时 $\dot{\lambda} = 0$；σ_m 为平均应力，$\sigma_m = \dfrac{1}{3}(\sigma_x + \sigma_y + \sigma_z)$。

根据式（9-13），加载变形时有

$$\sigma_z = \frac{1}{2}(\sigma_x + \sigma_y) = \sigma_m = \sigma_2 = \frac{1}{2}(\sigma_1 + \sigma_3) \tag{9-14}$$

加载变形过程中，物体内与 z 轴平行的平面始终不会倾斜扭曲，与塑性流平面（即发生变形的平面）相平行的平面之间没有相对错动，即有

$$\tau_{zx} = \tau_{zy} = 0 \tag{9-15}$$

由第一主应力（最大主应力）、第三主应力（最小主应力）可得最大剪应力 $\tau_{\max}$ 为

$$\tau_{\max} = \frac{1}{2}(\sigma_1 - \sigma_3) \tag{9-16}$$

根据式（9-14）和式（9-16），加载变形过程中，在任一点 Q 的应力状态都可用平均应力和最大剪应力表示，即

$$\begin{cases} \sigma_1 = \sigma_m + \tau_{\max} \\ \sigma_2 = \sigma_m \\ \sigma_3 = \sigma_m - \tau_{\max} \end{cases} \tag{9-17}$$

则 Q 点的应力莫尔圆如图 9-3 所示，图中所示应力状态为花键滚轧过程中的应力状态，φ_1 为主应力方向角，φ_2 为最大剪应力方向角，其值为

$$\begin{cases} \tan(2\varphi_1) = -\dfrac{2\tau_{xy}}{\sigma_x - \sigma_y} \\ \tan(2\varphi_2) = -\dfrac{\sigma_x - \sigma_y}{2\tau_{xy}} \end{cases} \tag{9-18}$$

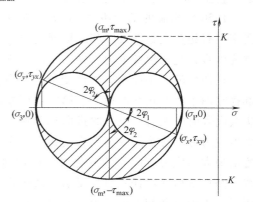

图 9-3　花键滚轧成形的应力莫尔圆（平面应变状态）

平面应变状态米泽斯屈服准则可表述为

$$(\sigma_x - \sigma_y)^2 + 4\tau_{xy}^2 = 4K^2 \tag{9-19}$$

式中，K 为剪切屈服强度。

采用主应力表示的屈服准则为

$$\sigma_1 - \sigma_3 = 2K \tag{9-20}$$

材料达到屈服点时进入塑性变形状态，屈服准则中的常数与应力状态无关，可根据简单应力状态求得材料剪切屈服强度 K 和材料屈服应力 σ_s 之间的关系。两者之间的数学描述 $f(\sigma_s)$ 与选用的屈服准则密切相关。采用米泽斯屈服准则时，可应用单向均匀拉伸和纯剪应力状态确定 $f(\sigma_s)$；采用特雷斯卡屈服准则时，可应用单向均匀拉伸应力状态确定 $f(\sigma_s)$。

$$K=f(\sigma_s)=\begin{cases} \dfrac{\sigma_s}{2}，采用特雷斯卡屈服准则 \\[2em] \dfrac{\sigma_s}{\sqrt{3}}，采用米泽斯屈服准则 \end{cases} \tag{9-21}$$

9.1.2　滑移线场法

滑移线场法一般适用于平面应变问题，在一定条件下也可推广到平面应力及轴对称问题的建模分析中。Prandtl 表述了平冲头压入半无限平面的滑移线场，如图 9-4a 所示。Hill 给出了另外一种滑移线场解，如图 9-4b 所示。

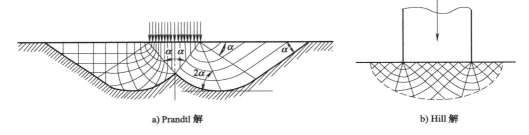

a) Prandtl 解　　　　　　　　　　　　　　b) Hill 解

图 9-4　平冲头压入半无限平面的滑移线场

1923 年，Hencky 给出了描述平均应力沿线特征的应力方程。数年后，滑移线场理论趋于完善，形成了完整的应力场理论和速度场理论，用于求解拉拔、挤压、锻造等塑性成形问题。直至 20 世纪 80 年代，滑移线场法在塑性成形问题的求解中占有重要地位。

1950 年出版的 *The Mathematical Theory of Plasticity* 对滑移线场理论做了较为详细的叙述，我国也有相关文献涉及滑移线场理论的系统性数学描述。应力场是金属塑性成形过程分析的重要内容，是求解变形力、塑性变形区应力分布特征的基础。

在塑性流动平面上，塑性变形区内各点的应力状态均满足屈服准则，而且过任一点 Q 都存在两个相互正交的第一、第二剪切方向，这两个方向一般会随 Q 点位置的变化而变化。Q 点代数值最大的主应力的指向称为第一主方向，由第一主方向顺时针转 $\pi/4$ 所确定的最大剪应力方向称为第一剪切方向，另一个最大剪应力方向称为第二剪切方向。当 Q 点的位置沿最大剪应力方向连续变化时，得到两条相互正交的最大剪应力方向轨迹线，称为滑移线。塑性变形区内任一点均可引出两条相互正交的滑移线，从而构成滑移线网络，如图 9-5 所示。由第一剪切方向所得的滑移线称为 α 线，由第二剪切方向所得的滑移线称为 β 线。

由 x 坐标轴逆时针转向第一剪切方向的角度 ω（见图 9-5）称为第一剪切方向的方向角，也就是滑移线的方向角。从图 9-5 可得两族滑移线的微分方程为

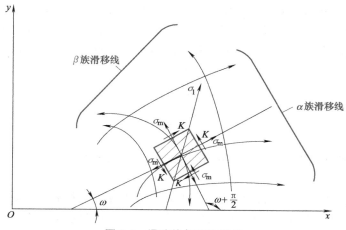

图 9-5　滑移线与滑移线场

$$\begin{cases} \dfrac{\mathrm{d}y}{\mathrm{d}x} = \tan\omega, \text{沿 } \alpha \text{ 线} \\[3mm] \dfrac{\mathrm{d}y}{\mathrm{d}x} = -\cot\omega, \text{沿 } \beta \text{ 线} \end{cases} \qquad (9\text{-}22)$$

因 α 线为最大剪应力作用方向，令 $\omega = \varphi_2$ 代入式（9-18），并联立式（9-19）可求得

$$\begin{cases} \sigma_x = \sigma_{\mathrm{m}} - K\sin(2\omega) \\ \sigma_y = \sigma_{\mathrm{m}} + K\sin(2\omega) \\ \tau_{xy} = K\cos(2\omega) \end{cases} \qquad (9\text{-}23)$$

式（9-23）为描述滑移线上平均应力变化规律的亨基应力方程。当沿 α 线族（或 β 线族）中的同一滑移线移动时，函数 $\xi(S_\beta)$ 或 $\eta(S_\alpha)$ 为常数，只有从一条滑移线转到另一条滑移线时，常数值才改变。这些常数可根据滑移线场的应力边界条件确定。

$$\begin{cases} \sigma_{\mathrm{m}} - 2K\omega = \xi(S_\beta), \text{沿 } \alpha \text{ 线} \\ \sigma_{\mathrm{m}} + 2K\omega = \eta(S_\alpha), \text{沿 } \beta \text{ 线} \end{cases} \qquad (9\text{-}24)$$

由式（9-24）可知，沿着滑移线的平均应力的变化与滑移线方向角的变化成比例，即在任一族中的任意一条滑移线上任取两点 a、b，两点处的平均应力（$\sigma_{\mathrm{m},a}$、$\sigma_{\mathrm{m},b}$）和滑移线方向角（ω_a、ω_b）应满足

$$\sigma_{\mathrm{m},a} - \sigma_{\mathrm{m},b} = \pm 2K(\omega_a - \omega_b) = \pm 2K\omega_{ab} \qquad (9\text{-}25)$$

式中，正号用于 α 族滑移线，负号用于 β 族滑移线。

式（9-22）、式（9-24）和式（9-25）描述了滑移线场中应力沿滑移线的变化特征及滑移线场的沿线特性。滑移线场关于应力的跨线特性可由式（9-26）描述，即同一族的一条滑移线转到另一条滑移线时，沿另一族滑移线方向角的变化 $\Delta\omega$ 及平均应力的改变 $\Delta\sigma_{\mathrm{m}}$ 均为常数，此为亨基第一定理。

$$\begin{cases} \Delta\sigma_{\mathrm{m}} = \sigma_{\mathrm{m}_{1,1}} - \sigma_{\mathrm{m}_{2,1}} = \sigma_{\mathrm{m}_{1,2}} - \sigma_{\mathrm{m}_{2,2}} = \cdots = C_\sigma \\ \Delta\omega = \omega_{1,1} - \omega_{2,1} = \omega_{1,2} - \omega_{2,2} = \cdots = C_\omega \end{cases} \qquad (9\text{-}26)$$

式中，$\sigma_{\mathrm{m}_{i,j}}$、$\omega_{i,j}$ 分别为滑移线场网格节点 (i,j) 处的平均应力和滑移线方向角，i 为 α 族滑移线下标，j 为 β 族滑移线下标。

式（9-26）是亨基第一定理的数学描述，描述滑移线节点切线夹角变化特征，滑移线曲率半径和位移之间的关系可由式（9-27）表示，此为亨基第二定理。式（9-27）表示沿着某一滑移线移动，此时在节点处的另一族滑移线的曲率半径的变化即为沿该线所通过的距离。

$$\begin{cases} \dfrac{\partial R_\alpha}{\partial S_\beta} = -1 \\[2mm] \dfrac{\partial R_\beta}{\partial S_\alpha} = -1 \end{cases} \tag{9-27}$$

式中，R_α、R_β 分别为 α 族滑移线、β 族滑移线的曲率半径；S_α、S_β 分别为沿 α 族滑移线、β 族滑移线的弧长。

根据滑移线场的沿线特性和跨线特性，可确定滑移线的一些重要性质，这些性质在求解刚塑性平面应变问题时很有用。在确定的滑移线场中（滑移线场网格确定，节点处滑移线方向角已知），已知一条滑移线上任一点的平均应力，可以确定该滑移线场中各节点的平均应力；若滑移线场中某些区段是直线，则沿着那条滑移线的应力状态相同；若滑移线场的某一区域内，两族滑移线皆为直线，则此区域内各点的应力状态相同，称为均匀应力场；若其中一族的一条滑移线的某一区段为直线段，则被另一族滑移线所截得的该族滑移线的所有相应线段皆为直线。因此，根据边值条件，应用滑移线场的沿线特性和跨线特性，可建立滑移线场，确定应力分布。

建立滑移线场从已知的边界条件开始，根据边界条件的不同，可分三类边值问题。第一类边值问题，即已知两条相交滑移线，作出这两条滑移线所包围的塑性区内的滑移线场；第二类边值问题，即已知塑性变形区的非滑移线光滑边界曲线，作出塑性区内的滑移线场；第三类边值问题，为混合边值问题，即已知塑性变形区的一条滑移线和另一条非滑移线，作出塑性区内的滑移线场。

常见的滑移线延伸至塑性区边界条件时应满足的受力条件有四种类型，不同类型应力边界条件下滑移线的方向角 ω 不同。第一种类型，不受力的自由表面，$\omega = \pm\dfrac{\pi}{4}$；第二种类型，无摩擦的光滑接触表面，$\omega = \pm\dfrac{\pi}{4}$；第三种类型，摩擦剪应力达到最大值 K 的接触表面，$\omega = 0$ 或 $\omega = \dfrac{\pi}{2}$；第四种类型，摩擦剪应力为某一中间值（$0 < \tau_{xy} < K$）的接触表面，$\omega = \pm\dfrac{1}{2}\arccos\dfrac{\tau_{xy}}{K}$。

9.1.3　主应力法

主应力法是在变形区内切取很薄的基元板块以建立应力平衡微分方程，并联立屈服方程求解，也称切片法。基元板块平衡方程首先用于分析锻造问题，随后 Karman 和 Sachs 采用类似的方法分别分析了板材轧制和线材拉拔成形问题，如图 9-6 所示。随后研究者不断改进和丰富主应力法的理论和数学模型，由于参数关系和物理意义明确、数学计算简单高效，主应力法在锻造、挤压、轧制拉拔等金属塑性成形问题分析中得到广泛应用。直至 20 世纪 80

年代，主应力法开始在塑性成形问题的求解中占有重要地位。

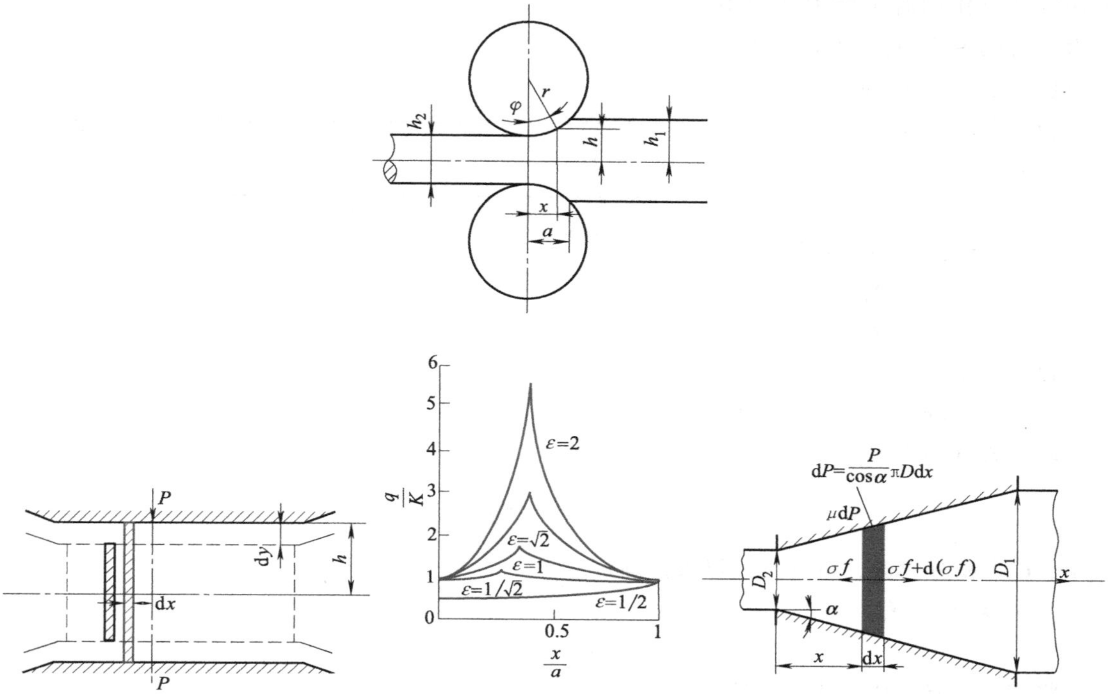

a) 锻造分析模型　　　　b) Karman 轧制力分布特征　　　　c) Sachs 拉拔分析模型

图 9-6　早期的主应力法分析模型

　　主应力法从切取基元体或基元板块着手，将应力平衡微分方程和屈服方程联立求解，并利用应力边界条件确定积分常数，以求得接触面上的应力分布。为了使问题简化以适用工程需要，一般采用一些假设求得其近似解。研究者应用主应力法对断续局部加载成形问题进行了深入研究，并对经典主应力法在典型工序中的应用进行阐述。

　　主应力法解析分析时的假设和特点如下：将问题简化为平面问题或轴对称问题，变形过程中体积不变；在分析某瞬间变形状态时，变形体内应力分布沿某一坐标方向（垂直于金属流动方向）平均化，且仅作用有主应力；忽略变形体内部的剪应力影响，通常采用忽略摩擦剪应力的屈服方程，因此平面应变问题的屈服方程（9-19）简化为式（9-28），但是接触面上作用有主应力和摩擦剪应力。

$$\sigma_y - \sigma_x = 2K \tag{9-28}$$

式中，$\sigma_y > \sigma_x$，且 σ_x、σ_y 取正值。

　　对于复杂的成形过程，可分区域、分阶段进行分析。主应力法主要用于求解接触面上的应力分布，进而求得变形力、轧制力矩等参数。根据应力状态，也可进一步分析成形过程中的材料流动和型腔充填等问题。

　　镦粗型材料流动是金属塑性变形过程常见的材料流动方式，以平面应变镦粗、轴对称镦粗为例阐述主应力法的建模过程。

1. 平面应变镦粗

　　图 9-7 所示的平面应变镦粗，以加载方向为 y 轴，以宽度方向（金属流动方向）为 x

轴，按上述假设 σ_x 与 y 轴无关，上下接触面上作用有主应力和摩擦剪应力。对图 9-7 中高为 h 的基元体在单位长度（即长为 1）上列 x 方向的静力平衡方程，可得

$$\sigma_x h - (\sigma_x + \mathrm{d}\sigma_x) h - 2\tau \mathrm{d}x = 0$$

$$(9\text{-}29)$$

对式（9-29）进行简化，可得

$$\mathrm{d}\sigma_x = -\frac{2\tau}{h}\mathrm{d}x \qquad (9\text{-}30)$$

根据屈服方程（9-28），有

$$\mathrm{d}\sigma_y = \mathrm{d}\sigma_x \qquad (9\text{-}31)$$

联立式（9-30）和式（9-31），可得

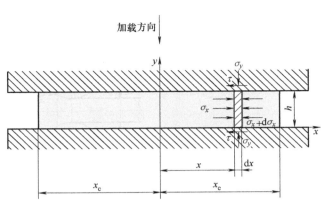

图 9-7　平面应变镦粗

$$\sigma_y = -\frac{2\tau}{h}x + C \qquad\qquad (9\text{-}32)$$

式中，C 为积分常数，可利用边界条件确定。

当 $x = x_e$ 时，有

$$\sigma_y = \sigma_{y_e} \qquad\qquad (9\text{-}33)$$

将式（9-33）代入式（9-32），整理可得

$$C = \sigma_{y_e} + \frac{2\tau}{h}x_e \qquad\qquad (9\text{-}34)$$

将式（9-34）代入式（9-32），可得

$$\sigma_y = \frac{2\tau}{h}(x_e - x) + \sigma_{y_e} \qquad\qquad (9\text{-}35)$$

式中，σ_{y_e} 为锻件外端（$x = x_e$）处的垂直应力，若该端为自由表面，则根据式（9-28），其可按式（9-36）计算；否则，由相邻的变形区确定。

$$\sigma_{y_e} = 2K \qquad\qquad (9\text{-}36)$$

2. 轴对称镦粗

图 9-8 所示的轴对称镦粗，以加载方向为 z 轴，建立圆柱坐标系。对图 9-8 中高为 h 的基元体列径向的静力平衡方程，可得

$$\sigma_r hr\mathrm{d}\theta + 2\sigma_\theta h\mathrm{d}r\sin\frac{\mathrm{d}\theta}{2} - 2\tau r\mathrm{d}\theta\mathrm{d}r - (\sigma_r + \mathrm{d}\sigma_r)(r + \mathrm{d}r)h\mathrm{d}\theta = 0 \qquad (9\text{-}37)$$

因为 $\sin\dfrac{\mathrm{d}\theta}{2} \approx \dfrac{\mathrm{d}\theta}{2}$，并略去二次无穷小项，式（9-37）化简为

$$\sigma_\theta h\mathrm{d}r - 2\tau r\mathrm{d}r - \sigma_r h\mathrm{d}r - rh\mathrm{d}\sigma_r = 0 \qquad (9\text{-}38)$$

假设为均匀镦粗变形，故

$$\begin{cases} \mathrm{d}\varepsilon_r = \mathrm{d}\varepsilon_\theta \\ \sigma_r = \sigma_\theta \end{cases} \qquad\qquad (9\text{-}39)$$

轴对称问题中的近似塑性条件为

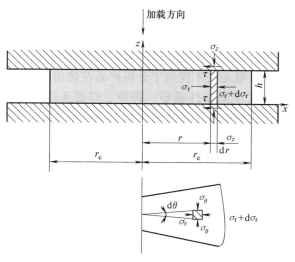

图 9-8　轴对称镦粗

$$\sigma_z - \sigma_r = 2K \qquad (9\text{-}40)$$

根据式（9-40）可得

$$\mathrm{d}\sigma_z = \mathrm{d}\sigma_r \qquad (9\text{-}41)$$

将式（9-39）和式（9-41）代入式（9-38），可得

$$\mathrm{d}\sigma_z = -\frac{2\tau}{h}\mathrm{d}r \qquad (9\text{-}42)$$

对式（9-42）进行积分，可得

$$\sigma_z = -\frac{2\tau}{h}r + C \qquad (9\text{-}43)$$

式中，C 为积分常数，可利用边界条件确定。

当 $r = r_e$ 时，$\sigma_z = \sigma_{z_e}$，由式（9-43）可得

$$C = \sigma_{z_e} + \frac{2\tau}{h}r_e \qquad (9\text{-}44)$$

将式（9-44）代入式（9-43），可得

$$\sigma_z = \frac{2\tau}{h}(r_e - r) + \sigma_{z_e} \qquad (9\text{-}45)$$

式中，σ_{z_e} 为锻件外端（$r = r_e$）处的加载方向应力，若该端为自由表面，则根据式（9-40），σ_{z_e} 可按式（9-46）计算；否则，由相邻的变形区确定。

$$\sigma_{z_e} = 2K \qquad (9\text{-}46)$$

上述平面应变镦粗、轴对称镦粗的主应力分析中，接触面上的摩擦剪应力 τ 及滑移线场法分析中接触面上的摩擦剪应力 τ 根据分析采用的摩擦模型确定。例如，采用经典库仑摩擦模型，其和接触面法向应力相关；而采用剪切摩擦模型，其和材料剪切屈服强度相关。

9.1.4　有限元法

在 20 世纪 40~50 年代，有限元法最早用于飞机结构的弹性力学分析。1960 年，Clough

247

首次提出了"有限单元法"的名称。1967 年，第一本有限元分析专著 *The Finite Element Method in Structural and Continuum Mechanics*，开拓了 FORTRAN 语言编程有限元分析软件的先河，为计算机仿真软件开发奠定了基础。目前有限元分析已经是科学计算的重要工具，是现代工业的重要组成部分。有限元法不仅用于分析产品在使用中可能出现的问题，优化产品结构，还可用于材料成形工艺（如塑性成形、铸造、焊接及注塑等过程）的数值模拟，预测分析不同工艺参数对构件几何形状和性能的影响及缺陷形成。

塑性成形有限元法的发展经历了两个重要阶段：第一阶段，20 世纪 60 年代开始的有限元理论和方法的发展；第二阶段，20 世纪 80 年代开始的塑性有限元法共性技术的迅猛发展和商业软件的不断涌现。

商业有限元软件具有友好的人机交互界面，一般的建模、求解过程中并不涉及有限元理论内容。基于商业有限元软件的塑性成形建模流程如图 9-9 所示。

金属成形分析软件一般包括前处理模块、求解器模块、后处理模块。图 9-9 给出的一般流程并未涉及具体软件操作层面。然而，针对具体问题，不同软件的建模流程也会稍有差异。例如，一些有限元分析软件前处理模块并不具备几何建模功能，其几何建模过程需在第三方的 CAD 软件中进行。此外，为了追求更好的网格划分效果，网格单元也可在第三方软件划分。确定问题类型及其简化和等效处理是建模仿真的首要问题，也决定着有限元模型的计算精度和效率。单元类型、网格细化、参数控制等软件操作技巧，以及边界条件的设置也会影响计算精度和效率。为了更好地运用有限元分析软件解决塑性成形问题，某些情况下针对商业软件的二次开发是必要的。

金属塑性成形领域使用的有限元分析软件一般可分为专门为塑性成形分析开发的专业软件（如 FORGE、DEFORM、DYNAFORM 等）和适用于多领域的可进行塑性成形分析的通用软件（如 ABAQUS、ANSYS、MARC 等）。金属塑性成形领域主要的商业有限元分析软件见表 9-1。

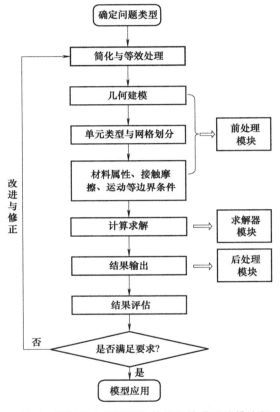

图 9-9　基于商业有限元软件的塑性成形建模流程

表 9-1　金属塑性成形领域主要的商业有限元分析软件

软件类型	软件名	所属公司	求解格式	主要用途
专业软件	FORGE	法国 Transvalor 公司	静力隐式	锻造分析、板材成形分析

（续）

软件类型	软件名	所属公司	求解格式	主要用途
专业软件	DEFORM	美国 SFTC 公司	静力隐式	锻造分析
	DYNAFORM	美国 ETA 公司	动力显式、静力隐式	板材成形分析
	PAM-STAMP	法国 ESI 公司	动力显式	板材成形分析
	AUTOFORM	瑞士 AUTOFORM 公司	静力隐式	板材成形分析
通用软件	ABAQUS	美国 ABAQUS 公司	动力显式、静力隐式	非线性问题
	ANSYS	美国 ANSYS 公司	动力显式、静力隐式	非线性问题
	MARC	美国 MSC 公司	静力隐式	非线性问题
	LS-DYNA	美国 LSTC 公司	动力显式	非线性问题
	ADINA	美国 ADINA 公司	动力显式、静力隐式	非线性问题

1. DEFORM 软件的发展历史及其系统结构

DEFORM 软件是在 ALPID 及其开发经验的基础上开发的。ALPID 是 Battelle Columbus 实验室于 20 世纪 80 年代早期开发的一套有限元分析程序，其只能分析等温条件下的二维问题。1985 年 Battelle Columbus 实验室开始着手开发热力耦合有限元分析程序，并于 1989 年首次发布了带有改进前/后处理能力的 DEFORM 软件。随后 DEFORM 软件由 SFTC（Scientific Forming Technologies Corporation）公司负责推广，并推出了 DEFORM-3D 软件。1990 年，DEFORM 软件增加了自动网格生成（automatic mesh generation，AMG）模块。1991 年，AMG 模块中增加了自动重划分功能。

DEFORM 软件是专为金属体积成形设计的，其有限元计算列式主要基于刚黏塑性有限元法。随着计算机和有限元技术的发展，DEFORM 软件也不断发展完善，已经成为金属成形及热处理领域专业的有限元分析软件。DEFORM-2D/3D 软件具有 Windows 风格的可视化操作界面和完善的网格自动生成及再划分技术，广泛地用于锻造、切削、轧制等金属成形工艺。DEFORM-2D/3D 主要由前处理器、模拟求解器、后处理器三部分组成，其主要功能描述如下。

1）前处理器，主要包括三部分：①用于交互式数据输入和检验的输入模块；②通过考虑权重因子生成网格的自动网格生成模块；③将"旧"网格中数据插值到新生成网格中的数据传递模块。网格自动重划分技术是将自动网格生成模块和数据传递模块结合起来并自动应用的技术，该技术保证了成形过程模拟可持续顺利进行，并且不需要进行人工干预。

2）模拟求解器，在 DEFORM 软件中用于完成有限元分析，通过有限元离散程序将平衡方程、本构关系、边界条件转化为非线性方程组，采用直接迭代法或牛顿-拉弗森法求解。所有的输入、输出结果都以二进制格式存储，用户可通过后处理器读取，每一个计算存储步的结果在后处理器中显示或绘制曲线。

3）后处理器，用于图形、字母数字形式显示模拟结果。能够以图形表现的模拟结果主要有：有限元网格，应力、应变、温度等变量分布的等高线和等色图，速度矢量场，载荷行程曲线。此外，DEFORM 后处理器还具有两个重要的功能模块：FLOWNET 模块和点追踪（point tracking）模块。FLOWNET 模块允许用户在工件（截面）上刻画网格，并在后续的模拟步骤中观察该网格的变化；点追踪模块可以获取选择点的位置以及应力、应变、温度等变量的历史数据。

2. ABAQUS 软件的发展历史及其系统结构

ABAQUS 由世界知名的有限元软件公司 ABAQUS 公司（原称 HKS）于 1978 年推出，2005 年被法国达索公司收购，并于 2007 年更名为 SIMULIA。由于不断吸收最新的分析理论，ABAQUS 软件已被全球工业界广泛接受，并拥有世界最大的非线性力学用户群体，ABAQUS 已成为国际上最先进的大型通用非线性有限元分析软件。ABAQUS 使用非常方便，很容易建立复杂问题的模型。对于大多数数值模拟问题，用户只需要提供结构的几何形状、边界条件、材料性质、载荷情况等工程数据。对于非线性问题的分析，ABAQUS 能自动选择合适的载荷增量和收敛准则，在分析过程中对这些参数进行调整，保证结果的精确性。

此外，ABAQUS 拥有丰富的单元库，可以模拟各种复杂的几何形状，并且其拥有丰富的材料模型库，可用于模拟绝大多数常见工程材料，如金属、聚合物、复合材料、橡胶、可压缩的弹性泡沫、钢筋混凝土及各种地质材料等。一般 ABAQUS 求解过程分为以下步骤：

1）建立模型。模型的建立是分析的基础，需要准确地描述待分析的结构物或零件的几何形状和材料属性。可以使用 ABAQUS/CAE 建模软件进行模型的创建，也可以通过导入 CAD 模型进行建模。

2）网格划分。网格划分是将几何模型划分为有限数量的小单元，用于数值计算。可以使用 ABAQUS/CAE 进行网格划分，通过调整网格密度和单元类型等参数，可以提高分析结果的准确性。

3）定义材料属性和边界条件。材料属性包括弹性模量、泊松比、密度等，边界条件包括约束条件和加载条件。可以通过定义材料属性和边界条件来模拟实际工程情况，以便进行准确的分析。

4）选择分析类型和求解器。常见的分析类型包括静力学分析、动力学分析、热力学分析等，求解器包括标准求解器和显式求解器。根据实际需求选择合适的分析类型和求解器，以获得准确的分析结果。

5）设置分析参数。分析参数包括时间步长、收敛标准、迭代次数等。合理设置分析参数可以提高分析的准确性和效率。可以通过设置分析控制参数来调整分析参数。

6）进行分析计算。ABAQUS 会根据模型、网格、材料属性、边界条件和分析参数进行数值计算，得到分析结果。在计算过程中，ABAQUS 会根据分析类型和求解器自动调整计算策略，以保证计算的准确性和稳定性。

7）结果后处理。ABAQUS 提供了丰富的后处理功能，可以对分析结果进行可视化、数据提取和报表输出等操作。通过后处理，可以直观地了解分析结果，并进行进一步的分析和判断。

8）结果分析和验证。分析结果应与实际情况相符，可以通过与试验数据或理论计算结果进行对比来验证分析的准确性。如果分析结果与实际情况存在偏差，可以调整模型、网格、材料属性和边界条件等参数，重新进行分析。

3. ANSYS 软件的发展历史及其系统结构

ANSYS 软件是融合结构、热、流体、电磁和声学于一体的大型通用 CAE 分析软件，广泛应用于石油化工、土木工程、能源、核工业、铁道、航空航天、机械制造、汽车交通、国防军工、电子、造船、生物医学、轻工、地矿、水利、日用家电等工业及科学研究中。ANSYS 公司成立于 1970 年，是世界 CAE 行业著名的公司之一，拥有全球最大的用户群体。许多国际化大公司均采用 ANSYS 软件作为其设计分析标准和主要的分析、技术交流平台。ANSYS 软件所提供的 CAE 仿真分析类型非常全面，而且这些分析类型具有耦合特性（相关性）。在整个 CAE 行业，ANSYS 系列软件的优势是全方位的，主要体现在以下方面：

1）宽广的分析范畴。ANSYS 系列软件全面涵盖了通用结构力学、高度非线性结构动力学、计算流体动力学、计算电磁学、多物理场耦合分析、协同仿真平台、行业专用软件体系等领域，具备完整的 CAE 产品体系。

2）强大的耦合场分析功能。在耦合场分析方面，ANSYS 系列软件能提供一个既满足各领域要求，又能相互进行耦合分析的 CAE 软件系统，而不仅局限于某一学科领域的分析。ANSYS 软件充分体现了 CAE 领域的发展趋势，即融结构、热、流体、电磁于一体的多物理场耦合仿真的功能。ANSYS 的软件产品不仅涵盖了 CAE 通用的结构、传热、流体、电磁等通用领域，也有针对行业特点的专业化产品软件。其独一无二的耦合场分析技术：CFX、Fluent 和 ANSYS 的结构模块，能方便地实现流固耦合计算。

3）方便易用的协同仿真平台。ANSYS Workbench 协同仿真平台，为用户提供了参数化分析、CAD/CAE 双向参数驱动、自动定义接触和装配、高效优化设计等 CAE 技术。目前已经在国内外企业中得到了广泛应用，并成为新一代 CAE 软件平台的标准。

9.2　成形过程计算机模拟

9.2.1　塑性成形计算机模拟软件

1. 塑性成形计算机模拟

塑性成形工艺中，材料的变形规律、模具与工件之间的摩擦、材料中温度和微观组织的变化及其对制件质量的影响等，都是十分复杂的问题。这使得塑性成形工艺和模具设计缺乏系统的、精确的理论分析手段，在相当长时期内主要是依据工程师长期积累的经验。对于复杂的成形工艺和模具设计，质量难以得到保证，一些关键的成形工艺参数需要在模具制造之后，通过反复的调试、修改才能确定，这会浪费大量的人力、物力和时间。而借助计算机模拟，能使工程师在成形工艺和模具设计阶段预测成形过程中工件的变形规律、可能出现的缺陷和模具的受力情况，以较小的代价、较短的时间确定优化且可行的设计方案。因此，塑性成形过程的计算机模拟是实现成形过程智能化的关键技术之一，有助于降低产品成本、提高质量、缩短开发周期。

塑性成形计算机模拟的基本思想是利用计算机程序进行产品试模。实际成形工艺中影响产品性能的指标或参数都会影响分析结果，如材料性能、模具形状、成形速度、温度、接触

251

状况（摩擦系数、传热系数等），因此，这些因素在模拟分析中都需要考虑。塑性成形计算机模拟分析流程如图 9-10 所示。同时，一些计算科学所涉及的诸如步长、算法等问题也会在一定程度上影响分析结果。

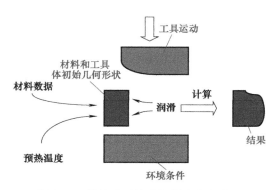

图 9-10　塑性成形计算机模拟分析流程

2. 塑性成形计算机模拟的特点

金属塑性成形过程比较复杂，其模拟计算也具有自身的特点，主要体现在：

1）塑性成形过程中，工件发生很大的塑性变形，在位移与应变的关系中存在几何非线性；在材料的本构关系中存在材料（即物理）非线性；工件与模具的接触与摩擦引起状态非线性。因此，金属塑性成形问题难以用常规计算求得精确解。

2）工件通常不是在已知的载荷下变形，而是在模具的作用下变形，而模具的型面通常是很复杂的，处理工件与复杂的模型面的接触问题增大了模拟计算的难度。

3）塑性成形中往往伴随着温度变化，在热成形和温成形中更是如此，为了提高模拟精度，需要考虑变形分析与热分析的耦合作用。同时，塑性成形还会导致材料微观组织性能的变化，如变形织构、损伤、晶粒度等的演化，考虑这些因素也会增加模拟计算的复杂程度。

在金属塑性成形过程的计算机模拟方面，各国学者已做了大量的研究工作。20 世纪 80 年代末，金属塑性成形过程的计算机模拟技术逐渐成熟并进入使用阶段。在工业发达国家，它已经成为检验模具设计的常规手段和模具设计制造流程的必经环节。实践表明，应用塑性成形过程模拟技术，能大大缩短模具开发周期，优化成形工艺和工件质量，实现并行工程，产生显著的经济效益。

3. 塑性成形计算机模拟软件的模块结构

成形过程计算机仿真系统的建立，是将有限元理论、成形工艺学、计算机图形处理技术等相关理论和技术进行有机结合的过程。塑性成形计算机模拟的实施步骤如图 9-11 所示。可以看出，一般的塑性成形计算机模拟软件的模块结构是由前处理器、模拟处理器（FEM 求解器）和后处理器三大模块组成的。其中，前处理器生成计算文件，FEM 求解器进行工艺计算，后处理器获得计算结果。

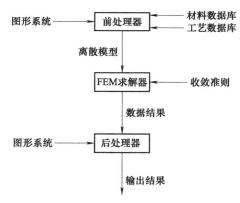

图 9-11　塑性成形计算机模拟的实施步骤

9.2.2　塑性成形模拟基本过程

与一般的计算机模拟分析类似，塑性成形计算机模拟主要过程包括：建模（即建立几何模型）、划分网格（即建立计算模型）、求解和后处理。

1. 建立几何模型

塑性成形计算机模拟分析，都需要建立几何模型，如图 9-12 所示。一般的有限元计算商业软件都可以提供简单的几何造型功能，以满足简单几何形状的塑性成形计算建模需要。形状简单的模具或工件，分析人员可以利用模拟软件生成。对于模型过于复杂，CAE 软件不能造型或者耗时太长的模具或工作，需要应用 CAD 系统造型，如 UGNX、CATIA、Pro/E 等。分析软件一般都具有 CAD 系统的文件接口，以便读入 CAD 系统中生成的设计结果，最常用的文件接口包括 STL、IGES 等。这些模型文件在质量及精度上能否满足塑性成形工艺计算要求，还需要模拟软件的进一步检查。有些软件还针对一些常用的 CAD 软件开发了专用接口。

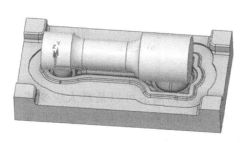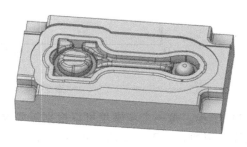

图 9-12　塑性成形几何体创建

2. 建立计算模型

（1）模拟参数设置　模拟参数设置主要是为了进行有效的数值模拟。虽然成形分析是一个连续的过程，但计算机模拟时需要许多时间分步来计算，所以需要用户定义一些基本参数。

1）步骤设置。

① 启动步：一般减 1 为默认启动步。

② 模拟总步数：决定了模拟的总时间或位移。一般地，简单工序建议模拟总步数为 25~75 步，典型成形工序建议模拟总步数为 100 步，复杂工序建议模拟总步数为 200 步以上。

③ 保存到数据库的步骤数：决定每多少步资料存储一次。考虑到存储量较大问题，并不建议将每个计算步骤都保存到数据库，否则存储文件可能太大。一般地，每 5~10 步存储一次比较合理，此值可根据模拟步骤数和硬盘可用空间大小调整。

④ 步长：可以用时间增量或每步的位移作为步长。

选用位移步长时，每个模拟步骤都可以分配一个模具位移。这种方法只适用于已知模具速度的形变模拟。每步位移可以通过总步长（位移）和模拟总步数计算获得。例如：模拟总步数 = 100，总步长（位移）= 1.5in（1in = 25.4mm），则

$$每步位移 = \frac{1.5in}{100} = 0.015in \tag{9-47}$$

选用时间步长时，需要对每个模拟步骤分配一个时间增量。这种方法适用于任何类型的工序模拟。每步时间可以通过总步长（时间）和模拟总步数计算获得。例如：模拟总步数 = 100，总步长（时间）= 2s，则

$$每步时间 = \frac{2s}{100} = 0.02s \tag{9-48}$$

图 9-13 所示为步长与求解的关系。采用较小的步长可以提高求解精度，但代价是会大幅提高计算时间和数据存储量。

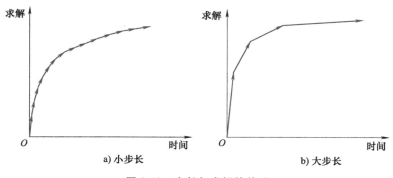

图 9-13　步长与求解的关系

2）子步。每一个步骤里可以根据需要设置子步，子步的阈值可以是最大应变或者接触时间等。例如，基于应变的子步将限制时间步的大小，以防止在一个步骤中过度形变，如果用户定义的时间步长太大，子步控件将把该步骤细分为多个步骤。设置过程中，最大应变值一般取 0.025 ~ 0.25 之间。

3）模拟停止控制。在步骤设置过程中，可以通过设置停止条件使计算过程在用户需要的时候停止。停止条件可以通过设置工艺时间、首要模具位移、首要模具最小速度、首要模具最大载荷、任意单元上的最大应变值、模具距离等参数实现。

（2）基本属性　在塑性成形计算机模拟设置中，物体基本属性主要是指其基本性质、温度、材料等。用户可以根据分析的需要，输入材料的弹性、塑性、热处理性能数据等参数，如果需要分析热处理工艺，还可以输入材料的相关数据以及硬化、扩散等参数。为便于用户模拟塑性成形工艺，一般有限元软件都提供了材料库，每一种材料数据都与温度等变量相关，并给出了包括碳钢、合金钢、铝合金、钛合金、铜合金等上百种材料的塑性性能数据。

鉴于问题解析的复杂性，通常在塑性理论中对材料进行简化。图 9-14 所示为理想材料模型。

图 9-14a 所示为线弹性材料模型。这种模型的材料加卸载后变形可以完全恢复，弹性模量用于衡量材料的变形能力。线弹性材料本构关系服从广义胡克定律，即应力应变在加卸载时呈线性关系，卸载后材料无残余应变。此外，不会发生变形的刚体可以认为是刚性材料，这种材料可以理解为是弹性模量非常大的材料，工程实际中并不存在。

图 9-14b 所示为理想刚塑性材料模型。这种模型的特点是完全忽略弹性变形，不考虑加工硬化和变形抗力对变形速度的敏感性，假定材料不可压缩，其应力应变关系为一水平直线，只要等效应力达到某一恒定值，材料便发生屈服，在材料变形过程中，其屈服应力不发生变化。

图 9-14c 所示为理想弹塑性材料模型。这种模型忽略材料的强化作用，认为在应力达到屈服点以前完全服从胡克定律，屈服以后应力值不再增加，应变值可无限增加。事实上，很

多材料属于弹塑性材料，变形初期发生弹性变形，当应力达到屈服极限时，发生塑性变形。

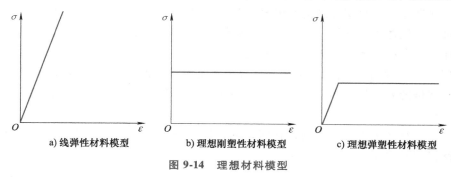

a) 线弹性材料模型　　b) 理想刚塑性材料模型　　c) 理想弹塑性材料模型

图 9-14　理想材料模型

图 9-15 所示为线性强化模型。图 9-15a 所示为线性强化刚塑性模型，在研究塑性变形时，不考虑塑性变形之前的弹性变形，但需要考虑变形过程中的加工硬化，在塑性阶段屈服应力与变形成线性增加；图 9-15b 所示为线性强化弹塑性模型，考虑材料的弹性变形。

事实上，在很多材料模型中，强化并非符合线性规律，如图 9-16 所示。

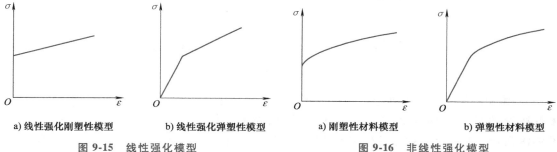

a) 线性强化刚塑性模型　　b) 线性强化弹塑性模型　　　　a) 刚塑性材料模型　　b) 弹塑性材料模型

图 9-15　线性强化模型　　　　　　　　　　图 9-16　非线性强化模型

在塑性成形计算机模拟软件中，可将材料定义为刚性（rigid）、塑性（plastic）、弹性（elastic）、弹塑性（elasto-plastic）等，还可以以表格形式输入流动应力数据，或者输入各种流动应力模型的常量。

功能强的分析软件提供的材料模型种类较多，用户可以根据计算问题的主要特点、精度要求和可得到的材料参数选择合适的模型，输入有关参数。例如，对于各向异性较强的板材的冲压成形，应选用塑性各向异性材料模型；对于热锻成形，应选用黏塑性模型，为了提高计算精度，还可以考虑选用材料参数随温度变化的模型；为了预测冷锻等成形过程中工件的内部裂纹，可以采用损伤模型等。越是复杂的模型，其计算精度越高，但计算量也越大，同时，所需输入的材料参数也越多。一般而言，材料的物理性能和弹性性能参数，如密度、热容、弹性模量、泊松比等，对于材料成分和组织结构小的变化不太敏感，精度要求不特别高时，可以参照类似材料的参数给定。但是，材料的塑性性能对结构是敏感的，与材料的成分、组织结构、热处理状态以及加工历史等都有密切关系，需要通过试验测定。

（3）几何输入　在塑性成形计算机模拟过程中，为了准确进行工艺计算以及对结果进行评估，计算模型中工件和模具的几何参数需要定义。很多复杂模型很难直接建立三维的几何模型，必须通过其他 CAD/CAE 软件建模后导入到系统中。

（4）网格划分　在塑性有限元仿真中，必须为工件定义网格，对于非等温、模具应力分析和传热问题，还需要为模具定义网格。计算机计算一般采用有限元法，有限元的核心思想是结构的离散化，是将实际结构假想地离散为有限数目的单元组合体，实际结构的物理性能可以通过对离散体进行分析，得到满足工程精度的近似结果，这样可以解决很多实际工程需要解决而理论分析又无法解决的复杂问题。

1）网格质量。所有的有限元数值计算分析都是离散的网格通过节点进行力和能量的传递，因此，网格的划分是基础。网格划分最基本的条件是材料和模具划分网格后，应充分体现原来的特征。

网格变量是在网格中心计算的，在陡峭的梯度区域，峰值随粗元素而丢失。图 9-17 所示为不同网格误差对比。

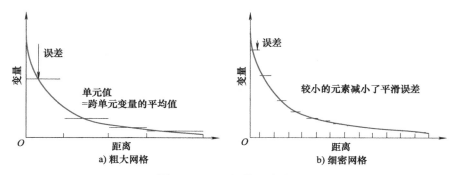

图 9-17　不同网格误差对比

2）体积补偿及网格重划分。塑性成形计算机模拟中，体积补偿的目的是防止划分单元造成的体积损失。如图 9-18 所示，对一个圆柱体进行初始网格划分时，阴影区域就是丢失的体积。

计算机模拟变形时，网格可能变得高度扭曲，并使算法不收敛，需要进行网格重划分。在网格划分和重划分过程中，保持工件形状和体积非常重要。网格划分具有以下规律：

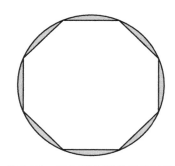

图 9-18　网格划分时的丢失体积

① 在曲面区域保持较细的网格，可以限制初始网格化和重划分过程中的体积损失。

② 在极端情况下，过粗的网格会导致网格生成失败，比如对板料进行网格划分。

③ 在典型工艺中，针对局部区域的大变形，往往需要多次重划分。

3）网格生成及控制。

① 网格数量。为了提高模拟的效果，网格划分应是越多越好，但这是以牺牲效率为代价的。为兼顾计算时间和效率，需要结合具体工艺对网格质量进行适当控制。网格数量增多，计算时间呈数倍增长。

网格数量设置需要兼顾计算精度和计算能力。一般情况下，需要对变形较大的区域或者特别关注的区域进行细化。

② 网格质量控制。对网格质量的控制还可以通过设置权重因子和网格密度窗口实现。一般情况下，可以根据表面曲率、温度、应变、应变率以及自定义区域的相对重要性分配加

权系数。

曲率是度量曲线或曲面在某一点弯曲程度的量。曲率越大，表示弯曲程度越大。一般情况下，曲率越大，所需要的网格应该越细密。

（5）运动参数　工具运动方式、速度、载荷等对金属的塑性和变形抗力有重要影响。

1）工具运动方式。工具运动方式主要有直线运动和旋转运动两种。

2）速度。塑性成形模拟中，速度、可以定义为常数，也可以是时间或位移的函数，又或是与另一个物体的速度成比例的函数。当物体是刚体时，整个物体将会以指定的速度运动；当物体是变形体（弹性的、塑性的或是多孔）时，可以对每个节点进行速度运动边界条件设置。

3）载荷。成形运动参数可以根据已知载荷设置，载荷可以是常数，也可以是时间或者位移的函数。当物体为刚性时，载荷是指所有与之接触的非刚性物体所施加的合力；当物体是弹性、塑性或多孔时，载荷是指定义了运动边界条件的所有节点载荷之和。

（6）边界条件　计算机模拟计算实质上就是解微分方程，而方程要有定解，就需要引入附加条件，这些附加条件称为定解条件。定解条件的形式很多，此处只介绍边界条件。塑性成形有限元仿真的边界条件包括与环境的传热、速度边界条件、对称边界条件等。模拟时，可以利用这些边界条件简化模型，也可以利用旋转对称或者平面情况将模型简化为二维问题。在三维模拟中，可以利用其结构对称简化模型。模拟分析时，应尽可能利用对称关系。这样既可以节省计算时间，也有助于增加分析结果的准确性。在设置对称边界条件后，也同时排除了失稳现象的产生。

（7）定义接触关系　定义接触关系包括物体的主-从关系（alave-master）。一般情况下，软的物体设为从（slave），分析时需要更为细密的网格；硬的物体设为主（master），分析时可以不划分网格或者进行网格粗画。对于有些塑性成形模拟，还需要设置发生形变坯料的网格自接触关系。为了更快地使模具和坯料接触，需要对它们进行干涉，产生一个初步接触量。此操作后，互相接触的物体，主-从之间会自动发生干涉并互相嵌入，从而更快地进入接触状态，节省计算时间。

此外，还需要定义摩擦接触的关系、摩擦系数、摩擦方式，以及物体间和物体与环境的传热系数。常见的摩擦类型包括剪切（shear）摩擦和库仑（coulomb）摩擦模型。

1）剪切摩擦模型。剪切摩擦模型为

$$f_s = \mu k \tag{9-49}$$

式中，f_s 为摩擦力；k 为剪切屈服极限，$k = \dfrac{\overline{\sigma}}{\sqrt{3}}$；$\mu$ 为摩擦系数，$0 \leqslant \mu \leqslant 1$。

对于具体的成形工艺，摩擦系数可以是函数形式，也可以是常数。摩擦系数：冷成形工艺推荐 0.08~0.1，温成形工艺推荐 0.2，有润滑的热成形推荐 0.3，无润滑表面推荐 0.7~0.9。

式（9-49）适用于与模具接触的塑性变形区部分。图 9-19 所示为剪切摩擦模型曲线。

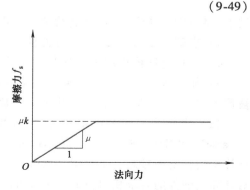

图 9-19　剪切摩擦模型曲线

2）库仑摩擦模型。库仑摩擦模型为

$$f_s = \mu p \tag{9-50}$$

式中，f_s 为摩擦力；p 为两个物体之间正压力；μ 为摩擦系数。

可见，摩擦力与作用在摩擦面上的正压力成正比，与外表的接触面积无关。这实际上就是阿蒙东定律，也就是通常所说的静摩擦定律和滑动摩擦定律。滑动摩擦力与滑动速度大小无关。图 9-20 所示为库仑摩擦模型曲线。

式（9-50）适用于与模具接触的相对滑动速度较慢的刚性区部分，所求出的摩擦力应小于等于剪切屈服极限。使用库仑摩擦模型时，可先假定一种摩擦力

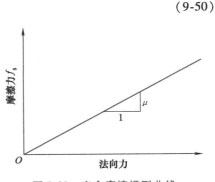

图 9-20　库仑摩擦模型曲线

分布模式，由此计算出相应的正压力，并由计算出的正压力给出新的摩擦力分布。重复以上过程，反复迭代直到前后两次迭代得出的摩擦力分布基本一致为止。

试验表明，当法向应力不大时，可采用库仑摩擦模型；当法向力或法向应力太大时，库仑摩擦同实际结果有较大的误差，此时应采用剪切摩擦模型。冷挤压工艺是塑性成形工艺中模具受力状况恶劣的一种工艺，应采用剪切摩擦模型，而对于存在分流面的塑性成形工艺模拟，还需要采用修正的剪切摩擦模型。

3）传热系数。热塑性成形计算模拟过程中，坯料与模具、坯料和环境、模具和环境之间都存在传热关系。热分析中的边界条件包括环境温度、表面传热系数等。对于多个接触物体（变形）的非等温或传热型问题，需要定义传热系数。

3. 求解

在体积成形模拟中，如果主要关心成形过程中工件的变形情况，可采用刚塑性有限元法，以减少计算量；如果需要考虑工件卸载后的残余应力分布，可采用弹塑性有限元法，求解过程一般不需要用户干预。

有限元软件是通过使用矩阵代数技术求解大量的同步方程，具体步骤如下：

1）假设每个节点都有对应的速度。

2）基于速度场计算刚度矩阵和力残差产生矩阵方程

$$\boldsymbol{K}\Delta\boldsymbol{v} = \boldsymbol{f} \tag{9-51}$$

式中，$\boldsymbol{K}$ 为刚度矩阵；$\Delta\boldsymbol{v}$ 为速度修正；$\boldsymbol{f}$ 为节点参与应力。

3）求解速度修正 $\Delta\boldsymbol{v}$ 的矩阵方程。

4）使用速度校正对每个节点进行新的速度预测。

5）循环步骤 2）~4），直到计算中要求的极小值小于在预处理器中设置的收敛准则，这被称为"平衡"解。收敛准则决定了该解的精度。

（1）求解器　DEFORM-3D 软件的求解器有共轭梯度（conjugate gradient，CG）、稀疏（Sparse）和 GMRES。比较而言，Sparse 求解器利用有限元公式直接求解，收敛较快，但对计算机内存要求较高，不宜用于求解大型方程组。CG 求解器采用迭代方法逐步逼近最佳值，对计算机硬件的要求相对较低，这种方法不仅是解决大型线性方程组最有用的方法之一，也是解大型非线性方程组最优化且最有效的算法之一。因此，对于多数问题的求解，CG 求解

器具有较大优势。图 9-21 所示为不同求解器处理单元网格所需的内存对比。可见，在网格数一致的前提下，CG 求解器的运算效率明显高于 Sparse 求解器，且占用的计算机内存更少。

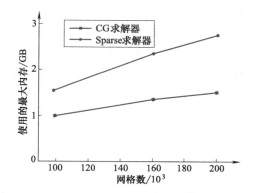

图 9-21　不同求解器处理单元网格所需内存对比

（2）迭代方法　迭代方法包括直接迭代法（direct iteration method）和牛顿-拉弗森法（Newton-Raphson method）。这两种算法的仿真结果都是相同的，主要区别在于速度和收敛性。大多数工艺计算推荐用牛顿-拉弗森法，其迭代次数通常比其他方法少，但缺点是更容易出现不收敛的情况。图 9-22 所示为牛顿-拉弗森法的计算示意图。

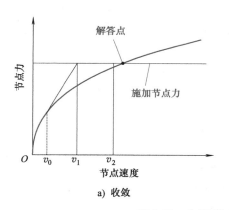
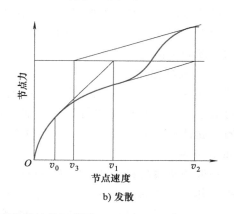

a) 收敛　　　　　　　　　　b) 发散

图 9-22　牛顿-拉弗森法的计算示意图

直接迭代法比牛顿-拉弗森法更容易收敛，但通常需要的迭代次数更多。对于多孔材料，直接迭代法是目前唯一可用的方法。图 9-23 所示为直接迭代法的计算示意图。

成形过程模拟具有高度非线性特点，计算量很大。计算过程的有关文字信息可以从输出窗口观察，也可以通过图形显示随时检查计算所得的中间结果。如果计算出现异常情况或用户想改变计算方案，可以随时中止计算进程。计算的中间结果将以文件形式保存，重新启动计算时可以从保存结果的时刻开始计算。此外，塑性成形中，尤其是体积成

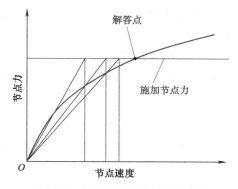

图 9-23　直接迭代法的计算示意图

形中，网格可能发生严重的畸变，这种情况下，为保证计算的正常进行，需要重新划分网格再继续计算。功能强的软件可以自动地进行网格自适应重新划分，不需要用户干预。

4. 后处理

后处理通常是通过读入分析结果数据文件激活的，分析软件的后处理模块能提供工件形

状、模型表面或任意剖面上的应力-应变分布云图、变形过程的动画显示、选定位置的物理量与时间的函数关系曲线、沿任意曲线路径的物理量分布曲线等，使用户能方便地理解计算结果，预测成形质量和缺陷。例如，体积成形中用损伤因子分布云图显示工件内部出现裂纹的危险程度，用选定质点的流线显示成形中金属的流动方式等。

9.2.3 计算精度的提高及工艺优化

通常情况下，塑性成形工艺计算非线性问题可以归结为三类：材料非线性、几何非线性和边界非线性。材料非线性问题中，物理方程的应力和应变关系不再是线性的，这种非线性问题主要分为不依赖于时间的弹塑性问题和依赖于时间的黏弹塑性问题两类。几何非线性问题中，工件在载荷作用下产生了大的位移或转动，此时材料可能仍保持为线弹性状态，但实际发生的大位移或转动使几何方程不能简化为线性形式，结构的平衡方程必须建立在变形后的位置，以便考虑变形对平衡的影响。边界非线性问题是由于边界条件的性质会随着材料的变形或运动发生变化而改变，典型的如接触问题。能否处理好这些非线性问题直接影响着仿真结果的精度和可信度。

1. 材料的准确描述

准确描述变形材料是有限元数值模拟的基础。模拟时，可以根据需要对材料进行简化，常见材料包括弹性材料、脆性材料和韧性材料，各类材料的应力-应变关系如图 9-24 所示。

对于一般的金属材料，其性能主要包括弹性性能、塑性性能、热传导性能、扩散性能、再结晶性能和加工硬化性能等。常用的材料模型选项又分为刚性材料、塑性材料、弹性材料、多孔材料和弹塑性材料。

在多数有限元分析软件中，有较多可以使用的材料模型，用户可以自行建立其本构关系与应力-应变曲线，在软件中可以选择的形式包括：

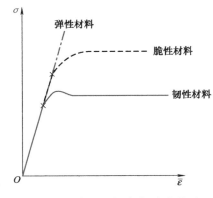

图 9-24 常见材料应力-应变关系

（1）表格形式 材料的本构关系可以用表格的形式输入。其模型为

$$\overline{\sigma} = \overline{\sigma}(\overline{\varepsilon}, \dot{\overline{\varepsilon}}, T) \tag{9-52}$$

式中，$\overline{\sigma}$ 为流动应力；$\overline{\varepsilon}$ 为等效应变；$\dot{\overline{\varepsilon}}$ 为等效应变率；T 为温度。

（2）幂律定律模型 幂律定律模型是一种与应变速率有关的各向同性材料模型。其模型为

$$\overline{\sigma} = c\overline{\varepsilon}^n \dot{\overline{\varepsilon}}^m + y \tag{9-53}$$

式中，$\overline{\sigma}$ 为流动应力；$\overline{\varepsilon}$ 为等效塑性应变；$\dot{\overline{\varepsilon}}$ 为等效应变率；c 为材料常数；n 为应变指数；m 为应变率指数；y 为初始屈服值。

（3）铝合金流动应力模型 以下是两种常用于铝合金的材料模型。

模型 1：

$$\dot{\overline{\varepsilon}} = A\overline{\sigma}^n \mathrm{e}^{-\Delta H / R_{\mathrm{g}} T_{\mathrm{abs}}} \tag{9-54}$$

式中，ΔH 为活化能；$\overline{\sigma}$ 为流动应力；$\dot{\overline{\varepsilon}}$ 主为等效应变率；A 为常数；n 为应变率指数；e 为自然常数；R_g 为气体常数；T_{abs} 为绝对温度。

模型 2：

$$\dot{\overline{\varepsilon}} = A\left[\sinh(\alpha\overline{\sigma})\right]^{n} e^{-\Delta H/R_g T_{abs}} \tag{9-55}$$

式中，sinh 为双曲正弦函数；ΔH 为活化能；$\overline{\sigma}$ 为流动应力，$\dot{\overline{\varepsilon}}$ 为等效应变率；A 为常数；n 为应变率指数；R_g 为气体常数；T_{abs} 为绝对温度；α 为材料常数。

（4）线性强化模型　线性强化模型的本构方程如下：

$$\overline{\sigma} = Y(T,A) + H(T,A)\overline{\varepsilon} \tag{9-56}$$

式中，$\overline{\varepsilon}$ 为等效塑性应变；$\overline{\sigma}$ 为流动应力；A 为原子含量；T 为温度；Y 为初始屈服应力；H 为应变硬化常数。

此外，有限元分析软件的模型还包括 Generalized Johnson&-Cook 模型、Zerilli-Armstrong 模型和 Norton-Hoff 模型。

2. 工艺条件准确设定

（1）接触与摩擦　锻造成形过程中，锻件与模具型腔之间的接触摩擦是不可避免的，且两接触体的接触面积、压力分布与摩擦状态随加载时间的变化而变化，即接触与摩擦问题是边界条件高度非线性的复杂问题。目前，用于摩擦问题有限元模拟的理论主要有经典干摩擦定律、以切向相对滑移为函数的摩擦理论和类似于弹塑性理论形式的摩擦理论。

摩擦类型和摩擦系数需要符合实际情况。图 9-25 所示为 35 钢在正挤压工艺条件下不同摩擦系数对应的成形载荷（1lb = 0.4536kg）。

（2）成形温度　成形温度对成形工艺影响较大。图 9-26 所示为 35 钢在正挤压工艺条件下不同温度（1°F = 5/9K）对应的成形载荷。

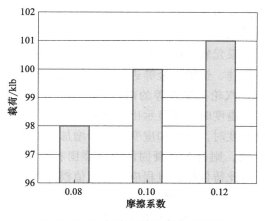

图 9-25　35 钢在正挤压条件下不同
摩擦系数对应的成形载荷

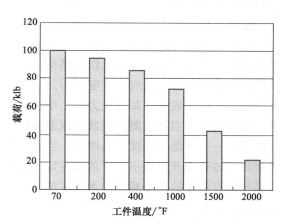

图 9-26　35 钢在正挤压条件下不同
温度对应的成形载荷

261

3. 模拟参数合理设置

除了软、硬件本身，以及前述所提及的材料性质、工艺条件等因素，前处理也是决定模拟计算精度的关键环节，如网格大小、时间或者位移行程的步长等模拟参数的设置，尤其值得关注的是计算过程中的网格重划分标准及阈值设置。成形模拟中，经常出现塑性变形区内材料发生较大应变，导致有限元网格严重畸变，进而导致结果失真或计算终止。为了解决上述问题，需要暂时停止计算过程，进行网格重划分，划分标准和结果会进一步影响计算结果。同时，金属塑性成形过程为非稳态的大变形成形过程，此过程中变形体的形状不断变化，其与模具的接触状态也在不断变化，形成了工件、模具间的动态接触表面。因此，每一加载步收敛后，需要对这些节点的边界条件进行相应的修改，即进行动态边界条件处理。

9.3　有限元仿真在金属成形中的应用

9.3.1　有限元仿真在铸造成形中的应用

铸造行业是一个非常重要的传统行业，无论是在发达国家还是在发展中国家，铸造行业都有着不可替代的地位。铸造过程的计算机模拟仿真技术已成为当今国际公认的制造科学与材料科学的前沿领域，也是改造传统铸造产业的必由之路。由于铸件在形成过程中会产生缩孔、缩松、热裂纹等，这些缺陷对产品的质量和使用性能具有潜在的危害性，因此长期以来铸件的质量很难得到保证。在实际生产之前对铸件在浇注、凝固过程中可能产生的缺陷采用计算机数值模拟的方法进行有效的预测，从而在浇注前就采取有效对策，以确保铸件的质量，是可行的途径之一。

对铸造过程的流场、温度场等计算的主要目的就是对铸件中可能产生的缩孔缩松进行预测，优化工艺设计，控制铸件内部质量。通过在计算机上进行铸造过程的模拟，可以得到各个阶段铸件温度场、流场、应力场的分布，预测缺陷的产生和位置。对多种工艺方案实施对比，选择最优工艺，能大幅提高产品质量，提高产品成品率。

计算铸造应力的力学模型主要有弹性模型、弹性-蠕变模型、热弹塑性模型和热弹塑性蠕变模型，通常采用热弹塑性蠕变模型，通过开发有限元软件或借助大型工程有限元软件来模拟和研究材料的高温应力应变行为。针对铸钢、铝硅、铝铜合金等进行热应力场的数值模拟已取得了一些成果，如对应力框、中空轴铸钢件、汽轮机缸体等的热应力场的模拟研究。通过研究发现，当合金凝固到液相线温度以下的某一温度时，即显示出了强度和应变，随着温度的进一步降低，强度逐渐增加；当达到固相线温度时，强度和应变都急剧增加。如果把合金凝固过程中开始显示强度的温度定义为准固相线，则合金在凝固区间以准固相线为界，可以分为有强度的准固相区和无强度的准液相区。因此铸件凝固过程应力场数值模拟须同时考虑准固相区和固相线以下的温度范围。当温度达到固相线温度以下时，铸件已经凝固结束，此时仅表现为热弹塑性问题。当合金处于准固态时，其强度和伸长率都很低，如果铸件收缩受阻，很容易产生裂纹。由于合金在准固态的力学行为（如本构方程等）方面的数据缺乏，因而建立高温准固相区力学本构方程是进行铸件凝固过程热应力场模拟的关键。

9.3.2　有限元仿真在锻造成形中的应用

锻造成形一直是汽车、矿山、能源、建筑、航空、航天、兵器等工业的重要基础。锻造成形是现代制造业中重要的加工方法之一，锻造工艺和模具若采用试验和类比的传统方法进行设计，不仅费时而且锻件的质量和精度很难提高。随着有限元理论的成熟和计算机技术的飞速发展，运用有限元数值模拟进行锻造成形分析，在尽可能少或无须物理试验的情况下，得到成形中的金属流动规律、应力场、应变场等信息，并据此设计工艺和模具，已成为一种行之有效的手段。在锻造成形中，大多数变形过程不能简化成二维变形过程进行处理，所以有限元法数值模拟在锻造成形中的应用以三维模拟分析为主。

锻件品种多、生产周期长、造价高，迫切要求一次制造成功。而传统生产方式只能凭经验，采用试错法，无法对材料内部的应力应变状态、温度分布、宏微观组织结构的演化和残余应力等进行预先控制，也无法对锻件的外形进行准确的控制，因而容易发生锻件报废的事故，在经济和时间上损失较大。使用有限元模拟技术，帮助预测产品的性能，可以将"隐患"消灭在虚拟制造阶段中，从而确保关键锻件一次制造成功，减少生产成本，缩短产品设计生产周期。而且，有限元技术还有助于实现生产过程的再现，有助于提高锻件生产管理水平。在锻造工艺领域，有限元数值模拟技术可直观地描述金属变形过程中的流动状态，还能定量地计算出金属变形区的应力、应变和温度分布状态，这些模拟结果，对模锻工艺的制订和最终模具的设计具有一定的指导意义。

在多数锻造分析中，随着金属件成形过程的继续，初始网格的变形逐渐加大，将导致单元精度降低甚至发生畸变，因此必须使用网格重新划分功能。网格重划分包括以下步骤：①检查网格的变形程度，若超过规定的变形程度则停止计算，保存结果；②检查需要改变位置的节点，调整节点位置，保证材料边界不变，材料内部节点可自由移动；③将保存的结果映射到新的网格上；④重新对网格初始化并进行计算。

9.3.3　有限元仿真在焊接成形中的应用

焊接是一个牵涉到电弧物理、传热、冶金和力学的复杂过程。焊接现象包括焊接时的电磁、传热过程、金属的熔化和凝固、冷却时的相变、焊接应力与变形等。要得到一个高质量的焊接结构必须控制这些因素。一旦各种焊接现象能够实现计算机模拟，就可以通过计算机系统来确定焊接各种结构和材料时的最佳设计、最佳工艺方法和焊接参数。

焊接过程是一个热力耦合的过程，通常采用弹塑性有限元法对其进行分析，包括温度场分析和应力场分析。有限元模型是真实系统理想化的数学抽象。建立有限元模型（包括确定单元类型、材料属性、几何模型以及划分网格）是温度场分析和应力场变形分析中最关键的一环。由于焊接是一个局部快速加热到高温，并随后快速冷却的过程。而随着热源的移动，整个焊件的温度随时间和空间急剧变化，材料的物理性能参数也随温度剧烈变化，同时还存在熔化和相变时的潜热现象。因此，焊接温度场的分析属于典型的非线性瞬态热传导问题。因为焊接温度场分布十分不均匀，在焊接过程中和焊后将产生相当大的焊接应力和变形，所以焊接应力和变形的计算中既有大应变、大变形等几何非线性问题，又有弹塑性变形等材料非线性问题。

焊接温度场求解过程中，将每一个载荷步划分为若干个时间步，进而保证得到良好的焊接瞬态温度场。将计算得到的各节点温度保存在热分析结果文件中，以便于应力场分析。焊接温度场的准确计算是焊接冶金分析、焊接应力和变形分析以及焊接质量控制的前提。

9.3.4 有限元仿真在轧制成形中的应用

轧制是旋转的轧辊将材料带入辊缝之间并使之产生变形的过程。接近轧件头尾端的变形是非稳定变形，而在其他部分，沿轧件前进方向上条件没有急剧的变化，故为稳定状态。轧制生产中，材料的塑性变形规律、轧辊和轧件之间的摩擦现象、材料中的温度和微观组织的变化、轧制过程中的压下率、宽厚比等及其对轧件质量的影响，都是非常复杂的问题。影响生产率和生产质量的原因有很多，从现场和试验中得到的规律和理论很难覆盖所有方面，而且耗费巨大。采用数值模拟的方法进行数值试验是近年来理论研究的趋势。将有限元方法应用于轧制过程的理论研究，不但可以节省试验费用，而且因其高速性和可靠性，可以对轧制过程中不易进行试验研究的课题进行深入的探讨。板带轧制技术表面上看起来非常简单，但是实际生产时遇到的问题很多，并且有些至今尚未很好地解决，如轧制变形区内的三维应力应变分布规律、中厚板的平面形状规律、咬入和抛钢阶段的不稳定变形等。因此，采用有限元方法，特别是弹塑性有限元方法对轧制过程进行分析仍非常必要。在轧制过程的弹塑性有限元分析中，按所用的有限元计算方法可以分为两大类：迭代算法求解微分方程的隐式算法和差分积分方法求解微分方程的显式算法。

9.3.5 国产有限元仿真分析软件介绍

1. 太原理工大学复合轧制过程有限元计算软件

根据有限元基本理论以及接触算法的开发与优化，太原理工大学研究团队使用 C++与 Fortran 混合编程方法开发了有限元隐式求解器，同时结合 Python 语言开发了一套界面友好，操作便捷的有限元前后处理软件。该软件可以实现几何模型读取、材料属性定义、边界条件设置、分析步划分、提交计算和后处理。该软件在金属复合板轧制领域具有显著优势，通过自主开发双金属结合判据模型实现复合轧制的精确模拟计算，为金属复合板轧制成形模拟仿真提供了有效方法。复合轧制过程有限元计算软件界面如图 9-27 所示。

2. 华铸 CAE 铸造工艺分析软件

华铸 CAE 铸造工艺分析软件是分析和优化铸造工艺的重要工具，是华中科技大学经三十余年研究开发，并在长期的生产实践中不断改进，完善起来的集成软件系统。它以铸件充型、凝固过程数值模拟技术为核心对铸件的成形过程进行工艺分析和质量预测，从而协助工艺人员完成铸件的工艺优化工作。该软件对铸件充型、凝固过程进行计算机模拟，预测铸造过程中可能产生的卷气、夹渣、冲砂、浇不足、冷隔、缩孔、缩松等缺陷。华铸 CAE 铸造工艺分析软件架构如图 9-28 所示。

3. 芸峰焊接 CAE 分析软件

芸峰焊接 CAE 分析软件是分析和优化焊接工艺的重要工具。它集成了双椭球、旋转高斯体、高斯面、锥体等多种热源模型，热源可任意组合，可实现对激光焊接、电子束焊接、TIG 焊接、MIG 焊接、激光电弧复合焊接等绝大多数焊接工艺温度场、应力场以及变形随时间变化的模拟仿真。芸峰焊接 CAE 分析软件界面如图 9-29 所示。

图 9-27　复合轧制过程有限元计算软件界面

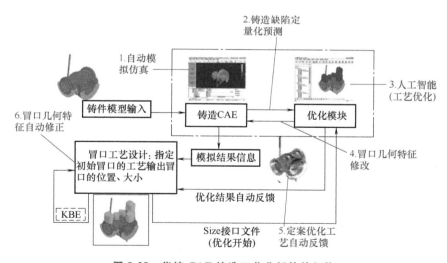

图 9-28　华铸 CAE 铸造工艺分析软件架构

4. 航空结构强度分析与优化设计软件系统 HAJIF

航空结构强度分析与优化设计软件系统 HAJIF 是中航工业强度所研制推出的国内航空届最为全面的大型 CAE 软件系统，以强度试验数据库为支撑，提供飞行器结构静强度、动强度、热强度、气动弹性、结构优化设计等基本求解功能，以及飞机结构细节强度校核、耐久性等特色分析功能。该系统还提供可满足用户特殊需求的开放式定制环境，并设计有与多种主流 CAE 软件的接口，具备独立的图形前后置处理功能。HAJIF 软件界面如图 9-30 所示。

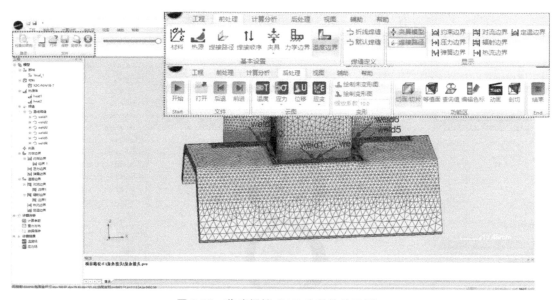

图 9-29　芸峰焊接 CAE 分析软件界面

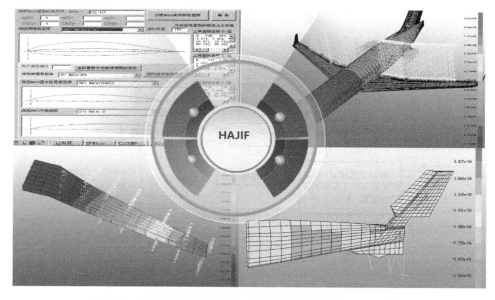

图 9-30　航空结构强度分析与优化设计软件系统 HAJIF 界面

思考题

9-1　常用的成形过程建模方法有哪几种？

9-2　简述亨基第一定理和亨基第二定理的内容。

9-3　常用的有限元分析软件有哪些？

9-4　简述商业有限元软件的塑性成形建模流程。

9-5　塑性成形模拟的特点有哪些？

9-6　简述塑性成形计算机模拟软件的模块结构组成。

9-7　塑性成形模拟基本过程分为几个步骤？

9-8　提高有限元模拟仿真分析精度的方法有哪些？

9-9　常见理想材料模型的应力-应变关系有几种形式？

第 10 章 | 数字孪生技术

随着"工业 4.0"及信息化时代的发展，生产方式正在发生重大变革。当前，生产过程的数字化建模已成为企业的重点发展方向，尤其是数字孪生技术的发展，正在给金属成形行业带来重要的变化。同时随着信息化水平的发展进步，移动网络的快速完善，众多移动终端和智能传感设备应用到金属成形的工业生产中。数字化技术为企业生产提供了新工具、新视角，推动了智能生产时代的到来。新一代信息技术（new IT），如物联网（IoT）、云计算、大数据分析、人工智能（AI）等，的进步和创新已应用于软硬件服务、信息获取、智能决策等各个方面，大大提升了企业的生产率。

10.1 数字孪生的发展

数字化转型是我国经济社会未来发展的必由之路。数字化经济发展是全球经济发展的重中之重，"数字孪生（digital twin）"这一词汇正在成为学术界与产业界的一个热点。数字孪生起源于航空军工领域，近年来持续向智能制造、智慧城市等垂直行业拓展，实现机理描述、异常诊断、风险预测、决策辅助等应用价值。数字孪生与国民经济各产业融合不断深化，有力推动着各产业数字化、网络化、智能化发展进程，成为我国经济社会发展变革的强大动力。

10.1.1 物理孪生和数字孪生

孪生的概念最早于 20 世纪 60 年代由美国国家航空航天局（NASA）提出，当时的概念是发射到太空中的飞行器在地面需要一个"物理孪生"，即构建两个相同的航天飞行器，其中一个发射到太空执行任务，另一个留在地球上用于反映太空中航天器在任务期间的工作状态，以便模拟各类指令的操作，从而辅助工程师分析处理太空中出现的紧急事件，保障太空飞行器各类动作的正确性和安全性。

物理孪生的概念在轧制生产过程中也有类似应用。在连轧生产中，每一个规格轧制参数的设定往往都需要事先在离线软件中进行模拟，最终才能应用到轧制工艺设定中。包含了设备及相关生产参数的离线轧制规程模拟软件便可视为是轧制生产线中轧制环节的孪生体，根据仿真的数据能够帮助工程师优化轧制参数、分析和评估设备的健康状况，如图 10-1 所示。

数字孪生通过创建物理实体的虚拟模型来模拟、分析和预测物理实体的行为和性能，这

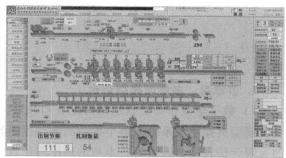

图 10-1　轧制生产线与轧制规程模拟软件

些虚拟模型通常是基于物理模型、实时状态数据、传感器数据，以及历史数据构建的，能够实时更新以反映物理实体的状态。

物理孪生和数字孪生各有其独特的优势和应用场景，见表 10-1 所示。数字孪生通过实时数据和模拟技术，提供了强大的监控、预测和优化能力；而物理孪生通过实际的物理复制，提供了直接的试验和验证手段。两者的结合和相互补充，将为各行业的创新和发展提供强有力的支持。

表 10-1　物理孪生与数字孪生的对比

对比内容	物理孪生	数字孪生
形式	物理复制品	数字模型和仿真
基础	制造工艺和材料	数据收集和计算技术
实时性	静态或动态试验	实时监控和更新
应用范围	通常用于关键零部件或系统	广泛，涉及多领域
成本	制造和材料成本	数据和计算成本
局限性	复制成本高，难以大规模应用	依赖数据质量和模型精度

10.1.2　数字孪生的概念

数字孪生也称为数字镜像、数字映射、数字双胞胎、数字双生、数字孪生体等。数字孪生不局限于构建的数字化模型，不是物理实体的静态、单向映射，也不应该过度强调物理实体的完全复制、镜像，虚实两者也不是完全相等；数字孪生不能割离实体，也并非物理实体与虚拟模型的简单加和，两者也不一定是简单的一一对应关系，可能出现一对多、多对一、多对多等情况；数字孪生不等同于传统意义上的仿真/虚拟验证、全生命周期管理，也并非只是系统大数据的集合。

对于数字孪生没有统一共识的定义，不同的学者、企业、研究机构等对数字孪生的理解也存在着不同的认识。但总的来说，数字孪生可以概括为：以模型和数据为基础，通过多学科耦合仿真等方法，完成现实世界中的物理实体到虚拟世界中的镜像数字化模型的精准映射，并充分利用两者的双向交互反馈、迭代运行，以达到物理实体状态在数字空间的同步呈现；通过镜像化数字化模型的诊断、分析和预测，进而优化实体对象在其全生命周期中的决策、控制行为，最终实现实体与数字模型的共享智慧与协同发展。

10.1.3 数字孪生的特征

1. 多维度、多领域模型结合

1）数字孪生作为仿真应用的发展和升级，与传统的仿真方式有着巨大的区别。数字孪生的模型贯穿物理系统的整个生命周期。以热轧数字孪生为例，针对轧制参数的设定，传统的有限元仿真主要涉及材料本身的建模与仿真工作，不包括加热、热卷、酸洗等阶段的模型与仿真；而数字孪生不仅具备传统产品仿真的特点，从概念模型和设计阶段着手，先于现实世界的物理实体构建数字模型，而数字模型与物理实体共生，贯穿实体对象的整个生命周期，建立数字化、单一来源的全生命周期档案，实现产品全过程追溯，完成物理实体的细致、精准表达。因此，数字孪生模型的构建需要考虑产品全生命周期的数据和行为表述。

2）现实产品往往包括机械、电子、电气、液压气动等多个物理系统，一个智能系统往往是数学、物理、化学、电子电气、计算机、控制理论、管理学等多学科、多领域的知识集成的系统。多个物理系统融合，多学科、多领域融合是现实系统的运行特点。物理系统在数字空间的数字模型需要体现这个融合，实现数字融合模型。这个融合包括了全要素、全业务、多维度、多尺度、多领域、多学科，并且能支持全生命周期的运行仿真。不同的智能系统关注的重点领域不同，多学科耦合程度存在差异，因而其数字模型需要根据不同的应用场景对其组成部分进行融合，以全方位地刻画物理实体。

3）数字孪生体与物理实体应该是"形神兼似"的。"形似"就是几何形状、三维模型上要一致，"神似"就是运行机理上要一致。数字孪生体的模型不但包括了三维几何模型，还包括了多领域、多学科物理、管理模型。可以根据构建的数字化模型中的几何、物理、行为、规则等划分为多维空间，还可视为三维空间维、时间维、成本维、质量维、生命周期管理维等多维度交叉作用的融合结果，并形成对应的空间属性、时间属性、成本属性、质量属性、生命周期管理属性；数字孪生模型的构建应按层级逐渐展开，形成单元级、区域级、系统级、跨系统级等多尺度层级，各层级逐渐扩大，完成不同的系统功能。

以产品数字孪生应用为例，数字化建模不仅仅是对产品几何结构和外形的三维建模，还包括对产品内部各零部件的运动约束、接触形式、电气系统、软件与控制算法等信息进行全数字化的建模，这种数字化建模技术是构建产品数字孪生模型的基础技术。一般来说，多维度、多物理量、高拟实性的虚拟模型应该包括几何、物理、行为和规则模型四部分：几何模型包括尺寸、形状、装配关系等；物理模型综合了力学、热学、材料等要素；行为模型根据环境等外界输入及系统不确定因素做出精准响应；规则模型依赖系统的运行规则，实现系统的评估和优化功能。

4）数据驱动的建模方法有助于处理仅仅利用机理/传统数学模型无法处理的复杂系统，通过保证几何、物理、行为、规则模型与刻画的实体对象保持高度的一致性来让所建立模型尽可能逼近实体。数字孪生技术解决问题的出发点在于建立高保真度的虚拟模型，在虚拟模型中完成仿真、分析、优化、控制，并以此虚拟模型完成物理实体的智能调控与精准执行，即系统构建于模型之上，模型是数字孪生体的主体组成。

2. 多源异构数据采集与分析为核心

1）数据是数字孪生的基础要素，其来源包括两部分：一部分是由物理实体对象及其环境采集而得，另外一部分是各类模型仿真后产生的。多种类、全方位、海量动态数据推动实体/虚拟模型的更新、优化与发展。高度集成与融合的数据不仅能反映物理实体与虚拟模型的实际运行情况，还能影响和驱动数字孪生系统的运转。

2）物理系统的智能感知与全面互联互通是物理实体数据的重要来源，是实现模型、数据、服务等融合的前提。感知与互联主要指通过传感器技术、物联网、工业互联网等，将系统中人、机、物、环境等全要素异构信息以数字化描述的形式接入信息系统，实现各要素在数字空间的实时呈现，驱动数字模型的运作。

3）数据的组织以模型为核心。信息模型是物理实体的抽象表现形式，而多学科、多领域的仿真模型又需要不同的数据驱动，并且也会产生不同的数据。这些数据通过信息模型、物理模型、管理模型等不同领域模型进行组织，并且通过基于模型的单一数据源管理来实现统一存储与分发，保证数据的有效性和正确性。热轧过程中的数据智能处理和集成如图 10-2 所示。

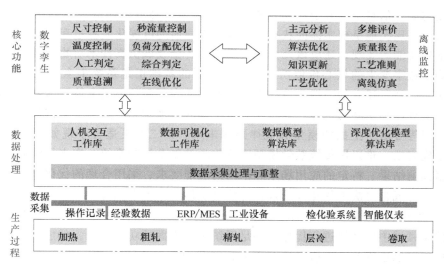

图 10-2　热轧过程中的数据智能处理和集成

3. 双向映射、动态交互、实时同步和迭代优化

物理系统、数字模型通过实时连接进行动态交互，实现双向映射。物理系统的变化能及时反映到数字模型中，数字模型所计算、仿真的结果也能及时发送给物理系统，控制物理实体的执行过程，这样形成了数字孪生系统的虚实融合。孪生数据连接成一个统一的整体后，系统各项业务也得到了有效集成与管控，各业务不再以孤立形式展现，业务数据共享，业务功能趋于完善。

适合应用场景的实时连接。实时连接在不同的应用场景下，其物理含义是不同的。对于控制类应用（设备的在线监控），实时可能指小于 1s，达到毫秒级；而对于生产系统级应用，可能指小于 10s，甚至小于 1min 都是允许的；对于城市等大系统，部分数据可以以分钟甚至小时为单位进行更新，也算满足实时连接的定义。

如今的智能产品和智能系统呈现出复杂度日益提高、不确定因素众多、功能趋于多样化、针对不同行业的需求差异较大等趋势，而数字孪生为复杂系统的感知、建模、描述、仿真、分析、诊断、预测、调控等提供了可行的解决方案，数字孪生系统必须能不断地迭代优化，即适应内外部的快速变化并做出针对性的调整，能根据行业、服务需求、场景、性能指标等不同要求完成系统的拓展、裁剪、重构与多层次调整。这个优化在数字空间发生，也同步在物理系统中发生。

4. 闭环反馈控制

1）数字孪生将真实运行物体的实际情况结合数字模型在软件界面中进行直观呈现，这个是数字孪生的监控功能。数字孪生的监控一般构建于三维可视化模型之上，各类数据按模型的空间、运行流程、管理层级等不同维度进行展示，能让用户直观监控系统运行状态，便于做出决策。

展示的数据不但包括采集得到的实时数据，也包括基于这些数据结合相关分析模型之后的数据挖掘结果，可以进一步提取数据背后富有价值的信息。分析结果也叠加到展示模型中，可以更好地展示实体对象的内部状态，为预测和优化提供基础。

2）数字孪生系统具备模拟、监控、诊断、推演预测与分析、自主决策、自主管控与执行等智能化功能。信息空间建立的数字模型本身即是对物理实体的模拟和仿真，用于全方位、全要素、深层次地呈现实体的状态，完成软件层面的可视化监控过程。而数字孪生不局限于以上基础功能的实现，还应该充分利用全周期、全领域仿真技术对物理世界进行动态的预测，预测是数字孪生的核心价值所在。动态预测的基础正是系统中全面互联互通的数据流、信息流，以及所建立的高拟实性数字化模型。动态预测的方式大体可以分为两类：一类是根据物理学规律和明确的机理，计算、分析实体的未来状态；另一类是依赖系统大数据分析、机器学习等方法所挖掘的模型和规律预测未来。第二类更适合于现如今功能愈加多样化、充满不确定性、难以用传统数学模型准确勾画的复杂控制系统。在虚拟空间完成推演预测后，根据预测结果、特定的应用场景和不同的功能要求，采用合理的优化算法实时分析被控对象行为，完成自主决策优化和管理，并控制实体对象精准执行。

3）数字孪生可看作是一种技术、方法、过程、思路、框架和途径，本质上是以服务为导向，对特定领域中的系统进行优化，满足系统某一方面的功能要求，如成本、效率、故障预测与监控、可靠运维等。而服务展开来说，可分为面向不同领域、用户/人员（专业技术人员、决策人员、终端执行人员等）、业务需求、场景的业务性服务和针对智能系统物理实体、虚拟模型、孪生数据、各组成部分之间的连接相关的功能性服务等。

10.1.4　数字孪生体的生命周期

数字孪生系统是某个产品、某个系统在其生命周期中的一个具象表达，是一个包括物理实体、虚拟实体以及虚实之间的交互迭代关系，并最终形成以实体对象或行为"以实到虚"全要素层级映射、"以虚控实"为目标的体系，所以称之为 digital twins，区别于 digital twin（数字孪生体）。而数字孪生体是指与现实世界中的物理实体完全对应和一致的虚拟模型，可实时、精准模拟和预测自身在物理空间中的行为，是一种精准映射模型。数字孪生体的分形描述与时间延续特征是分别从面向对象和面向过程两个角度描述物理对象的，因此分析物理对象全生命周期的数字孪生体，需要将面向对象和面向过程的数字孪生相结合。

从面向过程的角度出发，每一个阶段的数字孪生体都与物理实体交互，且不同阶段数字孪生体彼此交互。从面向对象的角度出发，物理对象不断地迭代更新，其数字孪生体在生命周期中的每一个阶段都承载着上一阶段传递的信息。数字孪生体作为物理对象在其生命周期中的另外一个虚拟的"生命体"，在与物理对象相对应全生命周期的每个阶段会被赋予特定的功能。

根据数字孪生体的特征和功能将其生命周期分为三个阶段，数字孪生体是物理对象的另一个"生命体"，而生命体的最初状态是胚胎，因此数字胚胎阶段是数字孪生体的第一个阶段，也是初级阶段。数字胚胎是在物理实体对象设计阶段产生的，数字胚胎先于物理实体对象出现，所以用数字胚胎去表达尚未实现的物理对象的设计意图是对物理实体进行理想化和经验化的定义。这个数字胚胎，可以看作是人类大脑或者智能对物理实体对象的物理属性和功能属性进行理性及经验性地认知后的一种虚拟表达，确保数字孪生体能够准确地反映其特性和行为。第二个阶段为数字孪生体中级阶段，即数字化映射体阶段，此阶段需要确保数字孪生体的准确性、可靠性，以及其与物理实体的同步性。通过对物理对象的多层级数字化映射，建立面向物理实体与行为逻辑的数据驱动模型，孪生数据是数据驱动的基础，可以实现物理实体对象和数字化映射对象之间的映射，包括模型行为逻辑和运行流程，并且这个映射模拟会根据实际反馈，随着物理实体的变化而自动做出相应的变化。第三个阶段为数字孪生体全生命周期最后阶段，也是数字孪生体具备智能化的阶段，即孪生体智能阶段。该阶段数字孪生体将实时地与其对应的物理实体进行交互和数据交换，以支持决策制定和优化。数字孪生演化过程如图 10-3 所示。

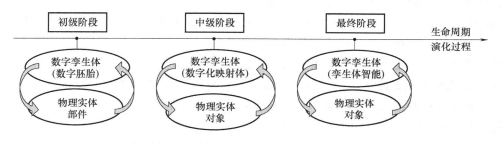

图 10-3　数字孪生演化过程

10.1.5　数字孪生的发展

数字孪生是一种数字化理念和技术手段，它以数据与模型的集成融合为基础与核心，通过在数字空间实时构建物理对象的精准数字化映射，基于数据整合与分析预测来模拟、验证、预测、控制物理实体全生命周期过程，最终形成智能决策的优化闭环。其中，面向的物理对象包括实物、行为、过程；构建孪生体涉及的数据包括实时传感数据和运行历史数据，集成的模型涵盖物理模型、机理模型和流程模型等。

数字孪生的概念始于航天军工领域，经历了技术探索、概念提出、应用萌芽、行业渗透四个发展阶段。数字孪生技术最早在 1969 年被 NASA 应用于阿波罗计划中，用于构建航天飞行器的孪生体，反映航天器在轨工作状态，辅助紧急事件的处置。2003 年前后，关于数字孪生（digital twin）的设想首次出现于 Grieves 教授在美国密歇根大学的产品全生命周期管理课程上。但是，当时"digital twin"一词还没有被正式提出，Grieves 教授将这一设想称为"conceptual ideal for PLM（product lifecycle management）"，如图 10-4 所示。

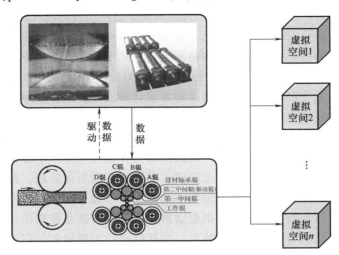

图 10-4　轧制过程的 PLM 概念模型

　　尽管如此，在该设想中数字孪生的基本思想已经有所体现，即在虚拟空间构建的数字模型与物理实体交互映射，并描述物理实体全生命周期的运行轨迹。尽管当时这个概念还不够具体，但数字孪生的初步形式已被提出，包括三个部分：物理产品、虚拟产品及其联系。直到 2010 年，"digital twin"一词在 NASA 的技术报告中被正式提出，并被定义为"集成了多物理量、多尺度、多概率的系统或飞行器仿真过程"。东北大学 RAL 实验室基于现有自动化与信息化系统，深度融合数据驱动模型与机理模型，首次开发了热连轧过程动态数字孪生模型并建立了 CPS 控制系统平台，提高了轧制工艺对复杂多变工况的原位分析能力，改善了热连轧过程尺寸控制指标。燕山大学通过研发冷轧钢带板形控制数字孪生系统，在 600mm 四辊轧机和 600mm 六辊轧机上的工业应用表明，冷轧钢带板形控制数字孪生系统，不仅可以实时监控和优化轧制过程，改善板形控制效果，而且可以预警轧制故障，提高轧机运行的稳定性和安全性。欧洲工控巨头西门子、达索、ABB 在工业装备企业中推广数字孪生技术，进一步促进了技术向工业领域的推广。2021 年，数字孪生技术被列入中国的"十四五"规划中，预示着其应用将更广泛地渗透到各行各业中。数字孪生的发展及在轧钢领域的应用如图 10-5 所示。

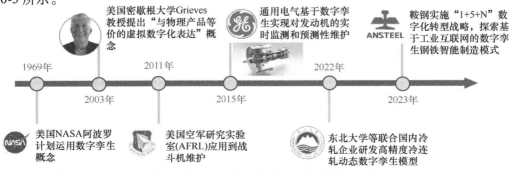

图 10-5　数字孪生的发展及在轧钢领域的应用

10.2 数字孪生的相关技术

在当今快速发展的数字化时代，数字孪生技术正成为连接物理世界与数字世界的桥梁。它通过创建物理实体的精确虚拟副本，使得我们能够在虚拟环境中对产品、系统或过程进行设计、测试和优化。数字孪生技术的应用前景广阔，从智能制造到智慧城市，从精准医疗到高效能源管理，它都展现出了巨大的潜力和价值。

若想深入理解和有效应用数字孪生技术，必须首先了解其背后的相关技术。这些技术构成了数字孪生的技术基础，并为其提供了强大的功能和广泛的应用可能。本节内容将重点介绍数字孪生的相关技术，包括虚拟建模、虚拟制造、虚拟映射，以及推动数字孪生技术发展的新型信息技术。通过这些技术的介绍来揭示数字孪生如何实现对复杂系统的精确模拟和深度分析，如何通过虚实交互来优化决策过程，如何利用数据驱动的方法来提升系统的智能化水平，以及探讨这些技术如何相互协作，共同支撑起数字孪生生态系统的建设和发展。

10.2.1 虚拟建模

虚拟建模作为数字孪生体系中的核心组成部分，主要涉及对现实世界中的系统、过程或对象的抽象和数字化表达。在数字孪生领域，虚拟建模的应用使得通过创建虚拟的模型来模拟、分析和预测物理实体的行为成为可能。这些模型可分为三类：物理模型、形式化模型和仿真模型。其中，物理模型指客观存在的实体，如试验中的飞机模型或船舶模型；形式化模型指采用规范表述方法构建的模型，用数学方法抽象原型的功能或结构特征；仿真模型是根据系统的形式化模型，转化为计算机可执行的模型。

在数字孪生中，虚拟模型的建立遵循一套规范的建模体系，即模型描述语言、模型描述方法和模型构建方法。数字孪生体模型包括功能模型、信息模型、数据模型、控制模型和决策模型，它们在数字孪生体生命周期的不同阶段建立并发挥作用。

虚拟模型可在所构建的系统模型上进行试验，以便了解或设计系统的内在特性。虚拟建模包括数学模型、物理模型或数学-物理效应模型的创建，并在这些模型上进行试验。这一过程需要控制理论、相似理论、信息处理技术和计算技术等理论基础，以及计算机和其他专用物理效应设备的硬件支持。

虚拟建模方法的选择取决于所模拟系统的特定特征和建模的目标。常用的建模方法包括静态/动态建模、连续/离散建模、随机/确定性建模，以及面向对象和多智能体仿真建模方法。虚拟建模的流程如图 10-6 所示。

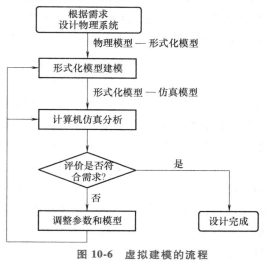

图 10-6 虚拟建模的流程

275

虚拟建模在生产系统中的应用涵盖了从设备级建模到企业层级高度抽象的仿真。底层的设备级建模关注实体的细节和多学科集成，而企业层级的仿真则关注宏观决策和策略。在数字孪生技术中，虚拟模型不仅用于模拟和预测，还用于物理实体的性能优化和决策过程。数字孪生体通过虚拟模型进行预演，然后将优化结果逆向传递到物理实体，实现系统的自感知、自认知、自分析、自决策、自优化、自调控和自学习。

10.2.2 虚拟制造

虚拟制造（virtual manufacturing，VM）是一种集成的仿真技术，它基于虚拟现实和仿真技术，对产品设计、生产过程进行统一建模，并在计算机上实现产品全生命周期的模拟仿真。虚拟制造技术覆盖了从设计、加工和装配、检验、使用到回收的各个阶段，无须制造物理样品，从而优化了产品的设计质量和制造流程。虚拟制造技术具有以下特点：

1）模型化：虚拟制造以模型为核心，依赖于产品模型、过程模型、活动模型和资源模型等多种模型。

2）集成化：通过集成异构模型，虚拟制造实现了对产品和生产系统相关元素的统一建模。

3）拟实化：虚拟制造追求仿真结果的高可信度和人机交互的自然化，其中虚拟现实（VR）技术是改善人机交互自然化的重要手段。

虚拟制造可分为设计性虚拟制造、生产性虚拟制造和控制性虚拟制造三类。其中，设计性虚拟制造侧重于产品设计阶段，通过引入制造信息，实现对设计的可制造性分析和优化；生产性虚拟制造侧重于生产过程，通过仿真技术实现对制造方案的快速评价和生产过程的优化；控制性虚拟制造侧重于系统控制，通过仿真全系统的控制模型和现实加工过程，优化组织、调度与控制策略。

虚拟制造技术从设计阶段开始就能够模拟产品性能和制造流程。东南大学开发的"热锻压力成形工艺及模具虚拟仿真实验"项目利用 3D 仿真软件和 Unity3D 平台，创建了三维虚拟实验设备和场景，通过 C#编程语言开发用户交互界面与实验操作流程，形成了虚拟仿真实验系统。该系统可以解决实验设备不足、场地受限等问题，使学生能够单独、多次进行实验，提高了实验教学质量和效率。Altair 开发的 Inspire Form 软件提供了多工步虚拟试模工具，支持单工步和多工步金属成形虚拟试模。该软件可以分析物料流动、裂纹、褶皱、板料松弛和回弹等成形过程中的关键问题，帮助优化制造工艺。

虚拟制造技术为数字孪生提供了丰富的应用场景，通过在虚拟空间中模拟物理实体的行为，数字孪生技术可以进一步实现对物理实体的监控、预测和优化。虚拟制造的集成化和拟实化为数字孪生提供了技术支撑，使得数字孪生技术在智能制造、智能建造和智慧城市等领域得到广泛应用。虚拟制造技术是数字孪生技术体系中的重要组成部分，它通过在计算机上模拟制造过程，为产品设计、生产管理和资源规划提供了强有力的工具。随着信息技术的不断发展，虚拟制造技术将更加深入地与数字孪生技术融合，推动制造业向更高水平的智能化、自动化发展。

10.2.3　虚拟映射

虚拟映射技术是一种先进的集成方法，它通过创建物理实体的精确数字化副本来实现现实世界与数字世界的无缝对接。这种技术使得我们能够在虚拟环境中模拟、分析和预测物理实体的行为和性能，从而为决策提供帮助并优化实际的业务流程。

在数字孪生的应用中，虚拟映射技术发挥着至关重要的作用。它通过对物理对象的实时数据采集，结合历史数据和先进的算法模型，构建了一个高度仿真的虚拟模型。这个虚拟模型能够反映物理实体的当前状态，模拟其在不同条件下的行为，甚至预测未来的发展趋势。

通过虚拟映射，工程师和决策者可以在不干扰实际生产过程的情况下，对产品设计、制造过程、维护策略等进行测试和优化。例如，在样机设计的早期阶段，它允许设计者、制造者和使用者直观形象地对产品的数字原型进行设计优化、性能测试、制造仿真和使用仿真。这种技术的目的在于替代或精简物理样机，通过计算机仿真模型来实现对新产品性能和制造过程的测试。

此外，虚拟映射技术还能够提供跨地域、跨部门的协作平台。不同的团队可以共享同一个虚拟模型，进行协同工作，共同分析问题和制订解决方案。这种协作不仅提高了工作效率，还有助于打破信息孤岛，实现数据和知识的整合。

随着技术的发展，虚拟映射技术正变得越来越智能。通过集成机器学习、人工智能等技术，虚拟映射不仅能够模拟现状，还能够自主学习和进化，提供更加深入的信息和更加精准的预测。虚拟映射技术的应用极大地提高了设计质量，减少了设计错误并提升了设计工作效率。它使得设计者能够在没有制作物理样机的情况下，利用数字模型对新产品进行性能测试和制造仿真，及时发现并解决问题。

10.2.4　新型信息技术

新型信息技术是数字孪生技术发展的重要推动力，它们为数字孪生的实现提供了技术支撑，并进一步丰富了数字孪生的内涵。以下是与数字孪生技术紧密相关的几种新型信息技术。

1. 工业互联网

工业互联网是实现设备、控制系统、信息系统、人、产品之间网络互联的关键综合信息基础设施。它通过对工业大数据的深度感知和计算分析，实现整个工厂的智能决策和实时动态优化。工业互联网平台是工业全要素链接的枢纽，是工业资源配置的核心，为制造业数字化转型提供驱动力。

2. 大数据及智能算法

大数据是信息技术发展的产物，在数字孪生中扮演着基础性的角色，具有海量、高增长率和多样化的特征。大数据技术的应用使得数据资源成为企业或组织的新资产，推动决策从"业务驱动"向"数据驱动"转变。大数据技术的关键包括数据采集和预处理、数据存储和管理、数据分析和挖掘。智能算法则是数字孪生中的"大脑"，它们利用大数据提供的信息来进行决策支持。智能算法包括但不限于机器学习、深度学习、优化算法等，它们能够处理复杂的数据分析任务、识别模式、预测趋势，甚至自主做出决策。例如，智能算法可以用于预测设备故障、优化生产调度、自动调整生产线参数，以提高效率和质量，或者在供应链管理中进行需求预测和库存优化。

3. 云计算

云计算提供了一种通过网络按需获取计算资源的模式，包括基础设施即服务（IaaS）、平台即服务（PaaS）和软件即服务（SaaS）。云计算的弹性可扩展性、集中化处理、存储与共享数据的能力，为数字孪生系统的实施提供了基础平台。

4. VR、AR、MR 技术

虚拟现实（VR）、增强现实（AR）和混合现实（MR）技术为用户提供沉浸式体验，将虚拟场景和现实世界融合，实现物理、虚拟世界的实时交互。这些技术在数字孪生中用于提供更加直观和交互式的用户体验，增强用户对系统的理解和控制。

新型信息技术为数字孪生技术提供了强大的技术基础和丰富的应用场景。通过这些技术的融合和应用，数字孪生不仅能够实现物理实体和虚拟模型之间的高度一致性，还能够实现智能系统的自感知、自认知、自分析、自决策、自优化、自调控和自学习，推动制造业和服务业向更高水平的智能化发展。

10.3 基于工业互联网的数字孪生车间

随着工业 4.0 的浪潮席卷全球，制造业正经历着前所未有的变革。工业互联网作为这一变革的关键驱动力，正在重塑生产方式、提高运营效率，并引领着智能制造的未来发展。在这一背景下，数字孪生技术应运而生，它通过创建物理实体的虚拟副本，实现了现实世界与数字世界的无缝连接。本节将介绍基于工业互联网的数字孪生车间。这一融合了工业互联网和数字孪生技术的先进制造模式，不仅能够提升生产率和产品质量，还能够降低运营成本和风险，为企业带来显著的竞争优势。

10.3.1 数字孪生车间构建的总体设计

1. 工业互联网技术对数字孪生车间构建的支持

工业互联网技术作为数字孪生车间构建的重要支撑，对实现车间的智能化和信息化有显著的作用。它通过整合先进的信息技术，如物联网、云计算、大数据分析等，为数字孪生车间的构建提供了强有力的技术基础。

首先，工业互联网平台通过提供统一的数据采集与处理接口，有效解决了多源异构数据的协议兼容性问题。这一方面降低了解决协议兼容性的成本，另一方面也实现了设备与设备之间、产线与设备之间的万物互联。通过边缘计算等新兴技术，工业互联网平台进一步强化了车间生产管理的实时性和可靠性。其次，工业互联网平台内嵌了大量机理模型，并提供了层次化、配置化的建模方法。这使得数字孪生车间能够适应海量且不断变化的网络数据，降低了建模难度，提高了模型的适应性和灵活性。然后，工业互联网平台的实时性特点，为数字孪生车间提供了适应不同网络应用场景的数据处理机制。平台提供的流批一体的数据计算引擎，能够按需配置数据计算服务，确保了物理实体和虚拟模型之间的实时同步，大幅降低了实时计算服务的构建成本和使用成本。最后，工业互联网平台基于云的部署模式，可以适应不同的计算规模要求。这种部署模式不仅呈现了实时虚实同步的能力，而且通过优化物理车间实时采集汇聚的数据，提取价值，并将虚拟车间中完成的仿真设计、工艺流程优化等结果及执行命令反作用于物理车间，实现了数据驱动的智能优化。

工业互联网技术在数字孪生车间的构建中发挥着至关重要的作用。它不仅提供了数据融合的技术平台，降低了建模难度，增强了系统的实时性，还通过云部署模式，为数字孪生车间的可持续发展提供了强有力的支持。随着工业互联网技术的不断进步和应用，数字孪生车间的构建将更加完善，为智能制造的深入发展奠定坚实的基础。

2. 数字孪生车间的总体架构

数字孪生车间的总体架构是构建高效、智能生产系统的核心。它综合运用了新一代信息技术和制造技术，通过物理车间与虚拟车间的实时映射和同步，实现了生产过程的全面数字化管理。总体架构的设计旨在通过集成和优化各种生产要素，提升生产率、质量和环境可持续性，其主要组成部分见表 10-2。

表 10-2　数字孪生车间的总体架构主要组成部分

构架组成	具体内容
物理车间	它是车间内现有的物理实体集合，涵盖了人员、生产线、设备、传感器及边缘计算设备等
虚拟车间	它是物理车间在信息空间的映射，集成了三维建模、仿真技术、实时数据和历史数据分析
数据采集传输	它用于采集多源异构数据，通过 5G、光纤等高速网络技术，实现数据的可靠传输和准确分发
功能服务	它包括感知控制、数据处理、模型构建及机理模型；可对数据进行清洗、分析、处理和提取
业务服务	数字孪生技术被应用于各种管理系统，如生产计划制订、设备维护、故障诊断等
数字孪生数据	它包括实时数据和历史数据，这些数据是数字孪生模型与物理车间进行实时交互的基础
模型引擎	它负责仿真数据处理，如有设备故障预测、剩余寿命预测等，为生产过程提供决策支持
边缘计算	它用于在靠近数据源的地方进行数据处理和分析，以减少延迟，提高响应速度
模型可视化	通过三维建模技术，实现车间布局、设备和生产流程的可视化，便于监控和管理
管理与服务	它包括生产调度、控制、服务和治理等，确保数字孪生车间的高效运行和管理

数字孪生车间的总体架构通过这些组成部分的协同工作，实现物理车间与虚拟车间之间的数据流通和状态同步，为生产过程的优化和决策提供了强有力的支持。这一架构不仅提升了生产率和质量，还有助于降低生产成本，实现生产的管控最优。随着技术的不断进步，数字孪生车间的总体架构将继续演化，以适应制造业未来发展的需求。

3. 数字孪生车间的运行模式

数字孪生车间的运行模式是实现智能化生产管理的关键。它通过将物理车间的实际运行状态与虚拟车间的数字模型相结合，实现了数据的实时采集、分析和优化。这种模式涵盖了生产要素管理、生产计划管理和生产过程管理三个主要阶段，形成了一个闭环的管理系统，如图 10-7 所示。

第一阶段是生产要素管理，在这个阶段，数字孪生车间利用实时数据采集技术，对物理车间中的人力资源、设备状态、物料储备等生产要素进行全面监控。通过与虚拟车间的交互，对初始生产要素配置方案进行动态的修正和迭代优化。这一过程确保了生产要素的配置能够满足当前任务的需求和约束条件，实现了生产要素的最优配置。第二阶段是生产计划管理，此阶段侧重于生产计划的制订和优化。数字孪生车间通过接收第一阶段生成的初始生产计划，并结合物理车间的实时运行数据，进行生产计划的仿真迭代优化。虚拟车间在此过程中发挥着核心作用，它根据排程周期、滚动周期、排程模式等关键参数，对生产计划进行模拟仿真和优化，以确保生产计划的可行性和效率。第三阶段是生产过程管理，在生产过程管理阶段，数字孪生车间对物理车间的生产过程进行实时监测和动态优化。物理车间根据优化后的生产计划和指令开展生产活动，同时将实时监测数据传输至虚拟车间。虚拟车间对这些数据进行分析和评估，与预设的生产计划进行比对，发现偏差时及时进行调整。通过这种实时的交互和优化，数字孪生车间能够确保生产过程的最优化。

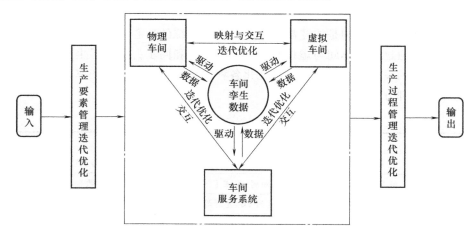

图 10-7　数字孪生车间的运行模式

数字孪生车间的运行模式强调数据的重要性。通过收集和分析大量的生产数据，数字孪生平台能够为管理者提供决策支持，帮助他们更好地理解生产过程、预测潜在问题并制订相应的应对策略。数字孪生车间的运行模式通过物理车间与虚拟车间之间的实时数据交互，实现了生产过程的持续优化。这种虚实交互不仅提高了生产率和产品质量，还增强了车间对市场变化的响应能力。数字孪生车间运行模式的一个显著特点是其智能化和自动化水平。通过集成先进的控制技术和自动化系统，车间能够实现自主的运行管理，减少人工干预，提高生产过程的稳定性和可靠性。

总体来说，数字孪生车间的运行模式通过整合物理车间的实际运行与虚拟车间的数字模型，实现了生产过程的全面数字化管理。这种模式不仅提高了生产率和产品质量，还为企业提供了强大的数据支持和决策能力，是智能制造发展的重要方向。

10.3.2　数字孪生车间构建的实现方案

1. 车间设备的互联互通

车间设备的互联互通是数字孪生车间构建的基础，它允许车间内的各类设备、传感器和系统之间实现高效的数据交换和协同工作，如图 10-8 所示。这种运行模式是智能制造的核心特征之一。

　　车间内的设备通过有线或无线的方式连接到物理网络，同时，通过工业物联网（IIoT）技术，将物理设备与信息网络相连接，实现数据的无缝传输。由于车间内可能存在多种类型的设备和系统，因此需要进行协议转换，以确保不同系统之间的数据能够被互认和互操作，实现设备状态数据和运行参数的实时采集。在靠近数据源的地方使用边缘计算技术进行数据处理和分析，可以减少数据传输的延迟，提高数据处理的实时性和效率。将采集的数据汇聚起来，建立统一的数据平台，对数据进行处理和分析。这个平台能够整合来自不同设备和系

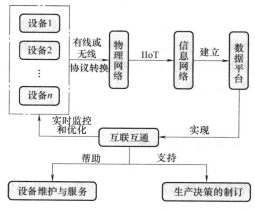

图 10-8　车间设备的互联互通

统的数据，为上层应用提供统一的数据视图。由此可以实现设备的互联互通，监控车间的生产状态，优化生产流程，提高生产率和产品质量。在实现互联互通的同时，需要确保数据传输的安全性和系统的可靠性。采用加密技术和冗余设计，保障车间运行的稳定性。互联互通的设备产生的数据可以用于支持生产决策的制订。通过对数据的深入分析，管理人员可以做出更加精准的决策。互联互通还有助于设备的维护和服务。通过远程监控设备状态，可以预测设备故障并提前进行维护，减少停机时间。

　　通过上述内容的实施，车间设备的互联互通运行模式为数字孪生车间提供了强大的数据支持和功能服务，是实现智能制造和工业 4.0 的关键步骤。

2. 数字化车间建模

　　数字化车间建模是数字孪生车间构建过程中的关键环节，它涉及将物理车间中的实体和流程在虚拟空间中进行精确的数字化映射和仿真。这一过程不仅包括对生产设备的数字化，还涵盖了检测设备的实时数据传输以及硬件设备的支持，从而实现从被动发现管理模式向主动预警模式的转变。

　　在数字化车间建模中，需要对物理车间的管理对象进行层次化的划分，如生产线、物流、立体仓库和其他可移动设施等。通过树形结构的逻辑关系表达，可以清晰地展示车间内各对象之间的逻辑关系，为数字孪生车间建模提供重要的支持。

　　数字化车间建模的基础是构建车间对象的三维模型和动画路径，并设置其相关属性和参数。这可以通过使用 2D/3D 编辑器、三维建模软件等工具来实现。三维模型和动画路径作为对象的特殊属性，可以赋予数字孪生模型更好的直观性和沉浸感，同时在车间布局规划、干涉检验等方面起到关键作用。

　　数字化车间建模还包括基础数据的输入与设置，这些数据的正确和完备是数字孪生模型准确模拟实际生产环境和生产流程的基础。例如，生产线、立体仓库、AGV 运输系统等的基础数据都需要结合参数化的思想进行标准化处理，以便于数字孪生模型的读写和相关数据的设置。

　　此外，数字化车间建模还涉及仿真运行逻辑的建立，将物理车间系统中的生产物流规则和策略转化为仿真运行逻辑，并在对象的方法（method）中编写程序，驱动可移动实体在数字孪生车间内部的运转。这有助于实现相关规则策略的参数化设置，并通过提炼实际车间

对象的运行策略，简化复杂的生产物流过程。

数字化车间建模的最终目标是通过数据采集系统，实现对车间生产过程的全面数字化仿真和优化控制，提高生产率、质量水平和环境可持续性。通过仿真平台与数据库的结合，数字孪生车间能够实现数据驱动的建模，动态地向对象库或对象表中添加、修改或删除相应的数据，以实现车间生产过程的灵活控制和优化。数字化车间建模是构建数字孪生车间的基础工作，它通过精确的数字化映射和仿真，为实现智能制造和工业 4.0 提供了强有力的技术支撑。

3. 数据采集系统

数据采集系统是数字孪生车间构建中的关键组成部分，它负责实时收集车间内各种设备和传感器的状态数据、运行参数以及环境信息等。这些数据是实现车间数字化管理、优化生产流程和提高决策效率的基石。

在数字孪生车间的数据采集系统中，首先需要确定的是数据采集的范围。这包括但不限于生产设备的状态数据、环境监控数据、生产过程数据以及视频监控数据等。状态数据可能涉及设备的开关机状态、故障信息、运行时长等，而环境数据则可能包括车间的温湿度、噪声、气压和光照等参数。生产过程数据则涵盖了物料、人员、设备和工位的状态信息，以及质量检测数据。

数据采集系统的架构设计同样至关重要。一个高效的数据采集系统应该能够支持多种通信协议，如 MQTT、RESTful API 和 OPC-UA，以适应不同设备和系统的需求。系统还需要具备数据的实时处理能力，包括数据的采集、汇聚、清洗和利用等。例如，卓朗天工工业互联网盒子（Troila Box）就是这样一款产品，它能够实现多源设备和异构系统的实时数据采集和汇聚。

数据采集系统的软件功能也是确保其有效运行的重要组成部分。软件需要提供盒子配置、驱动管理、监控点管理、组件配置、历史数据管理和告警管理等功能。这些功能使得系统能够实时显示盒子的连接状态，对不同应用场景下的盒子进行别名设置，以及对采集终端及数据进行实时管理。

硬件支撑方面，数据采集系统需要依托高性能的工业级数据终端（如 Troila Box），它内置有多种联网方式和通信协议，支持 VPN 功能，具备数据采集和边缘计算的能力。这些硬件设备是实现车间设备物联、数据采集及远程监控的物理基础。

数据采集系统在数字孪生车间的构建中扮演着至关重要的角色。它不仅需要提供全面的数据采集范围，还需要具备高效的数据处理能力和稳定的硬件支撑，以确保车间的数字化管理能够顺利实施。通过这些系统的有机结合，数字孪生车间能够实现对生产过程的全面监控和优化，从而提高生产率和产品质量，降低生产成本。

4. 车间管理系统

车间管理系统是数字孪生车间的核心应用之一，它通过集成各种信息技术，实现对车间生产活动的全面监控和管理。该系统不仅提高了生产率和产品质量，而且通过实时数据分析和优化，增强了企业的决策能力和市场响应速度，如图 10-9 所示。

车间管理系统的架构通常基于一个多层次的设计，包括数据采集层、数据处理层、应用层和用户界面层。数据采集层负责从车间的设备和传感器收集数据，数据处理层对数据进行清洗、整合和分析，应用层提供具体的业务逻辑和决策支持，而用户界面层则为用户提供直

图 10-9　数字孪生车间管理系统

观的操作界面和数据展示。

车间管理系统通过三维可视化技术，将车间内的所有生产要素，包括设备、人员、物料和环境等，以数字孪生的形式展现在管理者面前。这种可视化不仅提供了一个直观的生产环境视图，还允许管理者通过交互操作来深入了解每个要素的状态和性能。

系统能够实现数据的实时联动，将生产线的实时数据映射到数字模型中。通过查询统计功能，管理者可以快速获取产品质量信息、设备状态信息、人员位置和系统生产情况等关键数据，为生产决策提供支持。车间管理系统利用数字孪生技术，对生产排程进行优化。该系统可以根据实时的生产数据和历史数据分析，建立生产过程的关键节点和运行规律，从而对生产计划进行可行性评估和动态调整。它支持车间布局的规划和优化，通过 3D 可视化建模，结合工艺仿真和生产物流流程仿真，对车间的发展方案进行整体的仿真运行。这有助于计算并分析仿真数据，获取车间规划方案的系统效能指标，并进行有针对性的调整改进。

车间管理系统中的工艺仿真功能，允许企业在设计阶段就对多个设计方案进行模拟实际生产过程的多维度对比。这不仅有助于优化工艺流程，还可以在生产过程中识别和解决潜在问题，降低生产风险。该系统可提供全面的设备管理功能，包括设备信息管理、设备监控、远程管理和数据查询统计等。通过对设备状态和工艺参数的实时监控，系统能够预测设备故障，优化工艺参数，并提供设备维护和决策支持。

车间管理系统还可实现对车间能耗的实时监测和管理。系统可以对各种能耗设备进行单独管理，提供能耗分析、节能计量、成本核算等功能，并通过数据报表和图形展示，帮助企业实现节能减排。该系统能够在车间内实现生产物料及成品运输的物流规划和配送指导，通过对车间物流过程逻辑的建模和仿真，系统可以自动规划最优的运输计划，并确保物料及时送达目的地。

车间管理系统支持虚拟巡检和远程运维，通过在数字孪生场景中进行巡检路线模拟，检测设备状态，及时发现并解决问题，提高生产率。系统提供虚拟培训功能，利用虚拟现实技术，为从业人员提供逼真的生产环境和安全要点培训，提高安全素质和操作技能。

实现上述这些功能后，车间管理系统不仅提高了车间的生产管理效率，而且为企业的智能化转型升级奠定了坚实的基础。随着数字孪生技术的不断发展和应用，车间管理系统将在未来的工厂中发挥更加重要的作用。

10.4　数字孪生与黑灯工厂

在当今工业领域，智能制造已成为推动制造业转型升级的核心驱动力。黑灯工厂作为智能制造的重要实践模式，其发展不仅代表了工业 4.0 时代的技术进步，更是制造业未来发展的必然趋势。随着信息技术的不断进步，特别是物联网、大数据、云计算和人工智能等新兴技术的融合应用，黑灯工厂的构建和发展成为可能。本章将深入介绍数字孪生技术在黑灯工厂中的应用，揭示其如何助力制造业实现数字化、智能化的转型。

10.4.1　黑灯工厂的发展

黑灯工厂，也称为 dark factory 或 lights-out factory，是一种高度自动化和智能化的制造工厂。在这样的工厂中，生产过程可以在没有人工干预的情况下进行，甚至不需要开灯。黑灯工厂代表了工业自动化和智能制造的最高水平，是工业 4.0 概念的一个重要组成部分，黑灯工厂的发展阶段见表 10-3。

表 10-3　黑灯工厂的发展阶段

发展阶段	阶段性成果
自动化阶段	工厂主要通过自动化设备和流水线来提高生产率和减少人工操作，实现生产的自动化控制
信息化阶段	随着信息技术的发展，工厂开始引入管理信息系统（如 ERP、MES 等），实现生产管理、物料管理、库存管理等业务流程的信息化管理
集成化阶段	在信息化的基础上，工厂进一步实现不同系统和设备之间的集成，通过工业以太网、物联网技术等实现设备与设备、设备与系统之间的互联互通
智能化阶段	利用人工智能、机器学习等技术，工厂能够实现对生产过程的智能优化，包括预测性维护、智能调度、自动质量控制等
智慧化阶段	在智能化的基础上，黑灯工厂进一步发展，通过构建数字孪生模型，实现物理工厂与虚拟工厂的同步与互动，从而实现更加深入的生产过程优化和决策支持

黑灯工厂的发展是制造业未来的趋势，它将带来更高的生产率、更低的生产成本和更好的产品质量。然而，这也对劳动力市场提出了挑战，要求工人提升技能以适应新的工作环境。同时，对于企业来说，转型为黑灯工厂需要大量的前期投资，包括先进的设备和技术。随着技术的不断进步和成本的逐渐降低，预计未来会有更多的黑灯工厂出现。

10.4.2　数字孪生黑灯工厂的建设目标

数字孪生黑灯工厂的建设目标是通过集成先进的信息技术，包括数字孪生、物联网、大数据、云计算和边缘计算，实现工厂生产过程的全面自动化、信息化和智能化，见表10-4。这一目标旨在提升工厂的能效、管理效率，并最终达到高效、节能、低碳和绿色运营。

表 10-4 数字孪生下的黑灯工厂建设具体目标

建设目标	建设内容
全自动化生产	实现完全自动化生产，无须人工干预即可完成从原材料到成品的整个生产过程
实时监控与优化	利用数字孪生技术，对生产过程进行实时监控与优化，提高生产率和产品质量
预测性维护	通过分析设备运行数据，预测设备故障并提前进行维护，提高设备可靠性和使用寿命
能源管理与优化	实现能源消耗的实时监控和分析，优化能源使用，降低生产成本，谋求可持续发展
灵活的生产能力	能够快速调整生产线以适应不同产品的需求，实现多品种、小批量的灵活生产
数据驱动的决策	通过收集和分析大量的生产数据，为管理层提供决策支持，实现基于数据的智能决策
生命周期管理	实现从设计、生产到销售各个环节的数字化管理，提高产品从概念到市场的转化效率
供应链整合	与智能供应链紧密集成，实现原材料的及时补充和成品的快速分发，提高效率
安全与环境监控	确保生产环境的安全，监控污染物排放，确保生产过程符合环保标准
技术先进性	保持技术领先，不断引入最新的自动化、信息化技术，以适应市场快速变化的需求

在建设数字孪生黑灯工厂的过程中，需要遵循几个关键的发展阶段，从基础的数据采集与监控，到复杂的模拟仿真和智能化决策。通过实现这些目标，数字孪生黑灯工厂将成为一个高度智能化、自动化的生产环境，能够快速响应市场变化，提供高质量的产品，同时降低生产成本和提高生产率。

10.4.3 数字孪生下的黑灯工厂建设规划

在构建数字孪生下的黑灯工厂总体规划中，需要认识到工业数字化转型的重要性，这是提升制造业整体竞争力的关键战略。数字孪生技术作为这一转型过程中的核心，其在工业生产活动中的应用至关重要。

总体规划的第一步是打造工厂的数据底座。这要求全面采集工厂的各类数据，包括生产数据、环境数据、能源数据和工艺数据等。这些数据的采集和整合是构建数字孪生工厂的基础，为后续的模型构建和应用部署提供必要的信息支持。

接下来需要建立数字孪生工厂模型。这一模型应包含三维模型、设备控制模型和工艺模型，以实现对物理工厂的全面映射和控制。三维模型侧重于物理形态的描述，设备控制模型和工艺模型则关注工厂运行的行为和状态，通过这些模型的叠加，能够构建出一个具有高度仿真度的数字孪生工厂。

在部署数字孪生应用平台时，需要构建一个一体化的协同平台。该平台基于物联网技术，集成了设计研发、采购库存、生产交付和售后运维等各个环节。这样的平台能够消除数据孤岛，实现精准化管理，提高生产率，降低成本，提升产品质量。

此外，数字孪生下的黑灯工厂总体规划还应包括安全应急管理、绿色制造、节能减排等策略层面的考量，以及生产线优化、故障预测、工艺优化等应用层面的实践。通过这些层面的综合规划，才能够实现工厂的智能化、数字化和未来化，最终达到提高生产率、降低生产成本、提升产品质量和可靠性的目标。

在实施过程中，还需要关注数据的治理和模型的验证，确保数字孪生工厂模型的准确性和可靠性。通过实时数据的监测和管理，结合智能算法，可以进行精细化的生产规划和生产过程优化。数字孪生下的黑灯工厂系统架构如图 10-10 所示。

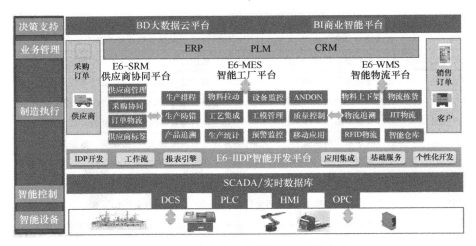

图 10-10　数字孪生下的黑灯工厂系统架构

数字孪生下的黑灯工厂总体规划是一个系统性工程，它涉及数据采集、模型构建、平台部署和应用实施等多个方面。通过这一规划的实施，可实现资源的优化配置、生产过程的智能化管理，以及生产率和产品质量的显著提升。

10.4.4　实现数字孪生下的黑灯工厂技术路线

实现数字孪生黑灯工厂的技术路线如下：

1）确立打造工厂数据底座的重要性。这一步骤要求全面采集工厂的各类数据，包括但不限于生产数据、环境数据、能源数据和工艺数据等。这些数据的全面性和准确性是构建数字孪生工厂的基石，为后续的模型构建和应用部署提供了必要的信息支撑。

2）建立数字孪生工厂模型。这一模型由三维模型、设备控制模型和工艺模型三个关键部分组成，它们共同构成了一个有生命力的孪生工厂模型。三维模型负责描述物理工厂对象的外形和物理属性，而设备控制模型和工艺模型则用来描述物理实体工厂的运行行为和状态。这三个模型的有机结合，能够构建出一个与物理实体工厂高度一致的数字孪生体。

3）部署数字孪生应用平台成为实现数字孪生黑灯工厂的关键步骤。这一平台基于物联网技术，能够集成工厂的各个环节，包括设计研发、采购库存、生产交付和售后运维等，实现全生命周期管理。它通过消除数据孤岛，实现了信息共享、协同决策和管理优化，从而提高生产率，降低制造成本，提升产品质量。

4）不断加强平台的技术支撑能力。这包括采用微服务架构来赋能平台的三维建模能力，实现数字化交付三维模型的孪生应用。这样的技术实践不仅提升了数字孪生平台的可视化系统应用，还为企业带来了更加高效和智能的服务。

5）通过整合海量的工业技术原理、行业知识、基础工艺以及模型工具，并将这些资源进行规范化、模块化、软件化，能够全面提升平台的数据、技术、业务等服务能力。建立工业软件平台的产业生态圈，吸引第三方应用开发者投入工业软件开发，基于平台开发出适用于特定工业场景的工业 APP，逐步完善工业产业生态体系。

通过这一系列的技术路线实施，数字孪生黑灯工厂将为企业带来降本提效的直接收益，提高生产率、降低生产成本、提升产品质量、增强生产灵活性、提高安全生产水平，并最终提升企业的综合竞争力。

10.4.5　构建数字孪生下的黑灯工厂现实意义

构建数字孪生下的黑灯工厂意义在于它可为企业带来的深远影响和多方面的好处。

1）数字孪生下的黑灯工厂可以极大地提高了生产率。通过数字化建模和仿真技术，企业能够在虚拟环境中对生产线进行优化和模拟，这不仅能帮助预测和解决潜在问题，还提高了设备的利用率，实现了主动运维，从而减少了设备故障对生产的影响。

2）数字孪生下的黑灯工厂可以显著降低生产成本。它通过优化生产流程和减少浪费，降低了生产过程中的成本。此外，对生产设备的仿真优化有助于减少维护成本，而对物流配送的优化则提高了物流效率，进一步降低了物流成本。

3）在提高产品质量方面，数字孪生技术使企业能够在虚拟环境中模拟真实的生产过程，通过对生产线的数字模型进行精确建立和分析，快速识别并修正潜在问题，从而确保了产品的质量和稳定性。同时，它还增强了生产过程的可追溯性，为全面监管生产过程和保障产品质量提供了有力支撑。

4）数字孪生下的黑灯工厂还提升了生产的灵活性和响应速度。通过实时监控和可视化生产过程，企业能够及时发现并处理潜在问题，优化生产流程，更好地满足市场需求。数据支持也使得企业能够进行实时分析和挖掘，实现生产环节的精细化管理。

5）在提高安全生产水平方面，数字孪生下的黑灯工厂通过模型建立和仿真，使企业能够准确预测并及时采取措施，避免生产过程中的安全事故，有效提升了安全管理水平。

综上，数字孪生下的黑灯工厂通过优化生产流程、提高生产率和产品质量，降低生产、物流、管理成本，从而提升企业的利润率和市场占有率。它还支持企业进行深入的市场研究，为制订市场策略提供数据支持，帮助企业迅速适应市场变化，实现可持续发展。通过这些综合效益，数字孪生下的黑灯工厂可显著增强企业的竞争力，为制造业的数字化转型注入了新动能。

10.5　数字孪生技术在先进成形中的实际案例

在先进成形技术领域，数字孪生技术正逐渐成为提升产品质量、优化生产流程、降低成本和实现智能化制造的关键工具。通过构建物理实体的精确数字副本，数字孪生不仅能够模拟成形过程中的复杂物理现象，还能实现实时监控、预测性维护和工艺优化。本节将通过具体的应用案例，展示数字孪生技术如何在实际成形过程中发挥作用，从而为工程设计和制造领域带来革命性的变革。

10.5.1　超塑成形工艺的数字孪生系统

超塑成形技术作为一种先进的成形工艺，在航空航天等领域轻量化复杂结构件的制造中具有重要应用。然而，由于其在热-力-气耦合加载环境中进行，且成形过程在闭合模具内完成，难以实现实时可视化观测，导致成形质量、生产率和产品一致性的提升面临挑战。

为解决上述问题，研究人员通过信息技术与材料、工艺及设备的融合，开发了一种面向超塑成形工艺的数字孪生系统。该系统旨在实现对超塑成形工艺的数字化、自动化和智能化控制，提升生产率和产品质量。数字孪生系统架构由功能层、模型层、数据层和物理层四层构成，并通过数据流链接实现"感知-分析-控制"的闭环优化，如图10-11所示。物理层负责收集实际生产中的工艺数据，模型层通过三维建模和数据驱动的工艺参数优化模型进行仿真，数据层作为信息传递的枢纽，功能层则负责设备的可视化监控、工艺交互和产品质量管理。

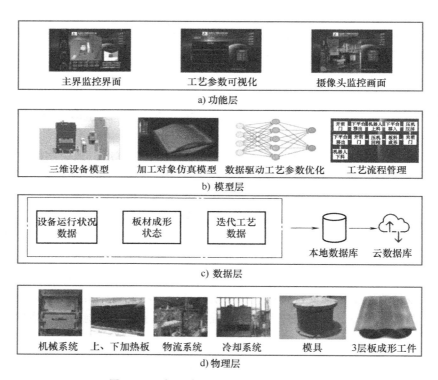

图 10-11　超塑成形工艺数字孪生系统架构

构建此数字孪生系统，需要克服许多技术难点。首先需要构建超塑成形生产单元的多维物理实体孪生模型，包括几何、机械、电气、液压、温度和气路等多维度。之后基于工艺流程的数据驱动建模方法，实现孪生系统中模型的实时映射和数据的实时显示。再利用边缘网关技术，解决多源异构数据采集和存储问题，采用 Redis+MySQL 的异步存储设计架构，提高数据访问速度。最后构建基于现场数据、历史数据和仿真数据的工艺数据库，实现数据可视化交互，如图10-12所示。

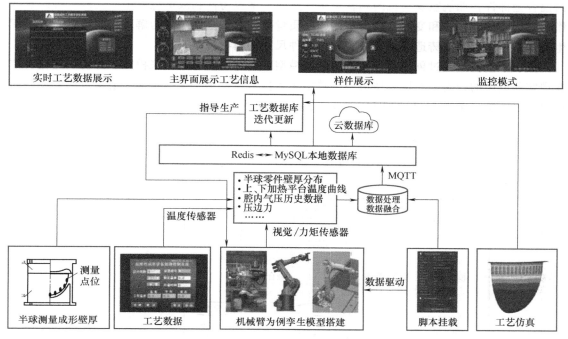

图 10-12 半球零件数字孪生生产实例

在自主研发的 8000kN 超塑成形/扩散连接设备上，研究人员开展了试验验证。通过完成 TC4 钛合金半球成形的全过程，实现了对超塑成形设备和工艺的可视化监测与控制，如图 10-13 所示。

a) 模具实体   b) 孪生模型

图 10-13 半球模具的数字孪生模型

该数字孪生系统的研究与应用，为超塑成形工艺的数字化转型提供了有效途径。后续将进一步通过机理模型和数据驱动的混合建模方法，提高孪生体的建模精度，推动超塑成形工艺向更高水平的自动化和智能化发展。

10.5.2 熔模铸件尺寸控制的数字孪生建模关键技术

在先进成形技术领域，熔模铸造作为一种精密成形工艺，被广泛应用于制造复杂形状的高温合金部件，如航空发动机的涡轮机匣。然而，熔模铸件在成形过程中易受到多种因素的影响，导致尺寸偏差和变形，成为制约产品质量提升的关键问题。为解决这一问题，数字孪生技术被引入到熔模铸造领域，以实现对铸件尺寸的精确控制。

数字孪生技术通过创建物理实体的虚拟模型，并利用实时数据来模拟、分析和优化实体在现实环境中的行为。在熔模铸造中，数字孪生技术主要用于模拟蜡模注射成形和铸件凝固过程，研究工艺参数与尺寸偏差之间的关系，为铸件尺寸控制提供数据模型，如图 10-14 所示。

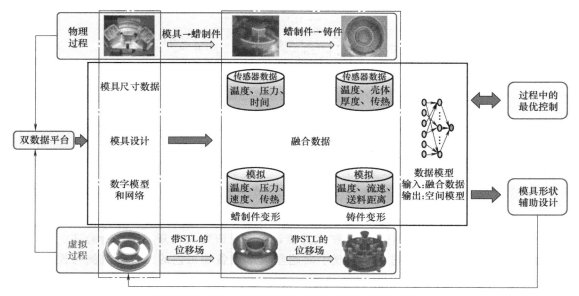

图 10-14 铸件尺寸控制数字孪生建模仿真基本框架

已有研究者通过创建虚拟模型来模拟和优化涡轮叶片铸件的生产过程，展示了全节点位移场在生产过程中的传递过程。研究者利用点云扫描技术获取实际铸件的尺寸数据，并与 CAD 模型进行匹配，计算出铸件的位移偏差，进而指导模具设计和工艺优化。

通过使用基于节点法向量和最近邻点的全节点位移传递计算方法，有效解决了熔模铸造多流程中的数据孤岛问题。该方法通过三维扫描技术获取铸件变形位移场，实现工艺间尺寸偏差的准确传递。针对环套环特征件，研究者建立了基于数字孪生的铸件模具反变形设计方法。在设计阶段，通过反变形设计出模具内腔的三维几何模型，模拟结果表明，铸件所有节点位移偏差控制在 0.04mm 以下，显著提升了铸件尺寸精度。研究者还研究了蜡模注射成形和铸件凝固过程中工艺参数与尺寸偏差的关系，构建了相应的数据模型。这些模型能够为数字孪生建模提供必要的输入参数与输出结果之间的映射关系，从而实现对铸造过程的精确控制。在数字孪生框架内，研究者提出了一种多工艺参数优化策略。该策略通过数值模拟和实验设计方法，结合数据模型和全局优化算法，寻找最优的工艺参数组合，以实现铸件尺寸的精确控制。

数字孪生技术在熔模铸造中的应用，为铸件尺寸控制提供了新的解决方案。通过关键技术的研究与应用，实现了对铸造过程的深入理解和精确控制，为精密铸造领域的发展提供了强有力的技术支撑。

10.5.3　板带材生产全流程数字孪生系统

在现代制造业中，板带材的生产是一个复杂且精密的过程，涵盖了从原材料准备到最终产品成形的多个环节。为了提高生产率、保证产品质量以及降低成本，数字孪生技术被引入到板带材生产的全流程中，形成了一个高度集成的数字孪生系统。

东北大学轧制技术及连轧自动化国家重点实验室的研究中，使用数字孪生技术有效地解决了板带材生产中的挑战性难题，如难以精确建模、运行状态不可测和非线性动态耦合等。通过集成学习建模和多目标优化算法，数字孪生系统能够对多工序动态运行指标进行评价，优化生产流程，如图 10-15 所示。

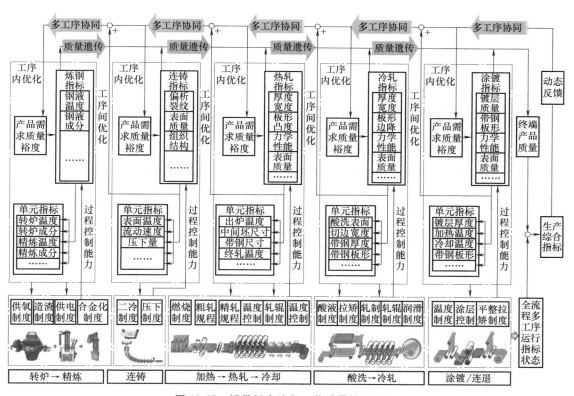

图 10-15　板带材全流程工艺质量控制过程

板带材生产全流程数字孪生系统架构的核心在于创建一个物理生产过程的虚拟映射。这个系统通常由以下几个关键部分组成：数据采集与处理模块、数字孪生模型库、仿真与优化引擎以及人机交互界面。

1）系统首先需要实时采集生产线上的各种数据，包括温度、压力、速度等。这些数据经过预处理、分布均衡化与特征提取，为数字孪生模型提供输入。高维动态工业大数据的预处理和分析是构建高精度动态数字孪生模型的基础。

2）模型库包含了一系列高精度的动态数字孪生模型，这些模型能够反映板带材在生产过程中的物理特性和行为。模型库的设计需要考虑模型的精度、适应性以及更新维护的便捷性。

3）仿真引擎负责运行数字孪生模型，模拟生产过程并提供实时反馈。优化引擎则利用仿真结果，开发具有快速计算速度和柔性约束处理能力的多目标优化算法，以指导生产过程的优化。

4）人机交互界面为用户提供了一个直观的操作平台，用户可以通过界面监控生产状态、调整参数、查看仿真结果和优化建议，实现人与数字孪生系统的有效交互。

数字孪生系统在板带材生产中的应用，极大地提高了生产过程对于复杂多变工况的适应能力。通过多层次协调优化，实现了工艺参数和过程控制能力的优化配置，提升了产品质量和产线运行水平。随着技术的不断进步，未来的板带材生产全流程数字孪生系统将更加智能化和自动化。数字孪生系统将不断学习和适应，以实现更高水平的优化和自适应控制。同时，数字孪生模型和信息物理系统的普适性构建方法也将为其他行业提供参考。

思考题

10-1　什么是数字孪生？数字孪生具有哪些特征？

10-2　简述物理孪生与数字孪生的区别。

10-3　虚拟建模分为哪几类？虚拟建模的一般流程是什么？

10-4　简述数字孪生车间的构建方案。

10-5　构建数字孪生下的黑灯工厂具有哪些现实意义？具体的技术路径是什么？

参 考 文 献

[1] 吴玉程. 工程材料与先进成形技术基础 [M]. 北京：机械工业出版社，2022.

[2] 樊自田，蒋文明，魏青松，等. 先进金属材料成形技术及理论 [M]. 武汉：华中科技大学出版社，2019.

[3] 于爱兵. 材料成形技术基础 [M]. 2版. 北京：清华大学出版社，2020.

[4] 夏巨谌，张启勋. 材料成形工艺 [M]. 2版. 北京：机械工业出版社，2018.

[5] 赵升吨. 材料成形技术基础 [M]. 北京：电子工业出版社，2013.

[6] 李庆春. 铸件形成理论基础 [M]. 北京：机械工业出版社，1982.

[7] 郝兴明. 金属工艺学：上册 [M]. 北京：国防工业出版社，2012.

[8] 刘春廷. 工程材料及加工工艺 [M]. 北京：化学工业出版社，2009.

[9] 邓文英，郭晓鹏. 金属工艺学 [M]. 5版. 北京：高等教育出版社，2008.

[10] 宋仁伯. 轧制工艺学 [M]. 北京：冶金工业出版社，2014.

[11] 余欢. 铸造工艺学 [M]. 北京：机械工业出版社，2019.

[12] 介万奇，坚增运，刘林，等. 铸造技术 [M]. 北京：高等教育出版社，2013.

[13] 周志明，王春欢，黄伟九. 特种铸造 [M]. 北京：化学工业出版社，2014.

[14] 苏仕方. 铸造手册：第5卷 铸造工艺 [M]. 4版. 北京：机械工业出版社，2021.

[15] 陈百明，张俊喜，孙志国. 铸造工艺及设计 [M]. 北京：北京理工大学出版，2016.

[16] 宗学文，曲银虎，王小丽. 光固化3D打印复杂零件快速铸造技术 [M]. 武汉：华中科技大学出版社，2019.

[17] 蒋鹏，夏汉关. 精密锻造技术研究与应用 [M]. 北京：机械工业出版社，2016.

[18] 中国锻压协会. 特种锻造 [M]. 北京：国防工业出版社，2011.

[19] 吴生绪. 简明图解锻造成形手册 [M]. 西安：西北工业大学出版社，2019.

[20] 赵升吨. 高端锻压制造装备及其智能化 [M]. 北京：机械工业出版社，2019.

[21] 苑世剑. 现代液压成形技术 [M]. 2版. 北京：国防工业出版社，2016.

[22] 龙伟民，井培尧，秦建. 极端条件下焊接技术的研究进展 [J]. 电焊机，2023，53（4）：1-13.

[23] 任家隆，丁建宁. 工程材料及成形技术基础 [M]. 北京：高等教育出版社，2014.

[24] 邓同生，李小强. 锻造冲压工艺与模具设计 [M]. 北京：冶金工业出版社，2022.

[25] 华林，夏汉关，庄武豪. 锻压技术的理论研究与实践 [M]. 武汉：武汉理工大学出版社，2014.

[26] 中国锻压协会. 冲压技术基础 [M]. 北京：机械工业出版社，2013.

[27] 于洋，崔令江. 冲压成形原理与方法 [M]. 哈尔滨：哈尔滨工业大学出版社，2019.

[28] 中国锻压协会. 汽车冲压件制造技术 [M]. 北京：机械工业出版社，2013.

[29] 许石民，孙登月. 板带材生产工艺及设备 [M]. 北京：冶金工业出版社，2008.

[30] 邹家祥. 轧钢机械 [M]. 3版. 北京：冶金工业出版社，2000.

[31] 李登超. 不锈钢板带材生产技术 [M]. 北京：化学工业出版社，2008.

[32] 何经南，王普. 冷轧带钢生产工艺及设备 [M]. 北京：化学工业出版社，2016.

[33] 丁修堃. 高精度板带钢厚度控制的理论与实践 [M]. 北京：冶金工业出版社，2009.

[34] 何汝迎. 不锈钢冷轧生产技术及产品应用 [M]. 北京：冶金工业出版社，2014.

[35] 曹鸿德. 塑性变形力学基础与轧制原理 [M]. 北京：机械工业出版社，1981.

[36] 袁志学，王淑平. 塑性变形与轧制原理 [M]. 北京：冶金工业出版社，2008.

[37] 王国栋. 板形与板凸度控制 [M]. 北京：化学工业出版社，2016.

[38] 张向英. 冷轧产品质量缺陷图谱及解析 [M]. 北京：冶金工业出版社，2012.

[39] 潘纯久. 二十辊轧机及高精度冷轧钢带生产 [M]. 北京：冶金工业出版社，2003.

[40] 黄庆学. 高品质钢铁板带轧制关键装备与技术研究进展 [J]. 机械工程学报，2023，59（20）：34-63.

[41] 马银涛，李宁，杨涛. 薄板坯连铸连轧无头轧制技术的应用 [J]. 河北冶金，2021（6）：37-40.

[42] 杜宁宇，李伟，范锦龙，等. 薄板坯连铸连轧 ESP 与 MCCR 技术分析及展望 [J]. 轧钢，2023，40（5）：1-5.

[43] 毛新平. 热轧板带近终形制造技术 [M]. 北京：冶金工业出版社，2020.

[44] 祖国胤. 层状金属复合材料制备理论与技术 [M]. 沈阳：东北大学出版社，2013.

[45] 姜庆伟. 不锈钢复合板的制备、性能及应用 [M]. 北京：冶金工业出版社，2019.

[46] 喻海良. 深冷轧制制备高性能有色金属材料 [M]. 北京：科学出版社，2022.

[47] 中国机械工程学会焊接学会. 焊接手册 [M]. 北京：机械工业出版社，2008.

[48] 周振丰，张文钺. 焊接冶金与金属焊接性 [M]. 北京：机械工业出版社，1988.

[49] 王文先，王东坡，齐芳娟. 焊接结构 [M]. 北京：化学工业出版社，2012.

[50] 张婷婷. 镁基层状金属复合板制备及其界面连接行为 [M]. 北京：机械工业出版社，2023.

[51] 李亚江，刘强，王娟. 焊接质量控制与检验 [M]. 北京：化学工业出版社，2014.

[52] 关桥. 焊接/连接与增材制造（3D 打印）[J]. 焊接，2014（5）：1-8.

[53] 林尚扬，杨学勤，徐爱杰，等. 机器人智能化焊接技术发展综述及其在运载火箭贮箱中的应用 [J]. 上海航天，2021，38（3）：8-17.

[54] 刘志东. 特种加工 [M]. 3 版. 北京：北京大学出版社，2022.

[55] 朱树敏，陈远龙. 电化学加工技术 [M]. 北京：化学工业出版社，2006.

[56] 白基成，刘晋春，郭永丰，等. 特种加工 [M]. 6 版. 北京：机械工业出版社，2013.

[57] 王建业，徐家文. 电解加工原理及应用 [M]. 北京：国防工业出版社，2001.

[58] 赵万生，刘晋春. 实用电加工技术 [M]. 北京：机械工业出版社，2002.

[59] 曹凤国. 激光加工技术 [M]. 北京：北京科学技术出版社，2007.

[60] 谢冀江，郭劲，刘喜明，等. 激光加工技术及其应用 [M]. 北京：科学出版社，2012.

[61] 王磊，卢秉恒. 我国增材制造技术与产业发展研究 [J]. 中国工程科学，2022，24（4）：202-211.

[62] 史玉升，等. 增材制造技术 [M]. 北京：清华大学出版社，2022.

[63] 王广春，赵国群. 快速成型与快速模具制造技术及其应用 [M]. 3 版. 北京：机械工业出版社，2013.

[64] 郑振太. 无损检测与焊接质量保证 [M]. 2 版. 北京：机械工业出版社，2019.

[65] 张昌松. 材料成型检测技术 [M]. 北京：化学工业出版社，2021.

[66] GONZALEZ R C，WOODS R E. 数字图像处理：第 3 版 [M]. 阮秋琦，阮宇智，译. 北京：电子工业出版社，2011.

[67] 屠耀元. 超声检测技术 [M]. 北京：机械工业出版社，2018.

[68] 王建华，李树轩. 射线成像检测 [M]. 北京：机械工业出版社，2018.

[69] 周东东，徐科，郭福建，等. 基于机器视觉的钢铁冶金过程智能感知技术及应用 [M]. 北京：冶金工业出版社，2023.

[70] 颜云辉，宋克臣. 表面缺陷智能检测方法与应用 [M]. 北京：科学出版社，2023.

[71] ZHANG Y J，XU Z Q，FENG S Y，et al. Laser ultrasonic automatic detection method for surface microc-

racks on metallic cylinders [J]. Photonics, 2023, 10 (7): 798-813.

[72] XU X T, CHANG Z X, WU E Y, et al. Data fusion of multi-view plane wave imaging for nozzle weld inspection [J]. NDT & E International, 2024, 141 (4): 102989.

[73] 沈功田. 承压设备无损检测与评价技术发展现状 [J]. 机械工程学报, 2017, 53 (12): 1-12.

[74] DU W Z, SHEN H Y, FU J Z. Automatic defect segmentation in X-ray images based on deep learning [J]. IEEE Transactions on Industrial Electronics, 2020, 68 (12): 12912-12920.

[75] GUAN S Y, WANG X K, HUA L, et al. TFM imaging of aeroengine casing ring forgings with curved surfaces using acoustic field threshold segmentation and vector coherence factor [J]. Chinese Journal of Aeronautics, 2022, 35 (11): 401-415.

[76] 范大鹏. 制造过程的智能传感器技术 [M]. 武汉: 华中科技大学出版社, 2020.

[77] 夏德钤, 翁贻方. 自动控制理论 [M]. 4版. 北京: 机械工业出版社, 2013.

[78] 李运硕, 周雨威, 袁傲明, 等. 面向超塑成形工艺的数字孪生系统研究 [J]. 锻压技术, 2023, 48 (10): 192-199.

[79] 孙杰, 叶俊成, 彭文, 等. 板带材生产全流程数字孪生模型及信息物理系统研究现状与趋势 [J]. 轧钢, 2022, 39 (6): 37-45.

[80] 黄杰, 刘莹. 非线性系统与智能控制 [M]. 北京: 北京理工大学出版社, 2020.

[81] 唐新华. 材料制造数字化控制基础 [M]. 上海: 上海交通大学出版社, 2015.

[82] 张小红, 秦威. 智能制造导论 [M]. 上海: 上海交通大学出版社, 2019.

[83] 任天庆. 铸造自动化 [M]. 2版. 北京: 机械工业出版社, 1989.

[84] 丁修堃, 张殿华, 王贞祥, 等. 高端锻压制造装备及其智能化 [M]. 北京: 冶金工业出版社, 2009.

[85] 吴林, 陈善本. 智能化焊接技术 [M]. 北京: 国防工业出版社, 2000.

[86] 胡建军, 刘妤, 郭宁. 金属塑性成形计算机模拟基础理论及应用 [M]. 北京: 化学工业出版社, 2021.

[87] 张大伟. 金属体积成形过程建模仿真及应用 [M]. 北京: 科学出版社, 2022.

[88] 吕炎. 精密塑性体积成形技术 [M]. 北京: 国防工业出版社, 2003.

[89] 刘建生, 陈慧琴, 郭晓霞. 金属塑性加工有限元模拟技术与应用 [M]. 北京: 冶金工业出版社, 2003.

[90] 董湘怀. 材料成形计算机模拟 [M]. 2版. 北京: 机械工业出版社, 2006.

[91] 俞汉清, 陈金德. 金属塑性成形原理 [M]. 北京: 机械工业出版社, 1999.

[92] 江丙云, 孔祥宏, 罗元元. ABAQUS 工程实例详解 [M]. 北京: 人民邮电出版社, 2014.

[93] 王祖唐, 关廷栋, 肖景容, 等. 金属塑性成形理论 [M]. 北京: 机械工业出版社, 1989.

[94] 石亦平, 周玉蓉. ABAQUS 有限元分析实例详解 [M]. 北京: 机械工业出版社, 2006.

[95] HILL R. The mathematical theory of plasticity. Oxford: Oxford University Press, 1950.

[96] 钱伟长. 变分法及有限元: 上册 [M]. 北京: 科学出版社, 1980.

[97] 赵腾伦. ABAQUS 6.6 在机械工程中的应用 [M]. 北京: 中国水利水电出版社, 2007.

[98] 丁源. ABAQUS 6.14 有限元分析从入门到精通 [M]. 北京: 清华大学出版社. 2016.

[99] 庄苗, 由小川, 廖剑晖, 等. 基于 ABAQUS 的有限元分析和应用 [M]. 北京: 清华大学出版社. 2009.

[100] 陶飞, 戚庆林, 张萌, 等. 数字孪生及车间实践 [M]. 北京: 清华大学出版社, 2022.

[101] 陆剑峰, 张浩, 赵荣泳. 数字孪生技术与工程实践 [M]. 北京: 机械工业出版社, 2022.

［102］　李国琛. 数字孪生技术与应用［M］. 长沙：湖南大学出版社，2020.

［103］　陈岩光，于连林. 工业数字孪生与企业应用实践［M］. 北京：清华大学出版社，2024.

［104］　NATH S V，SCHALKWYK P V. 数实共生：工业化数字孪生实战［M］. 黄刚，译. 北京：中国科学技术出版社，2023.

［105］　陈根. 数字孪生［M］. 北京：电子工业出版社，2020.

［106］　孙友昭，杨荃. 热连轧飞剪自动化控制仿真实践教学平台开发［J］. 实验技术与管理，2020，37（11）：147-150；155.

［107］　刘丽兰，高增桂，施战备. 生产现场的数字孪生方法、技术与应用［M］. 北京：机械工业出版社，2024.

［108］　官邦，汪东红，马洪波，等. 熔模铸件尺寸控制的数字孪生建模关键技术与应用［J］. 金属学报，2024，60（4）：548-558.